HZ BOOKS

华 章 图 书

一本打开的书，一扇开启的门，
通向科学殿堂的阶梯，托起一流人才的基石。

U0218598

网络空间安全防御与态势感知

CYBER DEFENSE AND SITUATIONAL AWARENESS

［美］ 亚历山大·科特　克利夫·王　罗伯特·F.厄巴彻　编著
（Alexander Kott）　（Cliff Wang）　（Robert F. Erbacher）

黄晟 安天研究院 译　黄晟 审校

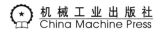

机械工业出版社
China Machine Press

图书在版编目（CIP）数据

网络空间安全防御与态势感知 /（美）亚历山大·科特（Alexander Kott）等编著；黄晟，安天研究院译 . —北京：机械工业出版社，2018.10（2022.1 重印）
（网络空间安全技术丛书）
书名原文：Cyber Defense and Situational Awareness

ISBN 978-7-111-61053-3

I. 网… II. ①亚… ②黄… ③安… III. 计算机网络 – 网络安全 – 研究 IV. TP393.08

中国版本图书馆 CIP 数据核字（2018）第 226240 号

本书版权登记号：图字 01-2017-4111

Translation from the English language edition:
Cyber Defense and Situational Awareness
edited by Alexander Kott, Cliff Wang, Robert F. Erbacher.
Copyright © Springer International Publishing Switzerland 2014.
This Springer imprint is published by Springer Nature.
The registered company is Springer International Publishing AG.
All rights reserved.

网络空间安全防御与态势感知

出版发行：机械工业出版社（北京市西城区百万庄大街 22 号 邮政编码：100037）

责任编辑：朱秀英 责任校对：殷 虹

印 刷：北京市荣盛彩色印刷有限公司 版 次：2022 年 1 月第 1 版第 6 次印刷

开 本：186mm×240mm 1/16 印 张：22.75

书 号：ISBN 978-7-111-61053-3 定 价：99.00 元

凡购本书，如有缺页、倒页、脱页，由本社发行部调换

客服热线：（010）88379426 88361066 投稿热线：（010）88379604

购书热线：（010）68326294 88379649 68995259 读者信箱：hzjsj@hzbook.com

版权所有·侵权必究
封底无防伪标均为盗版
本书法律顾问：北京大成律师事务所 韩光 / 邹晓东

目　　录

译者序

推荐序

前言

致谢和免责声明

关于作者

第 1 章　理论基础与当前挑战 ·············· 1

1.1　引言 ···································· 1

1.2　网空态势感知 ······················· 3

　1.2.1　态势感知的定义 ··············· 3

　1.2.2　网空行动的态势感知需求 ········· 4

　1.2.3　态势感知的认知机制 ········· 5

1.3　网空行动中态势感知所面临的
　　　挑战 ······························· 11

　1.3.1　复杂和多变的系统拓扑结构 ····· 11

　1.3.2　快速变化的技术 ·············· 12

　1.3.3　高噪信比 ···················· 12

　1.3.4　定时炸弹和潜伏攻击 ········· 12

　1.3.5　快速演化的多面威胁 ········· 13

　1.3.6　事件发展的速度 ············· 13

　1.3.7　非整合的工具 ··············· 13

　1.3.8　数据过载和含义欠载 ········· 14

　1.3.9　自动化导致的态势感知损失 ··· 14

　1.3.10　对网空态势感知挑战的总结 ··· 14

1.4　网空态势感知的研发需求 ·············· 15

　1.4.1　网络空间的通用作战态势图 ····· 15

　1.4.2　动态变化大规模复杂网络的
　　　　　可视化 ···················· 17

　1.4.3　对态势感知决策者的支持 ······· 17

　1.4.4　协同的人员与自主系统结合
　　　　　团队 ······················ 17

　1.4.5　组件和代码的检验和确认 ······· 18

　1.4.6　积极控制 ··················· 19

1.5　小结 ································· 19

参考文献 ································· 20

第 2 章　传统战与网空战 ·············· 21

2.1　引言 ································· 21

　2.1.1　从传统战场到虚拟战场的过渡 ···· 22

　2.1.2　态势感知的重要性 ··········· 24

　2.1.3　传统态势感知 ··············· 25

　2.1.4　网空态势感知 ··············· 25

2.2　传统态势感知研究示例 ················ 25

　2.2.1　DARPA 的 MDC2 计划 ········· 26

　2.2.2　RAID 计划 ················· 27

2.3　传统态势感知与网空态势感知
　　　之间具有指导意义的相似点与
　　　巨大差异 ························· 28

　2.3.1　传统态势感知与网空态势感知
　　　　　有力地影响任务结果 ·············· 29

2.3.2 认知偏差会限制对可用信息
的理解 ·················· 30

2.3.3 信息的收集、组织与共享难以
管理 ·················· 32

2.3.4 协作具有挑战性 ·········· 33

2.3.5 共享的图景无法保证共享的
态势感知 ·············· 34

2.4 小结 ······················· 34

参考文献 ······················· 35

第 3 章 形成感知 ·················· 37

3.1 引言 ······················· 37

3.2 网空防御过程 ············· 38

3.2.1 当前的网空环境 ········· 38

3.2.2 网空防御过程概览 ····· 38

3.2.3 网空防御角色 ·········· 40

3.3 态势感知的多面性 ········· 41

3.4 相关领域的发展现状 ····· 44

3.5 态势感知框架 ············· 46

3.6 小结 ······················· 49

参考文献 ······················· 50

第 4 章 全网感知 ·················· 51

4.1 引言 ······················· 51

4.1.1 网空态势感知形成的过程 ······· 51

4.1.2 网空态势感知的输入和输出 ····· 53

4.1.3 态势感知理论模型 ·········· 53

4.1.4 当前网空态势感知存在的
差距 ·················· 54

4.2 在网络上下文中的网空态势
感知 ·················· 55

4.3 网络运营及网空安全的态势感知
解决方案 ·············· 55

4.4 态势感知的生命周期 ·········· 56

4.4.1 网络感知 ·············· 56

4.4.2 威胁/攻击感知 ·········· 57

4.4.3 运营/任务感知 ·········· 57

4.5 对有效网空态势感知的需求 ····· 58

4.6 对有效网空态势感知的概述 ····· 59

4.6.1 对网络进行计量以获得有效
网空态势感知所需的数据 ······· 60

4.6.2 根据当前态势感知预测将来 ····· 61

4.6.3 实现有效网空态势感知的
可能途径 ·············· 61

4.7 实现有效网空态势感知 ·········· 62

4.7.1 用例：有效网空态势感知 ····· 63

4.7.2 实现全网感知 ·········· 64

4.7.3 实现威胁/攻击感知 ········· 69

4.7.4 实现任务/运营感知 ········· 72

4.8 未来方向 ················· 76

4.9 小结 ······················· 77

参考文献 ······················· 78

第 5 章 认知能力与相关技术 ········· 79

5.1 引言 ······················· 79

5.2 网空世界的挑战及其对人类认知
能力的影响 ·············· 82

5.3 支持分析师检测入侵行为的
技术 ·················· 84

5.4 ACT-R 认知架构 ·········· 85

5.5 基于实例的学习理论和认知
模型 ·················· 88

5.6 在理解网空认知需求方面的研究
差距 ················· 90
5.6.1 认知差距：将认知架构机制
映射至网空态势感知 ······ 90
5.6.2 语义差距：整合认知架构与
网空安全本体模型 ······· 91
5.6.3 决策差距：体现在网空世界中
的学习、经验累积和动态决策
制定方面 ············· 93
5.6.4 对抗差距：体现在对抗性的
网空态势感知和决策制定
方面 ··············· 94
5.6.5 网络差距：处理复杂网络和
网空战 ·············· 95
5.7 小结 ················· 97
参考文献 ··················· 98

第6章 认知过程 ··············· 103
6.1 引言 ··················· 103
6.2 文献综述 ················ 108
6.2.1 认知任务分析 ·········· 108
6.2.2 基于案例推理 ·········· 108
6.3 对认知推理过程进行信息采集和
分析的系统化框架 ··········· 111
6.3.1 分析推理过程的 AOH 概念
模型 ················ 111
6.3.2 AOH 对象及其彼此间关系
可表达分析推理过程 ······ 112
6.3.3 对分析推理过程的信息采集 ··· 112
6.3.4 可从认知轨迹中提取出以 AOH
模型表达的推理过程 ······ 114

6.4 专业网络分析师案例研究 ······· 115
6.4.1 采集认知轨迹的工具 ······ 115
6.4.2 为收集专业网络分析师认知
轨迹而展开的人员实验 ······ 115
6.4.3 认知轨迹 ············· 118
6.4.4 不同水平分析师的认知轨迹
有什么特点 ············ 122
6.5 小结 ················· 125
参考文献 ··················· 126

第7章 适应分析师的可视化技术 ····· 129
7.1 引言 ··················· 129
7.2 可视化设计的形式化方法 ······· 131
7.3 网空态势感知的可视化 ········· 132
7.3.1 对安全可视化的调研 ······ 133
7.3.2 图表和地图 ············ 134
7.3.3 点边图 ··············· 134
7.3.4 时间轴 ··············· 135
7.3.5 平行坐标系 ············ 135
7.3.6 树形图 ··············· 137
7.3.7 层次可视化 ············ 138
7.4 可视化的设计理念 ··········· 139
7.5 案例研究：对网络告警的管理 ····· 140
7.5.1 基于 Web 的可视化 ······· 141
7.5.2 交互的可视化 ·········· 141
7.5.3 分析师驱动的图表 ········ 141
7.5.4 概览 + 细节 ············ 143
7.5.5 关联的视图 ············ 144
7.5.6 分析过程示例 ·········· 145
7.6 小结 ················· 148
参考文献 ··················· 148

第8章 推理与本体模型 ·············· 150

8.1 引言 ····························· 150

8.2 场景 ····························· 151

8.3 场景中人员展开的分析 ········· 152

8.4 网空安全本体模型的使用概要 ····· 153

　8.4.1 本体模型 ················· 153

　8.4.2 基于本体模型的推导 ····· 155

　8.4.3 规则 ····················· 156

8.5 案例研究 ······················· 157

　8.5.1 网空安全本体模型 ······· 157

　8.5.2 概述基于 XML 的标准 ······· 160

　8.5.3 将网空安全 XML 提升为 OWL ························· 161

　8.5.4 STIX 本体模型 ··········· 163

　8.5.5 其他本体模型 ··········· 166

8.6 APT 测试用例 ················· 170

　8.6.1 测试网络 ················· 171

　8.6.2 规则 ····················· 173

　8.6.3 基于推导的威胁检测 ····· 174

8.7 网空安全领域中其他与本体模型相关的研究工作 ················· 174

8.8 经验教训和未来工作 ··········· 176

8.9 小结 ····························· 178

参考文献 ····························· 178

第9章 学习与语义 ·············· 183

9.1 引言 ····························· 183

9.2 NIDS 机器学习工具的分类 ········· 185

9.3 机器学习中的输出与内部语义 ····· 187

9.4 案例研究：ELIDe 和汉明聚合 189

　9.4.1 ELIDe ··················· 190

9.4.2 汉明距离聚合 ············· 192

9.5 小结 ····························· 196

参考文献 ····························· 197

第10章 影响评估 ·············· 200

10.1 引言 ···························· 200

　10.1.1 高级威胁与影响评估的动机 ························· 201

　10.1.2 已有的告警关联研究 ····· 202

　10.1.3 工作任务影响评估方面的已有研究成果 ············· 206

　10.1.4 计算机网络建模 ········· 208

10.2 自上而下的设计 ·············· 209

　10.2.1 模型设计——工作任务定义 ························· 211

　10.2.2 模型设计——环境建模 ····· 213

　10.2.3 可观察对象设计 ········· 215

10.3 小结 ···························· 216

参考文献 ···························· 218

第11章 攻击预测 ·············· 219

11.1 引言 ···························· 219

11.2 用于威胁预测的网络攻击建模 ····· 222

　11.2.1 基于攻击图和攻击计划的方法 ····················· 222

　11.2.2 通过预估攻击者的能力、机会和意图进行攻击预测 ········· 223

　11.2.3 通过学习攻击行为 / 模式进行预测 ··············· 225

11.3 待解决问题和初步研究 ······· 228

　11.3.1 攻击建模中混淆的影响 ········ 228

11.3.2 以资产为中心的攻击模型
生成 ···················· 231

11.3.3 评价网络攻击预测系统的
数据需求 ················ 236

11.4 小结 ······················ 237

参考文献 ······················ 238

第 12 章 安全度量指标 ·········· 241

12.1 引言 ······················ 241

12.2 网空态势感知的安全度量
指标 ······················ 242

12.2.1 安全度量指标：是什么、为何
需要、如何度量 ········· 242

12.2.2 网络空间中态势感知的安全
度量 ···················· 245

12.3 网络漏洞和攻击风险评估 ········· 251

12.3.1 漏洞评估的安全度量
指标 ···················· 251

12.3.2 攻击风险的建模与度量 ······· 254

12.4 网空影响与工作任务的相关性
分析 ······················ 255

12.4.1 从工作任务到资产的映射与
建模 ···················· 256

12.4.2 对工作任务的网空影响
分析 ···················· 259

12.5 资产的关键性分析与优先级
排序 ······················ 262

12.5.1 基于 AHP 的关键性
分析 ···················· 262

12.5.2 基于优先级的网格分析 ······· 263

12.6 未来工作 ···················· 265

12.7 小结 ······················ 266

参考文献 ······················ 266

第 13 章 工作任务的弹性恢复能力 ··· 269

13.1 引言 ······················ 269

13.2 概览：可弹性恢复网空防御 ······· 271

13.2.1 关于复杂系统中的弹性恢复
行为 ···················· 271

13.2.2 对以工作任务为中心和可弹性
恢复网空防御的理解 ········· 271

13.2.3 相关研究成果回顾 ········· 272

13.3 基于网空态势感知的可弹性恢复
网空防御方法 ·················· 273

13.3.1 通用的态势感知与决策支持
模型 ···················· 273

13.3.2 整合的网空 – 物理态势管理
架构 ···················· 275

13.4 对工作任务、网空基础设施和
网空攻击的建模 ················ 276

13.4.1 工作任务建模 ··········· 276

13.4.2 网空地形 ·············· 278

13.4.3 面向影响的网空攻击
建模 ···················· 279

13.5 网空态势感知和可弹性恢复网空
防御 ······················ 280

13.5.1 网空态势感知过程 ········· 280

13.5.2 对目标软件的影响评估 ······· 281

13.5.3 工作任务影响评估 ········· 282

13.6 合理可能的未来任务影响评估 ····· 284

13.6.1 合理可能未来网空态势的
原理 ···················· 284

13.6.2 合理可能的未来任务影响
评估过程 ·················· 286
13.7 通过适应调整取得工作任务的弹性
恢复能力 ·················· 287
13.7.1 联邦式多代理系统的适应
调整 ·················· 287
13.7.2 保持适应调整策略的工作任务
弹性恢复能力 ·········· 288
13.8 小结 ························ 289
参考文献 ·························· 290

第 14 章 结束寄语 ····················· 293
14.1 挑战 ························ 293
14.1.1 网络空间中的人类
执行者 ·················· 294
14.1.2 网空攻击的高度不对称性 ····· 294
14.1.3 人类认知与网空世界之间的
复杂性失配 ·············· 295
14.1.4 网空行动与工作任务之间的
分离 ·················· 296
14.2 未来的研究 ·················· 296

译 者 序

黄 晟

　　本书是一部关于网络空间安全防御与态势感知的专题学术文章合集，覆盖了网空态势感知研究方面的各个理论要点，并提供了大量面向实践的实验数据和经验教训资料，对从事网空态势感知研究与开发工作的读者具有非常重要的指导作用，而且对广大网络安全从业人员也有较大的参考价值。在本书的前言中，对所涉及各个理论方面的主要内容和贡献价值做了非常清晰的概括，建议读者在阅读正文之前先通过前言从整体上了解本书的内容结构和各章节间的相互关系。对于从事网空态势感知研究的读者，建议带着在工作中遇到的问题，全面阅读各个章节；对于从事网空安全防御工作并希望了解网空态势感知的读者，则建议至少深入阅读第 1 章以理解态势感知的基本概念，深入阅读第 2 章以军事进攻与防御视角了解网空态势感知，并且深入阅读第 3 章以了解围绕着网空安全防御过程有哪些主要角色职责、各自对应的态势感知需求及其所需要的支撑工具。

　　译者在十余年中致力于从事网络安全防御相关工作，并由于参与相关项目，从 2013 年开始重点关注网络空间态势感知这一热点领域。在参与本书翻译工作的过程中，深刻感受到与我国的网络空间态势感知研究与实践现状相比，国际上在这一相对"年轻"的学术应用领域的相关工作已达到较高水平，也感受到迫切需要将国际上的网空态势感知研究成果和先进理念应用到我国的网络空间防御工作实践中，从而在日益严峻的网络空间威胁环境中为网络强国建设提供安全保障。因此，译者利用业余时间与安天研究院完成了本书的翻译工作，并希望通过撰写本序言，以若干个在开展网络空间防御工作中遇到的与网空态势感知相关的问题或困惑为引子，结合我们的网络安全基础条件和实践工作现状，阐述对本书中的一些重要学术观点和研究成果的理解，从而在一定程度上帮助读者消化吸收书中的知识，并为推动实践应用提供一些启发。

第一个问题：网络空间防御为什么需要态势感知？

这是一个需要以网络空间发展的视角，从信息网络技术应用发展、安全防护工作模式转变、网络安全防御理念演化、网络安全防御体系建设模式变革与网络安全防御机制创新等多个方面加以考虑才能回答的根本性基础问题。

在信息化发展初期，信息技术以"办公自动化辅助手工操作"的原始模式为主，当时信息安全被认为是与信息化建设运维相互独立甚至略有矛盾的"边缘化"工作，而且在工作模式上以小范围研究为主，甚至很多时候工作资源运用侧重于攻击利用研究而不是防御保障方向。在这种信息交流较贫乏的情况下，信息安全防御的理念主要围绕着如何对网络和信息系统进行隔离，试图通过避免接触来保持系统的安全运行，并相应地将当时尚具有可行性的物理隔离作为最值得信赖的防御措施。在此情况下，态势感知与早期信息安全防护工作几乎不存在交集。

随后出现了信息化与网络化大规模建设与发展的阶段，广大企业开始依托网络与系统开展管理经营等工作，互联网也开始进入社会生活。此时，信息安全工作逐步被作为信息化工作的有益补充，并出现了一系列的信息安全标准与法律法规，以强制合规的方式推动了基础的信息安全保障体系建设工作。为了支撑业务管理与经营，网络信息系统间出现了频繁的信息交互，导致物理隔离机制逐渐变得难以奏效，随之出现了在网络和信息系统数量依然较少时尚能有效得到落实配置与漏洞管理的"一刀切式"信息安全防护理念，用于应对尚属于探索性的少量业余爱好式攻击行为。之后，随着大量网络与信息系统投入运行，为了确保对有限安全防御资源的有效利用，发展出的信息安全风险管理模式则强调"突出重点"的防御理念，优先保护那些有直接业务价值的信息系统和数据资产，防止其被当时水平有所提升但依然以非定向模式为主的攻击行动影响。从当前网络安全认知的视角回顾来看，当时信息安全防护工作主要表现为"被动合规"模式，"平衡风险、适度安全"的信息安全防御理念也偏重于"主观判断"。相应地，当时出现了将态势感知运用在网络空间中的早期研究尝试，但是并未在信息安全保障体系中发挥出必不可少的作用。

随着互联网技术应用的飞速发展，信息化程度得到了巨大的提高，特别是在移动互联网、云计算与大数据等新技术得以普遍落实运用的驱动下，迅速进入了网络化信息技术全面渗透社会运行、业务运营和日常生活的各个方面且已经密不可分的网络空间时代，并通过物联网建设和数字化转型发展实现了网络化信息技术与数字化生产制造技术的深度融合。由于日常工作与生活对网络化信息技术的依赖程度日益提升，网络与信息系统的地位也变得越来越重要，其中部分支撑社会运行的网络与信息系统已经被列为不容有失的关键信息基础设施。

因此，在高度依赖网络信息技术的网络空间时代，保障网络和信息系统可靠运行的安全防御工作已经变得不可或缺，甚至达到了与国家安全和国家利益密不可分的程度。网络空间的安全防护应当立足于更加积极的合规驱动工作模式，并进一步针对关键信息基础等重要领域实现主动有效的全方位体系化防护工作模式。

相应地，在网络空间时代，随着安全防护工作模式的转变，安全防御理念也出现了重大变化。正如本书第 1 章所述，网络空间时代的关键信息系统和重要数据资源，已经成为包括国家级行为体在内的各种网空威胁行为体所觊觎的目标。而且，网络空间中的网络威胁往往非常复杂，存在着从业余爱好者到高度组织化高水平实体的多层级网空威胁行为体。其中，那些具有中高能力水平且组织严密的网空威胁行为体，开始广泛利用网络空间开展意图明确的攻击性行动。因此，在安全防御方面不得不将网络空间与传统物理空间中的安全威胁综合起来统一考虑，从而进一步发展出以威胁对抗有效性为导向的网络空间安全防御理念，要求必须根据网络与信息系统的国家安全、社会安全和业务安全属性，客观判断必须有效对抗哪些层级的网络空间威胁，并据此驱动网络空间安全防御需求。

正如本书第 11 章所强调的，针对政企网络展开的网空攻击已经进入了新的时代，威胁行为体在网络空间展开了大量的侦察刺探、攻击利用和混淆隐匿行动，不仅以潜伏隐藏与数据窃取为目的的网空间谍行为达到了几乎无孔不入的程度，相应的网络战争的可能性也在日益增加。为了在网络空间时代对抗目标意志坚定的高水平网空威胁行为体，为了应对日益严峻的网络空间风险与威胁形势，为了切实保障好支撑网络空间良好运行的网络系统和信息资产，需要探索更加积极主动的网络空间安全防御模式，从而做到像本书所描述的那样，由安全分析与防御专业团队在网络空间中与各种威胁行为体展开积极的"隔空对决"。根据本书第 2 章所提出的观点，传统军事领域的很多实践对网络空间中的威胁对抗及安全防御具有重要借鉴作用。正如美国国防部 2001 年《四年防务评估报告》（U. S. Department of Defense 2001）中所提出的，随着冷战结束，国际形势日益复杂化，已经很难清晰地识别出所有的敌对威胁行为体，因此需要从基于威胁的规划模式转为基于能力的规划模式，更聚焦于敌对方可能采用的进攻方式，识别出为了达到威慑和击败敌人所需要的军事能力，同时关注随着科技发展而出现的潜在能力领域，并据此通过分析过程形成指导性的军事需求。借鉴国防军事领域的实践经验，需要把尝试罗列各种可能的网空威胁并设计零散防御措施进行被动应对的传统式威胁导向建设模式，演化为全面建设必要的网络安全防御能力，并将其有机结合以形成网络空间安全综合防御体系的能力导向建设模式。

在美国网络安全研究机构 SANS 所提出的"滑动标尺"模型（Lee R. M.，2015）的基础上，国内多家能力型厂商在取得共识后进行了延伸拓展，进一步提出了叠加演进的网络空间安全能力模型。该模型将网空安全能力分五大类别，其中基础结构安全、纵深防御、积极防御、威胁情报四大类别的能力都是完善的网络安全防御体系所必需的，而反制能力则应当由国家级网空安全防御体系提供。其中基础结构安全类别的能力，来自于在信息化环境的基础设施结构组件以及上层应用系统中所实现的安全机制，兼具安全防护和系统保障的双重意义，主要作用是有效收缩信息化环境中基础设施所存在的攻击面。纵深防御类别的安全能力，来自于附加在网络、系统、桌面使用环境等信息技术基础设施结构之上综合的体系化安全机制，以"面向失效的设计"为基本原则构建防御纵深，通过逐层收缩攻击面以有效消耗进攻者资源，从而实现将中低水平的攻击者拒之门外的防御作用。积极防御类别的安全能力，则如本书第 1 章所述，通过动态的体系化安全机制，实现对网空威胁行为体的侦测识别，并对所发现的网空攻击做出动态的自发响应，通过重新配置、恢复和重建等弹性恢复保障措施使任务关键系统能够持续正常运作，并随着技术发展引入事中阻断、猎杀清除和操控反制等针对威胁展开对抗的积极防御响应措施，从而达到本书第13 章所提出的目标：即使在支撑工作任务的网络系统遭受网空攻击并被攻击控制的情况下，依然能够保持工作任务持续进行，并及时恢复到可接受的工作任务保障水平。在这一系列类型的网络安全防御能力的支撑下，通过实战化的网络安全防御运行，能够达到本书第 3 章中对全面完善的网空安全防御过程所提出的要求。

从叠加演进的视角来看待网络安全防御能力体系，基础结构安全与纵深防御能力具有与网络信息基础设施"深度结合、全面覆盖"的综合防御特点，而积极防御与威胁情报能力则具有强调"掌握敌情、协同响应"的动态防御特点，并且这些能力之间存在辩证的相互依赖关系与促进作用。

一方面，正如本书第 1 章所指出的，需要充分理解网络空间运行的技术与管理复杂性，以及由于复杂性而产生的不可回避的管理脆弱点和技术漏洞，并客观认识到这些问题将给网空威胁行为体提供突破已有防御机制的入口。况且，本书第 2 章指出，由于行动匿名性、攻击针对性、攻击自由度、人性弱点可利用性和取证困难等方面的特点，与网空防御者相比，网空威胁行为体具有较为明显的优势。事实上，正如为美国政府、军方和情报机关提供极高水平网络安全防御的美国国家安全局（NSA）下属信息保障局（IAD，以下简称 NSA IAD）在相关专题论文（Willard，2015）中所指出的，即使他们在网空防御方面做出了巨大的努力，但是依然认为在工作中必须假定"敌人终将成功入侵"，并据此确立"敌已在内"的基本敌情想定。也就是说，那些具有高技术能力的威胁行为体，客观上可能采用各种手段来利用所有能够找到的脆弱点和漏洞，从而突破由偏静态的综合防御能力所构成的防线，进入我方网络环境持久潜伏并伺机展开行动。需要注意到，"内网基本安全，只需查漏补缺"的传统安全假设与实际情况在客观上已存在较大偏差；并应当意识到，在此假设上形成的零散式"漏洞扫描＋修补整改"工作机制也已经难以应对眼前高度复杂的威胁环境。因此，有必要借鉴本书第 13 章所提出的理念，在敌情想定的基础上提升网络系统的可弹性恢复水平，特别是依靠具有动态特性的积极防御能力，在威胁情报能力的驱动下，通过全面持续监控发现威胁踪迹，并针对潜伏威胁展开"猎杀"（hunting）行动，从而做到对突防威胁的"找出来"和"赶出去"。

　　另一方面，也必须客观认识到叠加演进网络安全防御能力体系中各类能力之间存在着不可割裂的依赖关系。具有综合防御特性的能力虽然偏静态，但是在整个防御体系中起到了消耗进攻者资源的作用，不仅能够有效抵御大量中低能力水平威胁行为体的进攻行动，而且也能够对高能力水平威胁行为体的攻击行动起到压制作用，特别是可以收缩攻击面以降低攻击行动的自由度和隐匿性。因此，综合防御能力所构建的基础防线，能够为动态防御能力提供有利的威胁对抗环境，既能够有效防止由于低水平攻击行动泛滥的干扰而无从发现的潜伏的高能力水平威胁行为体，还能够有效利用实现综合防御能力的各种机制措施产生的大量安全信息，加强对高隐匿性攻击行动的发现能力。

　　综合来看，为了做好网络空间时代的安全防御工作，不仅需要通过完善并强化已有的静态防御机制实现兼顾结合面与覆盖面的综合防御能力体系，还必须加快建设动态防御能力体系，其中的关键正是针对网络空间时代的高水平复杂威胁行为体展开协同响应对抗的积极防御能力。要实现积极防御能力，不仅需要配备针对攻击行动进行响应对抗的装备系统和处置流程，更重要是必须为积极防御建立一套有效的动态指挥控制体系，从而保障响应行动的及时性、准确性、全面性和有效性。

　　正如本书第 1 章所总结，通过实现网空态势感知，能够高效地综合分析各种网空安全相关数据和威胁情报，对不断演化的网空威胁做出识别、理解和预见，在掌握整体安全情况的同时定向发现潜伏的安全威胁，并提供清晰明确的响应决策信息支撑，从而有效指挥对威胁行为体开展协同响应对抗行动，做到及时抵御攻击、进行恢复甚至实施反制。第 1 章中引用了美国空军的调研结果，认为"网空态势感知正是实现网络空间保障的先决条件"，突出强调了网空态势感知的重要性。而且 NSA IAD 的相关论文（Herring 等人，2014），也明确指出了在高效快速对抗高水平威胁的网空积极防御体系（Active Cyber Defense，ACD）中，分布式共享态势感知具有决定性的重要作用。

因此，网络空间时代需要动态综合的网空安全防御能力体系，其中针对威胁行为体的攻击行动展开协同响应与处置的积极防御能力具有不可或缺的关键作用，而运用威胁情报驱动高效积极防御的动态指挥控制机制依赖于网空态势感知。

第二个问题：态势感知是什么？

按照本书第 1 章作者 Mica R. Endsley 于 1995 年（Endsley 1995）所提出的最为广泛使用的态势感知定义：态势感知是"在一定时间和空间内观察环境中的元素，理解这些元素的意义并预测这些元素在不久的将来的状态"。基于这一定义，态势感知由三个分层级的阶段所组成——观察、理解和预测，而且其输出将被直接馈送至决策和行动的周期中。在此基础定义的基础上，为了深入探讨如何在高度动态的系统环境中通过态势感知支持高效的决策制定与行动执行，Endsley 进一步明确了相关术语的定义，提出态势感知应当被作为一种"知识的状态"，而"实现、获取或维持态势感知状态的过程"则应被称为态势评估，并且强调应当对这两个概念加以区分。

尝试从网络空间安全防御工作视角加以理解，需要将积极防御中各种与指挥控制相关的工作结合至态势感知概念定义的三个层级阶段，按照本书第 1 章中描述的态势感知动态决策模型来实现网络空间态势评估过程，确定对各类型网络空间动态环境信息的输入需求，接收持续监测网络和系统所采集的网空数据和安全事件信息，结合关于工作任务目标、网络与系统架构、威胁情报乃至国际关系与地缘政治环境等的上下文信息，理解潜伏威胁的攻击行动、当前影响节点范围与可带来的网空效应，进而对下一步攻击行动、未来影响节点范围与可能造成后果等方面做出合理推测和预估，并通过对备选行动方案进行对比评价以确定行动计划，进而有效指挥针对威胁的积极防御响应处置行动。

值得注意的是，在对网络空间中态势感知概念的理解上，有时候存在一些不甚清晰的情况。其中，"态势"经常因为常用语境而被片面理解为"宏观态势"，但实际上还必须包含"中观情境"，才能够有效支撑决策制定和响应处置；另一方面，"感知"也经常被理解成为"感官观察",进而在网络空间领域被理解为数据采集和可视化呈现,但实际上正如本书第 8 章所引述的韦伯斯特词典定义,"感知是指人们在观察中的警惕性,以及对所经历事物展开推导所得到的机敏性",其内涵超越了简单的观察,并且更强调通过运用知识而获得面向响应处置的机敏能力。

困惑 1:态势感知应当面向策略调整还是战术响应?

在实现网空态势感知的网络空间安全防御工作实践中,经常会将态势感知理解为对"宏观态势"的"把握掌控"。对应地,就出现了一个令人困惑的情况,因为如果网空态势侧重于对宏观态势的掌控,其输出的决策支持信息将主要被用于引导对安全策略的优化调整,虽然这种"宏观"模式与基于 PDCA(Plan-Do-Check-Adjust,计划 – 执行 – 检查 – 调整)循环的信息安全风险管理生命周期相比具有更高的主动性和动态性,但是在攻防对抗的时间周期上仍然无法适应高速多变的攻击行动,而且在调整范围上也只能局限于较粗的粒度。简而言之,正如本书第 4 章所提出的,这种面向策略调整的网空态势感知确实具有一定的网空防御作用,但是仅依靠这种宏观态势感知也确实难以支撑有效的积极防御体系。本书第 3 章中明确提出,必须围绕当前态势关于是否存在攻击行动、攻击行动的当前阶段和攻击者位置等方面回答一系列基础问题,这说明态势感知还应当面向在宏观层面之下但又高于微观细节的"中观层面"。

事实上,正如本书第 1 章所指出的,网空攻击行动可能在不到一秒的时间内发生。同时,如本书第 3 章所指出的,为了有效抵御快速发生的网空攻击行动,不仅需要阻止攻击者入侵导致的网络系统初始"沦陷",还必须能够发现已被入侵控制的计算机,并采取响应措施预防或阻断攻击者的后续行动。因此,网络空间中的积极防御行动更应采用源自于美国空军飞行员作战训练的 OODA(Observe-Orient-Decide-Act,观察 – 调整 – 决策 – 行动)循环,快速针对网空安全事件展开事件检测、事件理解、决策制定和行动执行,从而实现抵御攻击、进行恢复甚至实施反制的积极防御目标。因此,正如 NSA IAD 在相关专题论文(Herring 等人,2014)中论述的网空积极防御体系,网空态势感知应当能够支撑战术响应,而且应当能够接受与处理所采集的微观层面数据,以及侧重于微观层面的入侵检测事件信息,进行观察并在中观层对所观察信息进行组织与理解,进而根据在中观层面的合理推测来制定决策,然后通过执行响应行动对网空环境中的节点实体产生微观层面的安全影响。

进一步从与高水平威胁的对抗角度来看,由于网空攻击发生速度极快,对高水平威胁行为体长期潜伏后某一次快速发生的突然进攻做到事前或事中阻断可能非常困难。因此，需要结合在中长时间周期中对抗威胁进攻行动所积累的经验知识，根据所监测到的突发事件信息，采用网空态势感知发现潜伏的高级威胁并确定其影响节点范围，指挥对所暴露威胁展开猎杀清除等响应行动，并通过向积极防御体系中的具有实时监控响应能力的设备或系统下发威胁对抗策略，实现对越来越多的"已知"攻击行动展开实时阻断。

综合来看，网空态势感知需要兼顾宏观与中观两个层面，需要将实时的监测采集数据与中长期的情报、经验和知识积累结合在一起，支撑实现短期的响应行动与中长期的策略调整工作。

困惑 2：态势感知只是为了满足整体安全状态展示的需要吗？

近些年我国在网空态势感知方面取得了较多的成果，建成了许多与态势感知具有一定关系的网空防御平台。但是，一个实践中的困惑也随之而来：现在这种以整体安全状态展示为主的模式，代表了态势感知所必须满足的主要需求吗？

首先，我们必须客观地认识到，与忽视采集分析安全监测数据且不主动掌握安全状况的早期网络安全运行模式相比较，通过建设与态势感知相关的系统平台，加强对安全数据的统计汇总和对安全状况信息的主动展示，确实具有较大的积极意义，并且也确实能够揭示一些中长期存在的安全问题，并推动展开优化调整安全策略等解决措施。

然而，正如本书第 13 章所指出的，网空态势感知的最终目标是对情境态势进行有效管理，需要不断地针对攻击行动做出积极防御的响应对抗，及时调整网络及其所支撑的工作任务，实现以工作任务为中心的可弹性恢复网空防御能力，从而达成业务运营保障和业务风险控制的目标。又如前文所探讨的，网空态势感知作为网络安全积极防御体系所依赖的动态指挥控制机制，必须能够有效支撑中观层面的战术响应行动，因此就需要对经过聚合的系列安全事件进行中观层面的结构化呈现，需要向网空防御人员提供备选的积极防御响应行动方案，并基于比对和评价对抗措施以提出行动建议。正如本书中多个章节所强调的，网络空间安全防御不仅面临海量数据规模的严峻挑战，还必须能够及时处理以极高速度源源不断产生的各种安全相关事件信息，因而即使经过态势感知相关机制的聚合汇总后，依然会有大量疑似安全事件需要由网空安全防御人员进行甄别分析，从而制定准确的决策并展开有效的响应处理行动。因此，围绕着网空态势感知的积极防御工作，必须由参与网空防御的各个角色人员协同完成，通过"分片包干"以覆盖规模日益增长的信息化环境，通过"专业分工"以确保提供充足的经验与能力来对抗高水平威胁。类似地，本书第

3 章通过对网空防御过程的分析，提出了安全分析师等一系列必不可少的网空安全防御角色。况且，为了保证响应行动的有效性并降低潜在的负面影响，还应当得到信息化建设与运维人员的协同配合。如本书所强调的，必须在组织机构的网空安全防御总体使命与愿景的驱动下，对涉及积极防御的各个角色的当前工作职责做出适应调整，根据态势感知和协同响应的工作特点确定各个角色的高阶目标，并采用目标导向任务分析（GDTA）方法来列出各个角色所需要做出的主要决策，进而详细描述为了支持每个决策而在态势感知三个层级所应当满足的需求。针对网空防御行动中每个参与人员的独特岗位，根据上述态势感知需求，确定需要向其提供哪些基本数据，以及确定相关系统需要以何种方式对信息进行整合，进而定制面向不同角色的网络空间通用作战态势图。

综合来看，积极防御中的态势感知，不能止步于向网空安全防御人员展示整体安全状态信息，而是需要根据具体工作目标和工作任务确定多种角色的不同态势感知需求，并以交互方式向承担各个岗位的网空安全防御人员乃至信息化建设运维人员提供必要的信息支撑和分析能力。

困惑 3："地图 + 炮"形式的态势感知为何效果不显著？

在最近几年的网络安全建设发展过程中，逐渐出现了一种趋同的实现模式，许多与网空态势感知相关的平台都将叠加在地图上的安全告警地理信息、安全告警分类聚合统计和最近发生安全告警清单作为主要的展示信息，而且越来越多的用户和厂商都开始将这种信息展示形式理解为"态势感知"。可能是为了加强安全告警的形象化展示效果，大多数厂商都采用了绚丽的"炮击"视觉效果，在地图上呈现安全告警所代表的疑似攻击行为的发生方向，因此被业界戏称为"地图 + 炮"形式的"态势感知"。

从运行效果来看，通过这种生动的安全告警可视化展现方式，确实能够向安全防御人员揭示当前网络安全状况的严峻程度，从而打破以往因为看不到而盲目自信的被动局面，进而促使各级企业机构启动对网络安全防御体系的完善工作。然而，随着这些平台上线运行时间周期的延伸，也有越来越多的网络安全从业人员对其效果提出了疑问。

实际上，目前的这种趋同模式，主要侧重于展现宏观的整体安全状态，并罗列部分微观的安全事件信息。根据本书第 3 章，这种模式只能回答关于当前态势的"有没有正在进行的攻击"这一问题，而无法提供关于攻击行动阶段和攻击者位置的信息，更难以回答关于影响、演化、行为、取证、预测和信息源评价的一系列问题。事实上，由于缺乏在中观层面对安全信息进行结构化组织与聚合呈现的能力，所以难以支持网空安全分析人员对威胁行为体的攻击行动做出有效理解，实际上是"感而不知"；而且，由于缺乏网空分析人员对疑似安全事件进行甄别核实所需的交互分析能力，以及网空安全防御人员制定决策并开展响应行动所需的交互操作能力，所以难以有效满足各种网空安全防御角色的态势感知需求，更无法有效指挥积极防御工作，实际上是"感而不为"。

总体来看，确实迫切需要完善当前的网空态势感知实现模式，强化态势感知对各种网空防御人员角色的支撑能力。值得注意的是，本书的各章节中阐述的主要观点和研究成果，对开展网空安全防御体系中的态势感知发展创新工作，能够起到重要的参考借鉴作用。

第三个问题：如何实现态势感知？

那么，应当采用何种方式在网络空间安全防御工作中达到态势感知这种状态呢？根据书中的态势感知定义，最直接的回答可能是："加强网络安全数据和日志信息采集以实现态势感知的观察层，通过可视化展现让安全分析师掌握网空态势以实现态势感知的理解层，并采用各种数学模型测算未来的发展状态以实现态势感知的预测层。"值得注意的是，我国网络安全行业在近些年还出现了一种很常见的提法，认为态势感知可以逐层分阶段实施，例如，可以优先做数据采集与可视化实现第一层"观察式的态势感知"，然后等待网空安全分析人员水平提高后再着手实施第二层"理解式的态势感知"，接着等待人工智能/深度学习等技术成熟后才尝试第三层"预测式的态势感知"。更有甚者，会因为"perception"（观察）一词具有"感知"的中文译法，认为类似"地图＋炮"形式的安全数据采集与可视化模式，就属于一套完整的"简单态势感知"，而"理解"与"预测"则属于所谓"高级态势感知"的范畴。

事实上，在本书第 1 章描述的态势感知模型中，实现态势感知的过程包含观察、理解和预测三个阶段，虽然从认知过程发展的角度来看也对应着三个层级，但并不意味着这三个层级可以割裂开来分别实现，更不能将其视为三套不同水平的"完整态势感知"体系。此外，必须清楚认识到，态势感知的目的是支持决策制定和行动执行，如果止步于观察或理解阶段的态势感知相关过程，则仅能达到"感而不为"或"知而不为"的残缺效果。正如本书第 5 章所明确指出的，态势感知本身并不是最终目的，而只是在快速演变复杂环境中用于支持明智决策的手段，因此也是通过做出准确的积极防御决策以有效对抗威胁的先决条件。

根据本书所描述的态势感知模型，在第一级态势感知（观察阶段）需要对其所关注网络和系统及其运行环境中的显著信息进行传感（sensing，也经常因为被翻译为"感知"而引起对态势感知的错误理解）检测，从而形成对各类系统节点、当前协议、已被攻击受控节点、活动历史记录和受影响系统 IP 地址等侧重于微观层面的环境元素状态的感知；在第二级态势感知（理解阶段），则应当结合网空防御目标来解释前述状态信息的含义或显著性，像"2+2=4"那样结构化地组织整合信息以形成中观层面的全貌图景，并聚焦于针对当前情境回答"那意味着什么"这个核心问题，从而对正在发生的网空安全事件形成理解，而且重点关注特定节点易于遭受攻击的程度（节点视角）、攻击行为的检测特征（检测特征 / 模式角度）、哪些攻击事件可能相互关联（事件间关联关系视角）、给定事件对当前任务运行的影响以及对竞争性事件的正确优先级排序；在第三级态势感知（预测阶段）需要对所理解的安全事件信息展开前向时间的推断，以确定其将如何对运行环境的未来状态产生影响，也就是根据所理解的威胁攻击轨迹等信息对攻击行动的发展方向做出合理推测，基于网空防御人员对当前情境态势的理解，结合对网络和系统的了解，预测下一步可能发生的情况，特别是受影响节点范围的扩展情况，以及威胁行为体攻击行动的延展情况。

根据 Endsley 在 1995 年（Endsley，1995）提出的动态系统中基于态势感知实现高效决策制定的研究成果，在态势感知模型中不仅仅存在观察、理解和预测三个层级阶段，还与一系列认知因素密切相关，其中注意力与工作记忆的局限性的影响非常明显，并有很高可能性将会导致出现低水平的态势感知。

如果简单地按照对态势感知三个层级阶段的理解直接设计相关系统平台，就像本书第 9 章中相关研究调研部分所提到那些回避恶意行为检测和上下文情景化的例子，将观察阶段实现为单纯的数据采集和处理，将理解阶段实现为可视化展示呈现和按需交互分析，并在预测阶段将问题丢给网空安全分析人员，让他们各自猜测可能的未来发展情况，并让网空安全防御人员自行琢磨应当采取哪些响应行动措施，就有可能导致低水平态势感知，而且在海量网络流量面前，这种完全依赖分析人员处理能力的模式不具有可持续性。其中，导致这种问题情况的决定性因素，正是来自于上述的两大制约因素：注意力与工作记忆。具体来看，一方面，如果在观察阶段缺少对明显线索的识别发现，则无法引导网空安全分析人员的关注方向，导致他们不得不耗费大量精力在海量的多样化数据信息中查找可能有意义的线索，而且数据过载问题会使情况变得更加难以控制；另一方面，如果在理解阶段只能提供某些固定的宏观整体情况信息可视化呈现，或者仅提供开放性的交互式数据查询与数据钻取功能，则需要分析人员耗费大量精力在脑海中尝试对多样化的信息做出组织与解释，而且在很多情况下无法保证分析人员能够正确理解哪些属于关键信息，也无法发现关键信息之间的关联关系；还有就是，如果在预测阶段无法提供充足的信息来引导分析人员，则可能使原本应当依据攻击轨迹做出的合理推测，变成凭空进行的无依据猜想；最后，如果无法向网空防御人员提供响应行动的决策支持信息，那么他们可能绞尽脑汁也无法制定出可行的威胁对抗行动方案。其实，如果采用偏学术的语言来描述这些问题，观察阶段引导信息查找关注方向的问题涉及注意力，各个阶段所提到的"精力"问题则与工作记忆密切相关，而那种给工作记忆带来巨大压力的临时应激工作方式则属于"启发式的细致心智计算"。诚然，对于某些经验极为丰富的高水平网空安全分析人员来说，利用这些缺乏整合且分阶段割裂的"原生态"式基础功能，还是有可能达到态势感知效果的，但是在时效性和高水平对抗方面难免存在不足；然而，对于大部分缺乏经验的网空安全分析人员和网空安全防御人员来说，则几乎无法在略微复杂的网络空间环境中实现态势感知。正如本书第 2 章所指出的，在网络系统中能够获取海量的安全信息，如果仅片面地加大提供和共享信息的数量，而未能相应地通过快速处理提高数据的质量，会导致超越人类认知局限性的阈值，压倒相关人员及时进行分析处理的能力，从而给指挥控制人员带来挑战；而且，片面强调数据采集和可视化，还可能导致网空安全分析人员产生"我可以看到一切"式的虚假安全感，进一步因为缺少引导，导致放大"乐观偏差"、易得性偏差与确认偏差等认知偏差所带来的负面影响。

实际上，目前所建设的不少态势感知相关平台都存在着这种情况。随着网络流量飞速剧增，必须改变依赖网空安全分析人员直接查看监测系统与工具输出信息的低效模式，并促成网空安全分析人员的工作职责转向更抽象且更高阶的验证分析任务。因此，如何为网络空间安全防御实现高效的态势感知，已经成为一个难以回避的迫切问题。

第三个问题延伸出的增补问题：如何实现高效的态势感知？

本书在介绍态势感知模型时，重点提出了长时记忆机制对态势感知的影响作用，指出根据经验和知识在长时记忆中形成的认知结构——主要是图式与心智模型——有助于实现更高效的高水平态势感知，而在第 5 章中也结合 ACT-R 模型和基于实例的学习理论（IBLT）对相关的认知机制进行了分析。如 Endsley 在其经典文献（Endsley，1995）中所指出的，图式这种认知结构来自于人员曾经面对过的情境态势，在去除一些细节信息后成为可用于模式匹配的一致性结构化知识理解框架，涉及系统组件、系统状态和系统运作等方面的信息，并在认知机制中可用于对知识的长时存储与查找获取，而且能够关联绑定与对应情境态势的行动方案脚本（本质上也是一种包含动作序列的特殊图式）。心智模型作为一种与图式关联的认知结构，代表着人员对系统的目的和形态形成的描述、对系统运作机制和所观察系统状态做出的解释以及对未来状态做出的预测，可以被描述为一种能够对系统行为进行建模的复杂图式，也可以被认为是某个特定系统的图式。

结合网空安全防御的上下文来看，图式和心智模型来自于对工作任务目标、网络与系统结构、网络与系统运作机制、威胁行为体情况和威胁情报等多种具象信息的理解与抽象。其中，图式主要包含检测发现威胁行为体攻击行动所需要的匹配模式；与图式关联的心智模型则是采用结构化形式整合组织相关信息以帮助网空安全分析人员进行理解的模型框架，而且也包含着所表征情境态势对应的可能发展轨迹及未来状态；与图式关联绑定的脚本，则包含着所表征态势情境对应的待选响应处置行为序列。正如本书第 8 章所描述的，如果结合 STIX 威胁情报框架来看，图式与 IOC（威胁指示器）密切相关，心智模型与 TTP（战术、技术和行为模式）/ 攻击模式密切相关，而脚本与行动方案密切相关。此外，在心智模型中还需要包含通过了解已有网络系统而形成的知识，特别是需要解决"与业务结合"这一长期困扰网络安全行业的问题，从而在模型中包含网络节点或系统组件等实体与业务运行的关联关系。而本书第 10 章和第 13 章中提出的工作任务建模方法，能够将工作任务分解后与网络空间中的相关实体进行依赖 / 支撑关系的对应映射，进而借鉴书中描述的攻击轨迹、攻击图与漏洞树等建模机制，将与实体关联的漏洞、进攻行动与技术影响等信息关联至工作任务，从而面向态势感知的理解阶段，实现可推理至业务影响层面的模型。

通过充分利用以图式和心智模型为代表的长时记忆机制，可以实现高效的网空态势感知，能够有效规避注意力和工作记忆局限性的制约影响。结合书中所介绍的态势感知模型，可以形象地理解为：采用长时记忆机制，能够把各个层级的态势感知阶段串接起来，并且在相邻两层级之间实现由长时记忆中认知结构引导的模式匹配或者关联推导，从而通过提高各阶段内认知任务的定向确定性，以降低对网空安全分析人员和网空安全防御人员经验知识的要求和对工作记忆的压力负荷。

具体来看，在观察阶段之前对所采集数据与事件信息等网空环境中的元素进行并行处理，对大量网络数据和安全事件信息进行缩减、过滤与预处理，并根据预先确定的经验知识完成数据丰富化、基础特征值抽取和基本标签标定等处理操作，从中识别出某些并不存在于原始数据信息中的涌现特征，从而引导观察阶段所需要聚焦的关注方向；在观察阶段，则需要超越基于线索的简单观察模式，而应当根据以图式等形式存在于长时记忆中的认知结构，借鉴第 10 章所描述的告警关联方法，采用信息融合机制（Steinberg & Bowman，2008）将所观察到的证据型环境元素聚合为攻击轨迹等安全信息（George P.

Tadda，2008），并与长时记忆中的图式进行模式匹配，从而将匹配命中的图式作为疑似攻击行动事件输出至理解阶段；在理解阶段，则将与疑似攻击行动事件图式相关联的心智模型作为框架，从可用的安全信息和对网空环境的基本了解知识中识别出框架所关注的关键特征，进而代入框架成为心智模型中相应的关键特征，从而使网空安全分析人员能够基于心智模型框架，实现书中所描述的信息整合组织与结构化呈现，据此开展可视化和数据钻取等交互式分析，甄别挑选出最有可能的攻击行动事件，达到将攻击轨迹对应至已知或未知攻击策略的要求，并根据其对应的心智模型理解攻击行动背后的威胁行为体，以及理解可能对工作任务造成的影响；在预测阶段，则基于在理解阶段所确定的攻击行动心智模型，将当前态势情境与模型中所描述的典型攻击模式进行结合，预估正在进行中攻击行动的策略演化情况，从而推测出合理可能的未来状态，特别是对攻击影响节点范围的预测，以及对攻击影响效果的预估；根据预测阶段输出的心智模型（及相关图式）和未来状态预测信息，网空安全防御人员能够通过预估行动影响效果确定响应行动的优先级，并以对应图式所绑定的脚本作为蓝本，开发出威胁对抗响应的行动方案。在上述这种模式中，大量的工作记忆查找工作负荷被转化为模式匹配，而且所需的大量经验知识也可以被抽象固化至长时记忆，从而在提高态势感知效率的同时，保障积极防御响应行动的效果水平，并同时降低对网空安全分析人员和网空安全防御人员的能力要求。

综合来看，这种高效态势感知的实现模式，代表了本书所提到的基于案例推理分析过程，正是一种通过威胁情报驱动态势感知以指挥积极防御的动态综合体系化网空安全防御模式。

困惑 4：如果实现全自动化的防御响应机制，还需要态势感知吗？

随着以模式识别和深度学习为主的人工智能技术应用的迅速发展，自动化防御响应机制已经成为网络空间安全领域中一个被寄予巨大期望的未来方向。特别是面对由于海量安全数据而导致分析处理工作负荷过载的情况，以及考虑到攻击会以极快的速度发生，自动化机制确实具有不容忽视的优势。近些年来，有越来越多的专家学者开始探讨使用全自动化的防御响应机制来对抗网络安全威胁，甚至以非常乐观的态度预测：网络安全分析人员和网络安全防御人员将被自动化防御系统所取代。

实际来看，如 NSA IAD 提出的网空威胁技术框架（NSA，2018）所揭示的，高水平的威胁行为体通常会使用高度隐匿的攻击手法，特别是将攻击行动痕迹分散在不同的网络区段和系统层次，从而使防御方仅依靠局部的有限信息难以做到识别发现与追踪溯源。

又如本书第 1 章所描述的，攻击发生时间点与攻击效果显现时间点之间的间隔可能相当分散，长期潜伏的威胁可能在到达某特定时间点或发生某特定事件时才被触发并发起网空攻击行动，从而严重影响防御方将特定攻击的相关行为与其后果做出关联的能力。而且，客观上来看，对网络与系统进行正常管理维护的行为，很难与攻击行动的迹象加以区分，甚至在特定情况下"合法"网空行为所表现出的变化，可能会比攻击行动所带来的变化更加显著；此外，网络空间中有许多的活跃用户人员，客观存在着"与一位无辜购物者有机会表现得像危险恐怖分子的情况相比，一位不知情的计算机网络用户更有机会产生恶意的行为"的情况，再叠加上威胁行为体在行动模式和可见性方面所拥有的非对称优势，将会导致攻击行动能够隐匿于大量复杂难辨的用户行为中。还有就是，作为传统"攻击者－防御者"对抗的概念延伸，网络空间的攻击行为背后通常会涉及多名人类决策者，相应地也会因为人类认知机制、敌我双方交互对抗和多决策者并行协同等原因导致攻击行为难以被准确预测。因此，如果缺少全局整体的信息掌控和长期积累的经验知识，将很难实现对高水平威胁的检测发现，而目前所构想的大多数自动化防御系统在这两个方面都存在不足。在当前所面对的复杂网空威胁环境下，以网络入侵检测系统（NIDS）为代表的各种监测系统与工具，主要是作为预处理器根据与网空攻击行动的相关性对海量网络流量与日志记录进行过滤处理，从而向分析人员提供充足的信息以支持分类分流分析操作，并明确提出即使在广泛使用机器学习算法的情况下也难以消除分析人员深度参与的可能性。而且，自动化防御系统所依赖的机器学习等人工智能检测机制，在高度对抗的环境中也可能遭受到特征攻击而被蓄意操控（Akhtar 等人，2018）。

  与传统的入侵检测与防御机制不同，如果要实现全自动化的"无人"防御系统，就必须严格防止出现误报或漏报的情况，以免带来较大的风险：漏报将导致威胁长期潜伏且攻击行动无法被发现和处置；误报将对网络空间运行带来干扰影响，并有可能被威胁行为体蓄意利用作为攻击效果"放大器"。因此，在前述问题导致难以准确检测高水平威胁的情况下，实际上较难脱离网空安全分析人员与网空安全防御人员而实现全自动化防御系统。正如本书第 3 章所论述，不需要牵涉任何位于控制闭环内人员的"无人式"自动化防御机制，是一个仍然遥不可及的愿景，而且目前不存在以可实践方式实现这一愿景的具体路线图。

  因此，既需要避免"人在控制闭环外"的"失控式"全自动化防御系统对网空运行带来过多干扰，同时需要避免因"人在控制闭环中"的"手工为主"防御模式带来的分析与响应压力挑战。有必要采用"人在控制闭环上"的"半自动化"防御模式，将网空安全分析人员和网空安全防御人员视为获得态势感知所不可或缺的"系统组成部分"，并且使参与控制闭环的人员能够通过使用自动化工具而提高防御效果。

事实上，围绕着军事领域中自主系统（autonomous system）的应用方式已经开展了充分的探讨（Cummings，2014），可以认为在能够预见的近期乃至中期未来，虽然涉及操作技能和行为规则的简单工作正逐渐转由自主系统所主导，那些需要运用经验知识与专业能力的工作依然将高度依赖于人员参与。在网络空间防御工作中，对于那些误判可能性小且响应行动影响范围较受控的低水平或高置信度已知的攻击行动，可以采用受管控的自动化防御机制进行处置；对于存在检测不确定性的中等水平威胁，则需要网络安全分析人员参与甄别确定，以避免由于误判而导致对网空运行的干扰影响，并在自动化执行响应行动方案前由网空安全防御人员进行确认放行；对于那些高水平威胁，则需要由网空分析人员基于线索展开深入的甄别分析，并需要由网空防御人员对响应行动方案做出优化调整，并采用自动化处理与手工处理相互结合的方式展开威胁对抗。

因此，实际上需要讨论的问题并不是在自动化防御机制与态势感知之间"二选一"的问题，而是如何将二者有效结合的问题。

第四个问题：如何围绕网空防御人员实现态势感知？

正如本书所指出的，网空防御领域需要一种人机结合的工作方法，将技术系统与人类认知能力融合在一起，从而在各种复杂的网空环境中实现态势感知。而且，实现网空态势感知的实际系统，不仅包括硬件与软件系统，还必须包括制定网空防御高阶决策所需的心理模型。因此，需要通过加强人员与技术系统之间的交互关系，避免"人在闭环外"式自动化机制带来的态势感知损失问题，同时需要由入侵检测技术、机器学习技术、信息融合技术与可视化技术相互结合的模式，综合利用技术系统与人员认知能力各自的优点与长处：采用系统的数据处理与信息整合能力应对网络空间海量数据过载和高速流动的挑战，依托训练有素的网空安全分析人员的强大认知能力理解当前情境与发现那些隐藏的潜伏威胁和复杂的攻击行动，交由网空安全防御人员把控响应行动方案并监督响应行动执行过程，并在后续阶段利用系统的自动化响应执行能力对快速发生的已知攻击行动及时做出响应处置。

目前，为了实现上述人机结合的网空安全防御机制，通常会加强整合已有网空安全监控系统、网空安全防御系统设备及各种网空安全分析工具，通过对海量网络流量和日志信息进行相关性过滤等预处理，并采用第 7 章所介绍的方法，对已有系统的信息可视化机制进行改进增强，从而更好地面向网空安全分析师的个人态势感知观察阶段提供更显著和更易于解释的信息呈现，进而在充足信息的支撑下帮助网空安全分析人员为当前态势建立一个全面的图景。然而，一方面，面对日益复杂的网空威胁环境，仅优化环境元素层级的可视化机制，难以帮助网空安全分析师理解攻击行动的那些隐藏方面；另一方面，随着攻击行动层出不穷，对合格网空安全分析人员的数量需求也越来越大，而通过环境元素信息可视化直接形成个人态势感知所需经验知识的要求就显得过高。

为了在网空安全防御领域实现更有效的人机结合，本书也提出了"人员与自主系统协同组队"的工作模式，指出需要在自主系统和网空安全人员之间建立高度共享的态势感知。所以，在技术系统侧与人员侧都需要产生态势感知，而且需要通过用户界面实现这两侧态势感知的相互耦合（Faber，2015）。为了解决前述的人机结合挑战，应当基于通用模型表达当前安全态势的思路，以及通过高级显示和推荐系统等工具与功能提高网空安全分析人员工作效能的思路，实现以人员为中心的态势评估过程（Holsopple 等人，2010），可以在用户界面上基于系统侧的态势感知相关模型呈现关于当前情境和过往细节的知识结构，从而解决因为仅对环境元素信息进行可视化而遇到的复杂攻击信息表达挑战，同时通过提供一系列的可能未来（plausible future）情境态势选项，降低对网空安全分析人员的经验与能力要求。

从系统侧来看，考虑到对网络空间通用作战态势图的展望需求，有必要改变传统入侵检测机制的非整合模式，特别是需要解决本书第 9 章中所指出特征检测和机器学习机制在检测结果语义方面存在含义欠载的挑战。因此，可以借鉴书中所介绍由长时记忆中经验知识引导的高水平态势感知实现机制。作为一种潜在的实现方法，按照本体模型对态势感知相关认知过程的增强作用，采用具有形式化语义的可机读语言对网空事件与相关联网空安全概念进行本体论建模的机制，使用类似图式的知识结构将离散的检测结果组织起来，以通过综合模式匹配识别出可能的情境态势；在此基础上，采用"杀伤链"情境本体模型来对网空安全事件信息进行结构化组织，使用类似心智模型的知识表达模型，将这些检测结果与关于网络与系统结构、网络与系统运作、威胁行为体和攻击行动的经验知识融合在一起；进而，一方面根据推理机制对合理可能的未来情况进行推断，另一方面也使用这种融合的知识表达模型向用户呈现可能的情境态势。具体来看，为了实现本书所描述的网空防御分析任务过程，并支撑对积极防御响应行动的指挥控制，需要实现有效的态势感知耦合，针对各个可能的情境态势，需要在系统侧向网空安全分析人员呈现一系列的信息：网空系统中的与该情境态势相关的组件、组件的关键特征、组件间的相互关系与作用、威胁行为体的目标意图、关联聚合的攻击行为轨迹、对攻击方目标的影响因素、对防御方目标的影响因素、对威胁行为体下一步行动的推断预判、对网络系统状态的推断预判、对进攻行动造成影响范围和效果的预估、对响应行动造成影响范围和效果的预估、对网络系统所支撑工作任务可能造成影响的预测以及与场景相关联的响应处置行动计划建议。

从人员侧来看，则可以围绕这种人机态势感知耦合机制，实现一种"二阶"的态势感知，通过培训等方式帮助网空安全分析人员形成必要的长时记忆认知结构，使他们能够掌握如何观察呈现在人机界面上的备选情境态势信息，以及如何使用信息可视化和数据钻取等交互方法进行甄别分析，从而确认选定最具有可能性的当前情境态势，并在所呈现信息的引导下实现态势感知的理解与预测阶段。此外，网空安全防御人员也需要在人机态势感知耦合用户界面的支持下制定响应行动决策，并可以通过用户界面向系统侧发出响应处置指令。

第五个问题：支持实现态势感知的系统形态是什么？

那么，能够支持实现态势感知的系统，其形态是怎样的呢？目前，我国网络安全行业大多认为存在着一种单体系统形态的"网络空间态势感知系统"，而且各个厂商竞相开展此类系统的研发工作。

但是，根据本书所提出的："缺少一套能够为网络攻击的检测、理解和响应提供所需信息的整合工具"；"入侵检测系统是一种能够支撑网空态势感知和人类决策制定过程的重要技术，应当与其他很多能够帮助分析师进行分析甄别的工具一同使用"；"网空态势感知的实际工作发生在人员层面上，将来自不同的 NIDS 工具的报告，以人类的时间尺度，融合在一个手工的过程之中，从而为当前态势建立全面的图景"。可以发现，在国际上的网空安全防御学术研究圈中，通常将网空态势感知作为一种可以由多个系统或工具整合实现的状态效果，而且这也确实符合态势感知的经典定义（Endsley，1995）："在一定时间和空间内观察环境中的元素，理解这些元素的意义并预测这些元素在不久的将来的状态。"事实上，国际上的网络安全厂商也很少会推出"单体的态势感知产品"，而是经常会强调其产品或服务对实现网空态势感知能够起到哪些作用，并将态势感知作为一种综合利用各种已有技术与系统的产品设计模式与运行使用方式。

其实，结合本书所提出的"将网空态势感知活动更好地与能够产生效能或影响环境的活动进行整合"的需求，通过深入分析对积极防御的态势感知要求，可以发现网空态势感知涉及非常多不同的方面：既有宏观态势感知，也有面向战术响应的中观态势感知；既要满足中长期战略调整目标，也要满足近实时战术响应、日常化威胁猎杀和持续威胁监控目标。从围绕态势感知的积极防御响应行动协同参与方来看，既涉及网空安全分析人员、网空安全防御人员、信息化建设人员、信息化运维人员与网络系统用户，又涉及信息化管理层、企事业单位管理层和监管机构等利益相关方。从协同响应行动所涉及的系统和流程来看，涉及风险管理系统/流程、资产管理、配置管理、防御响应指挥控制（C2）、取证分析流程/工具、恶意代码解剖分析流程/工具，以及运维管理系统/流程等。从能力体系角度来看，不能让态势感知成为"空中楼阁"，而是应当着眼于实现以态势感知为中心的积极防御能力，必须依赖于基础结构安全能力提高置信度保障级别，依赖于纵深防御能力来保障观察效果并防范过载问题，以及依赖于威胁情报能力的重要驱动作用。从提高态势感知水平的能力来看，需要发现经由网络触及漏洞的所有路径的自动勘察能力、对多来源的数据进行关联和融合的能力、攻击路径可视化的能力、自动产生缓解措施建议的能力，以及最终对网空攻击所造成任务影响进行分析的能力。特别值得注意，正如本书第 11 章所指出，网空态势感知依赖于全面且及时掌握网络与系统各方面情况的"知己"能力，这与网空测绘、资产管理、配置管理、漏洞管理与补丁管理等基础结构安全能力密切相关，而且直接影响着态势感知所必需的攻击轨迹聚合与攻击策略预测能力的水平。

进一步从技术发展角度来看，越来越多的新型网络安全技术与围绕态势感知的积极防御体系具有非常紧密的依赖关系，依托于态势感知实现准确的威胁定位，甚至需要实现分布式的共享态势感知，具体包括：主机与网络侧自适应安全技术；基于上下文实时关联面向攻击者的欺骗技术与整合历史数据情境分析的 NDR（网络检测响应）与 EDR（端点检测响应）技术；" In-line"式深包处理、OpenFlow 流量操控和面向攻击者的网络欺骗技术；以 OpenC2 为代表的协同响应指挥控制体系；全流量采集与解析以及定向按需采集等新型网络采集技术。

综合来看，几乎不可能以一个单体系统来满足积极防御对态势感知的多样化需求，而且事实上也存在着大量与态势感知紧密相关的系统设备和工作流程。因此，可能需要对实现态势感知的系统形态做出创新性的探索想定，引入系统工程（system engineering）理念（Walden 等人，2015），把威胁情报驱动的积极防御体系作为一个由持续监测体系、协同响应平台、运维工作流/工单系统、知识管理/知识模型/知识工程体系、大数据分析系统、大数据交互式查询系统、可视化系统、大屏幕展示系统等多个构成系统有机组成的复杂超系统（system of systems），并将"态势感知"作为一个由所有构成系统通过网空安全人员的安全运行工作发挥相互作用以共同实现的一种"涌现特性"。基于这一想定，未来可以采用系统工程方法，体系化地设计以态势感知为中心的威胁情报驱动的积极防御体系，并据此在开展新系统建设工作的同时，对原有系统做出适应性调整。

参考文献

[1] Akhtar N, Mian A. Threat of adversarial attacks on deep learning in computer vision: A survey, 2018 [J]. arXiv preprint arXiv:1801.00553.

[2] U. S. Department of Defense. Quadrennial Defense Review Report [R]. Washington, D. C. 2001.

[3] Lee R M. A SANS Analyst Whitepaper: The Sliding Scale of Cyber Security systems [EB/OL]. Tech. rep. SANS Institute InfoSec Reading Room, 2015. https://www. sans. org/reading-room/ whitepapers/analyst/sliding-scale-cyber-security-36240.

[4] Willard G. Understanding the co-evolution of cyber defenses and attacks to achieve enhanced cybersecurity [J]. Warfare, 2015, 14, 17-31.

[5] Herring M J, Willett K D. Active cyber defense: a vision for real-time cyber defense [J]. Warfare, 2014, 13, 46-55.

[6] Endsley M R. Toward a theory of situation awareness in dynamic systems [J]. Human factors, 1995, 37(1), 32-64.

[7] Herring M J, Willett K D. Active cyber defense: a vision for real-time cyber defense [J]. Warfare, 2014, 13, 46-55.

[8] Endsley M R. Toward a theory of situation awareness in dynamic systems [J]. Human factors, 1995, 37(1), 32-64.

[9] Steinberg A N, Bowman C L. Revisions to the JDL data fusion model, Handbook of multisensor data fusion [M]. CRC Press: 65-88, 2008.

[10] George P Tadda. Measuring performance of cyber situation Awareness Systems [C]. Proceedings of the 11th International Conference on Information Fusion, Cologne GE, 2008.

[11] National Security Agency. NSA/CSS Technical Cyber Threat Framework v1 [EB/OL].2018. https://www.iad.gov/iad/library/reports/nsa-css-technical-cyber-threat-framework-v1.cfm.

[12] Cummings M M. Man versus machine or man+ machine? [J]. IEEE Intelligent Systems, 2014, 29(5), 62-69.

[13] Faber S F. Analytics for Cyber Situational Awareness. SEI Blog [EB/OL].2015. https://insights. sei.cmu.edu/sei_blog/2015/12/flow-analytics-for-cyber-situational-awareness.html.

[14] Holsopple J, Sudit M, Nusinov M, et al. Enhancing situation awareness via automated situation assessment [J]. IEEE Communications *Magazine*, 2010, 48(3).

[15] Walden D D, Roedler G J, Forsberg K, et al. Systems engineering handbook: A guide for system life cycle processes and activities [M]. John Wiley & Sons, 2015.

推　荐　序

一个网络安全工作者的实践总结与反思

肖新光

　　经过了为期两年的翻译和审校工作，由网络空间安全专家黄晟同志协同安天研究院的部分同志翻译的《网络空间安全防御与态势感知》一书即将出版。本书是一系列专题技术文章的合集，同时很负责任地说，也是迄今为止业界在网络空间态势感知领域最为完整和系统的基础理论文献。

　　本书的主要译者黄晟同志致力于网络安全防御工作十余年，在网络安全规划建设等领域中做了大量有价值和有前瞻性的工作。他长期关注国际上的网空安全态势研究成果和先进理念，并发起了本书的翻译工作。他为本书撰写的"译者序"，以问题为导向，通过五个问答的形式，对本书的内容进行了非常深入的概括，并升华为更加清晰凝练的观点。"译者序"中提出了能力导向的规划与建设体系，区分了被戏称为"地图＋炮"形式的态势感知与积极防御的指挥控制态势感知，提出了耦合式态势感知的思路，探讨了态势感知的复杂超系统形态，从而形成了一套具备实践指导意义的观点体系。"译者序"不仅对于深入理解书中内容起到了很好的导读作用，而且还对深入理解全球网空态势感知的研究成果和理念，以及明确做好网空态势感知的方法和要点，起到了非常清晰的价值指向作用，特别是对于进行态势感知相关技术与系统的研发，以及推动威胁对抗情境下的安全体系规划有很大的价值。

　　我作为一名在网络安全威胁对抗领域学习、工作多年的从业者，在学习本书内容，特别是研读本书"译者序"的过程中，看到了我所在的安天团队过去工作实践的不足之处，故将一些尚不成熟的总结和反思赘述于此。

　　本书作者之一 Mica R. Endsley 给出了态势感知的经典定义。态势感知是指"在一定时间和空间内观察环境中的元素，理解这些元素的意义并预测这些元素在不久将来的状态。"我站在网络安全工作者的主观视角来理解，特别是从网络安全产品和工程系统研发者的角度来看，网络安全态势感知是由观察、理解、预测三个层级组成的，支撑网空防御决策和行动的复杂行为活动。这种活动不可能通过单纯人力工作来实现；也不可能不依赖人的交互参与，完全依靠自动化手段来实现；亦不可能借助一个单体系统或工具来完成。正如本书"译者序"中所指出的，"态势感知作为一种综合利用各种已有技术与系统的产品设计模式与运行使用方式，需要以'多个系统或工具整合＋网空防御人员团队'来完成。"

在过去十余年的各种安全规划立项中，有大量的项目冠以"态势感知"的名义出现，这些工程项目和产品间形态差异极大，甚至一些单一的流量监测或扫描检测产品也被称为态势感知平台，几乎是"有一千个人，就有一千个态势感知"⊖。正因为态势感知的概念有较为广阔的内涵，几乎与网络安全检测、防护、分析、研判、决策、处置等各种能力和动作都发生关联，所以导致网络安全工作者很容易从自己的本位视角去理解态势感知。在网络安全工作中，本位视角是必然存在的。管理和职能部门、应急机构通常从社会应急的视角出发，更偏重对公众关注的事件做出公共预警、全局响应策略并指导互联网层面遏制威胁。部分学界人士为了保证研究问题的收敛，倾向于寻找易于抽象的场景，把安全威胁分析和防护的一些单点或某一层面，转化为某种易于转化的"算法问题"。安全厂商为了保证安全产品的确定性价值和交付边界收敛，通常从应对某种或几种具象威胁的需求出发，进行工程实现，并将这种能力指标化。这种本位视角体现出了领域中不同机构的角色分工定位，我们不能说这些本位视角是错的，但需要考虑其中的经验局限、刻板偏见或利益考量对认知的影响。

态势感知相关工作，无论作为一种状态、一个过程、一种活动还是一个复杂的能力体系，都需要落实到具体目标和场景，而非单纯宏观、全局的整体威胁情况。从网络安全的业界实践来看，以下三种场景中的工作更多涉及态势感知能力建设：

- 赋能机构客户建立防御体系（也包括安全厂商自身的安全防护体系建设）。
- 赋能监管部门建设监测通报预警能力。
- 安全厂商的威胁捕获、威胁分析、客户支撑等工作体系的自我建设完善。

在这三类场景下，针对网空威胁，支撑观察、理解、预测能力，辅助决策和行动的

⊖ 本句源于莎士比亚"一千个人眼里有一千个哈姆雷特"，形容人们由于阅历和经验的不同，对同一件事情会有不同的理解。

一系列综合系统，往往都被称为态势感知平台，但这些场景也有着显著的差异。

本书"译者序"中设问解答了一个关键问题："态势感知应当面向策略调整还是战术响应？"其中明确指出："态势感知还应当面向在宏观层面之下但又高于微观细节的'中观层面'。"结合当前需求和已有实践来看，目前有两类态势感知平台建设需求：一类是网络安全主管和职能部门，为了掌控宏观态势和推动指导安全策略优化调整而需要的监测型态势感知平台；另一类是重要信息系统和关键信息基础设施的管理者，针对复杂多变的敌情，为了实现更高效的决策支撑响应行动而需要的战术型态势感知平台。

如"译者序"中指出的："进一步从与高水平威胁对抗的角度来看，由于网空攻击发生速度极快，对高水平威胁行为体长期潜伏后某一次快速发生的突然进攻做到事前或事中阻断可能非常困难。因此，需要结合在中长时间周期中对抗威胁进攻行动所积累的经验知识，根据所监测到的突发事件信息，采用网空态势感知发现潜伏的高级威胁并确定其影响节点范围，指挥对所暴露威胁展开猎杀清除等响应行动，并通过向积极防御体系中的具有实时监控响应能力的设备或系统下发威胁对抗策略，实现对越来越多的'已知'攻击行动展开实时阻断。"基于这些要求，满足"战术型"态势感知需求远比满足"监测型"态势感知更为困难和复杂。

综合本书各章节内容，参考本书"译者序"，以及《网络安全纵深防御思考》等文献中的观点和研究成果，结合安天在过去十八年中的威胁对抗工作实践，可以看到，做好网络安全态势感知工作应基于以下四点变化。

对手的变化——从应对单点威胁到应对高级网空威胁行为体

本书"译者序"将网络空间发展划分为"办公自动化辅助手工操作""信息化与网络化大规模建设与发展""高度依赖网络信息技术的网络空间时代"三个历史阶段，并指出，"在高度依赖网络信息技术的网络空间时代，保障网络和信息系统可靠运行的安全防御工作已经变得不可或缺"，"网络空间的安全防护应当立足于更加积极的合规驱动工作模式，并进一步针对关键信息基础设施等重要领域实现主动有效的全方位体系化防护工作模式"。

在信息网络空间安全发展的前期阶段，陆续产生了诸如病毒传播、DDoS 攻击、Web入侵、垃圾邮件泛滥等单点威胁。在一段时间内，人们看到的威胁影响后果是这些单点威胁对个人桌面使用、互联网效率和上网体验的影响。针对单点威胁的特点，总结其规律，进行单点应对，是当时的主要工作模式，如恶意代码查杀、DDoS 攻击缓解、Web

防护、垃圾邮件识别与拦截等。通过"兵来将挡，水来土掩"的方式，单点积极应对，对遏制和处置单点威胁是有较好效果的。这些工作依然是网络安全检测防御工作中的基本工作，也是必须落实的工作。

在高度依赖网络信息技术的网络空间时代，网络威胁的后果已经不是对公共互联网效率和上网体验的影响，而是对关键信息基础设施和重要信息系统的控制、干扰、窃取、破坏等。这种攻击以大国博弈和地缘安全竞合为背景，由高级网空行为体发动，是高成本支撑下的体系化攻击。过去几年曝光的"方程式""海莲花（APT-TOCS）""白象""绿斑"等攻击组织，都是此类高级威胁行为体的代表。

NSA 下属的 TAO 攻击组织攻击中东最大的 SWIFT 服务机构事件，是典型的体系化攻击。我们借助该事件复盘，分析一下此类攻击的特点。

攻击分别从来自于哈萨克斯坦、德国、中国台湾以及日本的四个攻击跳板发起，首先通过未公开的漏洞利用工具，取得了架设在网络边界上的 4 台 Juniper VPN 防火墙的控制权，并在其上安装了 Rootkit；然后攻陷内层的企业级防火墙，包括 1 台 Cisco ASA 防火墙和 1 台 Juniper 防火墙，也在其上安装了 Rootkit；之后，攻击者针对内网节点，使用漏洞攻击平台 FuzzBunch 进行横向移动，并使用 5 个未公开的漏洞利用工具获得服务器权限，其中包括 4 个"永恒"系列漏洞和 1 个"爆炸之罐"漏洞，在攻陷的系统上安装模块化的 DanderSpritz 木马，先后取得了 2 台管理服务器和 9 台业务服务器的控制权；最后通过 2 个 SQL 脚本实现了与 Oracle 服务器的交互操作，获取了相关的账户名、密码信息与交易记录。

上述攻击经过长期的谋划，按照"管理、准备、交互、存在、影响、持续"的作业框架流程，采用先进的攻击武器进行组合攻击，是典型的 APT（高级持续性威胁）攻击，甚至可以称为 A^2PT（高级的高级持续性威胁）攻击。而支撑这种攻击武器组合的攻击装备库，还只是高级网空威胁行为体能力的一部分，其自身还有一整套工程体系支撑信号情报获取、网络地形测绘、目标定位、打击目标规划、情报分析、打击决策等。类似"星风""湍流"这样的情报平台或攻击框架，都是此类工程体系的代表。

前美国陆军参谋长 Maren Leed 在《Offensive Cyber Capabilities at the Operational Level》一文中指出：网络武器"非常适合作战的所有阶段，包括环境塑造、高烈度对抗以及重建"，"它们可以在多个时间点发起攻击，包括针对早期开发过程和使用决策等"。

对于重要信息系统、关键信息基础设施的防御者来说，必须正视的问题是：

- 高级网空威胁行为体有突破目标的坚定意志、充足的资源和充分的成本承担能力，并以此为基础，进行体系化的作业。

- 防御者所使用的所有产品和环节同样是攻击方可以获得并测试的。任何单点环节均可能失陷或失效，包括网络安全环节本身。
- 信息系统规划、实施、运维的全生命周期，都是攻击者的攻击时点。
- 供应链和外部信息环境都是攻击者可能攻击的入手点。
- 攻击者所使用的攻击装备有较大可能是"未知"的，这种未知是指其在局部和全局条件下，对于防御方以及防御方的维护支撑力量（如网络安全厂商）来说，是一个尚未获取或至少不能辨识的威胁。

对于 APT，甚至 A^{2}PT，我们不能简单地用传统的单点威胁视角来看待，而要将其视为复杂的"敌情"，以展开敌情想定。敌情需要建立在对大量对手的能力和行动进行深入分析的基础上，形成基础的和针对性的想定。

在 2017 年的一次研讨会议中，安天第一次提出了"有效的敌情想定是做好网络安全防御工作的前提"的观点。提出"敌已在内、敌将在内"是最基础的敌情想定，并从外部信息环境、信息交换、供应链、人员社会关系等角度，提出了建立敌情想定的若干原则。上述观点，特别是"敌已在内、敌将在内"的提法，引起了一定的争议。在进一步的文献检索中，在号称"NSA 之盾"的 IAD 的《 Understanding the Co-Evolution of Cyber Defenses And Attacks to Achieve Enhanced Cybersecurity 》一文中，我们看到了其提出的网空防御五条规则：

1. 敌方终将进入我方内网。

2. 网络防御者不能改变规则 1。

3. 敌方已经进入我方内网。

4. 攻击将会持续进行。

5. 情况会越来越糟。

在网络安全防御上体系完善、能力系统、投入巨大的美方，都认为"敌方终将进入我方内网"，那么我们自己在网络安全防御工作中，就更没有理由认为仅靠物理隔离等简单的措施和制度，就可以御敌于城门之外了。

对于关键基础设施和重要信息系统，围绕"敌已在内"和"敌将在内"，建立极限化的敌情想定是展开工作的基础前提。敌情想定不是抽象的，更不是静止的，而是具体的、动态的。需要针对不同机构的重要信息系统和关键基础设施的特点展开深入分析，因不同场景的目标价值、防护水平和投入、管理情况、人员认知和能力现状等的不同，会呈现出不同的规律特点。针对关键内网、政务内网、政务外网、关键信息基础设施、军工企业、高等院校和科研机构等，都需要针对其面临的具体威胁来源方，来分析敌方攻击意图、可能的攻击目标和入口，同时结合我方当前场景特点和缺陷进行深入系统的分析。

本书"译者序"指出，"网络空间中所存在的网络威胁往往非常复杂，存在着从业余爱好者到高度组织化、高水平实体的多层级网空威胁行为体。"在客观敌情想定中，高级网空威胁行为体是最难以应对的对手，但显然并不是唯一的对手，早期困扰信息系统维护者的业余黑客和黑产组织所发起的攻击也将会一直存在下去。可以从低到高将攻击行为体划分成七个层级：业余黑客、黑产组织、网络犯罪团伙或黑客组织、网络恐怖组织、一般能力国家/地区行为体、高级能力国家/地区行为体、超高能力国家/地区行为体。这些攻击行为体的各种攻击行为交织在一起，一个不能防御低层级攻击的系统，也必然无法防御高层级攻击。在预警、分析、溯源等工作中，高层级攻击的线索，往往淹没在大量的低层级攻击组织所发起的攻击事件中，有更高的对抗难度。

从我们过去所做的安全工作看，容易脱离具体防御场景和承载的信息资产价值来研究威胁应对，而把威胁响应处置看成一个整体的社会行为。脱离了防御目标场景，脱离了目标场景承载的具体信息价值，来进行威胁响应和影响统计，会导致威胁响应工作脱离靶心，会将防御的重点和成本始终投入到那些容易看见，或者容易理解的威胁中去，而脱离了高级网空行为体带来的更隐蔽、更致命的威胁。

视角的变化——从自我闭环走向赋能客户，实现与攻击者的闭环

本书"译者序"指出，"有必要采用'人在控制闭环上'的'半自动化'防御模式，将网空安全分析人员和网空安全防御人员视为获得态势感知所不可或缺的'系统组成部分'，并且使参与控制闭环的人员能够通过使用自动化工具而提高防御效果。"对照这一模式，值得自我反思的是，安天（包括以反恶意代码为基础能力的安全企业）过去较长时间的运行模式（恶意代码捕获、自动化+人工分析、反病毒引擎升级）是一个厂商的自我能力闭环，而没有有效解决让客户侧的网空防御人员处于控制闭环之上的问题。

从1986年IBM-PC架构下出现恶意代码开始，安全对抗进入到了以代码为主要检测对象和对抗方式的主机系统对抗时代。此时PC基本上是一个孤岛，作为主流操作系统的DOS的组网支持能力有限。程序主要通过磁盘介质拷贝安装，数据通过磁盘介质拷贝交换，恶意代码也在这个过程中慢速传播。由于对物理介质的依赖，其感染范围有比较明

显的按照地理位置扩散的特点。DOS 时代计算机配置较低，操作系统、应用程序都相对简单，用户可以通过一些明显的现象，如系统效率变慢、系统文件字节变化等，来判断计算机感染了病毒，并找到感染文件。在缺少广域网覆盖的情况下，病毒样本或者由厂商工程师登门提取，或者通过磁盘邮寄的方式传递给厂商。厂商、反病毒爱好者相互间也进行病毒样本的交换，这也可以被视为威胁情报共享的一种雏形。

尽管最终病毒检测和防护的对象是客户终端，但主机防护产品则表现为一种高度标准化的产品能力。这是因为，在 DOS 时代，多数恶意代码是一种"标准化"的威胁，其绝大多数不是针对某一个具体目标场景定制的。即使是变形病毒，其不同的变形结果也是功能等效载荷，虽然少数恶意代码内置了简单的感染和攻击选择条件（如特定文件是否存在、日期是否超过某个时间），但实现定向攻击的难度相对更高。在恶意代码传播过程中，攻击者很难实现一种针对性的、个性化的执行干预，同时由于缺少可以定向回传的信道，针对 DOS 系统，恶意代码实现远程控制和窃密回传并不容易。因此，只要反病毒厂商获取到样本，就能分析样本、提取特征码、编写清除参数（脚本、模块），从而生成新的病毒库。厂商只要在自身测试环境中验证新的规则和模块有效，基本就可以保证用户获得新版本病毒库后能有效查杀和防护病毒。从用户发现并提交病毒样本，到获得厂商分发的病毒库，构成了一个慢速的闭环。从恶意代码初始扩散传播，到被用户发现并提交给厂商，再到厂商分发新规则到达客户，可能经历数天甚至几年的时间。恶意代码对抗工作的早期，总体上是一个以厂商支撑能力体系为中心的、相对慢速的自我闭环。随着反病毒厂商逐渐形成了规模化、体系化的能力，在与病毒的对抗中，开始逐渐掌握一定的主动权。

国际上几家知名反病毒企业，基本上是从 20 世纪 80 年代中后期，开始了反病毒技术的研发积累，在 DOS 时代形成了威胁检测引擎的基本结构思路和防御理念。反恶意代码引擎的维护，是一个基于样本捕获采集、样本分析、规则发布的厂商自我闭环。在建设捕获手段、建立分析系统、形成升级支撑能力等方面，主流的反病毒厂商都形成了一些自身的特色和经验。

安天团队在 2000 年创业开始时，主要的对抗目标是 Windows 平台的蠕虫和木马，但作为核心技术的反病毒引擎，其基本结构和原理与 DOS 时代是一脉相承的。但同时，站在网络蠕虫泛滥这样一个新的挑战期中，也使我们可以走出单纯以产品用户作为反馈源的工作思路，而增加威胁捕获的主动性能力。从 2001 年起，安天先后研发和搭建了针对扫描性攻击和恶意代码投放的"捕风"蜜罐子系统、针对邮件恶意代码的诱饵信箱子系统、针对 Web 威胁的"猎狐"爬虫子系统、针对流量监测的"探云"子系统等，并逐渐与全球上百个安全厂商和安全机构建立了样本或威胁情报共享机制。安天较早地把工业流水线的思路应用到恶意代码分析中，将文件样本视为需要加工的原料，将对文件的格式识别、拆解、关键信息提取，以及样本提取、处理和模块编写等动作视为加工处理的工序，将特征码和新的模块视为流水线的产品产出。安天先后研发了两代分析流水线，以实现对样本的自动化判定、向量化和规则提取。通过样本分析子系统与捕获子系统、升级子系统，构成了一个"采集－分析－规则分发"的自我闭环。随着恶意代码样本数量的爆炸式增长，后台系统的处理能力逐步从每日分析百级别样本，提升到了分析百万级别样本。

依托规模性计算、存储资源建立工程平台系统，针对海量威胁实现自动化分析，实现对分析人员的操作降维，并将分析人员的经验反馈转化为平台能力，是安天在过去近二十年工程探索中所积累的最重要的经验。但在历史的工程实践中，多个采集捕获系统、分析系统、威胁情报系统烟囱式孤立建设的问题也很严重，数据间横向打通不利，没有形成充分的共享，分析和服务人员难以单入口作业。由于多数内部系统初始以自用为目标，没有充分考虑扩展性、模块化等方面的问题，导致缺少可以叠加弹性能力的基础计算和存储框架。其中的很多问题导致我们需要用更大的代价来改善。这种教训也是在态势感知平台建设中需要注意的。

在安天从一个反病毒引擎厂商走向综合能力型厂商的成长过程中，也在不断反思。对于一个反病毒厂商来说，其工作主要是围绕攻击载荷（payload）检测展开的，把恶意代码样本作为最关键的资源，并按照 Hash 针对样本消重。但是，出于工作视角的局限性以及成本考虑，把样本传播相关的一些重要信息忽略掉了。在感知体系的部署规模方面，也较长时间是以确保样本的覆盖率而不是事件的覆盖率为主要指标，这就使捕获手段虽然相对丰富，但其部署策略依然是保守的，投入也是有限的。随着安天更多地与客户共同承担安全建设和运维工作，以及深度分析 APT 攻击事件，我们逐渐认识到，以恶意代码载荷为核心的捕获分析机制，对于应对更高级别的网空威胁行为体的活动是必需的，但却是远远不够的。特别是在 APT 攻击广泛使用未公开漏洞和免杀恶意代码的情况下，反病毒引擎仅扮演单纯的检测器是不够的，其同时也要是一个能进行全量对象格式识别和向量拆解的分析器，可为态势感知提供更多可分析、可追溯的静态数据。

安天从 2005 年起，通过工程赋能交付的方式，将自身的后台恶意代码样本监测、捕获和分析机制，提供给主管部门使用，这是安天对监测型态势感知相关工作的早期探索。

而在这个实践过程中，我们也有一些惯性思维成为后续的工作障碍。作为反病毒引擎的提供者，容易把自身的职责闭合于恶意代码的检出率、误报率、错报率等指标上，往往缺少支撑客户侧全局安全责任的使命担当。而从整体工作模式上看，确实是一个围绕后端支撑平台和分析团队的自我能力中心化的能力闭环。

在 2005 年，我们关注到恶意代码的感染分布已经有非常明显的"小众"传播倾向，在感染统计上，我们能看到一个超级"长尾"，相对于蠕虫病毒，这一问题带来了新的挑战。蠕虫尽管传播迅速，但其感知和捕获都相对容易，可以快速形成检测和处置，但面对这种小众样本，安全厂商机构对样本的捕获能力均会普遍下降，特别是在一些隔离网络的场景条件下，可疑文件不能及时反馈给安全厂商。如何在无法捕获威胁的条件下有效对抗威胁？这一问题开始打破过去我们所熟悉的自我安全闭环。

2007 年，我们首次处理了一起具有 APT 性质的安全事件。攻击方疑似为我们披露的"绿斑"攻击组织。在这起事件中，攻击者采用了工具组合的思路，没有使用自研恶意代码，而基本上是使用商用、免费和开源的网络管理工具，通过这些压缩、网络服务、行命令管理等多个"正常"工具的组合，构建了在目标主机上持续窃密获取信息的场景。其中的部分工具由于在日常中广泛应用，不可能作为恶意代码进行查杀，有的甚至是在避免误报的白名单之中。

这个事件让我们看到，定向性的安全威胁在攻击目标场景上具有个性化特点。这个案例明显展示出，依靠统一的厂商规则维护分发、自我闭环，难以有效应对定向性威胁。本书"译者序"中设问解答了"如何围绕网空防御人员实现态势感知"这一关键性问题。我们从中获得的启示是，作为安天后台支撑体系的"赛博超脑"不能作为用户的"大脑"来设计，而要作为一个外部威胁情报等资源的赋能服务平台来设计。在当前复杂的信息系统和体系化攻击的背景下，安全厂商究竟是以自我为中心，满足于自我闭环，把自己的基础平台当成用户的"大脑"；还是在客户场景下，围绕用户侧的网络防御人员进行态势感知和积极防御能力的建设，真正地实现安全厂商与客户的闭环，进一步达成赋能客户、实现与攻击者的闭环？这是一个选择"片面抗战"路线，还是"全面抗战"路线的问题。

不仅不能脱离客户防护场景来谈网络安全解决方案和技术价值，更应充分认识到客户侧安全防御人员最为熟悉自身的信息系统，能充分发挥主观能动性，是网空防御工作的主角。与此同时，客户的信息资产并不只是攻击目标和防护对象，也是进行有效布防的场景纵深。

思路的变化——从网络安全监测平台走向战术型态势感知平台

本书"译者序"中指出，"如果网空态势侧重于对宏观态势的掌控，其输出的决策支持信息将主要被用于引导对安全策略的优化调整，虽然这种'宏观'模式与基于 PDCA（Plan-Do-Check-Adjust，计划－执行－检查－调整）循环的信息安全风险管理生命周期相比具有更高的主动性和动态性，但是在攻防对抗的时间周期上仍然无法适应高速多变的攻击行动，而且在调整范围上也只能局限于较粗的颗粒度。""综合来看，网空态势感知需要兼顾宏观与中观两个层面，需要将实时的监测采集数据与中长期的情报、经验和知识积累结合在一起，支撑实现短期的响应行动与中长期的策略调整工作。"

从安天和国内业界同仁的实践探索来看，这总体上是一个先易后难、先宏观后中观的过程。从 20 世纪 90 年代后期开始的信息高速公路建设，不仅迅速改变了信息系统的样式，也完全改变了信息系统威胁对抗的样式。从 CodeRed（红色代码）到 SQL Slammer，重大蠕虫事件的多发，强化了安全工作者对威胁响应时间紧迫性的认知，也驱动威胁检测和阻断从传统的主机侧快速延展到网络侧和业务系统侧（如邮件和群件），在更多场景下逐渐成为能力内嵌要求。

威胁通过互联网高速传播，导致管理机构和应急组织对威胁及时捕获、快速应急响应处置的需求急速提升。安天在 2002 年开始尝试在骨干网场景下实现恶意代码全规则高速检测，并取得了技术突破，逐步形成以分布式部署网络探针为基础，建立事件汇聚、消重、统计、查询、展示机制，通过后台样本自动化分析支撑规则输出更新的监测平台建设思路，支持了监管能力建设。同时，安天也联合一些重点高校推动了"探云计划"（流量监测）、"捕风计划"（蜜罐）等威胁捕获分析的公益研究项目。

网络安全工作者过去二十年在网络侧展开的工作，是态势感知工作重要的基础能力积累，包括高速捕包、协议识别、协议解析还原、单包检测、流检测、信标检测、上下文关联检测等基础技术能力点。这些技术点所支撑的入侵检测、入侵阻断、深包检测分析等产品已经是网络安全布防的重要产品，这些产品能力所形成的日志与事件、捕获的威胁载荷对于整个防御与态势感知能力整体建设都是非常重要的。

安天在安全监测方向的早期工程实施，主要是满足网络安全管理和职能部门（以下简称监管部门）的网络安全威胁监测需求，协助其建设监测平台。总体工作思路是对监管部门的需求进行调研，采用"工程实施＋情报赋能"的思路，以安天自身的"威胁监测捕获体系＋后端分析管理系统"作为工程基本框架，在此基础上进行定制改造，并对监管部门已经具备的能力、希望引入的第三方能力和数据源形成接口、进行融合，协助监管部门将手工流程电子化，建设业务能力。在这些工作的基础上，对监测到的事件、积累的捕获结果和分析结果进行可视化展示的定制。对这种类型的态势感知平台，我们称之为"监测型态势感知平台"。在现有的态势感知项目实施中，这一类态势感知平台占据了较大的比例。

这一类项目的建设目标，主要是提升相关部门对职责范围（地域）内的信息资产的风险（如严重漏洞）普查能力，对通过互联网传播的安全威胁（如重大漏洞、蠕虫传播、DDoS 攻击等）进行监测，形成一定的通报机制，驱动应急处置和响应等。但从实际工作来看，监管部门所能监测到的更多的是互联网侧的暴露资产的安全情况，通常以流量安全监测和大规模轻载扫描作为主要主动获取手段，辅以安全厂商提供的威胁情报输入。这一类平台建设能否达到效果，与其监管目标、设计方案、预算投入、采集能力、运维水平等很多方面有关，从实际来看，有部分取得了一定效果，但很大比例上效果并不理想。

实施效果不理想的原因之一，是承担方技术能力不足。国内在运营商侧以恶意代码为监测目标的项目，部分选择了以缺少恶意代码检测分析能力的传统流量检测厂商为主导，以单包检测、IP 和 URL 等轻量级规则检测为主，没有建立深包、流还原检测等配合机制，又没有人工和自动化分析环节形成规则输出、能力支撑，同时也没有反恶意代码厂商形成持续的威胁情报推送，往往效果不佳。当然，从运营商的带宽条件来看，全面实施深包检测的成本是难以支撑的，所以采用大量"高速单包检测设备＋部分深包捕获设备＋爬虫获取样本＋后台分析系统"的组合策略，可能是相对更合理的。

实施效果不理想的另一个原因，是缺少有效的总体规划和能力整合。我曾为某地区监管机构提供态势监测系统规划建议，发现前期方案将系统划分为蠕虫监测系统、网站篡改监测系统、DDoS 监测系统、流量监测系统等，各系统间完全独立，没有数据的统一汇聚。显然这是多个厂商"分盘子"型的低质建设方案——各厂商堆砌自己的产品，之后通过一个 Web 页面链接到各自的管理界面，就成了"态势感知平台"。全量事件的统一汇聚、统一检索和统计，本应是类似平台的基本要求，如果这个基础都无法实现，其他工作更是无从谈起。为使项目达成效果，我推翻了先前设计，建议用户确立项目的总体单位，由总体单位建设数据汇聚平台和上层业务系统，由各参与厂商的产品输出采集监测能力。要求所有参与工作的企业，务必支持总体单位对检测日志数据的统一汇聚，在日志汇聚之上，进行日志泛化、打标签等工作。而提取不同类型的威胁列表，则应是

XL

基于事件总集的"标签+条件"组合方式提取所形成的结果集合。

在类似平台的建设中，还存在着感知手段高度单一的问题。很大比例的系统只有扫描探测这一单一手段，甚至有的平台没有任何主动的采集能力，完全依靠安全厂商的威胁情报输入支撑列表和可视化展示。类似问题在具有更高要求的关键基础设施防护工作中也同样存在。

导致监测型态势感知平台效果不佳的另一个问题，来自于对威胁的评价导向。由于相关工作是源自于大规模蠕虫爆发，因此在相关工作思路上，也往往存在一定的惯性局限。大规模蠕虫爆发对网络运行和用户使用造成明显干扰，比较容易引发媒体和公众的关注，在本世纪初的一段时间被作为最为严重的、致命的威胁，这种威胁高度吸引了工程和学术资源研究其应对方法。由于蠕虫传播是一种威胁载荷（相同或等效载荷）的重复性投放行为，其相对较为容易转化为某种数学建模问题，这就带来了一种错觉，似乎监管方或防御方只要部署了必要的基础检测和采集能力，网络威胁就是可以较为简单地进行评价、统计和预测的。

当以蠕虫这一类恶意代码作为网络侧的主要威胁想定时，威胁影响情况是比较容易"量化"的，通过规则和检测模块的命中次数所产生的日志和一些简单的消重，就可以形成类似扫描连接数、传播次数、感染节点数的 TOP 统计。把事件、节点数量的多寡当作安全事件严重程度的评价方法，可以用来评价大规模网络扫描探测、DDoS、蠕虫传播的事件影响、僵尸网络的规模和分布等。这些统计是重要的也是必要的，但这些还并非威胁的全貌，而且可能缺失了最致命的威胁。这种评价方式完全不适合对高级网空威胁行为体发动的 APT 攻击进行评价。这种攻击高度定向、隐蔽，行为本身较难被检测到，其对于载荷投放使用、远程指令控制都高度谨慎，然而其威胁后果最为严重。因此，单纯地把发现和拦截的攻击次数作为评价网络安全日常监测工作、工程效果验收或重大事件保护工作成绩的判断依据是有局限性的。而且这种统计往往以整个互联网或部分的广域网为统计场景，脱离了实际防御的目标场景，脱离了受影响的资产价值评估。

对于态势感知中的"预测"，也比较容易形成错误的认识和理解。安天团队有较长时间将预测理解为判断"攻击何时会发起"。由于攻击者的主观意图有很大的不确定性，我们在较长时间内对此非常悲观，因此停留在有限逻辑推理阶段。在 2004 年，基于对从漏洞公布到被蠕虫利用传播的一些规律总结，安天针对严重的可远程利用漏洞，形成了对漏洞、利用代码、概念蠕虫、成熟蠕虫、重大疫情、关联衍生病毒家族的预判工作流程，并期望自身的应急工作具有一定的有的放矢的可能性（如下图所示）。

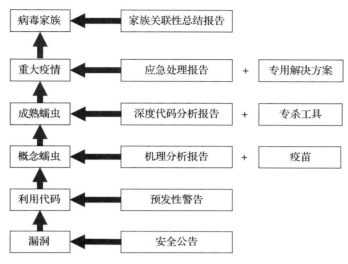

安天针对漏洞到蠕虫家族的应急响应预案（2004）

这些工作对遏制当时面临的蠕虫狂潮是有意义的，这种基于逻辑推演的工作流程，可以用来指引安全厂商和机构做出"规定动作"。但其更多地是一种对安全策略优化调整的支撑，对于在具体防护场景中的相应能力和效果的改善是不够的，包括安天在2016年年底做出"勒索模式将导致蠕虫的回潮"的预言，这种研判如果不能转化为防御场景下的实际动作，其对策略的支持依然是模糊和粗粒度的。把这种预言家式的判断当作态势感知的预测，是比较幼稚的。态势感知中的预测应当如本书"译者序"中所指出的，"需要对所理解的安全事件信息展开前向时间的推断，以确定其将如何对运行环境的未来状态产生影响。也就是根据所理解的威胁攻击轨迹等信息对攻击行动的发展方向做出合理推测，基于网空防御人员对当前情境态势的理解，结合对网络和系统的了解，预测下一步可能发生的情况，特别是受影响节点范围的扩展情况，以及威胁行为体攻击行动的延展情况。"

在安天进行的监测型态势感知项目中，另一件值得反思的态势感知形式是"地图＋炮"。本书"译者序"中分析了"'地图＋炮'形式的态势感知为何效果不显著"的原因。对此我们自己深有体会，为更好地展示恶意代码威胁的分布、流动、扩散等情况，安天在2004年恶意代码监测的管理软件（CS模式）中引入了恶意代码分布图，进行了威胁可视化的早期尝试。而且，从2008年开始，基于FLASH和HTML5，先后开发了两版可视化的插件，具备了通过基础图表、地理信息、拓扑结构等展示威胁、进行告警等通用能力。迄今为止，国内有较高比例的网络测绘、威胁监测，包括网络靶场等项目都使用了安天的安全可视化插件。应该说，这些较为初级的可视化工作，对于社会各界对安全威胁形成相对直观的认识是有价值的。但这种依赖"监测事件汇聚＋大屏展示"的建设导向，也带来了本书"译者序"中所指出的"有态无势""感而不知""感而不为"等问题，使安天一度在态势感知研发上存在追求美观、轻视实效的倾向。亦由于我们提供的插件降低了可视化展示的门槛，一定程度上也助长了国内不扎实地探索态势感知的内在规律和实效价值，而追求效果"酷炫"的风气。对此我们有深刻反思。

监测型平台的一个难点是监管部门和被监管机构间的关系定位与协调。监管部门作为主管或职能机构，在组织、调度、整合各能力方的安全资源方面有自身的优势，但其采集监测能力难以有效到达被监管机构。监测型态势感知平台往往主要依靠大规模轻载扫描作为基础的采集能力，因此其只能看到互联网暴露资产，而监管部门希望了解的重点，则是关键信息基础设施和其他重要的规模化信息系统安全，这些系统的互联网暴露面相对是较少的。最终导致监管方对真正承载重要信息的内网、私有云、工业网络等关键信息基础设施内部安全情况往往一无所知。而监管部门的安全检查评估等手段，也往往未能纳入到监管平台的统一工作流程中。还有部分监测平台，甚至没有主动化的探测采集手段，也没有多源的数据和威胁情报整合能力，基本上全部事件都来自某一两家安全厂商的"推送＋可视化展现"，这样的平台也难以达成效果。

因此，我们在推动省级态势监测平台的试点工作中，尝试配合监管部门将威胁监测能力抵近到重要基础设施内部。当然，监管机构基于安全的宏观态势和抵近部署形成的策略调整要求，对于所监管的机构来说是有积极作用的，但同时也是粗粒度的。监管机构可以将一部分采集传感能力下沉，但不可能以此代替被监管方自身的防御能力建设与运维。做好关键基础设施和重要信息系统的安全防御工作，还是要依靠相关信息资产的管理运营方的能力建设的自我驱动与投入。

在监测型态势感知平台基本研发成熟的情况下，安天将保障"三高"网络的安全作为态势感知和防御工作的主要保障场景。这里所提的"三高"网络，是黄晟同志与安天在技术探讨中定义的一种网络场景。特指一个网络系统中承载着高信息价值资产，该网络被规定为高安全防护等级，同时该网络受到常态化高强度的网络威胁攻击，具有这三种特征的网络统称为"三高"网络。安天正在研发的战术型态势感知平台体系是围绕"三高"网络场景进行研发的，战术型态势感知与监测型态势感知的重要差异在于，监管部门虽然进行资产风险探测和威胁监测，但其并非信息资产的所有方，其不具备监测能力全面覆盖全部资产的部署条件，同时也不能直接进行威胁处置。其会通报监测结果、处置意见和要求给资产运维方，但并不能指挥联动资产运维方在安全环节进行实时响应和动作。关键信息基础设施和规模化的关键信息系统是网空威胁对抗的主要场景，作为这些信息资产的管理者，需要建设更系统且完善的能力，来对抗网络安全威胁。

效果的变化——从单点防护能力到动态综合防御能力

技术报告《塔防在私有云安全中的实践》（2015）中指出，"目前可以观测到网络空间的攻击行为呈现'体系化'趋势，攻击阶段越来越多也越来越复杂，而面对这样复杂的进攻，传统的安全边界或网络隔离策略难以奏效。"其中还明确提出了"以体系化的防御对决体系化的攻击"。

在应对单点威胁的过程中，一些单点防护技术逐渐成型，形成了基础的网络安全产品类别和名录。大家耳熟能详的有安全网关（如防火墙、IPS、UTM、下一代防火墙等）、端点防护（如反病毒、主机管控）、入侵检测、扫描器、VPN 等。这些产品为了应对不同的威胁而产生，从而逐渐形成了相对明确的部署位置和安全价值。这些产品是网络安全防护工作的基本能力支点。从过去来看，安全解决方案往往是从这些产品类别上抽取产品，进行组合搭配后形成的，但这种堆砌产品的解决方案仅仅是部分解决了防御体系的"能力分工"问题，而无法做到本书"译者序"中提出的"深度结合、全面覆盖""掌握敌情、协同响应"的工作要求。

从攻击侧来看，在高级网空威胁行为体的攻击体系中，虽然也包含了大量单点攻击装备，但这些装备并不是单点使用的，而是在攻击框架中组合使用的，属于攻击链的一个组成部分。由于攻击者在攻击入口的选择、武器组合的搭配、攻击链路的设计方面掌控主动权，因此仅仅进行单点或简单的多点防护，并不足以阻断攻击链，显然，靠堆砌产品不能形成有效的防御体系。

从安天在反病毒引擎、流量监测、沙箱分析、端点防护等多方面的实践经验来看，我们此前的思维模式往往是试图把单点技术能力不断做强。例如，如果攻击者对恶意代码进行免杀处理，我们就不断增加脱壳、虚拟执行等预处理环节的深度，增加更多的检测分支和加权点，下调启发式扫描的阈值来提升检测敏感度等。我们过去期待这些强单点能力能应对更多的威胁，并希望这些强单点能力组合能规避更复杂的风险。但对于高级网空威胁行为体所具备的资源和攻击承载成本来说，安全产品便成为一种易于获得的安全资产。攻击者可以长期测试各种安全产品，寻找其脆弱性。这种情况下每个单点都很难避免被找到绕过方法。因此，脱离了用户信息系统环境这个"纵深阵地"来设计单点能力，不会取得较好的使用效果。

在一个有效的防御体系中，既需要有效融合可靠的单点产品与能力，同时也需要突破这种长期堆砌单点能力应对单点威胁所带来的认知局限。将单点对抗转化为体系对抗，将产品机械堆砌转化为能力有机融合，将先建设后安全的补课模式转化为网络安全机制与规划、建设、运维的同步融合，这就需要新的方法论体系。在大量的规范、模型、标准中，SANS 的"网络安全滑动标尺模型"是一个较为理想的规划建设视角模型。本书翻译团队将相关文献翻译引入国内，安天和国内其他能力型厂商约定以此作为公共方法论，并进一步进行延伸拓展，提出了叠加演进的网络安全能力模型。滑动标尺划分成五个类别，即"基础结构安全""纵深防御""态势感知和积极防御""威胁情报""反制"。滑动标尺的核心思想是阐明了五大类别之间的连续性关系，而且标尺左侧类别为其右侧类别提供基础支持、降低实施难度、提升防御效果、减少资源投入。

本书"译者序"中提出，"为了做好网络空间时代的安全防御工作，不仅需要通过完善并强化已有静态的防御机制实现兼顾结合面与覆盖面的综合防御能力体系，还必须加快建设动态防御能力体系，其中的关键正是针对网络空间时代的高水平复杂威胁行为体展开协同响应对抗的积极防御能力。"由此可见，"结合面"和"覆盖面"是确保全面落实网络安全能力的两个要点。其中"结合面"指的是网络安全防御能力与物理、网络、系统、应用数据与用户等各个层级的深度结合。"覆盖面"指的是要将网络安全防御能力部署到企业信息化基础设施和信息系统的"每一个角落"。而从"关口前移"的工作要求来看，不能将"关口"片面窄化为"安全网关"或"网络入口"，而应当理解为"落实安全能力的重要控制点"。在网络安全实践中，实现安全防护"关口前移"的关键，正是在于有效解决安全能力的"结合面"和"覆盖面"问题。因此，在借鉴"网络安全滑动标尺模型"进行规划能力建设的过程中，需要考虑到每个类别的相关支撑环节与"结合面"和"覆盖面"的映射，依靠"基础结构安全""纵深防御""态势感知和积极防御""威胁情报"的叠加演进能力建设，形成动态综合防御体系。

本书"译者序"进一步指出，"从叠加演进的视角来看待网络安全防御能力体系，基础结构安全与纵深防御能力具有与网络信息基础设施'深度结合、全面覆盖'的综合防御特点，而积极防御与威胁情报能力则具有强调'掌握敌情、协同响应'的动态防御特点，并且这些能力之间存在着辩证的相互依赖关系与促进作用。"这些观点对于在威胁对抗情境下做好安全体系规划有非常重要的指导价值。

同时，在开展网络安全规划、提升态势感知和防御能力的工作过程中，也有很多需要注意的问题。

要辨识网络安全领域的各种观念，避免偏颇的认知导向带来误导和影响。比如在网络安全防护工作中，有两种倾向。一种是片面夸大单点防护的作用，如部分防火墙厂商传递的导向是，所有威胁都来自于网络，只要在网络侧形成更细粒度的协议解析识别、更严格的威胁阻断，就能够保证内网安全。而主机防护厂商传递的导向是，一切威胁都是为了攻击主机目标，重点是做好最终目标的防御。如果用户按这些导向去规划建设，会因以偏概全而顾此失彼。另一种倾向是片面否定既有成熟单点环节的价值，将防火墙、入侵检测、反病毒、补丁升级等单点环节，都视为过时和无效的环节。这种倾向忽视了既有成熟单点环节已经形成的确定性的、难以替代的基础能力，如防火墙产品的安全边界和访问控制作用、入侵检测形成的网络协议识别和攻击定性作用、反病毒形成的对文件载荷的识别和标定作用等。由于防御场景的复杂性，攻击能力的体系化，单点能力失效是具有必然性的。但某个单点能力会失效和这个单点能力没有作用是两个完全不同的概念。盗贼能挖地道进入金库，并不意味着金库不应该上锁。实际上，两种偏颇倾向间往往有一些关联，否定原有的单点防护能力价值，往往又是为了制造新的单点能力神话。

要意识到叠加演进的安全能力建设，不能有了能力点即可，还需要以扎实可靠的单点基础安全能力为支撑。例如在配置加固方面，一些相关产品的"安全基线"，只包括几十个操作系统的配置点。实际上这是远远不够的，无法满足叠加演进对配置加固的安全要求。而 STIG（Security Technical Implementation Guides，安全技术实施指南）的加固标准中，操作系统加固项共 15685 个，覆盖 8 大类系统，168 个版本的操作系统，平均每个操作系统的配置点多达 600 个以上；应用和服务加固项有 4245 个，主要覆盖 5 大类应用和服务（统计数据截至 2018 年 9 月 4 日）。加固更绝非按照统一设置下发了事。作为整体动态安全策略的重要组成部分，配置加固需要支撑业务系统安全运行，而不能干扰业务系统的连续性和稳定性。但在安全策略中，端口是否开放、服务是否启动等设置都会对业务的运行和可用性带来影响。以 Windows 的 DEP（数据执行保护）加固为例，如果将 DEP 保护覆盖到所有的应用，显然可以提升系统对抗缓冲区溢出攻击的能力，但在现实中也有一定比例的应用软件和工具会因 DEP 机制而崩溃。比如在内网管理运维场景下，就需要根据业务场景测试加固策略，对冲突软件设定单点例外或群组例外，并通知软件研发方进行改进。同时捕获相关的崩溃事件进行研判，判定崩溃是因攻击还是软件设计实现导致的与 DEP 冲突，之后需要根据情况进行攻击响应或例外设定的流程。因此，每个配置点的要素中都涉及其获得的安全增益和代价影响，不仅要针对主机实际运行的业务情况对配置进行调整，还需要设定群组模板。

要看到站在防御体系的角度，多数单点环节形成有效能力同样是体系化的工作。补丁是基础结构安全层面的重要安全环节，但在规模化的机构网络中，做好补丁工作并不是一件简单的事情。存在一些可以连接互联网的机构内网用户，把打补丁当作一个自己通过操作系统的个人设置和互联网安全客户端自行利用外部补丁源进行修补的过程，是否打补丁完全看个人习惯，不仅没有统一的控制和管理，难以保证安全，同时在补丁日升级流量大量占用出口带宽等情况也会影响日常工作。补丁升级工作中必须考虑到补丁源的可靠性问题、补丁自身的安全性问题、打补丁对业务连续性的影响问题、打补丁带来的兼容性和稳定性问题、不能连接内部补丁源的孤岛节点的补丁检查和补丁安装问题、因保证业务连续性不能打补丁或者不能打部分补丁的节点的防护策略问题，等等。为应对这些问题，需要建立内部集中补丁源、补丁获取及摆渡机制、补丁留存和分析机制、用于验证补丁兼容性和可靠性的影子系统、按照灰度机制分批补丁并根据反馈情况决定是否继续补丁或回滚操作的机制、用于提升离线环节补丁升级效率的工具、P2P 机制，等等。而在此过程中所形成的记录、轨迹和监测情况，都要汇聚到支撑态势感知的相关日志服务器。同时，还需要建立补丁机制和其他关联的安全和业务流程的关联接口，如发现补丁源遭遇攻击或污染情况的处置、打补丁导致无法自动回滚的瘫痪事故的处置，等等。

在动态综合防御体系中，安全产品的设计不仅需要其价值内涵，也需要回答其与网络安全态势感知观察、理解、预测三个层面的关系，以及在从决策到行动的响应周期中所发挥的作用。否则，产品就很难融入能力体系。例如，安天的检测处置工具产品的设计，过去更关注的是如何多发现主机的脆弱性，包括更有效地发现和处置 Rootkit 型木马，在检查点、内核驱动、钩子等方面考虑较多，但对于检测处置工具转化态势感知平台的能力环节考虑较少。但此类基于便携介质的检测处置工具的检测过程是态势感知的信息采集环节，可以有效增加孤岛环节的可见度。此外，在遇到安全威胁的时候，也可以实现比实时防护环节更好的采集深度和证据固化能力。因此，需要在相关检测评估的业务流程中进行管理，并汇聚检测结果和提取的信息，处置任务下达、工具领用、处置结果上报等也应与应急业务流程相融合。

建设动态综合防御体系要充分依托 SIEM 和 SOC 的能力基础，并在此基础上提升要求。能够对相关安全环节所产生的日志及系统相关的日志实现汇聚分析，形成对安全环节的统一管理能力，对于实现战术型态势感知来说无疑是必备的基础能力。从传统的安全防御产品的形态来说，SIEM 和 SOC 系统可以分别实现这种基础能力。但战术型态势感知平台并不是简单的 SIEM+SOC，更不是 SIEM 和 SOC 增强部分可视化能力的整容版本。一个没有基础 SIEM 和 SOC 功能的态势感知系统是难以想象的，但同时也需要对这些环节进行有效的改进。

从传统 SIEM 和 SOC 来看，有两个问题同时存在，其一为数据过载问题，其二为数据失真问题。SOC 是为了解决离散的安全环节没有形成整体管理能力的问题，对安全环节进行统一管理，使之成为能够协调联动的整体；SIEM 是为了解决基于安全日志和系统运行日志的源头分散、难以统一分析的问题，所以把设备、应用系统和产品日志，以及在端点侧、流量侧不同的安全产品的日志汇聚在一起，形成上层的查询、分析、关联能力。它们是在防火墙、IDS、反病毒、终端管控等安全产品成熟后，产生的上层平台型产品。这就带来了新的问题，仅仅能够对更多的日志进行汇聚，对更多的产品进行管理是不是就足够了？是否还需要考虑接入到平台的产品自身的采集能力、基础检测能力？是否能够支持以对抗高级网空威胁为目的的态势感知和积极防护的要求？一旦攻击行为不能在基础的采集环节实现留痕，那么基本上很难通过上层分析发现。

因此，一方面发挥和强化 SIEM 的日志整合、分析、检索能力和 SOC 形成的统一管理能力，但也需要进一步推动基础能力的改进和重构，这是态势感知中需要完成的工作。在 SIEM 和 SOC 的基础上，我们正在强化态势感知平台的运维、安全一体化，希望达成资产、配置、漏洞和补丁管理的统一能力的效果，使客户通过态势感知平台运维，提升网络可管理性，进而支撑防御能力。

本书"译者序"中提出，"即使在支撑工作任务的网络系统遭受网空攻击并被攻击控制的情况下，依然能够保持工作任务持续进行，并及时恢复到可接受的工作任务保障水平。在这一系列类型的网络安全防御能力的支撑下，通过实战化的网络安全防御运行，能够达到本书对全面完善的网空安全防御过程所提出的要求"。网络安全防御相关平台和产品的规划设计和功能实现，需要坚持实战化的导向，让网空防御相关的人员角色都能有效操作和使用。由于动态综合防御体系的复杂性，特别是态势感知平台体系结构的复杂性，往往会导致所谓的能力型产品以及态势感知平台的业务功能系统都难以使用，在这一点上我们也有正反面的经验教训。

在 2009 年，我们开发了 AVML 搜索功能。AVML 是安天内部定义的一种 XML 标记语言，用来存放病毒样本的分析结果。AVML 搜索不仅可以搜索 IP、域名、URL、Hash

等，也可以搜索动静态分析系统所生成的各种向量结果，如字符串、互斥量、函数名等。在我们向客户交付监测平台时，这个功能往往作为一个子系统交付。在有追踪溯源、网络攻击案件侦办需求的客户群体中，这个功能评价较为正面；但其他用户几乎很少使用这个功能，普遍反映虽然演示起来高端洋气，但其实不知道怎么用，也不理解有什么用。

有一定基础能力的安全厂商开发者往往有一种炫技心态，希望用能力的专业度打动客户。我们曾在监测型感知平台和探海等产品上，为客户扩展了支持基于结果、向量、标签等条件组合添加决策树的能力，但在实际实践中客户基本无法掌握，其效果反而不如支持 IP、Hash 等简单规则扩展明显。最终我们取消了这一功能。

相比之下，在威胁情报的增值服务中，我们获得最多好评的是 APT 攻击追溯包的服务，客户只需要订阅攻击追溯包并进行部署操作，就可以看到追溯结果。免去了将机读情报手工转化为规则的操作，也无需对 C2、Hash、YARA 等有更深的理解。在命中威胁的情况下，才会向客户展示匹配到的规则细节，引导后续处置流程。这就成为用户可以驾驭的功能。

通过长期的威胁对抗实践，以及对业内成果的调研总结，特别是基于"滑动标尺"叠加演进能力模型和《关于网络纵深防御的思考》（2014）等报告文章中提出的核心理念，安天逐渐找到了自身所要践行的安全理念，我将其记录在此，也作为对本文观点的总结。

将以基础结构安全和纵深防御为主体的综合防御体系作为基础，叠加动态的积极防御以应对高级复杂威胁，同时结合威胁情报缩短防御响应周期并提高针对性，构建动态综合网络安全防御体系。在防御体系规划建设中，要做到：

- 综合发展：基础结构安全、纵深防御、态势感知与积极防御、威胁情报从前到后逐步加强、逐步演化，且前面的层次要为后面的层次提供基础支撑条件。
- 深度结合：将安全能力落实到信息系统的各个实现层组件，逐层展开防御，为及时发现和响应赢得时间。
- 全面覆盖：将安全能力最大化覆盖信息系统的各个组成实体，避免因局部能力短板导致整体防御失效。
- 动态协同：依托持续监测和自动响应能力，结合大数据分析、威胁情报、专家研判，实现积极防御。

结束语

网络强国战略发展对网络安全工作效果的要求在不断提升。2016 年习近平总书记在

"4·19"讲话中要求"全天候全方位感知网络安全态势",对态势感知提出了增强连续性、抗干扰性和无死角的要求。在此后2017年的"2·17"讲话中,总书记将工作要求提升为"实现全天候全方位感知和有效防护",要求我们改变无效防护的局面,从感知风险的存在,提升至通过有效防护对抗威胁、控制风险,并强调了感知与防护能力必须做到全方位覆盖。在2018年的"4·20"讲话中,指出要"关口前移",对落实网络安全防护的方法提出了重要要求,而"防患于未然"则形成了鲜明的以防护效果为导向的指引要求。距离这些工作要求,我们还有很大的差距。本书的翻译、校对过程是我们为更好落实相关工作要求而进行的自我学习过程,是我们从懵懂实践态势感知到重新理解何谓态势感知、重新规划战术型态势感知平台的过程,是一个不断自我反思和批判的过程。我从1994年开始学习反恶意代码技术,在安天所从事的大部分技术工作,是围绕着以反恶意代码为主的威胁对抗展开的,在这个过程中形成了经验积累,也带来了自身的一些认知惯性和局限。在学习本书的过程中,我对态势感知的认识,经历了一个从自身的反恶意代码本位视角出发,逐渐跳出本位视角的过程。将本书作为态势感知的基础知识和方法框架,回头对接和梳理我们自己的工作,就能发现我们存在的很多缺陷和盲点,包括大量我们尚未突破的科学问题,有的问题整个业内都在寻找答案。在此,我将部分自我实践经验赘述于此,并不是为了展示这些工作,而是为了通过我们的弯路和教训来说明,即使对于有长期威胁检测、对抗、分析能力,并有一定的工程经验的规模化安全团队来说,研发态势感知平台体系依然是高度艰难和复杂的工作。不仅如此,我们所形成的一些积习和惯性思维,往往还会干扰我们对态势感知形成更系统且全面的认识,并进一步影响到我们的实践。

复杂性科学的重要奠基人之一布莱尔·阿瑟(Brina Arthur)曾经询问著名航空工程专家沃尔特·文森蒂(Walter Vincenti),为什么绝少工程师试图奠定他们领域的理论技术,得到的回答是,"工程师只喜欢那些他们能解决的问题"。必须承认,在过去非常长的一段时间里,我们在态势感知和网空防御相关的工作实践中缺少真正意义上的理论层面的思考。而本书在很大程度上弥补了我们在理论层面思考的匮乏,这体现出"工程师所扮演的内部思考者"是与众不同的。为此,我必须向本书的各位作者和主要译者黄晟同志表示敬意。

我们坚信,进一步的研发与工程实践能延展和深化书中那些指向未来的路标。在协助网信主管部门实施监测型态势感知平台的经验基础上,我们正在全力加速战术型态势感知平台的研发,以网络安全能力叠加演进为导向,协助用户开展深度结合与全面覆盖

L

的体系化网络安全规划与建设，支撑起协同联动的实战化运行，赋能用户筑起可对抗高级威胁的网络安全防线。这些工作仅靠一个厂商无法完成，而需要由多个能力型厂商组成的良性生态体系。

任重道远。愿与网络安全同仁们携手努力。

参考文献

［1］ 习近平.在网络安全和信息化工作座谈会上的讲话［N］人民日报，2016-04-26（002）.

［2］ 习近平主持召开国家安全工作座谈会强调 牢固树立认真贯彻总体国家安全观 开创新形势下国家安全工作新局面［N］人民日报，2017-02-18（001）.

［3］ 习近平在全国网络安全和信息化工作会议上强调 敏锐抓住信息化发展历史机遇 自主创新推进网络强国建设［N］人民日报，2018-04-22（001）.

［4］ 黄晟.网络安全纵深防御思考.2015.

［5］ 黄晟.塔防在私有云安全中的实践.2015.

［6］ 安天.安天针对漏洞到蠕虫家族的应急响应预案.2004.

［7］ 安天.安天针对"方程式"组织的系列分析报告.2015.

［8］ 安天.从"方程式"到"方程组"：EQUATION 攻击组织高级恶意代码的全平台能力解析.2016.

［9］ 安天.方程式组织 EQUATION DRUG 平台解析.2017.

［10］ 安天.一例针对中国政府机构的准 APT 攻击中所使用的样本分析.2015.

［11］ 安天.白象的舞步——来自南亚次大陆的网络攻击.2016.

［12］ 安天."绿斑"行动——持续多年的攻击.2018.

［13］ Maren Leed. Offensive Cyber Capabilities at the Operational Level［EB/OL］.2013.url:http://indianstrategicknowledgeonline.com/web/130916_Leed_OffensiveCyberCapabilities_Web.pdf.

［14］ Edwin"Leigh"Armistead.Understanding the Co-Evolution of Cyber Defenses And Attacks to Achieve Enhanced Cybersecurity［EB/OL］.2015.url:https://www.jinfowar.com/journal/volume-14-issue-2/understanding-co-evolution-cyber-defenses-and-attacks-achieve.

［15］ Robert M Lee. A SANS Analyst Whitepaper: The Sliding Scale of Cyber Security, SANS Institute InfoSec Reading Room［EB/OL］.2015. url:https://www.sans.org/reading-room/whitepapers/ActiveDefense/sliding-scale-cyber-security-36240.

［16］ 布莱恩·阿瑟.技术的本质：技术是什么，它是如何进化的［M］杭州：浙江人民出版社，2018.

前　言

Alexander Kott、Cliff Wang 和 Robert F. Erbacher

对于高度网络化的社会，网络空间安全已经成为我们所面临的主要挑战之一。个人、企业和政府越来越关心网络犯罪、网络间谍活动和网空战争对他们造成的成本消耗和威胁。在网空防御领域，态势感知（SA）尤为重要。态势感知与科学和技术相关，也与在相关环境下对实体和事件进行观察、理解和预测的实践相关；而在我们讨论的上下文中，这个相关的环境就是网络空间。在航空、工厂运营或应急管理等领域，达到态势感知状态并不容易。在相对"年轻"的网空防御领域，实体和事件这些概念与传统物理现象有较大差异，这种情况下更难达到态势感知状态，而且也难以理解其含义。

我们（此处及后续的"我们"是指本书的所有合著者）以第 1 章作为全书的开头，介绍网空行动操作员如何形成态势感知，以及分析网空行动中支持态势感知的要求。基于这一领域的独特挑战，我们确定了在研发方面的几个关键推进点，并进一步探讨了这些要点，从而提供工具以有效地支持网空行动操作员的态势感知和决策制定。该章解释了为什么网空态势感知的形成对确保实现有效的网络防御和安全的网空行动至关重要。系

A. Kott (✉)

709 Lamberton Drive, Silver Spring, MD 20920, USA

United States Army Research Laboratory, 2800 Powder Mill Rd., Adelphi, MD 20783, USA
e-mail: Alexander.kott1.civ@mail.mil

C. Wang
United States Army Research Office, 4300 S Miami Blvd, Durham, NC 27703, USA

R. F. Erbacher
United States Army Research Laboratory, 2800 Powder Mill Rd., Adelphi, MD 20783, USA

统拓扑结构高度复杂多变，相关技术飞速发展，噪信比高，从攻击插入到实施破坏之间可能有较长的时间周期，多方面的威胁快速演变，事件发生的速度超出人类处理的极限，孤立非整合的工具达不到态势感知的需求，数据过载而数据含义却欠载，自动化所带来的挑战……上述诸多因素限制了当前网空行动中的网空态势感知。

虽然在网空安全领域态势感知是一个比较新的话题，但态势感知在控制复杂企业的运营和传统战争等方面的研究和应用却有较长历史。基于这一原因，态势感知在传统的军事冲突或敌我交战等方面，比在网空对抗中更广为人知。通过探索传统战争（也称作动能战）中态势感知的内涵，我们可以获得与网空冲突相关的见解和研究方向。这些内容是本书第2章的主题。这一章讨论了传统战争中态势感知的本质，回顾了关于传统态势感知（KSA）的现有知识，然后将其与对网空态势感知（CSA）的当前理解进行比较。我们发现传统态势感知和网空态势感知所面临的挑战与机遇是相似的，或者至少在某些重要方面是在同一方向上的。关于两者的相似之处，在传统和网络空间世界里，态势感知都会严重影响到任务的完成效果。同样，在传统态势感知和网空态势感知中也存在认知偏差[⊖]。作为两者之间差异的一个例子，传统态势感知通常依赖于被普遍接受并广泛使用的组织化表现形式，例如战场的地形图。目前，在网空态势感知中还未出现这类通用的表现形式。

在讨论了网空态势感知的重要性和主要特征之后，我们进一步探讨它是如何形成的。网空态势感知的形成是一个复杂的过程，需要经过许多不同的阶段并产生一系列不同的输出。承担不同角色的人员使用多样化的规程和计算机化的工具来推动上述过程的进行。第3章将探讨在网空防御过程的不同阶段中如何形成态势感知，并描述在态势感知的生命周期中涉及的不同角色。此外，该章概述了网空防御的整体过程，进而识别出了在网空防御上下文中态势感知的若干个独特方面。该章还详细描述了作者开发的网空态势感知综合框架，并概述了相关领域的现状与发展。我们重点强调了网空态势感知中五大关键功能的重要性：从攻击中吸取经验、指定优先级、设定度量指标、持续诊断与缓解以及自动化机制。

第4章将继续围绕"如何形成感知"这一主题，同时专注于面向全网整体网络视图的一种特定类型的态势感知。我们使用"宏观态势感知"这个术语来表示基于网络整体动态的一种态势感知，这种态势感知将网络视为单一"有机体"，并对个体元素或个体事

⊖ 指人们根据一定表面的现象或虚假的信息而对他人做出判断，从而导致判断失误或判断本身与判断对象的真实情况不相符。——译者注

件进行汇总观察；这与网空态势感知正好相反，网空态势感知聚焦于网络资产或网络行为的单个原子级元素，例如单个可疑网络包、对潜在入侵行为的告警或易受攻击的计算机等。另一方面，原子级的事件可能对整个网络的运行产生广泛的影响。这意味着网空态势感知的范围必须同时涵盖"微观"视角与"宏观"视角。获得全网感知的过程包含对网络资产和防御能力的发现与枚举，以及对威胁和攻击的感知。我们认为有效的网空态势感知必须聚焦于对决策制定、协同机制和资源管理的完善，并讨论了达到有效全网态势感知的方法。

因为人类认知能力以及相关支撑技术是网空态势感知的核心，所以这是第 5 章的重点内容。为了阐明人类态势感知中信息整合技术和计算表达方面的挑战和方法，该章聚焦于入侵检测的过程。我们认为有效开发能够以符合人类认知的方式形成网空态势感知[⊖]的技术和过程，需要引入认知模型，即形成态势感知和处理决策制定信息所涉及的认知结构和机制的动态与可自适应计算表达。虽然经常认为可视化和机器学习是加强网空态势感知的重要方法，但是我们指出当前状态下它们在态势感知方面的发展和应用存在一些局限。目前，我们在理解网空态势感知的认知需求方面存在一些知识差距，包括：缺少一个在认知架构下的网络态势感知理论模型；决策差距，表现在网络空间中的学习机制、经验和动态决策制定方面；语义差距，涉及能够在安全社区中形成共同认识的一种通用语言以及一套基本概念。

因为认识到我们对网空分析师的认知推理过程的理解有限，所以第 6 章将重点讨论弥合这一知识差距的方法。首先，这一章总结了基于先前认知任务分析成果而产生的对网空分析师认知过程的理解。然后，讨论了采集记录"细粒度"认知推理过程的重要性和挑战。接着，通过呈现一个对网空分析师的认知推理过程进行非侵入式采集记录和体系化分析的框架，阐述解决上述挑战的方法。该框架包含一个概念模型，非侵入式采集记录网空分析师认知轨迹的实践方法，以及通过分析认知轨迹来提取网空分析师的推理过程的实践方法。该框架可以用于开展提取专业网空分析师认知推理过程的实验研究。当有可用的认知轨迹时，就可以分析其特性并与分析师的表现做出比较。

在许多领域中，数据可视化和分析产品有助于分析复杂的系统和活动。分析师通过图像来利用其视觉观察能力识别出数据中的特征，并应用其领域知识。同样，我们也可以预期采用类似的方式帮助网空分析师在实践中形成复杂网络的态势感知。第 5 章介绍了与可视化相关的主题，包括以网空分析师为代表的用户的重要作用，以及可视化的误

⊖ 原文为 CAS，疑似 CSA 的笔误。——译者注

区和局限性等。第 7 章将详细介绍用于网空态势感知的可视化。首先，该章概述科学可视化和信息可视化，以及近期用于网空态势感知的可视化系统。然后，基于与专家级网空分析师所展开的大量讨论，我们为待选的可视化系统推导整理出一系列要求。最后，对一个能够满足上述要求并且基于 Web 的工具进行案例研究，以结束该章内容。

可视化的重要性并不会弱化算法分析在实现网空态势感知方面的关键作用。算法能够对大量的网空观察结果和数据进行推理，并推断出有助于分析师和决策者形成态势感知的重要情境特征。为了实现推理并使推理结果有益于其他算法和人类用户，算法的输入与输出需要遵循包含明确术语定义及其相互关系的一致词汇表，即需要一个具有清晰语义和标准的本体模型。这是第 8 章的重点主题。第 5 章中提到了语义的重要性，这里将详细讨论在网空行动中如何应用基于本体模型的推断来确定威胁的来源、目标和企图，以确定潜在的行动方案和对未来可能造成的影响。由于在网空安全领域不存在一套综合全面的本体模型，因此该章将展示如何利用现有的网空安全相关标准和标记语言开发一个本体模型。

第 9 章进一步阐述了与推理相关的问题，并聚焦于机器学习这一对网空信息处理非常重要的特定类型算法。该章继续围绕本体模型和语义进行讨论，探讨了算法的有效性与算法产出物的语义清晰度之间的折中关系。通常情况下，不易于从机器学习算法中提取有意义的上下文信息，因为那些具有高准确性的算法经常使用人类难以理解的表达方式。另一方面，那些使用更易于理解的词汇进行表达的算法可能不太准确，会产生更多的虚假告警（误报）并给分析师带来困惑。因此，算法的内部语义与其输出的外部语义之间存在折中关系。该章将通过两个案例研究来阐明这种折中关系。网空态势感知系统的开发人员必须意识到这些折中关系，并设法妥善处理。

如第 1 章所述，第 2 级态势感知称为"理解"，用于确定某个情境中各元素相对于其他元素和网络总体目标的重要性，以及它们之间的关系。这也常常称为态势理解，包含根据观察到的信息所解读的"那意味着什么"问题。本书之前的章节没有重点讨论这一层级的态势感知。因此，第 10 章对第 2 级网空态势感知"理解"进行具体阐述。该章解释了理解情境中不同元素之间重要关系的有效途径是专注于分析这些元素如何影响网络的任务。这需要提出并解答一系列问题，包括：疑似攻击之间有什么关系，疑似攻击与网络组件的剩余能力有什么关系，以及攻击导致的服务中断和服务降级会如何影响任务的元素和任务的总体目标。

在讨论了第 2 级态势感知后，第 11 章继续讨论第 3 级态势感知。态势感知的最高层级是预测，包含推断当前情境将如何演化至未来情境，以及对情境中未来元素的预期。在网空态势感知的上下文中，对未来的网空攻击或网空攻击未来阶段的预测至关重要。攻击过程通常需要较长的时间周期，涉及大量的侦察、攻击利用和混淆活动，以达到网空间谍活动或破坏的目的。对未来攻击行动的预期通常以当前观察到的恶意活动为推导基础。该章回顾了现有最先进的网络攻击预测技术，然后解释了如何评估正在进行的攻击策略，并据此预测网络关键资产即将面对的威胁。这些预测需要根据网络和系统的漏洞信息分析可能的攻击路径，需要了解攻击者的行为模式，需要持续地学习或了解新的模式，以及需要有能力看穿攻击者的混淆和欺骗行为。

前几章主要围绕如何提高网空态势感知以及讨论所面临的挑战。然而，我们目前还未提到如何对可能实现的改进进行量化评价。实际上，为了取得对网络安全的准确评估，并提供足够的网空态势感知，简单但有含义的度量指标是必不可少的，正如第 12 章所述。"如果无法度量，则无法有效管理。"这句格言也阐明了这一理念。如果缺乏良好的度量指标和相应的评价方法，安全分析师和网空运行人员就无法准确地评估和度量网络的安全状态以及判断网络运行是否成功。特别注意该章探讨的两个不同的问题：如何定义和使用度量指标，并将其作为量化特征来表达网络的安全状态；如何从防御者角度出发定义和使用度量指标来衡量网空态势感知。

本书最后几章讨论了实现网空态势感知的最终目标。第 13 章指出，网空态势感知的最终目标是实现态势管理，即持续调整网络及网络所支撑的任务，以确保任务能够继续实现目标。事实上，前几章强调网空态势感知存在于具体任务的上下文中，并且服务于任务目标。能够"吸收"攻击并继续恢复到可接受执行水平的任务称为弹性恢复任务。网空态势感知的目的是维护任务的弹性恢复能力。该章解释了以任务为中心的弹性网空防御应当基于两个相互作用的动态过程的集体行为和自适应行为，这两个动态过程是网络空间中的网空态势管理，以及物理空间中的任务态势管理。还讨论了这种互相自适应过程的架构和支撑技术。采用这种架构，即使支撑任务的网络受到网空攻击的破坏，任务依然可以持续进行。

致谢和免责声明

第 3 章的作者确认，本章所提供的内容得到了陆军研究室多学科大学研究计划奖（MURI；#W911NF-09-1-0525）的支持。

第 5 章的作者确认，此项研究得到了陆军研究室多学科大学研究计划奖（MURI；#W911NF-09-1-0525）的支持；还得到了陆军研究实验室依据合作协议（协议号 W911NF-13-2-0045）给予的支持（ARL 网络安全 CRA）；并由国防威胁降低局（DTRA）给予 Cleotilde Gonzalez 和 Christian Lebiere 资助支持（HDTRA1-09-1-0053）。该章中的意见和结论均属于作者个人观点和结论，不应被解释为代表陆军研究实验室或美国政府的明示或暗示的官方政策。尽管此处有版权说明，但美国政府有权出于政府目的进行复制、发行和再版。作者要感谢动态决策实验室 Hau-yu Wong 对该章编辑工作提供的协助。

第 8 章的作者确认，这项工作由美国海军研究实验室根据合同 N00173-11-2007 赞助支持。同时还应感谢 BBN 公司的 Mike Dean 在项目期间提供的技术咨询。

第 6 章的作者确认，此项研究得到陆军研究室多学科大学研究计划奖（MURI；#W911NF-09-1-0525）和陆军研究实验室夏季学院奖学金的支持。

第 12 章的作者做出以下免责声明：该章不受美国版权保护。确定一些商业产品，是为了充分明确某些规程。在任何情况下，这种"确定"都不意味着美国国家标准和技术研究所的推荐或认可，也不意味着所确定的产品必然是最适合的。

关 于 作 者

Keith Abe 是第 8 章的作者，在 Referentia Systems[⊖]公司任项目经理。他的研究领域包括网络性能管理、网空安全以及云安全。此项研究主要得到了海军研究办公室、海军研究实验室和其他国防部（DoD）相关机构的支持。Abe 曾经参与过电信测试、数字视频和卫星系统领域的研发工作。拥有夏威夷大学电气工程专业学士学位和斯坦福大学电子电气工程硕士学位。

Massimiliano Albanese 是第 3 章的作者，在乔治·梅森大学应用信息技术系任助理教授，并担任安全信息系统中心（CSIS）副主任，以及 IT 创业实验室（LITE）联席主任。Albanese 于 2005 年获得那不勒斯费德里克二世大学计算机科学与工程博士学位。2006年进入马里兰大学任博士后研究员，之后于 2011 年加入乔治·梅森大学。他的当前研究方向为网空攻击的建模、识别和可扩展检测，以及网络加固、网空态势感知和移动目标防御。Albanese 博士当前的研究主题可以归结为：开发能够将海量原始安全数据提炼为可管理数量级可操作情报的高效技术。他的研究主题也体现在第 3 章中，其中阐述了在网空防御中的网空态势感知（CSA）过程，并提出了用一种能够采用可扩展方式将网空分析师通常需要手动完成的多种任务以自动化方式执行的网空态势感知框架。Albanese 博士主笔出书 1 本，在其他书中编写了 12 个章节，并发表了 50 篇学术期刊文章和会议论文。

Noam Ben-Asher 是第 5 章的作者，他是卡内基·梅隆大学动态决策实验室的博士后研究员，主要致力于认知科学、决策科学和人因工程等领域的交叉学科研究，并对网空安全领域尤其关注。他在网空安全领域结合了行为研究与计算认知的建模，进而研究网络空间战与社会冲突中的网空态势感知以及动态决策。他还拥有工业环境场所的工作经验，曾担任本·古里安大学德国电信创新实验室可用安全专家。Ben-Asher 博士获得了本·古里安大学人因工程学的理学硕士和博士学位，以及工业工程专业的理学学士学位。

⊖ Referentia Systems 公司总部位于夏威夷，是任务保障型的网络安全解决方案提供商，旨在保护任务关键型计算机网络免受高级持续威胁攻击。——译者注

Norbou Buchler 是第 2 章的作者，以认知科学家的身份在马里兰州阿伯丁试验场陆军研究实验室（ARL）从事网络科学研究。目前担任网络安全合作研究联盟的人类动力学（社会心理）横向交叉研究计划的政府牵头人。在 2009 年加入 ARL 之前，Buchler 博士曾在卡内基·梅隆大学作为博士后研究员研究计算与行为认知方法，之后又在杜克大学认知神经科学中心作为博士后研究员研究功能磁共振成像以及扩散张量成像的应用。他于 1996 年在北卡罗来纳大学教堂山分校获得心理学学士学位，于 2003 年在锡拉丘兹大学获得实验心理学博士学位。Buchler 博士的基础研究方向在于个人和团队层面的网络科学、认知建模和行为实验，而他的应用研究侧重于人与系统一体化和决策支持技术开发。

Yi Cheng 是第 4 章与第 12 章的作者，他于 1997 年获得天津大学电气工程专业工学学士学位，于 2003 年获得美国俄亥俄州辛辛那提大学数学理学硕士学位，并于 2008 年获得该校计算机科学与工程博士学位。目前于 Intelligent Automation 公司任首席科学家一职。他在 ARO、ARL、AFRL 和 NIST 的资助下参与多个 SBIR/STTR 项目，相关领域包括企业安全、网空任务保障、攻击图[⊖]、安全度量指标和不当行为检测。他的主要研究方向包括计算机和网络安全、网空态势感知、安全指标、任务资产映射和建模、入侵 / 不当行为 / 恶意软件检测、网络漏洞评估、攻击风险分析和影响缓解、密码学以及密钥管理。

Erik S. Connors 是第 1 章的作者，他在位于佐治亚州玛丽埃塔的 SA Technologies 有限公司任高级研究员，负责与军事指挥控制、电力输配电以及网空防御领域相关的态势感知研究项目。主要研究方向为用户界面设计、技术集成、复杂团队的协作工具和认知建模等。他拥有宾夕法尼亚州立大学信息科学与技术博士学位。

Scott A. DeLoach 是第 12 章的作者，他是堪萨斯州立大学计算与信息科学系的教授，退休于美国空军，曾在系统采购部门、情报部门和空军研究实验室工作。他拥有美国空军技术学院博士学位。DeLoach 博士作为多代理（multi-agent）系统工程方法论和自适应计算系统组织模型（OMACS）的提出者而广为人知。OMACS 定义了系统在面对变化环境和自身能力（制约）时为了实现运行态重新组织所需要的系统结构和能力方面的知识。他目前的研究方向集中在将软件工程方法、技术和模型应用于设计和开发智能、复杂、自适应和自主的多代理及分布式系统。

⊖ 在分布式攻击中，不同的攻击点到受害者间会形成不同的攻击路径，由这些攻击路径组成的图称为攻击图。——译者注

Julia Deng 是第 12 章的作者，目前任 IAI 公司的首席科学家和网络与安全总监，她的主要研究领域包括网空安全、云计算、可信计算、信息保障和分布式系统。在 IAI，她是学术带头人，负责多个密切相关领域的项目，样例项目包括安全云计算框架、嵌入式系统的可信计算框架、面向战术网络的安全内容分发系统、无线传感器网络的可信查询框架和机载网络的安全路由安全。她于 2004 年获得辛辛那提大学的电气工程博士学位，主修网络和系统安全，并在重要国际期刊和会议上发表论文 20 余篇。

Haitao Du 是第 11 章的作者，于 2014 年获得罗切斯特理工学院计算与信息科学博士学位。他的研究重点是用于分析网络和主机入侵检测所产生序列数据的机器学习、数据挖掘和算法设计，特别是考虑混淆技巧所带来的影响。就读博士期间，他发表会议论文 6 篇，作为主要作者编写 2 个书籍章节，合著出书 1 本，并在《 IEEE 通信杂志》上发表论文 1 篇。他一直与空军研究实验室、国防部高级研究计划局和波音幻影工作室共同开展研究项目。研究生期间，他曾经在 CSX 公司和施乐公司做过研究实习生。目前他就职于施乐帕克（Xerox PARC）研究中心，担任博士后数据科学家研究员。

Mica R. Endsley 是第 1 章的作者，担任美国空军首席科学家。在此之前，她曾任 SA Technologies 公司总裁兼 CEO，并且曾在德克萨斯理工大学和麻省理工学院任教，拥有南加利福尼亚大学的工业和系统工程博士学位。她在个体与团队态势感知领域以及跨广泛类型系统的人机合成领域所取得的开创性工作得到广泛的认可。曾编辑、合著书籍 3 本，包括《 Designing for Situation Awareness 》。

Robert F. Erbacher 是前言、第 6 章和第 14 章的作者，作为计算机科学家在位于马里兰州阿德尔菲的陆军研究实验室从事计算机安全研究工作。于 1991 年获得洛厄尔大学的计算机科学学士学位，并分别于 1993 年和 1998 年获得马萨诸塞大学洛厄尔分校的计算机科学理学硕士和理学博士学位。他是网络科学合作协议的合作协议经理（CAM），以及网络安全合作研究联盟（Collaborative Research Allianc，CRA）检测技术重点领域的技术主管。在加入 ARL 之前，曾任西北安全研究所（NWSI）的资深首席科学家，并曾在犹他州立大学计算机科学系任教。2004 年至 2006 年间，曾任 AFRL 罗马实验室的夏季学院教员。目前担任《电子成像杂志》副主编、SPIE（国际光学工程学会）可视化和数据分析学术会议指导委员会主席以及数字取证工程系统化方法研讨会成员。研究领域包括数字取证、态势感知、计算机安全、信息保障、入侵检测、可视化、网络恐怖主义以

⊖ IAI 是一家技术创新公司，专门为联邦机构和美国各地的公司提供先进的技术解决方案和研发服务。——译者注

及网络指挥控制等，并著有 80 余篇上述领域相关的文献。

Nicholas Evancich 是第 4 章的作者，拥有普渡大学的电气工程学士和硕士学位，研究领域是以网络安全为重点的网络空间安全。具体来说，他的研究重点是自动化的攻击利用生成。在 Intelligent Automation 公司工作期间涉及很多网空相关领域，包括过程内省、匿名化和态势感知等。在加入 Intelligent Automation 公司之前，他就职于约翰霍普金斯大学应用物理研究所（JHU/APL），曾参与反潜战、化学武器/生4物武器检测系统和无人值守地面传感器等研究工作。此外，他还参与了提升战术态势感知的美国国防部高级研究计划局战术地面报告系统计划。他的学术研究方向包括恶意软件检测、移动安全和编译器设计。

Cleotilde Gonzalez 是第 5 章的作者，她是卡内基·梅隆大学的决策科学教授和动态决策实验室的创始主任。该实验室隶属于社会决策科学系，并参与该大学其他多个院系和研究中心的工作。她是人因与人体工程学会会员，《认知工程与决策制定学报》副主编，同时还是《行为决策学报》、《人为因素》杂志和《系统动力学评论》编辑委员会成员。基于在认知科学领域的研究成果，她发表了多篇相关领域的文献。其研究成果包括基于实例学习理论（IBLT，许多计算机模型都基于这一理论实现）的一个重要认知模型组件，在该模型组件基础上可以构建多种计算模型，其中包括一个在聚焦于预测重复市场进入博弈的建模竞赛中获得冠军的计算模型。她也是与政府和行业的多个大型长期合作项目的首席或者联合学术带头人。

Lihua Hao 是第 7 章的作者，她是北卡罗来纳州立大学计算机科学系博士生，拥有北京大学计算机科学学士学位，研究方向为可视化、图形和数据管理。

Richard Harang 是第 9 章的作者，他是美国陆军研究实验室网络安全部门研究人员，拥有加州大学圣芭芭拉分校的统计学博士学位，并在该校计算机科学和工程研究组进行博士后研究。他的研究重点为机器学习、统计建模和网络安全性的交叉领域，侧重于利用这些技术从大量非结构化或低结构化的数据中提取出有意义的信息。他的学术研究方向是探索随机化在分类、聚类和特征提取等机器学习任务中的作用。

Christopher G. Healey 是第 7 章的作者，他是北卡罗来纳州立大学计算机科学系教授，拥有加拿大滑铁卢大学的数学学士学位，温哥华不列颠哥伦比亚大学的理学硕士和博士学位，也是《ACM 应用感知学报》的副主编。他的研究方向包括可视化、图形、视觉感知，以及与视觉分析和数据管理相关的应用数学、数据库、人工智能和美学等领域。

Jared Holsopple 是第 10 章与第 11 章的作者，他在纽约州水牛城的 CUBRC 公司的全资子公司 Avarint 任软件工程师，主要研究方向为更高阶的信息融合，如威胁与影响评估。更具体地说，他与同事开发了用于更高阶信息融合的软件套件 FuSIA（未来态势与影响感知），该软件聚焦于处理实际数据，以确定对象在给定环境中当前和未来所受的影响。他的大部分研究工作集中于在计算机安全应用领域实施 FuSIA 架构。他的研究方向也涉及指挥控制模拟。他拥有罗切斯特理工学院计算机工程学学士学位和硕士学位，目前是水牛城大学工业与系统工程博士学位候选人。

Steve E. Hutchinson 是第 7 章的作者，他是 ICF 国际咨询公司的研究员分析师，在德雷塞尔大学获得数学教育理学硕士学位，在罗切斯特理工学院攻读了计算机科学研究生课程，并拥有纽约州立大学水牛城分校的电气工程学士学位。作为化工 / 制药行业的工程师，他领导了制造控制、实验室数据采集、Web 应用程序以及知识库系统等开发项目。当前研究方向为通过网络流量特征相关的视觉呈现以支持有质量的决策制定和对（历史）状态重要性的认识，从而在人与算法混合过程中实现更有效的团队决策。

Sushil Jajodia 是第 3 章的作者，他是大学教授、BDM 国际学院教授以及乔治梅森大学安全信息系统中心的创始主任，拥有俄勒冈大学的博士学位。主要研究方向为安全、隐私、数据库和分布式系统。他主笔或合著书籍 7 本，编辑书籍和会议论文集 43 本，发表学术期刊和会议论文 425 篇，持有 13 项专利，并监督指导博士论文 27 篇。他曾获得 1996 年 IFIP TC 11 克里斯蒂安·贝克曼奖，2000 年 Volgenau 学校杰出研究教师奖，2008 ACM SIGSAC 杰出贡献奖和 2011 年 IFIP WG 11.3 杰出研究贡献奖。2013 年 1 月被选为 IEEE 会士。在 IEEE 安全隐私研讨会成立 30 周年之际，因其发表的论文受到广泛欢迎而被社会各界认可。他的 h 指数为 84，埃尔德什数为 2。

Gabriel Jakobson 是第 13 章的作者，担任 Altusys 公司首席科学家，该公司正在开发面向网空安全和防务应用的情境管理技术。他拥有爱沙尼亚控制论研究所的计算机科学博士学位，研究方向为自动机理论、人工智能（AI）、专家系统、数据库、事件关联和语义信息处理等领域。当前研究范畴为认知情境理论、情境管理、网空安全态势感知、弹性网络防御和自适应多代理系统。他拥有爱沙尼亚塔林技术大学的荣誉博士学位，是 IEEE 的 ComSoc 杰出讲师，还担任 IEEE 关于态势感知和决策支持认知方法的学术会议（CogSIMA 2011 ～ 2014）主席、北约组织（NATO）和 IEEE 网络冲突学术会议（CyCon 2012 ～ 2014）TPC 联合主席、IEEE ComSoc 情境管理小组委员会主席。

Mieczyslaw M. Kokar 是第 8 章的作者，他是马萨诸塞州波士顿东北大学电气与计算机工程系教授，兼 VIStology 有限公司总裁。研究方向包括信息融合（态势感知）、认知无线电（使用本体模型和形式化推理实现互操作性和基于策略的控制）、软件工程（自控制软件）和建模语言。他撰写并合著了 180 多篇期刊和会议论文，是《信息融合杂志》编辑委员会以及众多学术会议项目委员会成员、IEEE 高级会员以及 ACM 成员。

Alexander Kott 是前言、第 2 章与第 14 章的作者，担任总部设在马里兰州阿德尔菲的陆军研究实验室的网络科学部门主管。任职期间，负责战术移动和战略网络性能及安全性的基础研究和应用开发。2003 年至 2008 年期间，担任 DARPA 项目经理，负责多个大型先进技术研究项目。他早期曾担任过位于马萨诸塞州剑桥市的 BBN 技术公司的技术总监，担任位于宾夕法尼亚州匹兹堡市的 Logica Carnegie 集团的研发总监，以及位于新泽西州莫里斯敦的 AlliedSignal 有限公司的 IT 部门经理。于 2008 年 10 月获得国防部长特殊公共服务奖，并被授予特殊公共服务荣誉勋章。1989 年，获得匹兹堡大学的博士学位，曾经发表 70 多篇技术论文，合著并编辑了 6 本技术类书籍。

Christian Lebiere 是第 5 章的作者，他是卡内基·梅隆大学心理学系研究人员。拥有比利时列日大学的计算机科学理科学士学位，以及卡内基·梅隆大学计算机科学学院的理学硕士和博士学位。就读研究生期间，他主要研究连通式模型，并合作开发了级联关联学习算法。自 1991 年以来，他开发了 ACT-R 认知架构，并与 John Anderson 合著了《The Atomic Components of Thought》一书。他的研究方向包括认知架构及其在认知心理学、人工智能、人机交互、决策制定、智能代理、认知机器人、网空安全和神经元工程等领域的应用。

Jason Li 是第 4 章和第 12 章的作者，他拥有马里兰大学帕克分校的博士学位。目前任 Intelligent Automation 有限公司的副总裁兼高级总监，负责网络和网空安全领域的研发计划。多年以来，他启动并开展了多项研发计划，包括卫星网络的协议设计与开发、移动代码技术及其在安全方面的应用，涉及安全性、现实且可重复的无线网络测试和评估、移动目标防御、网空态势感知、攻击影响协议分析、机载网络、复杂网络、自组织和传感器网络、高效网络管理和软件代理等方面。他主导确立了 IAI 网络和安全计划的框架，与各类客户建立持久的互信关系，让 IAI 团队和伙伴携手合作，提供满足客户需求的高质量成果。

Peng Liu 是第 6 章的作者，他拥有中国科学技术大学的理学学士学位和理学硕士学位，于 1999 年获得美国乔治梅森大学的博士学位。他担任信息科学与技术教授，是网空安全、信息隐私和信任中心的创始主任，以及宾夕法尼亚州立大学网络安全实验室的创始主任。其所有研究方向都与计算机和网络安全领域相关。曾出版过 1 本专著以及 220

多篇技术期刊论文。其研究工作曾得到 NSF、ARO、AFOSR、DARPA、DHS、DOE、AFRL、NSA、TTC、CISCO 和 HP 的资助。他是美国能源部早期职业生涯首席研究者奖的获得者，曾为使宾夕法尼亚州立大学成为 NSA 认证的国家信息保障教育与研究卓越中心而做出巨大努力，指导或共同指导完成 20 多篇博士论文。

Zhuo Lu 是第 4 章的作者，担任 Intelligent Automation 有限公司研究员，曾参与美国航空航天局（NASA）和国防部（DoD）的多个网络和安全项目。拥有北卡罗来纳州立大学博士学位，研究领域涵盖众多网空安全主题，包括无线和移动安全、网空 – 物理系统安全、数据取证与分析、攻击分析和对策设计等。

Jakub J. Moskal 是第 8 章的作者，担任位于马萨诸塞州弗雷明汉的 VIStology 有限公司的研究员，目前负责认知电子战领域的两个项目。担任由 MDA、DARPA、AFRL 和 OSD 资助的几个项目的主要调查员。拥有美国东北大学电气与计算机工程系博士学位。

Alessandro Oltramari 是第 5 章的作者，他是卡内基·梅隆大学 CyLab 博士后研究员，拥有意大利特伦托大学认知科学与教育博士学位，与意大利国家研究委员会（ISTC-CNR）认知科学和技术研究所合作并在此任教。2000 年至 2010 年在特伦托应用本体学实验室（ISTC-CNR）担任研究职务；2005 年和 2006 年，一直是普林斯顿大学（认知科学实验室）的访问研究员。主要研究方向集中于知识表达和代理技术的理论与应用研究。尤其是在卡内基·梅隆大学的研究活动，主要涉及整合本体架构与认知架构，用于知识密集型任务中的高阶推理。

Xinming Ou 是第 12 章的作者，担任堪萨斯州立大学计算机科学系副教授，2005 年获得普林斯顿大学的博士学位。2006 年加入堪萨斯州立大学之前，曾在普渡大学信息保障和安全教育与研究中心（CERIAS）担任博士后研究员，在爱达荷国家实验室（INL）担任助理研究员。他的研究主要集中在企业网空安全防御，聚焦面向企业网络的攻击图、安全配置管理、入侵分析和安全度量指标。曾获得 2010 年 NSF 学院早期职业发展奖（CAREER），并三次获得惠普实验室创新研究计划（IRP）奖。

Kristin E. Schaefer 是第 2 章的作者，担任美国陆军研究实验室 ORAU 博士后研究员。她拥有佛罗里达大学（位于佛罗里达州奥兰多市）建模与模拟领域的理学硕士学位和博士学位，以及萨斯奎哈纳大学（位于宾夕法尼亚州赛琳格伍镇）心理学学士学位。目前已发表 20 多篇期刊论文、技术报告以及会议论文，专门针对信任机制、态势感知、人与机器人交互以及建模和仿真等主题。目前还担任 IEEE 态势感知与决策支持（CogSIMA）

学术会议和新兴技术情境管理技术小组委员会副主席。

　　Anoop Singhal 是第 12 章的作者，目前担任美国马萨诸塞州盖瑟斯堡国家标准与技术研究所（NIST）计算机安全部的资深计算机科学家。拥有俄亥俄州立大学（位于俄亥俄州哥伦布市）计算机科学系博士学位，研究方向主要包括网络安全、云计算安全、安全度量指标和数据挖掘系统。他是 ACM 成员兼 IEEE 的高级会员，并在权威会议和期刊上合著发表 50 多篇技术论文。还参与编辑了一本关于云计算安全的书籍。

　　John Kei Smith 是第 8 章的作者，担任 LiveAction 公司（一家网络分析技术公司，专精于在复杂网络上进行基于高性能网络流和 IPFIX 技术的性能分析）的 CEO。他曾担任为军事网络提供网络和安全管理及分析支撑的研发项目的学术负责人，此项研究主要得到了美国海军研究局、海军研究实验室和其他国防部所属机构的资助。他获得了夏威夷大学计算机科学系理学硕士学位，以及华盛顿大学电气工程系理学学士学位。

　　Moises Sudit 是第 10 章与第 11 章的作者，担任水牛城大学多来源信息融合中心执行主任，主要研究方向是离散优化与信息融合的理论和应用。更具体地说，他一直在研究解决整数规划与组合优化问题的方法的设计和分析，主要目标是开发高效的精确及近似（启发式）程序来解决大规模的工程和管理问题。作为水牛城大学工程学院研究教授，他将运筹学和信息融合相结合进行研究。此外，他还在罗切斯特理工学院凯特格里森工程学院任教。他是空军研究实验室信息中心的 NRC 研究员，并获得了多项学术和教学奖项，还获得了久负盛名的 IBM 学院奖学金。他在多个著名的期刊上发表了大量文章，并且一直是众多研究项目的主要成员。他拥有佐治亚理工学院工业和系统工程学学士学位，斯坦福大学运筹学硕士学位，以及普渡大学运筹学博士学位。

　　Joshua Tuttle 是第 4 章的作者，拥有达科他州立大学计算机与网络安全学士学位。曾从事面向中小型公司的安全咨询和数据管理工作。通过教育和专业从业经历，他掌握了 UNIX/Linux 系统管理、网络管理、漏洞分析、逆向工程、进攻和防御安全应用、系统和软件开发以及数字取证等技术。

　　Brian E. Ulicny 是第 8 章的作者，担任位于美国马萨诸塞州弗雷明汉 VIStology 公司的首席科学家，目前负责在人道主义援助 / 救灾情境下的语义信息集成工作。他一直担任由 ONR、AFRL、MDA 和 DARPA 资助的各个项目的学术负责人，先前曾在 Ask Jeeves（美国知名搜寻引擎）和 Lycos（网络资讯收集网站）工作。拥有麻省理工学院语言学和哲学系博士学位。

　　Cliff Wang 是前言与第 14 章的作者，1996 年毕业于北卡罗来纳州立大学，获得计算机工程博士学位。他一直在从事计算机视觉、医学成像、高速网络以及最近涉及的信息安全领域的研究。著有约 40 篇技术论文和 3 篇互联网标准 RFC，还担任 9 本书籍的编辑，持有 3 项信息安全系统开发相关的美国专利。自 2003 年以来，一直负责管理美国陆军研究室在信息保障领域的外部研究项目。2007 年，被选为陆军研究室计算科学部门的主管，同时负责主管项目。他还在北卡罗来纳州立大学计算机系和电气与计算机工程系担任客座教授。

Peng Xie 是第 4 章的作者，2004 年获得波士顿大学的理学硕士学位，2008 年获得位于斯托尔斯的康涅狄格大学的计算机科学博士学位。担任 IAI 首席科学家，在虚拟化技术及其在网空安全、云计算、可信计算、安全取证分析、网络安全、信息论和密码学领域的应用方面具有丰富经验。担任多个 I 期和 II 期项目的学术负责人以及联合学术负责人，包括基于虚拟化的应用保护、卫星式虚拟化系统管理程序、机载无线网络通信、无线网络中的安全数据存储、程序行为特征和恶意软件检测，以及提取和表达软件保护系统的知识和损害评估。

Shanchieh Jay Yang 是第 10 章与第 11 章的作者，拥有德克萨斯大学奥斯丁分校电气与计算机工程博士学位，目前担任罗切斯特理工学院的副教授，并任计算机工程系负责人，以及网络和信息处理（NetIP）实验室联合主任，并且是位于纽约西部的多来源信息融合中心的活跃成员。他带领的研究小组开发了多个面向威胁和影响评估的网空攻击建模系统和框架。值得注意的是，他的团队将可变长度马尔可夫模型、虚拟地形和攻击社交图谱用于进行攻击预测和网空态势感知。最近，他们开发了攻击混淆建模框架和半监督协同攻击学习框架，以深入了解复杂的攻击策略。上述成果补充完善了其团队正在开发的网空攻击模拟环境，旨在提供复杂和变化的攻击行为的基准数据。他发表过 40 多篇论文，参与研究多个项目。曾担任多个会议的组织委员会成员，以及多个期刊的客座编辑和评审员。2005 年担任在纽约州罗彻斯特举办的 IEEE 联合通信和航空航天分会的联合主席，当时该分会被视为区域 1 的杰出分会。他还帮助设立了罗切斯特理工学院的两个博士项目，并在 2007 年由于其教学成绩优异而获得了 Norman A. Miles 奖。

John Yen 是第 6 章的作者，担任宾夕法尼亚州立大学信息科学和技术学院教授，于 1986 年获得加州大学伯克利分校的计算机科学博士学位。1989 年至 2001 年间，他曾在德州农工大学计算机科学系任教。其研究方向包括人工智能、认知建模和大数据分析。他开发了基于识别优先决策（RPD）的多代理（R-CAST）专利技术，以及关于网络动态的新型预测模型。曾担任 2013 年度军事研究实验室的夏季学院教员。他的研究得到了

NSF、ARL、ARO、ONR、AFOSR 和 DOE 等机构的支持。他出版了 3 本书籍，发表了 200 余篇期刊论文。曾获得 NSF（国家科学基金会）青年研究员奖和 IBM 学院奖，是国际人工智能协会（AAAI）的高级会员以及 IEEE 的会士。

Chen Zhong 是第 6 章的作者，她是宾夕法尼亚州立大学信息科学和技术学院在读博士。于 2011 年获得南京大学的计算机科学与工程学士学位。研究目标是提高对网络分析师的分析推理过程的理解，更好地支撑网络防御。目前的研究方向包括知识表达和推理、认知建模、人员参与（human-in-the-loop）系统的开发以及定量和定性数据分析。曾获得 2013 年度 GHC 奖学金、2013 年 VAST 挑战赛荣誉奖、2010 年度南京大学优秀学生奖，以及 2008 年度和 2009 年度中国国家奖学金等十余项奖项。

第 1 章

理论基础与当前挑战

Mica R. Endsley 和 Erik S. Connors

1.1 引言

随着以网络为中心的作战能力不断增强，对网络空间网络（网空网络）的定义与理解提出了更高的要求。对于恐怖分子、外国政府、犯罪组织和商业竞争对手来说，这些网络上承载着的关键系统和信息源已经成为他们有利可图的目标。军事机构、政府和商业界通过技术的应用实现了高效的通信和运营；但同时也正因为应用了这些技术，让那些怀有敌意的个人和组织得以在受保护的计算机网络中发现漏洞并进行攻击利用。与传统的信息网络和通信网络相比，这些网络的安全防护和运行维护在本质上更具有挑战性。

网络空间中的网络威胁往往非常复杂，因为攻击会涉及来自内部或外部的攻击者，而且攻击者的手法成熟老练，水平跨度也较大，从业余水平的爱好者到各种高度组织化的高水平实体都可能存在。网空网络也可能遭受到协同的分布式攻击，而且攻击者在攻击行动中也会不断变换攻击手法以绕过甚至利用网空防御措施。网空攻击对军事网络（例如，那些会由于网络节点的损失而造成安全破坏甚至导致作战人员伤亡的网络）和民用网络基础设施（例如，控制电网或水处理设施的 SCADA 系统、银行系统以及承载企业

M. R. Endsley (✉)
United States Air Force, Pentagon 4E130, Washington, DC 20330, USA
e-mail: mica.endsley@pentagon.af.mil

E. S. Connors
SA Technologies, Inc., 3750 Palladian Village Drive, #600, Marietta, GA 30066, USA
e-mail: erik.connors@satechnologies.com

知识产权和个人身份识别信息的其他系统)都可能带来严重后果。

随着网络空间威胁的成熟度和复杂性变得越来越高,我们需要新的解决方案,从而在网空冲突中提供必需的信息与信息处理机制,确保对关键任务的支撑。例如,网络和系统必须具有使用备用路径的能力,并且具有可存活的架构和对应的算法,从而在遭受到以未预期方式展开并试图干扰正常运行的攻击时,仍然能够做到有效运行。面向下一代的网络空间,需要引入新的算法与方法论,从而支持实现态势感知,并基于网络节点进行网空行动效应评估[⊖],以及对网空攻击做出动态的自发响应。其中响应措施包括重新配置、恢复和重建等动作,这些措施的目标都是使任务关键系统能够得以持续正常运作。网空行动操作员必须首先实现并维持一定程度的态势感知,并能够做到对不断演化威胁的识别、理解和预见,才有可能采取行动抵御攻击、进行恢复,甚至展开报复。

然而,希望基于现有系统成功实现对网空环境的态势感知,显然是相当困难的。例如,近期展开的一项关于美国空军网空行动的综合调研得出如下结论:"美国空军缺少全面的网空态势感知,而网空态势感知正是实现网络空间保障的先决条件"(美国空军,2012)。类似地,美国陆军也将网空态势感知及态势理解列为其最高优先级的研发需求之一(美国陆军,2013)。而且,网空攻击绝不仅是军事问题,因为工业系统、关键交通系统和公用设施也都易于遭受网空攻击。运行着这些系统的机构必须得到大量的辅助支持,才能够对系统自身及针对系统的网空威胁形成全面的理解,从而保障其在业务运行方面的安全性和完整性。

一直以来,都需要采用一些独特的方式,将技术与人类认知能力融合在一起,才能够在各种复杂的领域中实现态势感知。与典型的网络运行、军事应用或情报应用相比,要有效地理解网络空间领域中那些复杂或隐藏的方面,就必须更加强调人员与技术之间的关系。海量数据的规模,以及这些数据流动的速度,都超出了人类认知能力的极限。还有就是,新的攻击和利用方法不断地被开发出来,并不断地被组合变换,用以绕过已有的网空防御方法。由此推动了开发新技术的需求,以期在这些极端状况下能够有效地增强人们的理解与决策能力。

为了确保能够适度聚焦技术发展的方向,首先必须充分地理解网空防御态势感知的需求。作为起点,需要对一系列的信息形成理解,包括对网空系统进行系统破坏和信息攻击的效果、理解这些网空事件和情境所需的信息、行动操作员所需要做出的决策,以及评估技术解决方案对态势感知和决策过程改善能力的方法。为此,需要清晰地定义具体构成网空环境中态势感知的内容,并清晰地定义从关于网空网络和任务运行的大量

⊖   此处的网空行动效应,类同于传统军事领域中的杀伤效应和非杀伤效应,是指网络空间中行动造成的效果和影响,其中网络空间行动包括进攻性与防御性的行动。——译者注

可用信息中推导获得态势感知的过程，还需要构建支持态势感知的高效和有效的系统的已有理论基础。这将能够提供一个更好的基础，以理解当前状态下现有网络中的网空态势感知，并且为后续研究需求指出方向。

1.2　网空态势感知

1.2.1　态势感知的定义

Endsley（1995）提出了一个最为广泛使用的态势感知定义，这也是最早的态势感知定义之一。该定义对态势感知的描述是："在一定时间和空间内观察环境中的元素，理解这些元素的意义并预测这些元素在不久的将来的状态。"基于这一定义，态势感知由以下三个层级构成（如图 1-1 所示）：观察、理解和预测。其输出将被直接馈送至决策和行动的周期中。

图 1-1　态势感知（SA）

第 1 级态势感知：观察。该层级涉及操作员对其正在操作的系统以及该系统所运行的环境中显著信息的感官检测。例如，网空行动操作员需要能够看到相关的显示，或者听到告警信号。在网空环境中，第 1 级态势感知包含对各类系统节点、当前协议、已被攻击受控节点、活动历史记录和受影响系统 IP 地址等元素状态的感知。

第 2 级态势感知：理解。这是一个重要的层级，因为态势感知远远不止步于观察计算机屏幕上所显示的那一堆数据。真正需要做到的，是结合操作人员的目标来理解这些信息的意义或显著性。在这个过程中，要像 2+2=4 那样逐步把所理解的信息整合起来，逐步发展出系统的全貌图景，从而对正在发生的事件形成更全面的整体理解。第 2 级态势感知通常称为态势理解，也就是需要回答针对所观察信息提出的"那意味着什么"（so what）问题。因此，如果网空行动操作员具有良好的第 2 级态势感知能力，就能够理解：特定节点易于遭受攻击的程度、攻击行为的检测特征、哪些攻击事件可能相互关联、给定事件对当前任务运行的影响，以及对竞争性事件的正确优先级排序。

第 3 级态势感知：预测。该层级包含对信息进行的前向时间推断，以确定其将如何对运行环境的未来状态产生影响。这结合了个体对当前态势（例如，在系统上呈现出来的事件与攻击行动）的理解，以及对系统形成的心智模型，从而能够用于预测下一步可能发生的情况。例如，预测网络中其他节点上恶意活动所造成的影响，或预测未来攻击行动发生的途径。即使在非常复杂且具有挑战性的任务中，高层级的态势感知也能够使网空行动操作员及时有效地正常开展工作。

操作员会不断地在环境中进行搜索，从而为态势建立起持续演化的图景。在这个基础上，他们可以按照对当前态势的理解去收集更多信息（例如，用于填补信息空白或确认某些评估结果），或者可以在某些时间点选择行动方案对系统进行变更以使其与操作人员的任务目标保持一致。由于环境和系统的状态不断变化，所以需要不断地对态势感知做出动态更新。

1.2.2　网空行动的态势感知需求

某个特定的人员个体需要关注网空态势的某些具体方面，而这取决于该个体在网空行动中所承担的角色。不同的角色之间，态势感知需求也存在相当大的差异。例如，在参与网空防御的组织中可能存在着多个角色，由每一个角色负责网络的不同部分。又例如，各个角色彼此协作，以应对不同类型的威胁，或承担流程中不同部分的工作。与此不同的是，虽然空中作战中心的指挥官或公用事业的管理者各自的一系列目标与目的存在较大差异，但都需要在较高的层次对网络空间的图景进行理解，据此才可能理解网空环境将会如何对某个给定任务的运行产生影响。

因为各种角色具有差异化的目标与目的，而且需要做出的决策也有所不同，所以必须认真地界定每个角色的具体态势感知需求，从而使技术解决方案能够支持这些角色，通过定制化的方式提供信息以满足所有三个层级的态势感知需求。传统的分析方法是目标导向任务分析（GDTA）（Endsley，1993；Endsley 和 Jones，2012）。GDTA可以为每个角色确定高阶的目标结构，并列出该角色需要做出的主要决策，并详细描述为了支持每个决策而在态势感知三个层级出现的需求。例如，图 1-2 展示了典型网空行动操作员的 GDTA 目标树，而图 1-3 则展示了对应的部分详细 GDTA 态势感知需求（Connors 等人，2010）。基于这种分析，不仅能够确定需要提供哪些基本数据给网空行动操作员，还可以确定系统需要提供哪些类型的整合信息，详见表 1-1 中的示例。

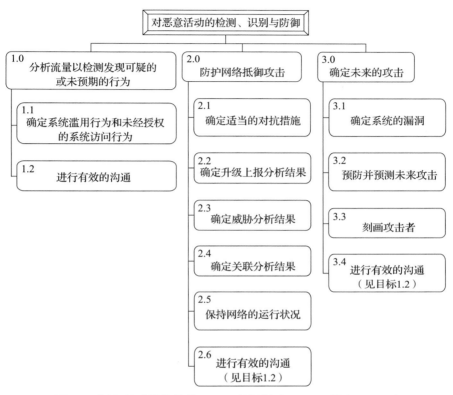

图 1-2 网空行动操作员的 GDTA 目标树（Connors 等人，2010）

1.2.3 态势感知的认知机制

Endsley（1988，1995）描述了态势感知的认知模型框架，展示了人类操作员收集和理解信息以形成态势感知的过程，具体见图 1-4。环境的关键特征会影响人们获得和维持态势感知的程度，包括：

1）系统提供所需信息的能力（例如，相关的传感器、数据传输能力和网络连接等）。

2）系统界面设计，以确定人员个体可用的信息及有效传递信息的显示格式。

3）系统复杂性，包括组件数量、组件间相互关联性和信息变化率，会对人员个体跟上所需信息的变化并对未来事件进行理解和预测的能力产生影响。

4）系统中所呈现出的自动化程度，会影响到个体保持"在闭环内"的能力、意识到正在发生什么的能力以及理解系统正在做什么的能力。

5）压力和工作负荷与任务环境、系统界面和运行领域等因素具有函数关系，都有可能发挥作用，导致态势感知的降低。

图 1-3   GDTA：目标 2.2 确定升级上报分析结果（Connors 等人，2010）

表 1-1   网空行动操作员的态势感知需求示例

第 1 级态势感知的需求	时间
	检测特征 / 数据包 / 协议
	内部 IP 地址（目的地址）
	内部端口（目的端口）
	外部节点 IP 地址（源地址）
	攻击事件的上报报告
	受控活动的流量行为
	来自外部来源的信息
第 2 级态势感知的需求	记录内容对预期告警评估的影响
	目的端口活动对预期告警评估的影响
	目的节点对预期告警评估的影响
	源 IP 对预期告警评估的影响
	近期攻击事件对上报的影响
	与目的地址或端口预期行为的偏差对告警评估的影响
	端口和协议之间关系对告警评估的影响

（续）

	比对网络包载荷对告警评估的影响
	恶意活动结果对现有应对措施和防护方案的影响
	目的 IP 对确定真实源 IP 的影响
	取证分析对行动方案（COA）的影响
	新的攻击利用方式对任务资产的影响
	资产对进行中的任务的影响
	攻击向量对资产的影响
	网络通信历史记录对破坏评估的影响
	时间对误报频率的影响
	报告对预期告警评估的影响
第 2 级态势感知的需求	相关联攻击事件对预期告警评估的影响
	不寻常行为对预期告警评估的影响
	攻击受损节点对网络健康状态的影响
	随机开放端口对网络漏洞的影响
	红队[⊖]对未来攻击的影响
	系统攻击利用方式对未来攻击事件的影响
	已知攻击事件对可能攻击利用方式的影响
	可能攻击利用方式对威胁评估的影响
	攻击向量对攻击者身份的影响
	数据载荷大小对预期告警评估的影响
	比对网络包载荷对告警评估的影响
	根据已知攻击事件所预测的攻击利用方式
	根据新的威胁所预测的攻击利用方式
	预测的网络漏洞
	预测的已知攻击者的活动
	预测的可能攻击事件对网络的影响
第 3 级态势感知的需求	预测的可能攻击事件对任务的影响
	预期告警评估
	预测的新的网络防御对抗措施
	预测的可逃避实时检测的恶意活动类型
	预测的沟通的信息水平
	对相关攻击的更广泛影响范围的预测

⊖　Red Forces，指网络安全对抗演练或渗透测试中负责进攻的团队。——译者注

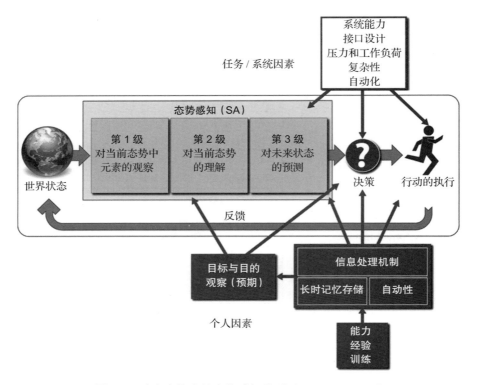

图 1-4   动态决策中的态势感知模型（Endsley，1995）

在这些外部因素之外，该模型还指出了人员个体方面的许多特征。这些特征决定了在与其他人员个体具有相同环境和设备的情况下，一个人员个体是否能够形成良好的态势感知。短时感官记忆、观察力、工作记忆以及长时记忆机制组合在一起，形成了态势感知所基于的基本结构。根据该模型，能够以"前注意"（pre-attentively）的方式对环境中的元素（如操作者所看到的显示）进行并行处理，检测出某些涌现的特性[⊖]，例如，空间接近度、颜色、简单形状特性或运动等，从而提供集中注意力观察的线索。观察，就是需要使用集中的注意力，处理那些观察起来具有突出性（例如由于明亮颜色或动作而显得突出）的对象。对于需要有能力同时准确观察多个目标的操作员而言，有限的注意力成为主要的制约条件。同时，在复杂环境中可用数据的规模远远超出了人们的处理能力，因此有限的注意力也成为限制人们维持态势感知的主要因素。

然而，态势感知比基于线索的简单观察要复杂得多，它还依赖于其他认知机制，而且这些认知机制能够显著增强这种数据驱动的简单信息流。首先，注意力和观察的过程

⊖　指并不存在于任何单个要素当中，而是系统在低层次构成高层次时才表现出来的特性。——译者注

可以在工作记忆和长时记忆内容的引导下完成。例如，通过加强理解信息位置、信息形式、空间频率、颜色或对信息的整体熟悉度与适用性等知识，都能够显著提高观察力。此外，长期记忆中的已知类别或心理表征也可以塑造对对象的观察。分类处理往往是即时发生的，此时有经验的网空行动操作员通常会知道去哪里查找关键的信息，并知道如何解释这些信息。当然，这些网空行动操作员也可能会根据自身的预期去查找信息，从而导致倾向性偏差。

对于尚未形成其他认知机制的操作员（新手和处于新态势中的操作员）而言，对环境中元素的观察（即第 1 级态势感知）明显受到注意力和工作记忆的限制。在其他机制缺失的情况下，操作员对信息的大多数主动加工处理必须发生在其工作记忆之中。新的信息必须与已有的知识理解相结合，从而形成一个态势的综合图景。对未来状态的预测和对适当行动方案的后续决策，也将发生在工作记忆中。为了同时达到高层级的态势感知、形成并选定响应措施，以及通过后续动作付诸实行，工作记忆将承受沉重的负担。因此，与其他领域一样，那些新手的网空行动操作员将很快会因为超出负荷，而无法对大量可用信息进行有效的处理与整合。在像网空行动这样高度复杂的领域中，他们的整体态势感知水平将非常受限。例如，虽然新的网空行动操作员能够读取可用的显示信息和日志信息，但他们没有意识到这些数据的含义，更不太可能理解正在发生的网络攻击，也难以理解这些攻击对当前网空行动所产生的影响。要确定在什么情况下应将更多注意力聚焦于哪些可用的数据，对于他们而言也非常具有挑战性。

然而，在实际的实践中，更有经验的网空行动操作员会利用目标导向的处理机制和长时记忆机制（以心智模型和图式的形式），从而规避工作记忆的局限性，更有效地引导注意力的方向。首先，假设关于系统的大量相关知识存储在心智模型中。Rouse 和 Morris（1985）将心智模型定义为"使人们能够描述系统目标和形态、解释系统运作和所观察到系统状态以及预测未来状态的机制"。

作为一种认知机制，心智模型能够表现与系统形态和功能相关的信息，通常与某种物理系统（例如，汽车、计算机网络或发电厂）或组织系统（例如，公司、部队或网络攻击者的运作方式）相关。它们所包含的信息，通常不仅有关于特定系统的组件，还有关于这些组件如何相互作用以产生各种系统状态和事件。网空行动操作员必须形成关于网络及其各种相互关联组件的良好的心智模型，以发展出对网络运作方式的理解。随着人们识别出周遭世界中的关键特征，并将其映射至心智模型中的关键特征，心智模型能够显著地辅助形成态势感知。然后，基于该模型能够形成一种机制，用于确定各个组件所被观察到状态之间的关联关系（即态势感知的理解），并预测这些元素随时间而变化的行为与状态。例如，关于网络及其组件的一个良好的心智模型，可用于理解攻击所针对的特定漏洞（与网络和组件的关系）。关于网络攻击运作方式的心智模型，可以用于理解攻击向量，并预测可能的攻击目标。在对当前网络事件的数据进行检查分析时，可以使用这些心智模型来帮助解释所观察到的数据，并预测可能的攻击进展。因此，心智模型可在不增加工作记忆负荷的情况下，提供更高层级的态势感知（即态势感知的理解和预测）。心智模型使有经验的网空行动操作员能够理解网络状态信息在保障安全网络目标的上下文中的最终意义。

心智模型也关联着图式，它们是系统状态的原型类别（例如，某一特定攻击的明显特征看起来是怎样的，或者典型的用户行为包含些什么）。对于形成态势感知而言，这些图式甚至更有作用，因为通过将态势线索与记忆中的已知图式进行模式匹配，能够根据所识别的态势类别，直接在更高层级态势感知的记忆中进行检索。通常，已经为这些图式设定了由动作序列组成的行动脚本，因此可以免去产生备选行为并做出选择的过程，从而大量减少工作记忆的负荷。这些机制使网空行动操作员能够根据（基于态势感知）所识别出某一给定的态势类别，简单地执行预先确定的动作。例如，能够轻松地识别出已知的网空攻击检测特征和事件类型，同时找出预先确定的网空攻击响应程序。由于使用了分类映射机制，甚至不需要当前态势与之前所经历过的态势完全相同——只要能够将当前态势足够近似地映射至相关的分类类别，就可以依据该模型对当前态势进行识别并理解，以及做出预测并选择适当的行动。在人们具有非常良好的模式匹配能力的情况下，这个过程几乎是瞬时的，并且只会产生较低的工作记忆负荷，使得即使在非常苛刻的情况下，有经验的人员也能够获得高层级的态势感知。在网络空间环境中，攻击可能在极短的时间范围内发生，这种速度超越了人类观察和响应的极限。虽然对于已知的攻击类型有可能以自动化方式实现上述过程并及时对攻击做出响应，但是面对具有全新特征模式的攻击或恶意代码时，则可能仍然需要人工干预。

因此，专业知识在态势感知的过程中起着重要的作用。对于新手或需要处理全新态势的人员来说，要在复杂的动态系统中做出决策将会是极其苛刻的要求，甚至不可能成功完成的。因为这将会需要基于规则的或启发式的细致心智计算（mental calculation）能力，从而加重工作记忆的负荷。基于经验能够发展出心智模型和图式，进而可以根据已得知的相关线索，将环境中所观察到的元素与已有的图式 / 心智模型进行模式匹配。因此，能够以少得多的努力，在工作记忆的约束条件下理解态势并预测未来，从而达到更高层级态势感知的要求。通过开发出行动脚本并将其与这些图式进行绑定，可以大为简化整个决策过程。系统显示输出需要能够支持操作员将所呈现信息中的关键线索与上述心智模型进行模式匹配，这种支持能力对于快速形成态势感知并制定决策而言是非常重要的。

在这一过程中，网空行动操作员的目标也起着重要的作用。这些目标可被看作操作员希望系统模型达到的理想状态。在形成态势感知的过程中，可以根据网空行动操作员的目标和计划，引导对环境中的哪些方面进行关注。为了有效处理信息并形成态势感知，目标驱动或自上而下的过程是非常重要的。相反，在一个自下而上或数据驱动的过程中，可以识别出环境中的模式，从而提示操作员必须采用不同的计划才能达到目标，或者应该激活不同的目标。

　　大部分人员在进行信息加工处理时，都会交替采用目标驱动和数据驱动过程，这也是在复杂世界中形成态势感知所需要采用的方式。在处理复杂信息集时，单纯采用数据驱动过程的人员效率会很低——由于需要获取的信息太多，所以他们只能被动地对最明显的线索做出响应。然而，那些已经确定了明确目标的人员则会搜寻与其目标相关的信息，并且通过一些机制确定所观察信息的相关性，从而使信息搜索变得更加高效。然而，如果只采用目标驱动过程，很可能会遗漏那些提示操作员需要对目标进行变更的关键信息（例如，停止"确定系统漏洞"的目标，并激活"诊断新事件"的目标）。因此，有效的信息处理机制所具有的一个特征就是交替切换上述这两种模式，使用目标驱动过程来有效地查找和处理达到目标所需的信息，并使用数据驱动过程在给定时间点调整对最重要目标的选择。

　　态势感知的形成是一个动态的持续过程，该过程受到上述关键认知机制的影响。虽然在网空领域形成态势感知是极具挑战的，但我们发现通过采用经验（图式和心智模型）形成的认知机制，人们能够规避已知的（工作记忆和注意力）限制因素，进而形成足够层级的态势感知并非常有效地发挥作用。尽管如此，要在复杂环境（例如网空行动）中形成准确的态势感知，依然非常具有挑战性，将会需要操作员的大量时间和资源。因此，网空领域的一个主要目标，就是开发出能够增强态势感知的可选储备、培训计划和系统设计。

1.3　网空行动中态势感知所面临的挑战

1.3.1　复杂和多变的系统拓扑结构

　　首先，计算机网络的庞大规模和高度复杂性给态势感知带来了巨大的挑战。形成对攻击或其他事件影响的理解，依赖于对系统及其组件的良好心智模型。然而，由于网络的规模越来越大、网络所包含的节点和分支越来越多，使形成良好心智模型这项工作在本质上就变得很困难。此外，随着在网络上添加或删除新节点、升级换代技术以及使用移动技术的人员加入和退出组织机构，此类网络可能在几天或几周内就会发生显著的变化。

　　在许多组织机构中，由于具有许多节点和组件的计算机网络变得非常庞大，因此要为此类网络形成并保持一个准确的图景，已经成为一个看似无法克服的挑战。与上述网络相似，由长串代码组成的软件系统通常是高度嵌套且复杂的，因此对此类代码进行细微变更所带来的影响将变得难以理解和预测。网络空间系统的规模以及动态特性，不仅使发现问题变得具有挑战性，而且还导致难以理解潜在事件对网络健康状态的影响。复杂多变的网络情况，经常会迅速超越人们为网络形成和维持准确心智模型的能力，因此在缺少有效辅助的情况下，将会对态势感知的理解和预测产生负面影响。

1.3.2 快速变化的技术

在网络空间的舞台上，技术变化非常迅速。几乎每天都会出现新的软件、计算机系统、路由器和其他组件。不仅会因为这种技术变化导致难以保持对系统拓扑结构的准确理解，而且技术变革所带来不同的新能力也会对系统漏洞和系统行为产生深刻的影响。网络架构方面的快速技术变化，严重增加了态势感知理解和预测的负担。人们需要不断地形成和维持最新的有效心智模型，才能够充分理解新的事件并做出准确且及时的预测。然而，在这方面，人们的能力非常有限。

1.3.3 高噪信比

在很多案例中，难以通过检测发现系统是否正在遭受网络攻击。这是因为在计算机网络的运行中，经常会出现异常事件。所以用户已经习惯了非正常运作的系统，有可能会误以为是正常的系统问题导致了非正常现象，因而轻易地忽略了恶意的活动（Endsley和 Jones，2001）。系统故障、软件故障、维护更新、被遗忘的口令（而导致的登录错误）以及其他对"正常状态"的干扰，形成了一个嘈杂的背景，可能会掩盖真实网空攻击的特征，如图 1-5 所示。因此，即使是第 1 级态势感知（对攻击的观察）都会受到影响。

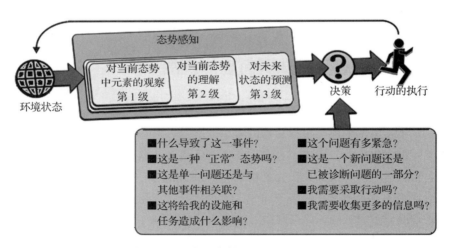

图 1-5 用于解释潜在网络攻击的决策上下文（Endsley 和 Jones，2001）

1.3.4 定时炸弹和潜伏攻击

攻击发生时间点与攻击效果显现时间点之间的间隔，也可能是相当分散的。长期潜伏的（恶意）代码可能在到达某特定时间点或发生某特定事件时被触发并发起网空攻击。这会严重影响将特定攻击的相关行为与其后果进行关联的能力。因此，在攻击效果显现之前，网空行动操作员可能在较长时间内都无法察觉到在网络中已经驻留着恶意代码。

1.3.5　快速演化的多面威胁

网空攻击的技术开发人员可以利用非常广泛的潜在攻击向量，如图 1-6 所示。而且攻击检测特征的数量和类型都呈指数级增长。根据一项研究估算，到 2025 年每年大约会出现 2 亿个新增的恶意代码检测特征（美国空军，2012）。这就意味着几乎不可能采用通常的学习方法和经验来理解威胁及其效应。

1.3.6　事件发展的速度

网空行动以事件检测、事件理解、决策制定和行动执行的循环方式展开，这样的循环通常称为观察 – 调整 – 决策 – 行动（OODA）循环。然而，网络攻击可能在不到一秒的时间内发生，这实际上让人员个体在对攻击进行观察与响应的方面变得无能为力。因此，网空行动操作员将他们的 OODA 循环描述为 OODA 点。在这种情况下，没有时间来预防攻击或对攻击做出实时响应。相反，人工活动只能更多地聚焦于取证方面，用以确定哪些组件已受到攻击，以及确定攻击对行动的影响。

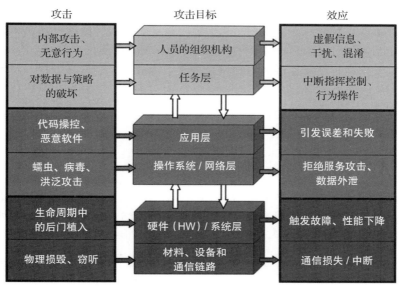

图 1-6　争议网空环境的元素（美国空军，2012）

1.3.7　非整合的工具

当前给网空行动造成阻碍的一个实际情况是：缺少一套能够为网络攻击的检测、理解和响应提供所需信息的整合工具。相反，网空行动操作员只能使用一套不完整的工具，虽然其中每种工具都能够提供某些有用的信息，但是这并不能够完全满足态势感知的需求（Connors 等人，2010）。由此形成了一个高度人力密集的缓慢过程，在此过程中，网空行动操作员不得不去寻找所需的信息，并且只能在其头脑中将信息整合成为系统及网空攻击效果的图景。

1.3.8　数据过载和含义欠载

除了在一个非常庞大的复杂网络中对数据进行观察所遇到的负荷高度过载问题，以及在多个非整合工具中寻找所需数据遇到的挑战之外，网空行动操作员也因为在理解和预测（第 2 级态势感知和第 3 级态势感知）方面缺少支撑而面临巨大挑战（Connors 等人，2010）。也就是说，一些重要的问题被抛给人员个体由其自行思考，例如，网空事件可能怎样影响当前网空行动，或者未来哪些漏洞会遭到攻击。考虑到人们形成心智模型并在头脑中完成上述评估的过程非常具有挑战性，而且留给他们的时间也非常短，因此网空行动操作员得不到有效支撑的情况，将给网空态势感知带来显著的后果。

1.3.9　自动化导致的态势感知损失

为了克服网络的复杂性、网络的快速变化以及网空行动的速度所带来的显著挑战，人们已经开发了或正在开发多种对网空攻击进行自动检测与响应的自动化辅助工具。考虑到人类认知能力和反应速度的局限性，这些自动化工具可能是支撑网空行动所必需的，但同时它们也给网空行动操作员的态势感知带来了挑战。人们已经发现，高度自动化实际上会降低态势感知的水平，因为它将操作员置于"闭环外"，使他们难以检测并理解系统的运行，以及难以在遇到处理方法尚未被编程进入自动化机制的新事件或新态势时进行有效的干涉（Endsley 和 Kiris，1995）。

1.3.10　对网空态势感知挑战的总结

总而言之，虽然人类的大脑擅长基于一系列复杂的认知过程，以及基于由经验学习所获得的心智模型和图式，从周遭世界推导获得态势感知，但是网空行动所处于的人造世界却给获得态势感知的过程带来了巨大压力。网络复杂性和多变性相结合形成的效果，结合上快速变化的复杂攻击向量、在毫秒级发生的事件、高噪信比，以及恶意代码导入与攻击事件显现之间缓慢的关联，都使网空行动的实时态势感知变得难以实现。因此，我们面对的问题是：缺少辅助网空行动操作员获得所需的全面信息从而弥合上述差距的整合工具，缺少对数据进行转化从而理解攻击对网空行动所造成影响以及自主动作所造成影响的机制，以及缺少支撑积极网络防御的工具。这一系列问题变得越来越重要。解决这些差距是至关重要的，因为只有这样才能形成安全运行所需的网空态势感知。

1.4 网空态势感知的研发需求

美国国防部网络司令部负责人 Keith Alexander 将军呼吁为网络空间开发更完善的通用作战态势图（Common Operating Picture，COP）。"首先，我们必须了解我们的网络，并通过可共享的通用作战态势图，实时地建立有效的网络态势感知。"（Bain，2010）目前，对网络中所发生网空事件的态势感知，通常基于事件发生后产生的取证信息。网空行动必须从反应式的取证响应模式转化至实时的、积极的和预防性的网空对抗行动模式，使掌握情况的网空行动操作员可以在有效工具和自动化辅助机制的配合下展开行动。

1.4.1 网络空间的通用作战态势图

网空行动的最直接需求之一，是为网空网络建立有效的通用作战态势图（COP）。需要为网空行动中每个网空行动操作员的独特岗位定制网络空间的通用作战态势图。进一步，使经过细致过滤和解释的网空信息流入组织机构的指挥中心，并在这里整合网空信息形成对网空行动效应的理解。每个角色都对观察、理解和预测有独特的需求，其中网络空间只是被关注需求中的一部分，但这一部分必须与其他的态势感知需求整合在一起。

以态势感知为导向的设计（SAOD）过程（Endsley 和 Jones，2012）提供了一套系统化的方法，用以建立与角色相关的定制化通用作战态势图，从而有效地支持态势感知。基于对大脑如何形成态势感知的理解，并经过约 25 年的专题研究，形成了这种系统化的方法。SAOD 提供了一种结构化的方法，用于开发通用作战态势图以及网空行动操作员看到的信息显示，可以将与态势感知相关的考量纳入设计过程中，这些考量包括对态势感知要求的确定、增强态势感知的设计原则以及在设计评价中对态势感知的度量（如图 1-7 所示）。

图 1-7   以态势感知为导向的设计（SAOD）是一种三阶段的方法论，
用于优化操作员态势感知（Endsley 和 Jones，2012）

可以使用 GDTA（目标导向的任务分析）过程来分析态势感知的要求，以确定特定角色或职责类别的目标，以及达到各个更高目标的决策要求与信息要求。这种以目标为导向的方法不再局限于考虑任务步骤或过程（反映了当前的技术和过程），而是聚焦于操作员的认知需求。GDTA 方法已广泛用于确定各种业务运行中的态势感知要求，包括电力系统、油田服务、商用航空、军事指挥控制以及本章前述的网空行动。

态势感知设计阶段始于对态势感知要求的深入分析,形成一种将分析成果直接纳入设计过程的关键机制,用于开发最大化态势感知程度并避免造成高工作负荷的信息表现形式。通过应用 50 个 SAOD 原则,态势感知设计能够做到:1)确保每个界面中都包含高水平态势感知所需的关键信息;2)以所需要的方式整合信息,以支持对当前运行的高水平理解和预测,并由可视化的显示直接呈现;3)提供整合了信息显示的大局图景,以保持对全局的高水平态势感知,同时提供理解态势所需的细节信息;4)根据信息的显著性将用户的注意力引导至关键信息和事件;5)直接支持对态势感知至关重要的多任务处理。这是对传统人因设计原则(主要涉及诸如信息的易读性、对比性以及可读性等表面特征)的重要补充,也是对人机交互原则(在计算机显示器上提供有效的任务交互机制)的重要补充。此外,它还提供了与复杂性和不确定性、整合自动化能力、有效利用报警系统相关的关键原则,以及在分布式团队中支持共享态势感知相关的关键原则,而这些方面都与网空行动密切相关。

例如,网空工具可以从能够提供受关注事件与检测特征的趋势信息的显示方式中获益。如果网空工具能够帮助分析师持续了解关于当前、近期和过去告警事件的最新信息,从而支持跨分析师和跨(值守换班)班次对重要事件进行评估,将对工作产生很大的帮助。如果网空工具能够提供对数据进行关联并在全基础设施范围内对模式进行检验的能力,也会产生很大的作用。支持网空态势感知的显示需求还包括:整体网络的健康指标、网络的健康状态地图,以及能够支持分析关键事件对当前网空行动所产生影响的工具。

SAOD 过程的第三个步骤涉及对所设计系统的有效性评估。根据项目的需求和目标,可以将对态势感知、工作负荷、性能以及可用性的度量作为系统的评价指标。客观的态势感知度量提供了一种经过验证的方法,在可行的情况下能够评估操作员的态势感知水平以及系统的有效性。例如,已经成功地将态势感知全局评估技术(SAGAT)用于对操作员的态势感知进行直接和客观地度量(Endsley 和 Garland,2000),从而提供上述评价信息。SAGAT 提供了一种方法,能够在模拟行动的过程中冻结操作,并向操作员进行询问,从而评估他们对态势相关方面的了解情况,并将其所回答的信息与基准情况进行比较。基于对不同时间点多个样本的评估,以及对不同操作员的评估,可以形成一个综合的准确度评分。该评分为给定的系统设计提供了在操作员态势感知支持程度方面的客观评估,能够体现出系统信息的充分性,以及信息呈现形式满足人类认知需求并适应于认知局限性的程度。目前已经开发了一个能够在网空行动中对态势感知进行度量的 SAGAT 版本(Connors 等人,2010),包括对操作员的一系列询问,例如:

- 源 IP 地址 y 以前是否涉嫌可疑活动?
- 对于目的地 IP 地址 x,告警 A 的网络包载荷是否不正常?
- 如果发生告警 A 而且攻击的目的地 IP 地址是 x,还可能会影响其他哪些资产?

SAOD 可以系统化地应用于网空行动,从而利用我们在这一领域的显著研究成果,为支持网络空间相关的决策制定，设计未来的网空通用作战态势图以及其他任务的通用作战态势图。

1.4.2 动态变化大规模复杂网络的可视化

面对网络的庞大规模及其内在的动态化程度，网空行动遇到了独特的挑战。为了理解某一特定事件或攻击行动对给定任务或行动可能造成的影响，一个关键部分就是要能够了解网空网络的拓扑结构。在许多情况下，这都是相当具有挑战性的。因此，需要展开新的研究工作，帮助操作员更好地将现有网络可视化，特别是在网络发生变化的时候。由于在我们所开发的网络中将动态的形态变化作为一个网络设计的功能，以及作为与其他因素（例如，添加或移除计算机设备或其上安装的软件，又如移动用户在不同时间和地点加入网络）有关的功能，因此此类网络的可理解性受到了严重制约。这就需要能够采用新的方法，支持网空行动操作员将系统拓扑结构对应至操作决策。该项研究不仅需要解决抽象可视化的问题，还需要解决显示支持类型的问题，从而满足操作员多种类型的理解和预测需求，以支持他们回答那些关于系统执行情况的非常真实的问题（例如，参见表1-1所列举与各层级态势感知要求相关的问题）。例如，通过显示信息帮助操作员评估某一恶意活动对当前保护方案及所需资产的影响。这类态势感知需求很少能够在现有的许多工具中得到满足（Connors等人，2010）。

1.4.3 对态势感知决策者的支持

我们也意识到除了在网络空间运行中心里，其他情况下大多数都是从组织机构管理人员的视角对网空行动效应进行判断的，这些管理人员会在与其工作任务目的相关的上下文中做出决策。在军事领域，指挥官也会将网空行动效应与其他类型的杀伤和非杀伤效应一同作为可支配的选项进行考虑。例如，使用常规动力武器击并毁灭敌方的指挥中心，发射使用微波能量的导弹击垮敌方的电子系统，或使用网空攻击来关闭敌方的指挥控制系统，哪种选项会更有效？各种选项的预期结果是什么？有什么风险？需要多长时间实施？这些都是未来的军事指挥中心需要承担和解决的现实问题，由此才能在更广泛的任务行动中使用网空行动效应。将需要任务指挥中心的未来通用作战态势图来提供解决这些问题所需的态势感知。

1.4.4 协同的人员与自主系统结合团队

由于网空效应具有快速的特点，人们普遍认识到可能需要自动化工具来帮助检测潜在的网空攻击并做出及时响应。网空世界中的操作发生的速度明显超过了人类操作员的观察和反应能力。因此，在这个领域必然会需要自动化工具。

然而，自动化不是问题的一个简单答案。相当多的研究表明，使用自动化会使人类操作员脱离到闭环外，导致对正在发生问题的发现能力变得迟滞，也会削弱理解态势并及时做出响应的能力（Wickens，1992；Wiener，1988）。这种因为脱离到闭环外而导致执行能力下降的情况，是由于在使用自动化系统时会降低态势感知的水平（Endsley 和 Kiris，1995）。部分原因可能是由于警惕性下降（因自动化而变得懈怠），或由于界面设计不佳而导致无法支持对自动化机制的理解。但从根本上说，即使不存在这两个因素，人们也会因为使用自动化机制而在处理信息时变得被动，从而在本质上降低态势感知水平（Endsley 和 Kiris，1995）。另外，由于对系统状态和模式的理解程度较低，以及由于缺少对自动化机制的置信度，导致在许多系统中实现自动化机制的过程中出现了问题，并最终降低了自动化机制的效用（Lee 和 See，2004；Sarter 和 Woods，1995）。

如果自动化机制在所有情况下都能完美工作（事实上这样的情况几乎不存在），就不会出现这类问题。然而，在不断发展的网络空间世界中，自动化机制很可能只有在面对已知类型问题的时候才能够有效工作，但实际上未被编入自动化程序的新型攻击将继续有增无减。因此，人类操作员总是需要理解系统的基本状态以及可能对系统发起的任何攻击。即使展望具有较高自主程度的系统在未来拥有了学习算法，对操作员与自主系统进行交互以应对新型网络攻击的要求也依然很高。

随着自动化被用来处理越来越多的日常态势，设计人员有责任确保人类操作员能够充分意识到自动化的状态，以及充分意识到自动化机制在怎样的底层网络之上发挥作用。用于支持人员与自动化系统有效组队协同的设计原则包括：1）为各层次的自动化机制提供灵活的受监督自主能力，2）通过对自动化机制的透明度为对当前自主行动和所预测未来行动的理解能力提供支持，3）使人类操作员能够保持在闭环中控制系统运作，4）通过支持信息整合提供决策制定所必需的理解与预测，5）保持系统的可理解性，将系统模式做到最小化并使系统状态变得显著（Endsley 和 Jones，2012）。

需要在自主系统和操作员之间建立高度共享的态势感知，以使两者的目标与任务都保持一致，动态地对功能进行分配和重新分配，并确保自主系统和人类操作员的执行有效性。目标是在操作员和自主系统之间实现简单、平滑和无缝的过渡——当在网络行动中转而使用更多自主能力时，我们就会需要高水平的共享态势感知。

1.4.5　组件和代码的检验和确认

在网络空间中的任何工作，都需要对所涉及的组件和代码进行认真的系统化检验和确认。为此，将需要新的检验和确认方法来建立对自主系统的信任（美国空军，2013）。能够自主进行重新配置的复杂自适应系统，即使只是考虑中等程度的自主性，也意味着需要一种基于无限状态系统的方法，这将超出基于需求可追溯性的传统软件测试方法的能力。有可能发生的数据和通信连接丢失的情况会使问题变得更加严重。这是一个非常具有挑战性的问题，但是必须得到解决，否则无法为自主的网空行动提供必要的置信度。需要考虑优雅降级弱化故障和恢复系统安全性的方法，以及考虑使系统具有网空防御、网空容忍和网空弹性的方法。

1.4.6　积极控制

随着向积极控制转变，网空行动操作员不会消极地等待网空攻击发生，而会采取行动使网络能够抵御网空攻击。这需要使他们能够有工具更好地理解固有的网空漏洞，而且此类工具需要能够预防已知类型的未来攻击，以及预防未知类型但有可能发生的未来攻击。他们需要有工具使其能够对疑似攻击者进行概要分析，创建疑似攻击者的身份、动机和资助者画像，从而制定与工作任务相关的防御策略。他们还需要有工具能够帮助他们共享对潜在未来攻击以及防御性对抗措施的知识理解。为了支持有效的决策制定，最终还会需要一种工具，以便能够更好地阐明可能的攻击及潜在的对抗措施对任务行动带来的影响。

1.5　小结

网络空间给战争带来的影响，堪比发明飞机所带来的影响，而这可能会相应地改变战争的面貌。历史从不会善待那些忽视技术变革而继续以老旧方式进行战斗的国家。历史也不会善待那些无法掌握网空世界所带来的新机遇与固有危险的国家。网空态势感知的形成，对网络空间的有效防御至关重要，也对网空行动的安全保障至关重要。态势感知由三个层级组成（如图 1-1 所示）：观察、理解和预测。态势感知的输出将直接馈送至决策和行动的循环中。某个人员个体需要网空态势的哪些具体方面，取决于该人员在行动中的角色。必须仔细界定每个角色的具体态势感知需求，从而开发出能够支持他们的技术解决方案，为他们的三个层级态势感知提供所需信息。传统上，这种分析是通过以目标为导向的任务分析（GDTA）方法来完成。GDTA 为每个角色设定高阶的目标结构，列出该角色将做出的重要决策，并详细列出支持每个决策所需的三个层级的态势感知要求。许多因素严重制约了对当前网空行动的态势感知，包括：高度复杂和多变的系统拓扑结构、快速变化的技术、高噪信比⊖、攻击导入与其影响出现之间的长时间间隔、快速演进的多面威胁、事件速度超过人类反应能力、与态势感知需求不符的非集成工具、数据过载和含义欠载以及自动化挑战。最直接的网空行动需求之一，是为网络空间网络创建有效的通用作战态势图（COP）。网络通用作战态势图需要根据各个网空行动操作员在网络行动操作中的特定位置而进行定制。因此，需要展开新的研究，帮助操作员更好地

⊖　原文为 signal to noise ratio，疑似为 noise to signal ratio 的笔误。——译者注

可视化现有网络，尤其是在网络发生变化时。需要能够通过新方法来支持网空行动操作员将系统拓扑映射至操作决策。人们总是需要了解系统的基本状态和任何在系统上可能发生的潜在攻击。还需要在自主系统和人类操作员之间建立共享的高水平态势感知。

参考文献

Bain, B (2010, June 3) New DOD cyber commander seeks better situational awareness, FCW

Connors, E, Jones, RET, Endsley, MR (2010) A comprehensive study of requirements and metrics for cyber defense situation awareness. SA Technologies, Inc., Marietta, GA

Endsley, MR (1988) Design and evaluation for situation awareness enhancement. In: Proceedings of the Human Factors Society 32nd Annual Meeting, Santa Monica, CA. p 97–101

Endsley, MR (1993) A survey of situation awareness requirements in air-to-air combat fighters. International Journal of Aviation Psychology 3(2): 157–168

Endsley, MR (1995) Toward a theory of situation awareness in dynamic systems. Human Factors 37(1): 32–64

Endsley, MR, & Garland, DJ (Eds) (2000) Situation awareness analysis and measurement. Lawrence Erlbaum, Mahwah, NJ

Endsley, MR, Jones, DG (2001) Disruptions, Interruptions, and Information Attack: Impact on Situation Awareness and Decision Making. In: Proceedings of the Human Factors and Ergonomics Society 45th Annual Meeting, Santa Monica, CA. p 63–68

Endsley, MR, Jones, DG (2012) Designing for situation awareness: An approach to human-centered design (2nd ed) Taylor & Francis, London

Endsley, MR, Kiris, EO (1995) The out-of-the-loop performance problem and level of control in automation. Human Factors 37(2): 381–394

Lee, JD, See, KA (2004) Trust in automation: Designing for appropriate reliance. Human Factors 46(1): 50–80

Rouse, WB, Morris, NM (1985) On looking into the black box: Prospects and limits in the search for mental models (DTIC #AD-A159080). Center for Man–machine Systems Research, Georgia Institute of Technology, Atlanta, GA

Sarter, NB, Woods, DD (1995) "How in the world did I ever get into that mode": Mode error and awareness in supervisory control. Human Factors 37(1): 5–19

United States Air Force (2012) Cyber Vision 2025. United States Air Force, Washington, DC

United States Air Force (2013) Global Horizons. United States Air Force, Washington, DC

United States Army (2013) Army Cyber Command Industry Day http://www.afea.org/events/cyber/13/documents/afceaIndustryOutreachBriefjun13ARCYBER.pdf

Wickens, CD (1992) Engineering psychology and human performance, 2nd edn. Harper Collins, New York

Wiener, EL.(1988) Cockpit automation. In: Wiener, EL & Nagel, DC (Eds), Human Factors in Aviation, Academic Press, San Diego, p 433–461

第 2 章

传统战与网空战

Alexander Kott、Norbou Buchler 和 Kristin E. Schaefer

2.1 引言

　　态势感知在网空安全领域是一个比较新的话题,然而态势感知的研究和应用在复杂企业的运营控制和传统战争等领域却有较长的历史。与网络空间中的冲突与对抗等方面相比,在传统军事冲突或敌我交战等方面对态势感知理解要多得多。通过对传统战(也被称作动能战)中态势感知的内涵进行探索,我们可以获得对网空冲突相关的态势感知的深入见解,并找到相关的研究方向。因此,在上一章中概述了网空态势感知的理论基础以及当前存在的挑战,而本章我们将继续讨论在传统冲突中态势感知的本质,回顾对传统态势感知(KSA)⊖的现有认识,并将其与对网空态势感知(CSA)的当前理解进行对比。我们发现传统态势感知和网空态势感知所面对的挑战与机遇是相似的,或者至少在某些重要方面是方向一致的。就相似之处而言,在传统空间和网络空间的世界里,态势感知都会对工作任务的完成效果产生较大的影响作用。类似地,在传统态势感知和网空态势感知中都存在着认知偏差。而作为两者之间差异点的一个例子,传统态势感知通

A. Kott (✉)

United States Army Research Laboratory, 2800 Powder Mill Rd., Adelphi, MD 20783, USA

e-mail: Alexander.kott1.civ@mail.mil

N. Buchler · K. E. Schaefer

United States Army Research Laboratory, Aberdeen Proving Ground, MD 21005, USA

e-mail: norbou.buchler.civ@mail.mil; kristin.e.schaefer2.ctr@mail.mil

⊖ Kinetic Situational Awareness,即动能战中的态势感知,引申理解为传统战中的态势感知,本文中简化翻译为传统态势感知。——译者注

常依赖于一种得到普遍接受并被广泛使用的有组织表现形式——战场的物理地形图。然而，目前在网空态势感知中还未出现这类通用的表现形式。

2.1.1   从传统战场到虚拟战场的过渡

随时间推移冲突发生的机制也在持续演化，而且该演化进程在历史上由于技术的快速进步而被不断突破。20 世纪以面对面互动形式发生的工业时代摩擦冲突，正在被信息时代的冲突所取代（Moffat，2006）。例如，图 2-1 呈现了以前工业时代和现在信息时代的一系列关键特点。当前信息时代的冲突既包含传统战场也包含虚拟战场，而且可能会越来越强调虚拟战场。

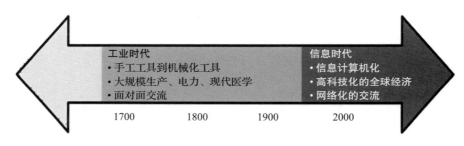

图 2-1   工业时代至信息时代的特点

在我们看来，信息时代战场的形态是由逐渐兴起的网络化组织形式所决定的。在一个网络化的组织中，协作者的数量几乎是无限的，可利用的信息几乎也是无限的。在这样一个存在广泛协作和丰富信息的环境中开展行动，军事组织可以获得前所未有的优势（美国国家研究委员会，2005）。例如，20 世纪 90 年代末至 21 世纪初，美国和北约国家的军事组织逐步转型为网络化组织形式，形成了由任务指挥人员组成的大规模互动式层级网络，在指挥部内部以及跨多个指挥部实现了信息交流与共享，并使得跨越联合作战体系、部门、机构、政府和国家边界的信息交流与共享成为现实。正是因为我们依赖于网络化的组织形式，所以战争不再局限于传统的物理战场。越来越多的冲突仅仅发生在虚拟网络空间中的不同网络之间。

作为本章对比讨论的起点，我们需要理解传统军事行动和网空行动的领域特点，如表 2-1 所示。首先是传统作战行动和网空作战行动在威胁这一特定领域存在着显著的差异。几个世纪以来，传统军事领域冲突一直发生在保持不变的物理世界中，可通过物理方式以直接（视觉观察）或增强（技术辅助）手段观察到威胁的特点。然而，与传统冲突情况不同的是，网络空间领域具有高度可塑造性且容易进行欺骗。例如，欺骗攻击

（spoofing attack）是指某个人或计算机程序通过伪造数据成功地伪装成另外一个人或程序，从而获得不正当的优势（Gantz 和 Rochester，2005）。

表 2-1　传统战和网空战领域特征比较

	传统军事行动	网空行动
领域	在很大程度上保持不变的物理世界	可被高度塑造且易于进行欺骗的虚拟世界
军事理论	防御者具有优势	攻击者具有优势
数学定义	由 Lanchester 方程所定义的实兵对抗交战 [一]	网空交战的规模可能是无标度的 [二]
所需资源	资源密集型，组织需要具有整合能力（即后勤保障）	非资源密集型；要求可降低到几乎没有能力先决条件的个人
威胁特点	可物理观察	隐藏在网络中，可以采用多种形态
军队集结	与空间和时间相关，存在提前预警的可能性	不受约束，几乎无法提前告警
检测	分布式的监测可能"命中"在从传感器到 ISR（情报、监视与侦察）[三] 资产到巡逻队等多个点上	依赖于自动化机制和基于规则的入侵检测系统（IDS）；分析师梳理大量日志文件并创建新的攻击检测特征
大数据挑战	对数据收集的管理；情报分析	检测发现（攻击的相互关联）与取证分析
分析挑战	在平民中寻找叛乱分子的网络	寻找新的威胁 / 开发检测特征
攻击特点	在空间和时间维度内展开	瞬时发生且大量并发
效应	已知的即时线性效应，可归因至对手	非线性（可能是级联的）效应，其影响可能是隐藏的、未知的而且长时间难以被发现的，无法归因至对手
战斗损伤评估	可观测、可量化	一些可能具有许多高阶复杂效应的可观察对象；需要花费数月进行取证
可视化	通用作战态势图；反叛乱行动需要网络分析和依赖图	攻击图、依赖图和网空地形 [四]
欺骗	主要体现在战略层面，需要大量的计划，并且是资源密集型的	主要体现在战术层面，需要很少的计划且是非资源密集型

此外，按照经典的传统军事理论，防守者会拥有很多优势（例如，防御工事和有利于防守者的信息不对称性）；然而在攻击者占据优势的网空领域，这种理论已经完全被颠覆了。网空攻击者拥有着诸多的优势，其中包括：1）匿名性，攻击者能够躲藏在跨越国家主权和司法管辖边界的全球网络中，使攻击归因变得更加复杂；2）针对性的攻击，对

　　[一]　Bowen 和 McNaught（1996）

　　[二]　Moffat（2006）

　　[三]　Intelligence, surveillance and reconnaissance

　　[四]　Jakobson（2011）

手可以选择发起攻击的时间、地点和工具；3）攻击利用，攻击者能够在全球范围进行探测并触及网空防御的薄弱环节；4）人性弱点，"社会工程学"攻击证明了人们之间的信任关系容易遭到利用；5）取证难度，证据的易变性和瞬时性特点使对攻击的分析变得复杂化，甚至可能会变得相当棘手（Jain，2005）。尽管传统领域和网空领域之间存在着一些差异，但是借鉴在成功管理传统作战行动方面所累积的一些经验教训，仍有助于解决网空行动中的诸多挑战。

2.1.2　态势感知的重要性

交战冲突的动态很可能会延伸到虚拟战场。以信息时代冲突底层的"网络支撑作战行动"（network-enabled operation）的概念框架作为基础，可以推导出一系列用于对比传统冲突和网空冲突的关键概念（Alberts，2002；Alberts 等人，1999）。这一框架由 4 个主要的原则组成（Alberts 和 Hayes，2003）：

1）高度网络化的部队应改善信息共享和人员协作；

2）这种共享与协作可以改进信息的质量以及共享态势感知的质量；

3）这种改进可以反过来促成进一步的自同步，并改善指挥的速度和可持续性；

4）上述原则组合在一起可大幅提高任务执行的效能。

在维持和增强态势感知方面，能够在人员和组织层面概念化网络支撑作战行动的许多收益，从而实现部队的同步协调，并加强执行任务的效能。这一概念框架显式地假定在网络化的组织中，信息共享程度越高，越能够获得更好的态势感知。态势感知被定义为"对相关信息以及包含友军态势、威胁态势和地形情况的战术态势，保持清晰一致的心智图景的能力"（Dostal，2007）。我们认同 Endsley（1988，1995）在相关文献中所描述的态势感知理论模型，即态势感知是在一定时间和空间内对环境中相关元素（例如，状态、属性、动态）的观察（第 1 级），对其意义的解读或理解（第 2 级）以及对未来动作的预测（第 3 级）。

假定网络支撑作战行动的一系列原则会对军事冲突中的组织效能产生累加影响，而这些原则的序列中任何一条的执行出现故障或瓶颈时，也可能给性能和效能带来限制。例如，假定向指挥官及他们的参谋提供更多的可用信息能够增强态势感知并提高决策质量。然而在某些情况下，增加信息的共享虽然加大了可用信息的数量，却没有能够相应地提高数据的质量。网络化系统能够接收信息并使其能够被轻易地访问，而其中庞大的信息量和快速的信息处理节奏都可能是非常惊人的。人类认知存在着明显的局限性，而且人员在一定时间内可以注意、处理和共享的信息量也存在局限性，这些局限性都可能会对态势感知形成制约，从而成为指挥参谋人员所面临的挑战。以下小节将阐述态势感知在跨传统（动能）战场和网空（虚拟）战场的冲突态势管理中的重要性。

2.1.3 传统态势感知

在传统战场上，大多通过物理传感器、人体感官观察或远距离操控的无人化情报监视与侦察平台直接收集信息。这对应着第 1 级态势感知。由于传统战场是物理的，而且是不易发生改变的，因此敌方部队同样可以观察到在同一物理战场上的各种状态，并且能够获取许多与我方所得相似的情境信息元素。在传统作战行动中，态势感知往往依赖于对物理地形（如重要水路、道路等）的细致地理分析，并需要与发现目标的位置、目标的移动和友军的位置等信息相耦合。无论是采用"沙盘"（20 世纪 60 年代前）、战棋模拟（20 世纪 60 至 80 年代）还是带有数字叠加层的地图（自 20 世纪 90 年代以来），为物理战场建立和维护准确的模拟模型都是一个关键过程。这类模型对于观察战场并进行推理解读都是至关重要的。

然而，数据的获取与理解之间往往存在折中的平衡关系。在数据采集方面的额外工作努力，能够提供更多关于战场空间的信息；但增加过多的数据，则可能会压倒人员及时分析处理信息的能力，从而大幅影响对当前态势的理解。理解人类在信息处理方面的局限性，以及理解这些局限性如何显现于存在广泛协作的大信息量复杂网络化行动环境中，已经成为一个关键的研究问题。

2.1.4 网空态势感知

信息时代的技术进步，将我们推向了网络化组织以及个人之间的虚拟冲突。诸如互联网的各种媒介，已经打破了传统的地理边界。因此，我们在虚拟战场上的主要目标，就是要建立一个强健的网空防御体系。网空分析师迫切需要获得能够支撑网空任务并提供更好态势感知的先进能力，具体包括：发现经由网络触及漏洞的所有路径的自动勘察能力，对多来源的数据进行关联和融合的能力，攻击路径可视化的能力，自动产生缓解措施建议的能力，以及最终对网空攻击所造成任务影响进行分析的能力（Jajodia 等人，2011）。

2.2 传统态势感知研究示例

在接下来的几节内容中，我们将阐述传统战争所面临的一个挑战，然后在尝试回顾我们对网络空间世界中有关挑战的理解情况。我们在一些案例中发现了明显相似或者至少方向一致的一些方面；而在另一些案例中，则发现了一些具有指导意义的差异方面。在其他的一些案例中，人们对于网空态势感知所面临的挑战知之甚少，乃至缺乏了解；因此在这些情况下，我们仅能指出一个可能的研究方向。我们将首先介绍两个对传统态势感知的重要方面进行量化并做出形象描述的研究示例，其中特别强调从业人员在传统态势感知上所经历过的特有挑战。

2.2.1 DARPA 的 MDC2 计划

在本章中将介绍两个传统态势感知的研究示例，第一个是由美国国防高级研究计划局（DARPA）在 2004 ～ 2007 年间所展开名为多单元徒步作战指挥控制（Multicell and Dismounted Command and Control）的研究计划（Kott，2008），其主要目的是试验性地探索对高度信息化的分布式网络化轻装甲部队进行作战指挥。当时，美军正着眼于探索一种未来作战部队形式的可能性。这种作战部队结合了由快速移动轻型装甲车辆所搭载的战斗单元、远程精确射击武器以及无人侦察机和自动地面传感器等大量传感器。这些作战部队对装甲厚度的依赖程度远低于当今的地面作战部队，而远程发现和摧毁敌人的能力则远超出当前水平。

实际上，在此概念下，作战部队是以深入掌握敌方信息的作用取代了重型装甲的作用。对此概念的主要关注考量在于：在过度丰富的信息可能导致这种假定的作战部队出现问题的情况下，人类士兵作为所有信息的消费者和使用者，是否能够有效吸收和理解这些复杂的海量信息并采取相应的行动。换句话说，就是要证明是否能够逾越高度信息化指挥环境所带来的认知挑战。

由于以前的战斗指挥系统并非为高度信息化的环境而设计，所以在该计划中创建了一个新的人机系统原型，旨在将以高速率流入的战场空间数据转化为高质量的态势感知和指挥决策。这个新的原型系统包含一系列专门开发的态势感知工具，可以将所有数据持续地自动融合到一个共享的态势图景中。还包含一系列行动执行工具，能够帮助士兵控制情报的收集，并掌控战场上的移动情况，以及评估精准武器的远程打击结果。接下来，我们将讨论该研究计划与网空态势感知的一些相似之处——海量的信息以及相对匮乏的直接物理线索。

在该研究计划中进行了一系列精心组织且耗资巨大的实验——战斗模拟。在每次模拟的战斗中，蓝队由美军士兵组成，他们乘坐配备了精心设计信息系统的模拟战车，与由军事专家扮演的训练有素的红队士兵展开相当逼真的战斗。这种模拟战斗在一个模拟的战场上展开，通过特殊模拟软件计算和描绘所有的物理效果，包括车辆移动、传感器观测以及武器射击等。由仪器设备和观察人员对态势感知的状态进行记录，包括基于现有信息可能达到的感知程度，以及士兵实际表现出的感知程度。模拟战斗中每个时刻的实际战斗状态都会被记录下来，例如，在某一片森林中有多少红队士兵，以及蓝队的传感器所观察到的红队士兵数量，或者蓝队士兵所意识到的这些红队士兵数量。通过上述做法，可采用敌军的位置、健康状况、优先级和数量等度量指标对态势感知进行定量的跟踪。也可以将士兵在口头交流和行动中所表露出对可用信息的理解情况，与这些指标进行比较并做出分析。在下一节的讨论中，我们继续将该计划在传统态势感知相关方面所发现的情况与网空态势感知的相关方面进行比较。

2.2.2 RAID 计划

美国国防高级研究计划局（DARPA）于 2004 ～ 2008 年期间资助了名为实时敌方情报和决策制定（Real-time Adversarial Intelligence and Decision-making，RAID）的研究计划（Kott，2007；Kott 等人，2011；Ownby 和 Kott，2006）。该计划的目标是开发能够在军事行动中自动生成敌方态势预估并对敌方近期行动进行预测（第 3 级态势感知）的工具。作为该计划的一部分，也对士兵的态势感知进行了度量，并与自动化工具所给出的预估结果进行了比较。

RAID 计划有意聚焦于一个非常具有挑战性的较窄领域：得到装甲部队和空中平台支持的步兵所组成的蓝队，与像叛乱分子一样的非正规步兵组成的红队，在城市地形中进行战术战斗。要研究的问题情境包括：保卫蓝队的设施、救援被击落的机组人员、抓获叛乱武装的首领、解救人质以及对针对蓝队巡逻的攻击展开反击。

在筹划和执行此类战斗任务时，指挥官、参谋人员（包括上级指挥部的参谋人员）及下属作战单元的指挥员需要在脑海中或在计算机化的信息融合系统（如 RAID 系统）帮助下将一大堆令人迷惑的信息整合起来（图 2-2）。例如，蓝队兵力的构成和任务计划信息；该地区的详细地图（可能包含城区的详细三维数据）；诸如集市等已知的非参战人员聚集区；诸如祈祷场所等文化敏感区域；该地区过去和最近发生的诸如路边炸弹爆炸等活动的报告；对蓝队在战斗前和战斗中移动时位置和状态的持续更新。

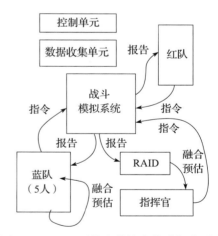

图 2-2　RAID 系统中传统态势感知的形成

指挥官及参谋人员通常会利用上述的所有信息得出两类结果。第一类结果是对红队当前态势的评估，包括：预估的红队（大部分藏匿着，无法被蓝队观察到）实际位置；红队当前的意图，以及红队可能做出的欺骗行为。第二类是对所预估未来事件的描述，包括：红队的未来位置（作为时间的函数，即随时间而变化）、动向、与蓝队的交火以及战斗力量和作战意图的变化。

RAID 计划包含多个实验，其中每个实验都包含在计算机模拟环境中由红蓝两队指挥官所执行的一系列兵棋推演。在其中一半的兵棋推演中，蓝队指挥官都能够得到一支能力合格的支援人员（参谋人员），这队支援人员的职责包括提供对敌方态势的预估。这一系列战棋推演被作为实验的对照样本组。在其中另一半的战棋推演中，蓝队指挥官则在没有参谋人员支持的情况下展开行动。作为替代，他将得到 RAID 自动化系统的支持，由系统产生对敌方态势的预估。这一系列战棋推演被作为实验的测试样本组。通过数据采集和校订过程，将对照样本组的准确性与测试样本组的准确性进行对比。实际上，由此我们可以将参谋人员的态势感知与自动化工具产生的态势感进行比较。与 MDC2 计划相同，RAID 计划也产生了一些对传统态势感知的观察结果，我们将在下一节中与网空态势感知进行比较。

2.3 传统态势感知与网空态势感知之间具有指导意义的相似点与巨大差异

现在我们从上文所介绍的两个聚焦于传统态势感知的研究计划中选取一些实验结果进行讨论，并将其与网空态势感知进行比较。传统态势感知和网空态势感知所遇到的挑战与机遇是相似的，或者说至少在几个重要方面是方向一致的。在传统和网空世界中，态势感知对任务结果均可以造成有力的影响。在传统态势感知和网空态势感知中，通过收集信息（第 1 级态势感知）、组织信息（第 2 级态势感知）和共享信息（第 3 级态势感知）以形成高效且有效态势感知的过程，都是难以管理的（Kott 和 Arnold，2013）。有效的态势感知与并发的决策制定过程，都可能会受到个人认知偏差的制约。为了形成共享态势感知而进行的协作，则是在传统和网空世界中都要面对的另一个挑战。然而，虽然通常需要通过协作对传统冲突进行管理，但是对网空冲突的管理则通常会在个体层面进行。此外，特别是因为具有不同角色和背景的网空防御者们还未能共享一套通用的概念、术语和边界对象，协作本身往往就是困难的。在这个处于相对早期阶段的领域中，对概念、术语和边界对象的通用定义尚未形成。此外，与传统世界中的情况相比，即使是对于同一个共享的模型，网空防御者们也可能需要更加定制化的图景。表 2-2 中列举了将在下文中进一步讨论的关键相似点和差异点。

表 2-2　传统态势感知和网络态势感知的相似点与差异点

	传统态势感知	网络态势感知	研究方向
任务输出结果	由定量且有形的度量指标（例如，敌方目标的位置和数量）所描述	未能很好地理解由任务所定义的度量指标	开发与任务及任务结果相关的网空态势感知度量指标
表现形式	倾向于使用得到普遍接受并广泛使用的组织范式——战场的物理地形（例如地图）	尚未出现像地图那样的通用参照形式	开发共享的非物理网络"地图"

（续）

	传统态势感知	网络态势感知	研究方向
信息的收集、组织与共享	对关于当前战场状态的大量数据进行及时处理的难度（例如，对动态、移动和相对稀缺的传感器进行管理）造成了挑战	对来自于自动化传感器、入侵检测系统及关联分析报告的大量异构信息进行组织、协调和及时分析的难度造成了挑战	在最佳的抽象层次对信息进行有效表征和融合的方法
认知偏差	确认性偏差和可得性启发式偏差造成较大的负面影响	一些证据表明存在风险厌恶、确认性偏差以及可得性启发式偏差	对与认知偏差相关的形成与机制进行进一步研究
协作/共享的态势感知	必须对协作进行控制、激励并同步，以缓解参谋人员累积认知偏差并错误导向宝贵认知资源的潜在倾向性	在个体层面管理任务的职责（通常不共享）	鉴于网空领域的可塑造性，具有一套通用的概念、术语和边界对象，对形成网空态势感知是非常关键的，应成为优先的研究方向

2.3.1　传统态势感知与网空态势感知有力地影响任务结果

第一项发现看起来像是显而易见的——更高水平的传统态势感知能够使任务结果得到显著提升。例如，与敌方相比较少的战斗伤亡人数，以及占领敌方领土的能力或保卫我方领土的能力得到提升。但事实上，这并不是一个那么明显的发现，而且在之前的研究工作中并未被很好地量化。当我们注意到士兵的可用信息与他们对信息的理解（即态势感知的认知部分）水平之间存在差异时，这就变得特别不可忽视了。在更为基本的层面上，人们可能会想知道：更高层级态势感知所带来的无形效益，是否能够与战车速度、战车装甲强度、武器射程和武器精度等有形因素的强大影响相比拟。

然而，MDC2 计划的定量实验结果是毋庸置疑的——更高水平的态势感知的确可以转化形成更好的战斗结果。事实上，红蓝两队的可用信息（通过诸如传感器或侦察兵的多种来源所获得，并提供给指挥官和参谋人员的信息）数量存在差异，而这种差异已经成为对战斗结果的关键预测因素。由于这个差异的影响是如此重要，蓝队通过经验可以发现：限制红队对蓝队的发现能力，对于蓝队能否赢得战斗来说变得至关重要。当红蓝两队之间的距离一旦缩小到一定程度，红队相对较弱的传感器将会变得更有效，而红队可以得到关于蓝队的可用信息数量也就会增加。另一方面，蓝队对红队的高优先级目标发现得越多，战斗结果就对蓝队越有利。

类似地，我们在 RAID 计划中也发现了明确的统计证据：蓝队对红队的情况（第 2级态势感知，理解）和意图（第 3 级态势感知，预测）所做出的预估越准确，蓝队指挥官就越可能获得更好的战斗结果。为了客观地对态势感知的准确性进行度量，我们使用类似于圆概率误差（CEP）的度量指标。简而言之，它可以给出实际的对手实体位置与蓝军指挥官所观察或预测的对手实体位置之间的误差。实验数据非常明确：随着态势评估变得更加准确（即 CEP 降低），战斗结果（战棋推演评分）得到改善。

在关于网空安全研究的文献中，仅有一些文献提到了发现网空态势感知对行动有效性和任务结果（如及时发现网空入侵）的指标会产生影响，但还未出现定量的证据。我们认识到态势感知在网空领域是受到局限的：对脆弱点或技术漏洞的分析不准确或不完整是常态，缺少对被不断演化的网络环境和网空攻击的适应能力也是常态；网空防御者将原始数据转化为网空情报的能力一如既往地受到制约。网空研究人员认为需要向以任务为中心的网空态势感知提供一系列高级能力。这些能力包括：发现经由网络触及漏洞的所有路径的自动勘察能力，对多来源的数据进行关联和融合的能力，攻击路径可视化的能力，自动产生缓解措施建议的能力，以及最终对网空攻击所造成任务影响进行分析的能力（Jajodia 等人，2011）。具有这些能力的工具能够提高网空态势感知水平，并有可能像传统态势感知那样产生更好的网空防御结果。

2.3.2　认知偏差会限制对可用信息的理解

传统态势感知和网空态势感知都可能受到认知偏差的负面影响。认知偏差对形成态势感知产生影响的具体方式，仍然是网空和传统世界中有待进一步研究的主题。不能排除网空态势感知与传统态势感知所受到的认知偏差负面影响是不同的，也可能是由于不同的机制而受到影响。在传统战中（正如在 MDC2 计划中所发现的），指挥官及其参谋人员经常令人诧异地忽视或误读提供给他们的正确信息。部分原因可能是由于先进的传感器和信息显示使他们产生了虚假的安全感——"我可以看到一切"，他们也经常会高估其自身传统态势感知的完整性和正确性。提供给指挥官及其参谋人员的可用信息，与他们根据这些信息所获得的传统态势感知之间，所存在的差距值得警惕：指挥官对可用信息所做出的评估，仅在大约 60% 的时间内是正确的。认知偏差，可被视为是一种"执着信念"，似乎是导致无法对可用信息进行充分理解的常见原因。

特别是，这种"看见 - 理解"之间的差距往往表现在无法很好地在信息与动作之间进行同步。指挥官经常高估他们所面临威胁的强度，或者严重低估所面临威胁的强度。高估威胁，将导致为了获取更多信息而不必要地减缓行军进度。低估威胁，则将导致蓝队在缺乏充足信息的情况下逼近敌军，从而使其更易遭受攻击。

在 RAID 计划中我们还发现，与利用全部可用信息所能够达到的态势感知相比，人员的传统态势感知明显水平较低，或者是更缺乏准确性。我们在敌方态势和敌方意图方面，对比了人员和自动化工具分别做出的评估。虽然上述自动化工具缺少人类士兵具有的经验或直觉，但工具所做出预估的误差，平均来看显著低于人员所做出预估的误差。

自动化工具与能力合格的参谋人员相比并不逊色，这个事实说明数据中其实存在着充足的信息，只是参谋人员没能从数据中提取出充足的信息从而获得最佳的传统态势感知。

那么为什么参谋人员所做预估的准确度会比工具低呢？一方面，领域专家和心理学家发现，参谋人员和上述自动工具在推理方面其实存在着许多相似点。然而另一方面，差异点似乎主要在于人类的认知偏差。虽然这种偏差或偏好经常可以成为一种有用的便利捷径，但总体来说它们会降低预估的准确性。例如，我们经常观察到过度执着于假定的模式或规则的情况：参谋人员通过应用以前学到的模式或原理来预估红队的情况。但是，一旦出现证伪的证据，人们会选择忽视这种证据。当面对着一个机智并且能够进行快速创新的红队对手时，这种固执于以往观察所得模式的情况，常常会导致蓝队的传统态势感知产生严重错误。

认知偏差在网空态势感知中也是显而易见的。研究人员注意到网空防御者所展现出过度依赖直觉的情况：在几乎没有可靠的网空攻击统计数据时，决策者在认知偏差的影响下，会依赖于自身经验和直觉。而这种偏差有可能导致非最优化的决策。例如，当面对眼前确定损失（例如，为改善安全而进行的投资）和未来潜在损失（例如，网空事件造成的后果）之间的折中关系时，网空防御者常常会因为厌恶风险的偏好而倾向于接受未来的潜在损失。相关观察显示，网空防御者往往认为其他机构比自己的特定组织机构更多地暴露在风险之下，特别是在当他们觉得自己对风险情况有着一定程度控制的时候——有人将此称为"乐观偏差[⊖]"。如果能够以生动、易于想象和难以忘记的方式描述风险，或者因为近期发生过风险事件，那么许多人会更加惧怕这些风险（与被称为"易得性偏差"的现象相关）。

此外，另一个常见的偏差是忽略那些与先入为主的观念相矛盾的证据，即确认偏差（Julisch，2013）。对于上述的那些乐观偏差，需要注意的是，个体人员在个体层面和社会层面这两个独立的风险判断维度上会存在差异。个体人员对网络隐私风险表现出强烈的乐观偏差，认为自己与其他人相比更不易受到此类风险的影响。乐观偏差在极大程度上受到内部信念（控制感）和个体差异（先前经验）的影响（Cho等人，2010）。个体人员倾向于从自私的角度对不明确信息或不确定情况做出解释。控制感以及与对比目标的距离[⊜]影响着这种倾向（Rhee等人，2012）。

总而言之，虽然认知偏差在传统态势感知和网空态势感知中都起着重要的作用，但由于可用文献非常有限，使我们难以确定在两个领域中各自涉及的具体机制之间有多高的相似度。在网空态势感知的研究方面，需要展开明确的系统化调查研究，以确定影响传统态势感知的偏差是否也在网空态势感知中发挥着关键作用。

⊖ 指个体认为风险不会发生在自己身上的侥幸观念而产生的偏差。——译者注
⊜ 将其他个体作为对比目标，如果风险离对比目标更近，则觉得自己更不易受风险影响。——译者注

2.3.3 信息的收集、组织与共享难以管理

有效的态势感知使我们经历以下三个阶段的过程：观察采集到的数据（第 1 级态势感知），组织上述数据成为有用信息（第 2 级态势感知），进而使我们能够基于对未来的预测制定决策并进行共享（第 3 级态势感知）。然而，在传统和网空冲突中，这种信息收集、组织和共享过程都很难管理。

例如，在 MDC2 计划的实验中，指挥官和他的参谋人员都难以对散布在传统战场上各处的传感器的覆盖范围与覆盖时间进行掌控。实际上，他们通常不知道自己看到了什么，或是漏掉了什么——这体现出他们自身对信息采集资产的态势感知存在不足。在传感器分层部署方面的缺陷，也将导致传感器的覆盖面出现严重缺口，而这通常是一个会被指挥官忽视的问题。这些缺口的存在，可能直接导致在威胁位置和威胁接近度方面的传统态势感知出现问题，从而增加了蓝队遭遇对手伏击的可能性。

对具有显著差异化能力的多种不同传感器进行管理，将变得尤为困难。管理难度不仅源自于能力、覆盖区域、敏捷性和信息延迟等方面的差异，还源自于传感器所归属组织的差异，以及允许何人在何时使用或重新布放传感器的规则差异。因此，士兵们不得不将一大部分的时间和注意力聚焦在获取信息的问题上。在许多情况下，指挥官主要关注传感器资产的管理问题，而不得不将其他任务委托出去。事实上，超过 50% 的决策是为了获取信息。这种情况下，"看到"被认为是最艰巨的任务，而"射击"则被当成是最简单的任务。指挥官及其参谋人员还发现，对战斗损伤的评估已经成为一项至关重要但又极其苛刻的任务，而且也成为损害传统态势感知的关键因素。对交战目标"状态"进行评估的难度，显著降低了传统态势感知的水平。

事实上，美国国防部长办公室提出"数据决策"倡议的一个主要原则，以及军事指挥官及其参谋人员所面对的一个主要挑战，正是缩短从数据收集到决策制定的时间周期（Swan 和 Hennig，2012）。作为信息时代的一个关键挑战，可用信息的绝对数量制约了军事决策周期。这使得参谋人员被陷在"观察 – 调整"的阶段（即 OODA 循环周期中的"看到"部分），而不是进一步达到"决策 – 行动"阶段（即 OODA 循环周期中的"射击"部分）。

传统态势感知的这些挑战，类似于网空态势感知中的信息管理挑战。缺少网空攻击可能性和所造成影响的可靠统计数据等信息，将导致决策者过度依赖于自身的经验和直觉。在获取关于网络空间环境的信息方面，重要的信息类型包括：特定类型网空攻击的可能性；采用现有对抗措施防御这类攻击的有效性；攻击造成的影响或代价（Julisch，2013）。由于难以获得动态的网空情报，所以过度依赖静态知识而不是动态情报，已经成为一种常态。

网空安全世界的其他特点，增加了获取信息、管理信息和根据这些信息形成网空态势感知的复杂性。这些特点包括：任务通常是取决于抽象的资源而不是实际的系统和设

备（使得更加难以理解任务和有形系统之间的关系）；组织机构通常会将部分或全部的网空防御责任进行外包（从而使对责任的理解和对信息的关联变得复杂）；以高度动态的方式管理资源；不断增加的大量传感器所产生的数据造成人类分析师的工作负荷过载（Greitzer 等人，2011）。

网空研究人员还注意到更多的相关挑战：信息共享的方法不够成熟，特别是在网空态势感知的形成过程分布于多个不同人类操作员之间的情况下，以及技术组件运行于多个不同功能领域的情况下。除此之外，相关的挑战还包括：快速的环境变化、惊人的信息量以及缺少物理世界的制约因素。在信息获取和信息管理方面所面对诸多挑战的总体影响下，网空态势感知会呈现出分布性、不完整性和领域相关性也就不足为奇了（Tyworth 等人，2012）。

2.3.4　协作具有挑战性

组织机构内部进行团队协作的精髓，在于能够在多个人员之间以及共享的资产之间有效地保持一套一致的任务集合。人们普遍认为，态势感知得益于在其形成过程中参与者之间的有效协作。然而，协作也可能带来不利的一面，或者严格来说是可能带来高代价。在 MDC2 计划的实验中，我们多次观察到因为指挥官与下属、同僚或上级指挥所中的决策者进行协作，而导致了传统态势感知水平的下降。在协作中其他决策者的明显默许，可能会强化指挥官对态势的错误观察。本章之前部分提到了信息缺口问题的重要性，但个别指挥官并不一定能意识到存在着信息缺口，而且通过协作也无法改善这个情况。

例如，在 MDC2 计划的某个特定实验中有 7 个存在协作的片段，在三个片段中产生了改进的传统态势感知，而在两个片段中决策者的注意力从更关键的焦点上被转移开了，另外两个片段中则导致决策者强化了对态势的错误解读。协作对传统态势感知造成代价的机制有所不同：某些情况下，协作往往会强化确认偏差；其他情况下，协作会产生误导，将决策者的注意力从最关键问题上转移开。

在 RAID 计划中，我们注意到参谋人员之间进行协作的事件数量与传统态势感知的质量之间存在负相关关系。对此可以这样解释：更密集的协作可能消耗更多的认知资源，从而导致传统态势感知的准确性和战斗的得分同步下降。

在网空防御领域，我们尚未发现有文献关注了协作可能给网空态势感知带来的负面影响。然而，实现有效协作可能遇到的困难，却在网空防御的世界中得到了普遍的关注。一方面，网空安全团队中的协作能够非常有效，例如在模拟的 IDS 环境中进行的实验表明，协作团队的平均表现比单独个体要更好。然而，这一结论似乎更适合团队使用多种专业知识并专注于处理"疑难案件"的情况；而在处理"简单案件"时，协作则可能会起到相反的作用（Rajivan 等人，2013）。

另一方面，有人认为在网空防御方面，由于在协作中缺少边界对象（即在更成熟的实践领域中常见的可共享中间成果）而导致问题。网空态势感知往往是分布的、不完整的而且高度领域相关的。目前，在网空防御中出现的边界对象仅限于报告形式；仅有这些报告是不够的，而且这些报告也不像其他领域中的边界对象那么有效。为了减轻当前因为缺少能够被共同理解的边界对象而导致的问题，在网空防御中需要采用可视化手段来呈现跨领域信息，从而满足与领域相关的目的（Tyworth 等人，2012）。

其他网空研究人员则强调在评估协作沟通的可置信度方面存在着困难。例如，在网空防御中以数值和口头形式对网空安全风险进行交流沟通的方法尚不够成熟，而且对这些方法的理解也不充分（Nurse 等人，2011）。在网空防御中，由于承担不同角色并具有不同背景的个体之间存在着协作障碍，因此会进一步加剧这一问题。例如，网空专家不仅将用户视为潜在的网空防御资源，同时还不得不将他们视为事故的来源和潜在的威胁。与用户不同，专家更倾向于使用可能性而不是后果作为评价风险的依据。此外，专家对用户在信息安全方面的表现缺少细致了解，也使有效的协作变得更加复杂（Albrechtsen 和 Hovden，2009）。结果是，网空态势感知出现问题。

2.3.5 共享的图景无法保证共享的态势感知

除了有效的协作之外，共享的态势图景通常被认为是形成协作式态势感知的关键要素。然而，MDC2 计划中的实验表明，共同的图景并不能替代共同的意图。虽然指挥官经常认为，因为下属可以在屏幕上看到所有的信息，所以他们应该已经理解了他的意图；但实际上下属并不能从指挥官所分享的图景中领会到他的实际意图。当参谋人员未能与指挥官建立共享的态势感知时，其中包括在无法了解指挥官意图的情况下，他们不太可能会主动采取行动。

也许这不应该令人觉得诧异：因为"共享"同一图景的观察者在角色和背景上存在着显著的差异，所以应当让他们能够看到适当定制的不同图景，从而实现共同的态势感知。事实上，一些网空研究人员认为通用的图景并不常见，因为不同类型用户的互动方式和信息需求有着本质的区别。有一种提议的解决方法，是采用基于模型的网空防御态势感知：用一个通用的模型表达所有受保护资源的当前安全态势，并随着时间的推移进行更新。在这个通用模型的基础上，对不同用户可以采用不同方式进行直观的可视化展现（Klein 等人，2010）。

2.4 小结

通过对传统战（通常也称为动能战）中态势感知的已知内容进行探索，我们可以获得与网空冲突相关的深入见解并找到研究方向。为了简洁起见，我们将网空态势感知缩写为 CSA，并将传统态势感知缩写为 KSA。信息时代起源于网络化组织形态的兴起，而且假定由于态势感知，在指挥官及其参谋人员的可用信息数量增加的情况下，能够提高他们的决策质量。然而，人类认知存在着显著的局限性，而且人员在给定时间内能够关注、处理和共享的信息数量存在着限制，这可能会给态势感知造成局限性。

传统态势感知和网空态势感知所面临的挑战与机遇是相似的，或者至少在某些重要方面是在同一方向上的。在传统和网空世界中，态势感知都会有力地影响任务的完成效果。在有关网空安全研究的文献中，已经认识到了网空态势感知会对有效性和任务结果度量指标产生影响，但是仍然缺少量化的证据。传统态势感知的研究者和实践者普遍接受并广泛使用一种组织化的表现形式——战场地形图，但是在网空态势感知中还未出现像地图这样通用的表现形式。虽然尚未被验证，但认知偏差对传统态势感知和网空态势感知来说是适用的。例如，在传统态势感知中，倾向于寻求证实证据[○]的人常常会被欺骗情报所诱导。认知偏差在网空态势感知中也很普遍，其中"乐观偏差"就是一个例子。有限的或不正确的输入数据（如无论是动能战还是网络战中关于攻击可能性和影响的可靠统计数据），都会导致决策者过度依赖于他们的经验和直觉。协作也可能存在不利的一面，以及带来实际的高成本。可能会因为协作，而使其他决策者的明显默许变成对错误观察的强化。

参考文献

Alberts, D.S., (2002), *Information Age Transformation: Getting to a 21st Century Military*, Washington, D.C., Command and Control Research Program (CCRP) Publications.

Alberts, D.S., Garstka, J.J., & Stein, F.P. (1999). *Network Centric Warfare*. Washington, D.C., Command and Control Research Program (CCRP) Publications.

Alberts, D. S., & Hayes, R. E. (2003). *Power to the Edge: Command and Control in the Information Age*. Washington D.C., Command and Control Research Program (CCRP) Publications.

Albrechtsen, Eirik, and Jan Hovden. "The information security digital divide between information security managers and users." *Computers & Security* 28.6 (2009): 476-490.

Bowen, K.C. & McNaught, K.R, *Mathematics in warfare: Lanchester theory*, The Lanchester Legacy, Volume 3—A Celebration of Genious (N. Fletcher, ed.), Coventry University Press, Coventry, 1996.

Cho, Hichang, Jae-Shin Lee, and Siyoung Chung. "Optimistic bias about online privacy risks: Testing the moderating effects of perceived controllability and prior experience." *Computers in Human Behavior* 26.5 (2010): 987-995.

Dostal, B.C. (2007). Enhancing situational understanding through the employment of unmanned aerial vehicles. *Interim Brigade Combat Team Newsletter*, No. 01–18.

Endsley, M. R. (1988). Design and evaluation for situation awareness enhancement. In Proceedings of the Human Factors Society, 32 (pp. 97-101). Santa Monica, CA: Human Factors Society.

Endsley, M. R. (1995). Toward a theory of situation awareness in dynamic systems. *Human Factors: The Journal of the Human Factors and Ergonomics Society*, *37*(1), 32-64.

Gantz, J., & Rochester, J. B. (2005). Pirates of the Digital Millennium. Upper Saddle River, NJ: Prentice Hall. ISBN 0-13-146315-2.

○ 指那些能够证明自己假设是正确的证据。——译者注

Greitzer, Frank L., Thomas E. Carroll, and Adam D. Roberts. "Cyber Friendly Fire." *Pacific Northwest National Laboratory, Tech. Rep. PNNL-20821* (2011).

Jain, A. (2005). *Cyber Crime: Cyber crime: issues and threats* (Vol. 2). Gyan Publishing House.

Jajodia, Sushil, et al. "Cauldron mission-centric cyber situational awareness with defense in depth." *MILITARY COMMUNICATIONS CONFERENCE, 2011-MILCOM 2011*. IEEE, 2011.

Jakobson, G. (2011). Mission cyber security situation assessment using impact dependency graphs. *Proceedings of the 14th International Conference on Information Fusion* (pp. 1-8).

Julisch, Klaus. "Understanding and overcoming cyber security anti-patterns." *Computer Networks* 57.10 (2013): 2206-2211.

Klein, Gabriel, et al. "Towards a Model-Based Cyber Defense Situational Awareness Visualization Environment." *Proceedings of the RTO Workshop "Visualising Networks: Coping with Chance and Uncertainty". Rome, NY, USA.* 2010.

A. Kott, Raiding the Enemy's Mind, Military Information Technology, Dec 29, 2007, Vol 11, Issue 11

Kott, Alexander, ed. *Battle of cognition: the future information-rich warfare and the mind of the commander.* Greenwood Publishing Group, 2008.

Kott, Alexander, et al. "Hypothesis-driven information fusion in adversarial, deceptive environments." *Information Fusion* 12.2 (2011): 131-144.

Kott, Alexander, and Curtis Arnold. "The promises and challenges of continuous monitoring and risk scoring." *Security & Privacy, IEEE* 11.1 (2013): 90-93.

Moffat, J. "Mathematical Modeling of Information Age Conflict" *Journal of Applied Mathematics and Decision Sciences* (2006): 1-15.

National Research Council. *Network Science*. Washington, DC: The National Academies Press, 2005.

Nurse, Jason RC, et al. "Trustworthy and effective communication of cybersecurity risks: A review." *Socio-Technical Aspects in Security and Trust (STAST), 2011 1st Workshop on*. IEEE, 2011.

M. Ownby, and A. Kott, Reading the Mind of the Enemy: Predictive Analysis and Command Effectiveness, Command and Control Research and Technology Symposium, San Diego, CA, June 2006

Rajivan, Prashanth, et al. "Effects of Teamwork versus Group Work on Signal Detection in Cyber Defense Teams." *Foundations of Augmented Cognition*. Springer Berlin Heidelberg, 2013. 172-180.

Rhee, Hyeun-Suk, Young U. Ryu, and Cheong-Tag Kim. "Unrealistic optimism on information security management." *Computers & Security* 31.2 (2012): 221-2

Swan, J. and Hennig, J., From Data to Decisions. *Army Acquisition, Logistics & Technology*, January-March 2012.

Tyworth, Michael, Nicklaus A. Giacobe, and Vincent Mancuso. "Cyber situation awareness as distributed socio-cognitive work." *SPIE Defense, Security, and Sensing*. International Society for Optics and Photonics, 2012.

第3章

形成感知

Massimiliano Albanese 和 Sushil Jajodia

3.1 引言

在之前章节中，我们在整体层面讨论了网空态势感知的重要性及其主要特征，并且将其与更为人所了解的传统态势感知进行了比较。在这里，我们将进一步探讨网空态势感知是如何形成的，以及是在什么基础上形成的。网空态势感知的形成是一个复杂的过程，需要经过多个不同的阶段，而且各个阶段会产生一系列不同的结果输出。承担不同角色的人员按照多样化的规程，使用各种计算机化的工具来推动上述过程的进展。本章将探讨在网空防御过程的不同阶段中态势感知是如何形成的，并描述在态势感知生命周期中会涉及的不同角色。本章将概述网空防御的整体过程，进而识别出在网空防御上下文中态势感知的若干个独特方面。在对相关领域的现状与发展进行概述之后，又将详细描述本章作者所开发的一个网空态势感知的综合框架。我们将重点介绍网空态势感知中五大关键功能的重要性：从攻击中吸取经验、确定优先级、设定度量指标、持续的诊断与缓解以及自动化机制。

本章由以下几部分组成：3.2 节将概述网空防御的整体过程；3.3 节描述在网空防御上下文中态势感知的若干个独特方面；3.4 节对相关领域的现状和发展进行概述；3.5 节描述本章作者所开发网空态势感知综合框架的细节；最后的 3.6 节讨论未来的研究方向并做出一些总结性的评论。

M. Albanese・S. Jajodia (✉)
George Mason University, Fairfax, VA 22030, USA
e-mail: malbanes@gmu.edu; jajodia@gmu.edu

3.2 网空防御过程

本节对网空防御的典型过程和组织形式做出总体描述，其中网空防御通常采取分布式形态，而且涉及承担着多个不同角色（安全分析师、安全工程师和安全架构师等）的个体。我们将在下一节中介绍网空防御过程所包含的 5 个主要功能，以及在各个功能领域中会形成的不同类型态势感知形式。

3.2.1 当前的网空环境

在当今这个复杂的网络空间中，我们不得不时刻面对着大量诸如数据丢失或数据泄露、知识产权窃取、信用卡信息泄露、拒绝服务攻击（DoS）、身份盗用和隐私威胁的各种风险。作为防御者，我们可以使用各种安全工具和技术（例如，入侵检测和防御系统、防火墙以及反病毒软件）、安全标准、培训资源、漏洞数据库（例如，NVD（NIST）和 CVE（MITRE））、最佳实践、安全控制集合（例如，NIST 特刊 800-53（NIST 2013）和 CSA 云控制矩阵（Cloud Security Alliance，云安全联盟）），以及无数的安全检查列表、安全基准和安全建议。为了帮助我们理解当前的威胁，新出现了威胁信息订阅源、安全报告（例如，《互联网安全威胁报告》（Symantec 集团，2014 年）和《APT1 报告》（Mandiat 公司，2013 年）），工具（例如，Nessus、Wireshark）、告警服务、标准以及威胁信息共享计划等围绕网络空间威胁问题的资源。综合而言，我们被安全要求、风险管理框架（例如，NIST 特刊 800-37（NIST，2010））、合规制度、监管法规以及其他类似的事物所包围。因此，安全从业人员并不缺少要求他们应当如何保障基础设施安全的信息。

然而，如果缺少一个清晰定义的过程将所有这些信息与知识一致连贯地整合在一起，那么所有上述的安全资源也可能会产生难以预期的后果，因为可能由此引入了相互矛盾的选项、优先次序和主张，导致企业在需要采取关键行动时出现"瘫痪"或混乱局面。在过去的十年里，威胁快速演进，恶意行为体变得更加聪明，同时用户的移动性也变得越来越高。如今，数据被分布在多个不同平台与不同地点，其中大部分数据都在组织机构的物理控制范围之外。随着对云计算平台的依赖程度越来越高，数据和应用系统的分布变得越来越分散，从而逐渐侵蚀了传统概念中的安全边界。

3.2.2 网空防御过程概览

网空防御的整体过程依赖于结合了实际攻击与有效防御的综合认知，并且在理想状态下会涉及整个生态系统的各个部分（企业、企业的雇员与客户以及其他利益相关方）。它还需要在组织机构中承担着各个角色的个体人员参与，包括威胁响应人员、安全分析师、技术人员、工具开发人员、用户、策略制定者和审计师等。为了抵御实际的网空攻击，承担上述所有角色的顶级专家们可以将丰富的第一手知识汇聚起来，形成共识并制定出一份对网空攻击进行预防和追踪的最佳防御技术列表，从而能够既针对最常见的网空攻击也针对最先进的网空攻击，做出有效的响应并缓解攻击所造成的损害。

防御动作并不仅限于阻止系统的初始"沦陷"（即被攻击者入侵），还包括发现已被入侵受控的计算机，以及预防或阻断攻击者的后续行动。这些防御措施包括：通过对设备的配置进行加固以减小初始攻击面；通过识别被入侵受控的计算机以处置潜伏在组织机构网络内部的长期威胁（例如，高级可持续威胁）；阻断攻击者对所植入恶意代码的指挥控制（C2）过程；并建立一种可保持且可改进的自适应持续防御与响应能力。

想要建立一个有效的网空防御框架，需要确保实现几个关键的功能。各个功能都依赖于在组织机构中形成的不同类型整体态势感知及其不同组件，并且涉及不同的人员群组，例如系统管理员、网络管理员、网空分析师、国家 CERT（计算机网络安全事件应急小组）人员、安全托管服务人员、取证顾问、恢复任务操作员等。对其中 5 个主要的功能描述如下：

1）**从攻击中吸取经验**。该功能需要借助对已经造成系统破坏的实际攻击的知识了解，为持续从这些事件中吸取经验提供基础，从而构建有效且可用于实践的防御系统。

2）**确定优先级**。该功能识别出那些可以实现风险削减最大化并对最危险威胁来源进行防御的安全控制措施，以及那些在现有计算环境中具有实现可行性的安全控制措施，并向这些安全控制措施赋予较高的优先级。

3）**设定度量指标**。该功能旨在建立一个通用的度量指标集，为管理人员、IT 专家、审计师和安全官员提供一种共同的沟通语言，用于度量组织机构内部安全控制措施的有效性，从而快速识别并做出必要的调整。

4）**持续诊断与缓解**。该功能包括持续进行度量，以测试和验证当前安全控制措施的有效性，并辅助推动对后续步骤的优先次序排序。

5）**自动化机制**。该功能旨在实现自动化的防御，使组织机构能够对安全相关的事件与可变因素进行可靠且可扩展的持续监控，同时将人类分析师从最劳动密集型且容易出错的任务中解脱出来。

态势感知以不同的形态和不同的规模形成于上述的所有功能领域中。具体来说，每个领域都涉及不同的角色，其中一些角色可能负责产生态势感知，而另一些角色则可以在执行任务时从态势感知中受益。例如，关于第一个功能——从攻击中吸取经验：取证专家和网空分析师可以负责调查过去的事件，由此得到存在弱点的信息以及关于攻击者行为的知识，并据此产生态势感知。另一方面，网络和系统管理员可能会利用这些知识来进行配置加固，从而防止在未来发生同样的事件。

3.2.3 网空防御角色

为了面对新的威胁以及实现对抗这些威胁的新措施，需要对网空防御的团队进行组织重构，从而使其能致力于保护组织机构免受针对性攻击的侵害。在过去的十年里，大多数企业已经组建了独立的安全团队来开展各类与安全相关的工作，包括：通过打补丁和维护补丁服务来修复漏洞、更新病毒检测特征数据库、配置和维护网络防火墙、配置和维护入侵检测及防御系统。

为了确保能够制定并正确执行安全策略，大多数组织机构还设立了首席信息安全官（CISO）的职位，负责制定安全策略，并确保其所在的组织机构能够遵从适用的标准和法规。另一方面，为了确保安全策略、标准和指南得到充分落实，又进一步定义了更多的技术角色。在不同的组织机构中，虽然赋予每个角色的具体职责可能有所差异，但对这些角色的职责可大致分类归纳如下。

1）**安全分析师**。安全分析师负责分析和评估 IT 基础设施（软件、硬件和网络）中存在的漏洞，调研可用于修补已被发现漏洞的工具和应对措施，并对解决方案和最佳实践做出推荐。安全分析师还要分析和评估安全事件对数据或基础设施所造成的损害，检查分析可用的恢复工具和流程，并推荐相应的解决方案。最后，分析师要测试安全策略及规程的合规情况，并可能需要协助与安全解决方案的创建、实现和管理相关的工作。

2）**安全工程师**。安全工程师负责执行安全监控、安全分析、数据 / 日志分析以及取证分析，检测发现安全事件并发起对安全事件的响应。安全工程师对新的技术和流程进行调研和利用，以提高安全能力和执行改善措施。工程师也会对代码进行安全检查，或者执行其他的安全工程方法论。

3）**安全架构师**。安全架构师负责设计安全系统或其主要组件，并可以领导安全设计团队构建新的安全系统。

4）**安全管理员**。安全管理员负责安装并管理全组织范围内的安全系统。在较小型的组织机构中，安全管理员也可以承担安全分析师的一些任务。

5）**安全顾问 / 专家**。安全顾问和安全专家是两个宽泛的头衔，涵盖了任何一个或所有的其他角色与职务，负责保护计算机、网络、软件、数据和信息系统，使其避免遭受到病毒、蠕虫、间谍软件、恶意软件、入侵、未授权访问、拒绝服务攻击（DoS）等攻击，以及避免遭受到由不断增加的恶意用户（作为个人或作为有团伙犯罪团伙或外国政府的成员）所展开的攻击。

尽管组织机构竭尽全力地保护自身的网空资产，但随着时间的推移，安全事件终将会发生。因此，任何安全策略都不应被认为是完整的，除非已具备了能够处理最具破坏性的安全事件并从中得到恢复的规程，而且这些规程必须已经准备就位。大多数组织机构采用的一种可能解决方案，就是设立一个计算机事件响应小组（CIRT）。CIRT 由一群经过精心挑选且训练有素的专业人员组成，旨在及时地、正确地处理安全事件，从而迅速地遏制安全事件并展开调查，以及快速从安全事件中恢复至正常状态。通常 CIRT 由组织机构的成员组成，但是实际的人员组成在很大程度上取决于该组织机构的安全需求以及可用资源。然而，团队中必须包含承担着不同角色和拥有不同能力的人员个体，这对 CIRT 的成功至关重要。首先，团队成员中必须包含一位来自较高管理层的人员，因为这能赋予团队开展运营并制定关键决策的授权。当然，团队内也必须包含网空防御团队的成员（安全分析师、安全管理员等）。他们将负责评估损害程度、开展取证分析、遏制事件并进行事件恢复。

许多组织机构也开始使用在计算机技术领域受过专业培训的 IT 审计师。他们在组织中的角色是确保遵从及执行规程，并在当前规程不再合适的情况下辅助推动对规程的变更。IT 审计师也可能会在危机时刻出现，但他们并不会当场采取行动。其职责是观察和了解事件发生的原因，确保规程得到遵从执行，并与 IT 人员以及安全人员协作规避类似的事件在未来再次发生。在事后进行复核时，团队中这些 IT 审计师成员的价值是不可估量的。

其他可能出现在 CIRT 中的角色包括：1）物理安防人员，负责对场地设施或 IT 设备的任何物理损坏进行评估，收集与调查物理证据，并在取证调查期间保护证据以维护证据的保管链；2）律师，在事件可能产生法律影响的情况下提供法律建议；3）人力资源，可以对如何最好地处理涉及事件的雇员提供建议；4）公共关系，能够在事件发生过程中或事件发生后向公司在对外沟通的方式和基调方面提供最佳建议，从而维护组织机构的声誉；5）财务审计师，能够计算事件所造成损失的等值货币金额。

分支机构遍布全球的大型机构或单独的大型业务单位，可能会在每个分支机构都部署网空防御团队，其负责人直接向首席信息安全官（CISO）汇报。

3.3 态势感知的多面性

上一节已经概述了网空防御的整体过程。本节我们将更详细地讨论态势感知的过程。在不失一般性的情况下，可以将态势感知的过程分为三个阶段：态势观察、态势理解和态势预测（网空态势感知：问题和研究，2010）。观察可以提供环境中相关元素的状态、属性和动态等信息。对态势的理解包含了人们组合、解释、存储和保留信息的方法。对环境中元素（态势）的近期预测，包含了根据观察和理解所获得的知识做出预测的能力。根据安全分析师为了对网空态势进行观察、理解和预测而经常需要回答的几个关键问题，以及根据本章前述内容中识别出的五大功能，我们对态势感知的过程进行研究分析。在适用时，我们将讨论在上述每个问题和功能的领域中会形成何种态势感知，并讨论该态势感知的时间与空间范围，以及其规模和时间动态性。我们还会讨论用哪些度量指标可以量化具体类型的态势感知，讨论产生该态势感知所需的输入以及所产生的输出，并讨论在一个领域中产生的态势感知与其他领域中态势感知之间的关系。然后，在下一节中我们将介绍辅助形成具体类型态势感知所需的具体技术、机制和工具。这些机制和工具是本章作者所开发的网空态势感知综合框架的一部分，而该综合框架则属于受资助研究项目的一部分。该框架旨在以自动化机制实现一些以往需要大量人力分析和其他人员参与配合的能力，从而增强我们在前一节中所描述的传统网空防御过程。作为一个理想情况，我们设想将当前网空防御所采用的"人在控制闭环中"的方法[⊖]转变为"人在控制闭环上"的方法[⊜]，由分析人员负责检查和验证自动化工具输出的结果，并做出必要的修正，改变以往分析师不得不对大量日志条目和安全告警进行逐一梳理的情况。

在本章前述的所有网空防御角色里，安全分析师（或网空防御分析师）在维护企业安全所涉及的所有操作化方面都发挥重要作用。安全分析师也有责任要对威胁环境进行分析，以关注那些新出现的针对其组织机构的威胁。不幸的是，考虑到目前自动化领域的技术现状，在 IT 安全的操作化方面可能仍然会因为过于耗时而无法在大多数实际场景中实现这类对外部方向的关注方式[⊜]。因此，在我们所设想场景中，自动化工具将取代分析师完成大量数据的收集和预处理工作，这种方式将是非常值得期待的。在理想的情况下，这种工具能够自动回答分析师可能会提出的全部或大多数问题，这些问题包括当前态势、攻击的影响、攻击的演变、攻击者的行为、可用信息的质量、可用模型的质量以及当前态势的合理可能未来状态。下面我们将明确几个有效的网空态势感知框架所必须解决的基础问题：

1）**当前态势**。有没有正在进行的攻击？如果有，那么入侵行动正处于什么阶段，攻击者又在哪里？

要回答这组问题，就意味着需要具有对正在进行的入侵行动进行有效检测发现的能力，以及对可能已经被入侵受控的资产进行有效识别发现的能力。针对上述问题，IDS日志、防火墙日志和来自其他安全监控工具的数据，代表了态势感知过程所需要的输入（Albanese 等人，2013b）。另一方面，态势感知过程的输出则是对当前入侵活动的详细描绘。当入侵者在系统中不断取得进展时，如果未能及时做出响应，或未能频繁地对状态进行更新，那么这种类型的态势感知可能很快就被淘汰。

2）**影响**。攻击是如何对组织机构或其任务产生影响的？我们能否评估攻击造成的损失？

要回答这组问题，就意味着需要具有对正在进行的攻击所造成（到目前为止的）影响

⊖ 即人员参与过程闭环中某些步骤的具体工作。——译者注
⊜ 即人员管理控制过程闭环中的步骤，而不直接参与具体工作。——译者注
⊜ 指对威胁环境的分析，以及对新出现威胁的关注。——译者注

进行准确评估的能力。在这种情况下，态势感知过程需要了解组织机构的资产，以及每项资产的价值度量。基于这些信息，态势感知过程的输出就是对入侵活动到目前为止所造成损失的预估。与上一种情况一样，这种类型的态势感知必须保持频繁的更新以保持其有用性，因为损失将会随着攻击的进展而逐步加重。

3）**演化**。态势是如何演变的？我们能追踪到攻击的所有步骤吗？

要回答这组问题，就意味着需要具有在攻击被检测发现后对正在进行的攻击进行跟踪监控的能力。在这种情况下，对态势感知过程的输入就是回答上述的第一组问题时所产生的态势感知，而输出就是对攻击进展情况的细致理解。发展这种能力，能够为回答前面两组问题所产生的态势感知，辅助解决有效生命周期局限性的问题。

4）**行为**。预期攻击者会执行何种行为？他们的策略是什么？

要回答这组问题，就意味着需要具有对攻击者的行为进行建模的能力，从而理解其目标和策略。在理想的情况下，与这组问题相关的态势感知过程的输出是一组形式化的攻击者行为模型（例如，博弈理论模型、随机模型）。这类行为可能随着时间的推移而改变，因此模型需要能够适应不断变化的对抗环境。

5）**取证**。攻击者是如何造成当前态势的？他尝试达到什么目的？

要回答这组问题，就意味着需要具有在事后对日志进行分析并关联所观察到情况的能力，从而了解攻击是如何开始并演化的。虽然不是严格意义上的必要条件，但回答本组问题所产生的态势感知过程可能受益于回答第四组问题所产生的态势感知。在这种情况下，态势感知过程的输出包含对导致攻击可能发生的弱点和漏洞的细致理解。这些信息可以辅助安全工程师和管理员进行系统配置加固，以防止未来再次发生类似事件。

6）**预测**。我们能预见当前态势的合理可能未来状态吗？

要回答这组问题，就意味着需要具有对攻击者在未来可能采取行动进行预测的能力。对于这组问题，态势感知过程的输入表现为在回答第一组（或第三组）和第四组问题时所产生的态势感知，也就是说，对当前态势（及其演化）和攻击者行为的理解。输出则是一组在未来可能实现的备选场景。⊖

7）**信息**。我们能依赖怎样的信息源呢？我们是否能评估其质量？

要回答这组问题，就意味着需要具有对所有任务依赖的信息源质量进行评估的能力。对于这组问题，态势感知过程的目标是在为了回答整体态势感知过程所涉及其他各组问题而处理信息时，对于如何确定各信息源的权重所产生的细致理解。如果能够对每个信息源的可靠性进行评估，就可以使自动化工具为每个结果附加一个置信级别。

从我们的讨论中可以清晰地看到，其中一些问题是高度相关的，而且回答其中一些

⊖ 指除了攻击继续演化造成的不利场景之外，其他可能通过采取措施实现的较有利的可替代场景。——译者注

问题的能力可能取决于回答其他问题的能力。例如，正如我们在之前所讨论的，对攻击者可能采取的行动的预测能力会取决于对攻击者行为的建模能力。影响态势感知过程所有方面的一个交叉问题就是可扩展性。考虑到回答所有这些问题所涉及的数据量，我们需要定义不仅有效果而且计算效率高的方法。在多数情况下，如果不能及时找到最佳的行动方案，那么更可取的替代方法就是在合理时间内确定一个较好的行动方案。

下面，我们将讨论本章之前所提到态势感知过程的五大主要功能。我们将讨论在这些领域中所形成态势感知的类型，其范围和规模，以及生命周期。

1）**从攻击中吸取经验**。关于这个功能，主要是通过取证分析（详见上面第五组问题）产生态势感知，该态势感知包括深入理解攻击如何开始、演化以及最终达到目的。这种态势感知通常由安全分析师在事后产生，并将作为一种宝贵的资源，指导如何升级或重新设计系统，以防止将来再次发生类似的事件。

2）**确定优先级**。关于这个功能，态势感知主要提供确定优先级所需要的输入，而不是提供该过程自身的结果。事实上，通过理解当前态势、攻击者行为以及当前态势的可能演变趋势，可以确定预防和补救所需资源配备的优先级。我们可以选用一个风险分析框架，将所有这些元素综合在一起，从而确定对系统最具成本效益的预防措施和 / 或纠正措施。

3）**设定指标以及持续诊断并缓解**。关于这个功能，态势感知形成于对系统、环境以及所有已部署对抗措施的持续监控，以及使用一系列通用度量指标对监控情况进行评估，其中这一系列通用度量指标可以被视为是管理人员、IT 专家、审计师和安全人员之间的共同语言。另一方面，通过这个过程形成的态势感知，可以帮助确定有效的预防和缓解策略，然后需要按照前述的方式进行优先级排序。

4）**自动化机制**。态势感知在自动化机制方面的作用是双重的。一方面，对于无论是在质量方面还是在数量方面提升态势感知，自动化机制都是至关重要的。另一方面，自动化的态势感知工具需要获得输入，这些输入可能包含由专家人员提供的背景知识，或包含由其他工具产生的态势感知。在解决上述 7 个类别的问题时，我们已经列举了几个案例，说明回答某一组具体问题的能力，会取决于回答其他几组问题的能力。

总之，在网空防御上下文中的态势感知过程，包含对网空态势感知过程中的所有主要功能所涉及的知识体进行生成和维护，而且该知识体也能够因为网空防御过程中的所有主要功能而得到增强。态势感知是由不同的机制和工具产生的，也会被不同的机制和攻击所使用，目的是回答安全分析师在执行工作任务时会反复提出的 7 类问题。

3.4 相关领域的发展现状

虽然网空态势感知研究的最终目标，是设计能够获得自我意识的系统，并利用这种意识来实现自我保护和自我修复的能力，而不需要牵涉任何位于控制闭环内的人员。但从目前形势看，这一愿景仍然遥不可及，而且并不存在以可实践方式实现这一愿景的具体路线图。

正因如此，在我们的分析中仍然将人类分析师和决策者视为获得态势感知所不可或缺的系统组成部分。我们还表明位于闭环内的人可以通过使用自动化工具而大幅受益，因为这些工具能够减少存在于分析师的认知过程与大量细粒度的可用监控数据之间的语义差距。

实际的网空态势感知系统，不仅包括硬件传感器（例如，网卡）和"智能"的计算机程序（例如，可以学习攻击检测特征的程序），还包括人类制定高阶决策所需的心理过程模型（Gardner，1987；Johnson-Laird，2006）。所以可以在多个抽象层面获得网空态势感知：原始数据通常在较低的层面被采集；而精炼的信息则在较高层面被采集，因为数据被分析并转化成为更抽象的信息。在最低层面收集的数据很容易导致超出人类决策者认知能力的可处理范围，而且仅基于低层数据的态势感知明显是不足的。

网空态势感知系统和物理态势感知系统有着本质区别。例如，物理态势感知系统依赖于具体的硬件传感器和信号处理技术，但在网空态势感知系统中，物理传感器和具体信号处理技术并没有体现出不可或缺的作用（尽管已经存在尝试使用信号处理技术来分析网络流量和趋势的研究成果（Partridge 等人，2002；Cousins 等人，2003））。网空态势感知系统依赖于网空传感器，例如入侵检测系统（IDS）、日志文件、反病毒系统、恶意软件检测器和防火墙等：它们都产生比原始网络包具有更高抽象级别的事件信息。此外，网空态势演化的速度通常比物理态势演化的速度高出几个数量级。

现有对获取网空态势感知的过程进行自动化的方法，主要依赖于脆弱性分析（使用攻击图）（Jajodia 等人，2011；Albanese 等人，2011；Ammann 等人，2002；Phillips 和Swiler，1998）、入侵检测和告警关联（Wang 等人，2006）、攻击趋势分析、因果分析与取证（例如入侵回溯）、污点传播和信息流分析、损害评估（使用依赖图）（Albanese 等人，2011）和入侵响应。然而，这些方法只适用于较低的抽象层面。人类分析师仍然需要采用手动方式进行更高抽象层面的态势感知分析，这使得分析过程变得耗费人力、耗费时间且容易出错。

尽管研究人员最近开始考虑决策者的认知需求，但分析师的心智模型和认知过程，与现有网空态势感知工具所能提供的能力之间，仍存在着巨大的差距。

首先，现有方法并不能够一直恰当地处理不确定性。存在于观察到或觉察到的数据中的不确定性，可能导致产生被曲解的态势感知。例如，大多数攻击图分析工具包的功能是估算确定性攻击的后果。在实时能力变得至关重要时，由于各种不确定因素，此类对后果的估算可能会变得极具误导性。类似地，告警关联技术无法处理那些与错误解读入侵检测传感器上报数据相关的内在不确定性。在确定一个 IDS 告警是否对应着实际攻击时，这类错误解读可能会导致误报或漏报。

其次，匮乏的数据和不完整的知识都可能会给不确定性管理带来额外的问题。例如，缺少数据可能导致无法充分地理解所防御的系统。这种不完整的知识可能是不同因素共同作用的结果，包括但不限于：关于系统配置的不完整信息，这种情况常存在于尚未使用配置管理系统的时候；关于漏洞的不完整信息（Albanese 等人，2013a）；传感器部署不全面，意味着部署在整个组织机构的基础设施中的传感器不足以捕获所有与安全相关的事件。同样，对攻击者行为的不全面了解可能导致无法充分理解当前态势。在这种情景下，重要的是至少能够将当前模型无法解释的内容分离出来（Albanese 等人，2014）。

最后，在已有的方法中，还缺少获得网空防御全面态势感知所需的推理和学习能力。获得网空态势感知的关键能力——如本章 3.3 节中提出的 7 类问题所定义的——被视为有待解决的独立问题。然而，有效的网空态势感知，要求将所有这些能力整合到含有态势感知三个阶段（即观察、理解和预测）的整体方法之中。虽然大体上仍然缺失这样的方案，但在 3.5 节将讨论的框架，标志着向这一研究方向迈出的重要的第一步。此外，超越网空态势感知自身，就如何通过网空态势感知方案对其他网空防御技术做出补充的问题进行思考，我们得到的结论是：需要将网空态势感知活动更好地与能够产生效能或影响环境的活动（如入侵响应活动）进行整合。

3.5 态势感知框架

在本节中，我们提出了一个可用于增强态势感知的框架，包含多种技术和自动化工具。这一框架旨在解决存在于典型网空态势感知过程（往往主要是手动的）中的局限性，进而提高分析师的表现效果，并加强其对网空态势的理解。本节所提出的大部分内容来自于本章作者的研究工作成果，是一个受资助的多年期多学科研究项目的一部分。

要在态势感知过程中实现任何程度的自动化，第一步是需要发展出对网空攻击及其后果进行建模的能力。对于解决本章前述关键问题（如攻击者建模、未来情景预测等）所需的额外能力支撑问题，这种能力是至关重要的。

攻击图已被广泛用于攻击模式建模和告警关联。然而，现有方法通常存在两方面的主要局限性。首先，攻击图不支持对每种攻击模式可能性进行评价，也不支持对组织或任务影响进行评价。其次，告警关联的可扩展性问题尚未得到完全解决，这可能会成为开发实时网空态势感知系统的主要障碍。为了克服这些局限性，我们提出了一个框架，可用于：实时分析海量的原始安全数据；理解当前态势；评估当前入侵的影响；并预测未来的场景。

所提出的框架如图 3-1 所示。我们从对网络拓扑结构、已知漏洞、可能的零日漏洞（这些漏洞是必须假设存在的）及其相互依赖关系的分析开始。通常，漏洞之间是相互依赖的，这将导致传统的逐点漏洞分析模式失效。我们采用拓扑方法进行漏洞分析，能够生成精确的攻击图，以显示网络中所有可能的攻击路径。攻击图中的节点表示（取决于抽象级别）子网、单台计算机或单个软件应用程序中的可利用漏洞（或可利用的漏洞系列）。从节点 V_1 到节点 V_2 的边表示 V_2 可以在 V_1 之后被攻击利用，并且标记了在 V_1 被利用之后的于给定时间段内利用 V_2 发起攻击的概率。这种方法通过对所了解的攻击者行为概率知识进行编码，从而扩展了对攻击图的典型定义。可以通过研究利用不同漏洞的相对复杂性，来估算出标记在图的边上的概率和时间间隔（Leversage 和 Byres，2008）。完成此任务可能需要来自可用的漏洞数据库的信息，例如 NIST（美国国家标准和技术研究所）的美国国家漏洞数据库（NVD）以及 MITRE 公司的通用漏洞披露（CVE）。

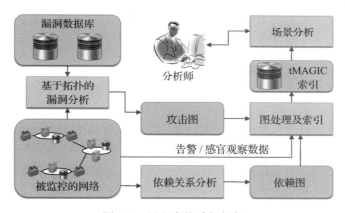

图 3-1　网空态势感知框架

为了实现对多种攻击类型的并发监控，我们需要将多个攻击图合并到一个紧凑的数据结构中，并在其上定义一个索引结构，以便实时对海量的告警和传感器数据（事件）进行索引（Albanese 等人，2011）。我们可借助该索引结构解决以下三个重要的问题：

- **证据问题**。给定事件序列、概率阈值和攻击图，找到一个事件序列的最小子集，其中所有事件能够以高于该阈值的概率验证发生了该攻击。
- **识别问题**。给定事件序列和一套攻击图组，识别序列中最可能发生的攻击类型。
- **预测问题**。确定当前态势的所有可能结果，以及各个结果的可能性。

我们还将展开依赖分析来发现服务和 / 或计算机之间的依赖关系，并推导出能够对这些组件之间相互依赖关系进行编码的依赖图。为了评估正在进行的攻击可能造成的当前损害（即攻击导致中断的服务的价值或效用）以及未来损害（即在不采取任何行动的情况下，攻击将导致中断的更多服务的价值或效用），依赖分析是至关重要的。事实上，在复杂的企业中，许多服务可能依赖于其他服务或资源的可用性。因此，它们可能会由于其依赖的服务或资源被攻击，而间接受到影响（如图 3-2 所示）。

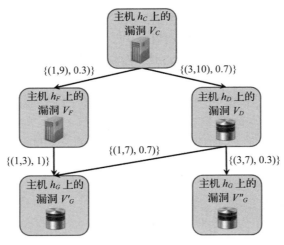

图 3-2　攻击图的示例

　　对于当前态势的每个可能结果，我们都可以通过引入攻击场景图的概念来估算正在进行的攻击可能造成的未来损害。攻击场景图概念，将依赖关系和攻击图相结合，从而弥合了对已知漏洞与因为这些漏洞被利用而受到最终影响的任务或服务之间的关系进行建模的缺口。图 3-3 为攻击场景图的一个示例。图中左侧为攻击图，用于对系统中的所有漏洞及其关系进行建模；右侧为依赖图，用于记录服务和计算机之间所有显式和隐式的依赖关系。攻击图中节点到依赖图中节点的边，则指出了哪些服务或计算机将因漏洞被成功利用而受到直接影响，并标有对应的风险因子，即受影响的资产在漏洞利用成功执行时所遭受的损失百分比。

　　最后，我们提出了针对检测和预测的高效算法（Albanese 等人，2011），并且已经表明它们足以适用于大的图模型和海量的告警。这些算法需要依赖于前述的索引结构以实现可扩展性。

　　总之，提议的框架为安全分析师提供了一个网空态势的高阶视图。从图 3-3 所示的简单示例（建立了包含几台计算机和服务的模型）可以看出，即使对于相对较小的系统而言，手动分析明显还是非常耗时的。不同的是，图 3-3 中的图示以视觉直观和非常清晰的形式，帮助分析师对态势进行理解，从而使他们能够专注于更需要经验与直觉而且也更难实现自动化的较高阶任务。另外，在这一框架下还可以开发出其他类型的自动化分析过程，从而在分析师执行更高阶任务时给予支持。例如，我们可以基于图 3-3 所给出的模型，自动生成最佳行动方案建议的排名列表，由分析师选用这些行动方案以尽量缓解正在发生的攻击和未来攻击所造成的影响（例如，网络加固措施集合（Albanese 等人，2012））。

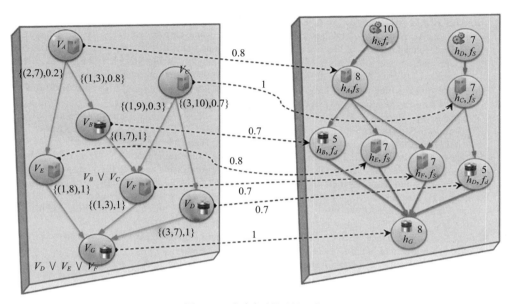

图 3-3 攻击场景图的示例

3.6 小结

基于前面章节所介绍的内容，我们更细致地探讨了在网空防御上下文中的态势感知过程。正如我们所讨论的，这个过程可以分为三个阶段：态势观察、态势理解和态势预测。态势感知的产生和利用贯穿于上述的三个阶段。我们还研究了与安全分析师经常试图回答的几个关键问题相关的网空态势感知过程，以及与本章前述 5 个网空防御功能相关的网空态势感知过程。当适用时，我们讨论了每个功能领域中所形成态势感知的类型、其时间和空间范围、规模以及时间动态性。

我们指出了设计可实现自我意识的系统所面临的主要挑战，而且讨论了在这一重要问题方面，当前技术解决方案所存在的局限性。然后，我们提出了实现网空态势感知的整合方法，展示了一个包含多个机制和自动化工具的框架，可以辅助弥补存在于低抽象层面可用数据与安全分析师心智模型和认知过程之间的差距。虽然这个框架意味着向正确方向迈出的第一步，但为了获得自我意识能力，还需要在系统方面做出大量的工作。需要进一步调查研究的关键领域，包括在确定性情况下的对抗建模和推理，其中值得关注的方法包括博弈理论和控制理论解决方案。

参考文献

Albanese, M., Jajodia, S., Pugliese, A., and Subrahmanian, V. S. "Scalable Analysis of Attack Scenarios". In Proceedings of the 16ᵗʰ European Symposium on Research in Computer Security (ESORICS 2011), pages 416-433, Leuven, Belgium, September 12-14, 2011.

Albanese, M., Jajodia, S., and Noel, S. "Time-Efficient and Cost-Effective Network Hardening Using Attack Graphs". In Proceedings of the 42ⁿᵈ Annual IEEE/IFIP International Conference on Dependable Systems and Networks (DSN 2012), Boston, Massachusetts, USA, June 25-28, 2012

Albanese, M., Jajodia, S., Singhal, A., and Wang, L. "An Efficient Approach to Assessing the Risk of Zero-Day Vulnerabilities". In Proceedings of the 10th International Conference on Security and Cryptography, Reykjavík, Iceland, July 29-31, 2013. Best paper award

Albanese, M., Pugliese, A., and Subrahmanian, V. S. "Fast Activity Detection: Indexing for Temporal Stochastic Automaton based Activity Models". In IEEE Transactions on Knowledge and Data Engineering, vol. 25, no. 2, pages 360-373, February 2013.

Albanese, M., Molinaro, C., Persia, F., Picariello, A., and Subrahmanian, V. S. "Discovering the Top-k "Unexplained" Sequences in Time-Stamped Observation Data". IEEE Transactions on Knowledge and Data Engineering, vol. 26, no. 3, pages 577-594, March 2014.

Ammann, P., Wijesekera, D., and Kaushik, S. "Scalable, graph-based network vulnerability analysis," in Proceedings of the 9th ACM Conference on Computer and Communications Security (CCS 2002), pp. 217–224, Washington, DC, USA, November 2002.

Cloud Security Alliance (CSA). "Cloud Controls Matrix Version 3.0", https://cloudsecurity-alliance.org/research/ccm/

Cousins, D., Partridge, C., Bongiovanni, K., Jackson, A. W., Krishnan, R., Saxena, T., and Strayer, W. T. "Understanding Encrypted Networks Through Signal and Systems Analysis of Traffic Timing", 2003.

Gardner, H. "The Mind's New Science: A History of the Cognitive Revolution", Basic Books, 1987.

Jajodia, S., Liu, P., Swarup, V., and Wang, C. (Eds.) "Cyber Situational Awareness: Issues and Research" , Vol. 46 of Advances in Information Security, Springer, 2010.

Jajodia, S., Noel, S., Kalapa, P., Albanese, M., and Williams, J. "Cauldron: Mission-Centric Cyber Situational Awareness with Defense in Depth". In Proceedings of the Military Communications Conference (MILCOM 2011), Baltimore, Maryland, USA, November 7-10, 2011.

Johnson-Laird, P. "How We Reason", Oxford University Press, 2006.

Leversage, D. J., Byres, E. J. "Estimating a System's Mean Time-to-Compromise," IEEE Security & Privacy, vol. 6, no. 1, pp. 52-60, January-February 2008.

Mandiant, "APT1: Exposing One of China's Cyber Espionage Units", 2013

MITRE. "Common Vulnerabilities and Exposures (CVE)", http://cve.mitre.org/.

NIST. "National Vulnerability Database (NVD)", http://nvd.nist.gov/.

NIST. "Guide for Applying the Risk Management Framework to Federal Information Systems", Special Publication 800-37, Revision 1, http://dx.doi.org/10.6028/NIST.SP.800-37r1, February 2010.

NIST. "Security and Privacy Controls for Federal Information Systems and Organizations", Special Publication 800-53, Revision 4, http://dx.doi.org/10.6028/NIST.SP.800-53r4, April 2013.

Partridge, C., Cousins, D., Jackson, A.W., Krishnan, R., Saxena, T., and Strayer, W. T. "Using signal processing to analyze wireless data traffic", In Proceedings of the 1ˢᵗ ACM workshop on Wireless Security (WiSE 2002), ACM, pages 67-76, 2002.

Phillips, C., and Swiler, L. P. "A graph-based system for network-vulnerability analysis," in Proceedings of the New Security Paradigms Workshop (NSPW 1998), pp. 71–79, Charlottesville, VA, USA, September 1998.

Symantec Corporation. "Internet Security Threat Report 2014", Volume 19, April 2014.

Wang, L., Liu, A., and Jajodia, S. "Using attack graphs for correlating, hypothesizing, and predicting intrusion alerts," Computer Communications, vol. 29, no. 15, pp. 2917–2933, September 2006.

第 4 章

全网感知

Nicholas Evancich、Zhuo Lu、Jason Li、Yi Cheng、Joshua Tuttle 和 Peng Xie

4.1　引言

在本章中，我们将继续围绕"形成感知"这一主题展开讨论，同时将会聚焦于一种面向整体全网视图的特定类型网空态势感知。我们使用"宏观"网空态势感知这个术语来表示这种包含着整体网络动态的态势感知，在此将网络视为一个单一的有机体，并以汇总的方式观察其中的个体元素或个体事件；这与通常的网空态势感知正好相反，因为网空态势感知侧重于网络资产或网络行为等原子级的元素，例如单个可疑的网络包、对潜在入侵行为的一条告警，或某台易受攻击的计算机。换个角度来看，原子级的事件有可能会对整个网络的运营产生广泛的影响。这意味着必须同时将"微观"视角与"宏观"视角纳入网空态势感知的范畴。获得全网感知的过程，包含对网络资产的发现与枚举、对防御能力的发现与枚举，以及对威胁和攻击的感知。我们认为有效的网空态势感知必须着重于对决策制定、协同合作与资源管理做出改进，并将在本章中讨论实现有效全网态势感知的方法。

4.1.1　网空态势感知形成的过程

态势感知形成的过程如下：确定目标，收集数据，将数据信息转化成信息，根据信

N. Evancich · Z. Lu · J. Li (✉) · Y. Cheng · J. Tuttle · P. Xie
Intelligent Automation, Inc, 15400 Calhoun Dr #190, Rockville, MD 20855, USA
e-mail: nevancich@i-a-i.com; zlu@i-a-i.com; jli@i-a-i.com;
ycheng@i-a-i.com; jtuttle@i-a-i.com; pxie@i-a-i.com

息做出预测并制定决策。

用户需要为态势感知过程确定一个目标。这种目标可以是回答一个关注的问题，也可以是取得对网络的总体了解。在网空态势感知中，问题的示例包括：网络容易通过哪些途径遭受哪些攻击，或为什么某个交换机会出现丢包现象。态势感知的目标，正是回答那些期望得到答案的问题。

下一步是收集数据，指对可用数据、传感器输出和用户体验反馈进行采集的动作。在网空态势感知中，这就是把网络传感器数据（在 6.1 节中将描述此类数据的度量指标）收集起来并做好预处理，并将用户体验和工作任务 / 功能等信息应用在所采集数据之上。这样将有助于把上下文背景叠加在数据上，从而将简单数据点形态的数据转化成信息。在理想情况下，数据所描述的内容能够超出预期目标的要求。

然后，通过将知识应用在数据上，从而把数据转化为上下文背景中的信息。被应用于数据上的上下文背景，是关于网络目标和网络功能的领域相关知识。

最后，信息被用于形成决策。决策取决于这些信息以及这些信息与预期目标的关系。在关于态势感知理论的讨论（4.1.4 节）中将进一步阐述这些步骤。

网空态势感知的信息采集与三个主要组别的人员相关：网络管理员、网络防御人员和用户。具体的角色描述如下：

- 网络管理员必须对网络进行设置以实现数据采集。在没有上下文背景的情况下，被采集的原始数据不具有可比较性⊖。以从一个网络到另一个网络的吞吐量为例，如果没有网络运营目的等上下文背景的配合，直接对吞吐量数据进行比较是没有意义的。这里提到的上下文背景，是指与网络运作相关的运营知识和历史信息，通常会因网络、任务或应用而异。由于网络管理员了解他们的网络所提供的服务以及相应的服务级别，因此必须由网络管理员以任务需求和运营需求的形式，为数据提供上下文背景。

- 在网空态势感知中，需要由网络防御者确定展开网络防御所需要的信息类型。防御者在网空态势感知中的角色是态势感知图景的消费者，该图景可以展现在某个时间点关于网络的可用数据及在上下文背景中的信息。这种态势感知图景可用于确定必须做出哪些防御姿态变化。这里提到的姿态变化，是指网络管理员或防御者依据攻击行动的情况或服务级别的变化而对网络做出的改变调整。例如，一个防御姿态的变化，可以是禁用被攻击受控的服务（如 FTP 服务），也可以是将服务转移到正常运行的网络组件上（例如，在某台路由器的端口突然出现故障时，转

⊖ 这里的可比较性，与对数据含义的理解相关，因为很多情况下需要通过比较来理解所采集的数据。比如在缺少"业务对网络带宽的需求"或"过去一周的平均带宽"这样可用于进行比较的上下文背景信息的情况下，仅仅面对一个采集到的网络带宽读数，就没办法解读出数据的含义。——译者注

而使用另一台正常运行的路由器）。

- 最后，用户也是形成网空态势感知的必要元素。用户既产生了大量的数据，也造成了大量的问题。用户就像"矿井中的金丝雀"[⊖]那样，通常会最先对网络问题发出告警。

4.1.2　网空态势感知的输入和输出

图 4-1 展示了形成网空态势感知所需的输入与输出，以及各阶段需要做的工作（Hoogen-doorn 等人，2011）。

图 4-1　态势感知形成的过程

态势感知形成的过程，正是将原始数据转化为能够指导决策的信息的过程。该过程的输入是：来自网络传感器的原始数据以及收集到的用户体验反馈数据，关于网络运营能力或任务能力的上下文背景，以及网络管理员采用的网络模型。通过观察（观察可以产生一些对网络的未经证实的猜测）对原始数据进行处理，进而形成一些对数据的深入见解。网空态势感知的输出，是网络管理员为能够确保持续提供网络服务，而可能采取的姿态变化措施，或者是为了修复或缓解问题而需对网络做出的调整变更。

例如，如果某一网页加载缓慢，而且通过全量抓取网络包（指记录网络上的每一个网络包）发现域名系统（DNS）解析出现超时，那么所观察到的现象就可能是：互联网服务提供商（ISP）的 DNS 服务下线了。通过结合上下文背景，可以把这些对数据的观察转化为信息。Hoogendoorn 等人（2011）定义了形成这种态势感知图景的过程。进一步，信息可以形成看法。在上述示例中，所形成的看法是：DNS 是问题的根源；而且网络管理员相信切换到不同的 DNS 服务器将会解决这个问题。据此管理员做出决策，并遵循行动方案采取措施。

在下面的讨论中，我们将把该过程中的这些输入与输出映射至态势感知的理论模型。

4.1.3　态势感知理论模型

最常用的态势感知理论模型是由 Endsley（1995）提出的。该模型着眼于形成态势

⊖　指某人或某物是危险将至的预警标志。——译者注

感知的三个阶段——观察、理解和预测，具体描述如下。

- 观察阶段，涉及收集数据和确定环境的参数。观察阶段对应于图 4-1 中展示的前两个步骤，即收集数据和初步了解数据。我们将在 4.2 节中涉及对网络及其网络元素进行发现与枚举的部分，进而对态势感知的观察阶段展开讨论。
- 理解阶段，涉及汇聚数据以及根据这些数据确定对系统目标的影响。本章将从网空态势感知的感知角度对理解阶段进行讨论，对应于图 4-1 中的第三和第四个步骤。
- 预测阶段，涉及根据当前的系统状况预测未来的行动。当达到这一层级时，态势感知就可以被认为是有效态势感知（ESA）。预测阶段对应于图 4-1 中的最后一个步骤，也正是将态势感知转变为有效态势感知的重要步骤。

4.1.4 当前网空态势感知存在的差距

在网空态势感知的现状中，存在的差距包括：缺乏对网络空间上下文背景的理论建模；过度丰富的原始传感器数据；缺少整合的信息融合工具与可视化工具。此外，在网空领域中还存在着与上下文背景和数据有关的一些具体问题：网空数据的采集速度，网空事件发生的速度，以及在这些网空事件发生期间持续使用网络的情况。

虽然已有态势感知的理论模型，但如何将其应用于网空上下文环境中，依然是一个必须解决的问题。将态势感知的理论模型应用于网空上下文环境时，存在一个必须克服的问题：网络所产生原始数据的数据量。对态势感知的研究通常聚焦于低数据量或有限数据量的上下文环境，例如在一架飞机的态势感知中，最多只有几百个输入源，而且所产生的输出远低于这个数量。另一方面，网络所产生的数据量却会是飞机所产生数据量的数倍，因此网络数据产生的速率会是态势感知模型所难以承受的。

来自各种网络传感器的原始数据量，会轻易超过网络流量全量采集（即对网络上每个网络包的记录）的数据量。来自网络传感器的原始数据，通常是对传感器数据的全量采集，加上一些元数据。对网络流量全量采集数据和所有原始传感器数据进行存储，会轻易导致数据存储的需求翻倍。这意味着网络分析师需要展开更多的数据筛选工作，从而造成"大海捞针"的情况。网络管理员或网络防御者不得不对网络流量全量采集所捕获到的网络包进行筛选，才能将网络包与事件关联起来。这种情况会阻碍网空防御者和网络管理员获得有效的态势感知。

最后，现有的信息融合工具和可视化工具，都是针对具体的网络以及网络的具体任务或运营需求而定制的，各自使用不同的输入与输出。因此，需要对工具的输入与输出进行标准化，并形成通用的度量指标。

4.2　在网络上下文中的网空态势感知

对于那些需要形成态势感知图景的网络而言，网络上下文有助于明确这些网络的范围以及所面对的问题。在网空态势感知中，网络的上下文被定义为组成该网络的网络及组件（包括用户、应用程序和传感器等）。虽然下面所讨论的问题并不十分详尽，但已经涵盖了与获得网空态势感知相关的各种主要挑战。

1）**在不断变化的网络或环境中进行枚举存在困难**：几乎没有一种网络是真正静态的。网络的元素会发生变化（例如，关闭主机的电源），网络状态也会发生变化（例如，某台服务器的负载将随着时间推移而变化），这些都将给对网络进行枚举带来持续困难。但是，为了形成态势感知图景，必须对网络进行枚举。最好的态势感知图景应具有最完整的网络视图，包括对网络上资产归属关系的确定。只有确定了一项资产的用途与价值，才能够对该资产的状态变化所造成的影响做出评估。

2）**线速的攻击者与人类速度的防御者**：另一个问题是在防御者与攻击者之间存在着能力差距。计算机网络攻击（CNA）通常以线速发生，取决于以网络速度做出反应的时间，而不是取决于人类的反应时间。相比之下，线速通常比人类的反应速度快好几个数量级。如果攻击行动是新出现的，或至少对防御者来说是未知的，那么防御者就没有线速的应对工具，因此也只能使用以人类速度运作的工具来对攻击行动进行检测和分析。网络防御者需要能够意识到攻击行动的范围和意图，而网空态势感知有助于提高防御者以这种方式理解攻击行动的能力。

3）**异构的态势感知工具集，以及非统一/非聚合的视图**：网空态势感知建立在入侵检测系统（IDS）和度量指标采集系统等各种传感工具的基础上。目前只能在这些工具外部对数据进行融合，进而生成一个共同的态势感知图景。这种情况将导致态势感知图景出现不足，特别是在非静态网络中问题将更严重。

在本章的上下文语境中，网空威胁概念与攻击概念（包括在语法、语义和服务层面的攻击概念）通常可以互换使用，除非攻击的具体类型会对网空态势感知产生特定的作用。

4.3　网络运营及网空安全的态势感知解决方案

网络运营是"永不休止"的，需要在广泛的战术、运营和战略环境中以线速展开。不同的环境对应着不同的网络运营范围。在一个相互连接的网络化世界中，网络被预期为一种"永远在线"的服务，因此需要建立一个持续更新的态势感知图景。为了做到这一点，态势感知解决方案需要能够：

1）跨越多个网络运营范围，并适用于"宏观"或"微观"层面的网络视图。"宏观"

尺度包含整个网络的视图，"微观"尺度包含单个网络元素或单个网络事件的视图。

2）呈现跨多个不同时间尺度的视图。导致当前网络出现问题的根本原因可能发生在几个小时或几天之前。要形成完整的态势感知图景，需要有能力在不同的时间尺度层次上对不同时间点发生的事件进行查看。

3）为防御选项提供影响评估。网络的态势感知图景自身的价值是有限的，因为大多数的当前态势感知视图只能够呈现网络的当前状态。而其真正价值则在于辅助分析师制定更好的行动方案并做出决策。有效网空态势感知（ECSA）能够向分析师提供一种影响评估能力，也能够结合分析师的知识库向他们提供帮助。在影响评估的过程中，需要分析对网络姿态的改变或对不同防御选项的部署，将如何导致网络运营或网络任务的效能出现下降。这将提供一系列的预测场景，从而展现网络性能／任务效果与抵御攻击能力之间的相互影响关系，并将提供对网络事件进行分类分流的能力。通常，无法快速地从根本上修正问题，但是在问题被完全处理前可以通过"修补"方式使网络保持运行。如果网络防御者能够迅速识别出攻击行动，那么就可以及时确定采用何种防御措施或防御姿态。

4.4　态势感知的生命周期

网空分析师的态势感知生命周期由对网络上下文环境进行感知的过程所构成。此生命周期包含三个步骤：对网络的感知、对威胁或攻击的感知，以及对运营或任务的感知。在这一上下文语境中，感知是指对当前状态、当前能力、历史状态及历史能力等方面的认知。

4.4.1　网络感知

由网络组成元素的状况与状态所形成的当前图景，构成了对网络的感知。这些元素就是维持网络运作所需要的所有事物，如服务器、装置设备、电源和布线。网络需要正确配置，而且网络上的资产经常是彼此依赖的，其中一些还需要有冗余。对网络的感知，还包含了在进行恢复时从重启到修补硬件故障所需要的一切。对获得网络感知的过程列举如下：

1）对资产的发现和枚举：获得网络感知的第一步就是发现资产。在一个非常庞大且错综复杂的网络中，这是很难做到的。网络的元素处于不断变化（补丁级别、状态等）之中，而且网络上资产的用途和价值也不是一成不变的。在这样的环境中运行资产发现工具，可能会增加测量工作的不确定性。而且，即使只是简单地对网络进行测量，也可能会降低网络的服务水平，从而导致测量所得数据与真实情况之间产生差异。

2）防御能力：此外，需要为网络确定选用哪些防御选项。可以将防御能力表现为供防御者使用的一系列选项。这些防御选项决定了网络上的资产是否可以被下线 / 上线或改变用途。这为防御者提供了对攻击行动做出响应所需要的答案。防御者通常具有重新路由的能力，因此如果他们拥有良好的态势感知图景，那么就能够比攻击者更好地了解网络，从而关闭遭受攻击的服务或对其进行重新路由。

4.4.2　威胁 / 攻击感知

所关注网络中攻击行动和攻击向量的当前图景，构成了对威胁 / 攻击的感知。通常可以通过询问一系列问题来实现这种感知。

1）当前攻击：最新的一系列攻击是什么，以及网络为何易于遭受这些攻击？根据对攻击流量和不通过网络流量展开的攻击（例如社会工程学）的了解，当前网络中遭受着哪些攻击？

2）历史攻击：根据网络历史信息，会有哪些可能针对该网络展开的攻击？是否可能有在特定时间发起的攻击？网络所有者是否采取了可能导致一系列攻击的行动（新闻发布，或与内部威胁相关的事件）？

3）网络运行缺陷 / 漏洞：该网络当前存在哪些缺陷？根据对通用漏洞披露（CVE）等各种漏洞利用库以及该网络上资产的了解，可能有哪些对该网络有效的攻击？对网络配置做出的变更是否可能导致漏洞暴露在外？

通过对网络拓扑和配置的了解，并结合对漏洞以及在网络中展开攻击方式的了解，才能够回答上述问题。特别地，相关研究成果（Amman 等人，2002；Jajodia 等人，2003；Sheyner 等人，2002）已经证明图模型能够有效表达在企业网络中的潜在攻击路径。如果有一个可以全面揭示如何通过攻击利用行为在企业网络中进行渗透和传播的图模型，就可以在该模型上运行静态分析算法，从而回答上述与当前安全姿态和攻击利用行为相关的问题。

此外，还可以用这种图模型实现动态分析，原因在于：可以将当前上报的告警信息整合进来并实现可视化；通过在图模型上进行回溯可以发现（可能被 IDS 忽略的）过往的事件；通过在图上模拟进一步的传播可以预测出潜在的未来攻击（Xie 等人，2010）。

4.4.3　运营 / 任务感知

对运营 / 任务的感知。此类感知由下降或降级的网络运营将如何对网络任务产生影响的图景所构成。大多数网络都是出于某种目的而建设的。因此，网络具有某种"职责"或功能，例如为移动设备提供连接、作为网络试验测试环境或用于控制关键基础设施。这种"职责"或功能就被定义为网络的任务。网络的运行状态会直接影响任务的就绪度，其中这种就绪度可以通过对资产的价值与用途进行度量而确定。

　　服务与防御选项的叠加。网络提供各种服务（例如，电子邮件、认证等），改变网络姿态或采用防御措施，则可能会影响这些服务。防御措施通常是以服务的可用性作为代价的。了解这些情况，可以提供对任务 / 运营的感知。以下给出两个例子：

　　1）暂停对 53 端口（这是由 DNS 标准 RFC-1035 所定义的标准端口）的外部调用，并在攻击持续的时间内切换到 DNS 缓存代理服务，就是一个强调网络敏捷性的例子。通过网空态势感知，管理员能够知晓做出此变更可能会带来怎样的潜在影响。如果能够将关键服务从离线（或过载）的主机转移到另一台可以提供所需关键功能的主机上，则可以使网络变得更敏捷。

　　2）在变更加密密钥时暂停服务，则是一个强调网络弹性恢复能力的例子。通过网络态势感知的告知，使管理员能够知晓做出此变更可能会带来怎样的潜在影响。具有弹性的网络可以在对网络配置进行变更期间保持在线并继续提供关键服务。

　　态势感知对网络安全和任务保障至关重要。根据 Force（2010）所指出的，网络空间中的任务保障工作需要"在竞争环境中完成任务的根本目的所需要的措施"，并且"必须对任务的基本功能做出优先级排序，确定任务对网络空间的依赖关系，识别漏洞，并缓解已知漏洞的风险"。这明确地强调了需要将任务的依赖关系关联到网络空间、识别关键任务资产、分析网络漏洞与风险并缓解风险对任务的影响，从而确保任务能够取得成功。本质上，为了回答诸如"网络攻击者是谁、展开了什么攻击、在何时进行攻击、在何地进行攻击以及如何有效预测和减少其影响"的问题，安全分析师需要加强对网络以及相应网空行为的理解。因此，网空态势感知对于网络安全和任务保障来说是至关重要的。

　　现今，大多数的组织机构都重度依赖于计算机网络来开展日常工作和执行重要操作。网络空间同时也为对手提供了可利用的攻击向量，可能被用于针对关键网络资产、信息基础设施以及网络上开展的关键业务运营展开攻击。为了在网络空间中实现任务保障，需要将任务基本功能（MEF）映射至下层的网空网络，从而识别出关键的资产。此外，为了修复被攻击的资产，分析师需要清楚地理解受损资产与受影响操作之间的依赖关系。

4.5　对有效网空态势感知的需求

　　在网络运营这个上下文环境中，即使是目前最高水平的网空态势感知，也还是基于一系列缺乏整合视图的散乱工具。这将导致现有能力无法满足当前或未来的需求。这需要业界转到有效网空态势感知（ECSA）的方向上。有效网空态势感知，也就是可以改善决策制定、相互协作和资源管理的网空态势感知。有效网空态势感知不同于普通的网空态势感知，因为它不仅能够提供简单的态势感知图景，还能够向防御者提供关于网络的情报。有效网空态势感知的关键概念如下：

1）**根据可能采取的行动提供预见的态势感知图景**：有效网空态势感知应能帮助防御者看到各种假设场景的可能结果。这能够让防御者对可选择的防护措施做出优化。这种优化表现为在网络服务的可用性与网络防御姿态的保护级别之间做出选择。这需要对当前和历史情况的大量感知，或者简单来说就是需要有效网空态势感知（ECSA）。

2）**将传感器数据整合至统一的当前视图**：一般来说，网络传感器可以测量网络的状况。传感器数据的涵盖范围很广，从电源正常开启时的"绿灯"信息，到日志和告警等信息。这样的传感器数据必须被融合至一个通用的运行图景，其中关键是要能够在由其他传感器数据所构成的上下文背景中查看到某个传感器上报的信息。

4.6　对有效网空态势感知的概述

由于网络本质上具有动态特性，因此很难获得网空态势感知。网络中的节点或元素变化得非常快，任何具体节点的服务级别都可能会随时间和网络负载的变化而发生变化。这使得对网络的发现和枚举变得更加困难，导致不得不持续刷新对网络的扫描。网络中不断变化的元素包括：不断变化的网络资产、本身就在不断变化的网络、以线速发生的攻击，以及烟囱式相互孤立的传感器数据。此外，针对网络的威胁也在不断变化。

有效网空态势感知不仅限于监控、报表和可视化。从网空态势感知到有效网空态势感知的提升，要求向分析师提供能够帮助他们更好地理解网络状态的图景。图 4-2 细化了有效网空态势感知的 4 个元素，并将在 4.7 节中对这些元素展开进一步说明。

有效网空态势感知所提供的图景应该能够拓宽分析师的视野，帮助他们做出行动决策。这能够给予分析师更好的全局视图，而这种全局视图则能够凸显出那些在缺少有效网空态势

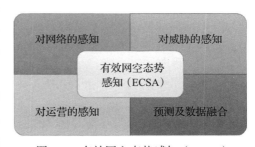

图 4-2　有效网空态势感知（ECSA）

感知图景时并不明显的行动。有效网空态势感知所能做的，并不仅仅是简单地显示数据，它应该提供对各种场景进行推演的能力，以及查看所带来任务 / 运营影响的能力，从而让分析师能够对影响做出评估。通过这些场景，可以显示出哪些服务将受到何种防御姿态的影响，以及对应的网络服务级别将如何变化。

宏观与微观态势感知可以呈现不同粒度的图景。宏观态势感知是网络的整体视图，它涵盖了整体网络，可以展示网络攻击、网络元素以及可选的防御措施。微观态势感知则聚焦于事件或主机层面，是组成宏观视图的基础构件。有效网空态势感知应具备向微

观层面进行钻取的能力，并提供对具体事件或主机的深入洞察。这样分析师才能查看网络中任何具体元素的状态。有效网空态势感知也应具备以"鸟瞰"视角查看网络的能力，从而支持以汇总的方式查看网络上的主机、网络元素和事件。

态势感知的用途并不是简单地对网络进行可视化，而是向分析师和防御者提供能够改善其网络防御能力的工具。因此，态势感知的主要用途是在使用、保护和防御网络方面提高协同决策的质量和及时性。网空态势感知的目标是促成更好的决策，它是一种能够发挥作用促成更好效果的使能技术。有效网空态势感知的存在，不只是为了对网络状态的可视化进行检验，还是为了提供关于网络的可执行情报。

4.6.1 对网络进行计量以获得有效网空态势感知所需的数据

本节将描述实现有效网空态势感知所需的数据元素。层析成像技术能够从端到端的连接数据中获取信息，测量网络的内部结构。其主要目标是控制从外部视角对网络进行测量所产生的不确定性。路由分析是一种来自于网络监控的概念，用于分析网络中的路由协议。它经常工作于网络协议的第 3 层（基于 OSI 开放系统互连模型），以监听路由协议。它在 IP 网络上使用"尽最大努力"的模式，通过查看控制平面以获取详细的路由信息。协议监控着眼于标准协议（HTTP、FTP、POP3、TCP 和 SSL 等），并对这些协议传输的速度和正确性进行检查。它也可用于确定网络的服务质量。服务的度量指标，是对服务的具体功能可直接进行度量的特性，用来测量服务的整体健康状况。最经常测量的指标包括：

1）主机度量指标：CPU 利用率、内存消耗等。

2）响应时间。

3）可用性。

4）正常运行时间。

5）一致性。

6）可靠性。

入侵检测系统（IDS）是一种对网络或系统活动进行监视的设备或应用程序。它可以对网络流量或主机行为进行扫描，以发现恶意事件或违规行为。入侵检测系统可分为两个通用类别：网络 IDS（NIDS）和主机 IDS（HIDS）。NIDS 可以全面监控网络流量，并在流量中检测发现恶意模式，而这些模式体现在告警 / 日志中。一些 NIDS 系统具有参与自动化防御的能力。HIDS 运行在网络中的主机上，监控主机的入站和出站网络包，查找可疑的活动，并向监控服务器发送告警。通常 HIDS[⊖]能够监控在主机上对文件系统或正

㊀　原文为 NIDS，但是结合上下文，疑为 HIDS 的笔误。——译者注

在运行进程所做出的变动。

4.6.2　根据当前态势感知预测将来

　　有效网空态势感知应该能够根据分析师当前可能采取的行动，为他们提供对未来可能情况的预测视图。这使分析师能够具备快速理解当前所采取行动将如何影响网络的运营能力，以及理解威胁可能会如何对所采取行动做出反应。导致防御姿态发生改变，通常是攻击者希望达成的目标，因此理解威胁将如何针对不同的姿态做出反应的能力，是有效网空态势感知的一个关键因素。

4.6.3　实现有效网空态势感知的可能途径

1. 如何显示数据

　　有效网空态势感知的数据来自于一系列分散的工具，因此我们需要将其整合至一个整体的视图。将由多个烟囱式相互孤立工具实现的不同可视化效果简单地堆砌在一起，并不能对有效网空态势感知的实现带来帮助。需要做的是将各种数据融合在一起。在同类或相似的传感器中，可以进行数据融合（这使不同的传感器能够监视同一个现象），从而把测量或观察到的数据合成在一起。这使网络管理员能够得到二阶的数据产品，而这些数据通常是特定于某个网络的。此外，应当以一种能够提供通用操作图景的格式显示数据。这种图景能够帮助网络分析师对网络运营做出有依据的选择决策。在数据采集方面，网空态势感知面临一个独特的挑战，因为使用相似但可能存在差异的传感器对同一类型的数据进行测量，会导致对同一现象的测量出现不同的结果。其中一个例子就是测量有效吞吐量（goodput）和吞吐量（throughput），它们都是用于度量网络服务级别的指标，但是二者却对应着不同的层级（"宏观"或"微观"）和效用。这类源于传感器数据的信息可能会被融合在一起并进行比较。另一个信息来源是合成数据（以及"人造"数据），这些数据并非通过直接测量所得，而是具有良好计量能力的网络的产物。例如，通知用户所有的服务都已激活并处于可使用状态的绿灯显示。

2. 如何保持态势感知的更新

　　由于网络自身和网络状况都是动态的，我们应该采取相应的策略，以确保有效态势感知建立在有效的当前图景的基础上。在不降低服务等级的前提下，应该尽可能频繁地进行网络扫描。在 4.7.2 节中将介绍 Nmap（网络映射器）和 ZMap（互联网扫描器）等工具，它们可用于有效地完成网络扫描工作。对扫描的结果需要进行分析，以对网络上合法与非法的资产做出评价。

3. 推理和抗推理

在网空事件的上下文语境中，需要关注两个术语：推理和抗推理。有效网空态势感知需要包含这两方面，作为攻击影响评估的一部分。改变网络的防御姿态可能是攻击者希望达成的目标。因此，通过理解攻击的上下文环境或攻击意图，可以极大地改善防御响应工作。

推理是对攻击者能力及其意图的预估。从资源充足程度来看，攻击者存在以下多个类别：为国家服务的团队、犯罪组织、黑客群体、"孤狼"黑客和使用现成工具的个人。图 4-3 展示了不同能力水平和意图叠加组合而成的各种攻击者能力类型。

其中，从探索目的到定向窃取数据，对应着不同的意图。而根据攻击者的意图及其能力，可以对攻击影响评估的结果做出调整。攻击意图是导致攻击者发起攻击的原因。而确定攻击意图几乎都是在事件发生后才能完成的工作，

图 4-3　推理和抗推理

我们通常很难在攻击发生的过程中确定攻击意图。一般而言，确定攻击意图本质上属于取证相关的工作。防御者通常会在清理攻击损害的过程中，查看攻击者到底接触到了什么资产或数据，从而推测攻击意图。当然，拒绝服务攻击或服务中断攻击的情况则有所不同，因为它们的攻击意图是显而易见的。

抗推理，则是防御者可以在防止攻击者获取信息的同时尝试确定攻击者意图和能力的工具。这种工具并不等同于诱导攻击流量的蜜罐，而更像是用于消耗流量而使攻击者无法获得任何额外信息的"阴影罐"。流量进入"阴影罐"后，攻击者不会收到返回信息。而另一方面，防御者则能够对攻击者使用的攻击技巧进行观察，从而实现对各种攻击进行分析的能力。

4.7　实现有效网空态势感知

通过获得对网络、威胁以及任务或运营的感知，可以达到网空态势感知。掌握对上述三方面情况的有效当前表征，将能够产生态势识别（Situation Recognition，SR）。在特定时间点，态势识别能够促成态势感知。网络状况、当前正在展开攻击的威胁以及当前任务 / 运营的需求，是实现态势感知所需要的元素。收集足够的态势识别信息点，将产

生有效网空态势感知（图4-4）。

形成有效网空态势感知的方法就是获取更
深入的态势识别。目标是尽可能多地对网络进
行理解，包括行动、原因、意图和事件价值等
方面。如果出现了磁盘访问动作，是由合法的
查询操作引起的吗？它访问的数据，是不是该
进程应该访问的数据？这一进程的（数据）访
问权限，是否比另一个进程的更有价值？

图4-4　有效网空态势感知的形成

4.7.1　用例：有效网空态势感知

在这一节中，将使用之前讨论的工具和目标来描述一个操作化的用例。第一步是收
集所需的感知并展开威胁分析，然后创建有效网空态势感知的图景，最后对各种场景进
行推演以呈现各种可能的结果。

根据网络姿态的变化，有效网空态势感知将为分析师提供各种防御选项并做出对应
的影响评估。其中，特别强调因姿态变化而对运营／任务能力产生的影响。给分析师／
防御者提供的线索，将能够帮助他们做出更好的选择，或者依据任务的准则来优化防御
机制。

可以通过分析网空态势感知的生命周期来寻找实现方法。网空态势感知的生命周期
由对网络的感知（资产的发现及其价值评估）、对威胁的感知和对网络状态的预测这三部
分组成。图4-4展示了该生命周期的一般处理流程。

通过发现，可以使态势感知掌握网络中的当前元素及其相关状态。这一动作被称为
枚举。在枚举工作完成之后，能够发现当前网络的整体状态。这包括当前的攻击以及服
务级别等情况。分析师需要获得上下文背景，才能从态势感知提升到有效网空态势感知。
通过向态势感知图景中添加历史数据，可以建立网络状态的上下文背景。假设网络在两
个月之前遭到了A攻击，然后接连遭到B攻击和C攻击；如果当前已经观察到了A攻
击，而且正受到B攻击，那么有效网空态势感知就会强调一个事实情况——可能遭到C
攻击。

威胁枚举，就是将潜在攻击、可能攻击和有效攻击等各类攻击行动，分别应用于
所针对的网络进行分析。这些攻击可能是来自于网络的内部（由心怀不满的员工、具有
物理访问权限的攻击者等展开攻击），这是我们愈加重视有效网空态势感知的原因。大
多数网络都部署了防御措施，以缓解更为常见的大多数外部网络威胁和攻击的影响。当
这些外部攻击引起网络服务级别或运营就绪状态下降时，有效网空态势感知就可以派上
用场。

网空态势感知生命周期的最后一块拼图是预测。态势感知需要掌握当前的网络状态，有效网空态势感知则能够提供近期和远期未来的网络状态，这是根据可能的攻击和响应行动所描绘出来的。当前和近期未来的网络状态视图，能够使分析师和防御者对姿态的变化做出规划。远期未来的场景或姿态改变后的场景，能够预测这些改变发生后的网络状态，这也能够向分析师和防御者呈现对网络进行变更的最佳可用视图。

此外，网络防御者应具备推理和抗推理工具。当攻击正在进行的时候，防御者就应该开始对攻击者的能力和意图进行推理。这可作为输入信息用于对不同网络姿态的影响评估，从而预测攻击者将如何对网络防御措施的变化做出响应。可以在网络中攻击聚焦的压力点放置一个"阴影罐"，以确定攻击者对它们做出的反应。对于攻击者来说，这会形成一种非对称的权衡情境，因为攻击者需要消耗资源来了解"阴影罐"，但是却无法得到任何有用的返回数据。而另一方面，防御者只需付出些许努力，就能掌握攻击的复杂细节。

4.7.2　实现全网感知

网络测绘是对网络物理连通性的研究。随着如今的网络变得越来越复杂，为了发现网络连通关系和增强网络态势感知，网络测绘变得至关重要。我们将在本节介绍最新的网络测绘技术和工具，并对其进行总结。

1. 对当前网络测绘工具的评述

通用网络测绘工具——Nmap

Nmap（网络映射器）是一款在网络技术社区中广泛使用的免费通用网络测绘工具。Nmap 支持多种扫描技术，并被用于当前的互联网规模调查。Nmap 用于实现以下功能。1）主机发现：识别网络中的主机，例如列出对 TCP/UDP 请求做出响应，或开放某一特定端口的主机（的 IP 地址）；2）端口扫描：枚举目标主机上的开放端口，例如端口 80（HTTP 服务）和端口 20/21（FTP 服务）；3）版本检测：询问远端设备上的网络服务，从而确定应用程序的名称和版本号；4）操作系统检测：确定网络设备的操作系统和硬件特征。此外，Nmap 还可以提供目标机器的额外信息，例如设备类型和 MAC 层网络地址。

为了可靠地对主机进行检测，Nmap 维持着与主机的连接状态，并会在前一个探测包超时之后进行重传。Nmap 还可以适应调整其探测网络包的传输速率，以避免导致上游网络或目标网络出现拥塞。Nmap 的这种机制虽然能够确保可靠地发现主机，但另一方面也大幅降低了扫描速度。据实践所示，Nmap 通常需要花费数十天的时间才能完成对互联网中全部 IPv4 地址空间的扫描。

Nmap 的主要侧重点是网络主机探测。因此,它不提供成熟完善的网络管理功能,例如网络拓扑结构发现、网络泄漏检测和设备资料收集。

Nmap 最初只提供命令行界面。Zenmap 是官方的 Nmap 图形化用户界面,为 Linux、Windows、Mac 操作系统和 Solaris 等多个平台开发。

快速的互联网扫描工具——ZMap

ZMap(互联网扫描器)是一款由密歇根大学开发的新型开源网络扫描器。与 Nmap 相比,ZMap 的特点是对 IPv4 地址空间的扫描速度更快,并且能够在 45 分钟内在 IPv4 地址空间中完成对某个特定端口的完整扫描,速度可以到达接近于千兆位以太网带宽的理论极限。

ZMap 是为在 Linux 或 BSD(伯克利软件发行版)操作系统上进行 IPv4 快速扫描而设计的。与 Nmap 为每一个连接保持状态的方式不同,ZMap 是无状态的。它不会发起真正的 TCP 连接,也不会为每一个探测包保持状态。它只是简单地构造一个 TCP 连接网络包,并立即将其直接发送到以太网上,从而绕过操作系统中网络协议栈的处理。

由于具有这种无状态的探测功能特性,按照探测每个主机需要两个网络包估算,ZMap 完成全互联网规模扫描的时间是 2 小时 12 分钟(Durumeric 等人,2013)。因此,它是一种极快的网络扫描工具。

值得注意的是,对 ZMap 的有效使用基于两个假设。一是上游网络没有带宽限制:ZMap 能够尽可能快地发送探测包。因此,它假定上游网络供应商能够提供或匹配 ZMap 发送速率的网络速度。如果网络供应商对带宽施加了限制,那么 ZMap 将无从得知大量的探测数据包是否由于流量控制或拥塞控制而被网络供应商丢弃了。ZMap 提供了一个速率控制接口,由此用户能够在 Gbps、Mbps 或 Kbps 级别上指定扫描速率。ZMap 假定用户必须选择与上游网络供应商网速控制相匹配的速率。二是 Linux 管理员权限:目前 ZMap 是为 Linux 平台而设计的。大多数流行的 Linux 发行版都需要管理员权限来使用原始套接字(raw scoket)。因此,用户必须在 Linux 平台上提升(至少是临时提升)至管理员权限才能运行 ZMap。

ZMap 的唯一目标,是确保对互联网中的 IPv4 地址空间进行最快的扫描。它只支持 TCP/IPv4,不支持 IPv6,也不支持任何网络拓扑发现功能和管理功能。它无法发现主机的任何其他信息,例如操作系统类型和 MAC 地址等主机指纹识别信息。

网络测绘的商业产品

Nmap 和 ZMap 是可立即下载使用的免费网络测绘和扫描工具。还有一些具有更多网络管理功能的商业产品,包括:

- IPsonar:一款基于首次对互联网实现测绘的技术的套装产品,适用于具有超过

5000 个节点的大型企业网络。该产品所采用的专利技术，能够发现并测绘网络中每一个连接至 IP 网络的设备，从而提供一个清晰的视图，呈现出网络变化带来的风险和政策违规情况。

- SolarWinds：提供一种被称为网络拓扑结构映射器（NTM）的产品，可以自动发现网络中的每一个设备，包括路由器、交换器、服务器、无线 AP、VoIP 电话、笔记本电脑和打印机。
- WhatsUpGold：WhatsUpGold 是一款具有与 SolarWinds 类似功能的网络管理套装产品，可以工作于网络协议栈的第二层和第三层，并支持对 IPv6 设备的发现。它能发现网络中的所有设备，包括端口到端口的连通关系。
- OpManager：一款综合的网络监控软件，能够提供一个管理路由器、防火墙、服务器、交换机和打印机的集成控制台。其网络扫描功能是基于 ICMP ping 协议或 Nmap 实现的。

这些用于网络测绘的商业产品提供了综合的图形化用户界面，为网络管理员提供了一整套的网络管理能力，从而可以用于发现和处理网络事件。我们在表 4-1 中就以下方面对这些产品的功能特点进行比较：1）IPv6 支持；2）对专门硬件（用于扫描）的依赖；3）虚拟设备检测；4）地理位置映射（将 IP 与地理位置相关联）；5）网络拓扑结构发现（检测扫描器所在网络的拓扑结构）；6）对软件的依赖（意味着该软件使用了其他哪些软件来完成网络扫描功能）。

表 4-1　商业网络测绘工具对照表

	检测发现 IPv6 设备	依赖专用硬件	虚拟设备检测	地理位置映射	网络拓扑结构发现	依赖其他软件
IPSonar	是	否	是	是	是	否
SolarWinds	是	是	是	是	是	否
WhatsUpGold	是	否	是	是	是	否
OPManager	是	否	是	是	是	是

从表 4-1 我们可以看到，所有商业产品都支持虚拟设备检测、地理位置映射和网络拓扑结构发现功能。然而，与使用 IPv4 的节点相比，IPsonar 对使用 IPv6 的节点提供的信息较少。SolarWinds 只能运行在微软 Windows 系统上，需要使用专有硬件，而且其扫描速度缓慢。WhatsUpGold 支持多种功能，但是测绘输出比较受限。OpManager 的扫描功能依赖于 Nmap。

网络测绘工具是网络态势感知工具集中的重要组成部分。通过这些工具，分析师能够获得关于其网络资产和连通关系的最新的有价值信息。然而，当前的测绘工具缺乏一个重要的功能：测绘 IPv6 网络的拓扑结构，并通过将 IPv6 和 IPv4 网络的拓扑结构与预定义安全策略（大多数基于 IPv4 网络设置而确定）进行比较来做出对安全缺口的评估。

2. 从网络测绘到全网感知

IPv6 是旨在取代当前 IPv4 协议的下一代网络协议。然而，由于当前 IPv4 协议被如此成功地广泛部署，以致于 IPv6 协议将需要很长时间才能将其完全取代。因此出现了许多种 IPv6 转换机制，以促进向 IPv6 协议的过渡。IPv6 转换机制通常采用双协议栈节点和各种隧道技术[一]，使 IPv6 网络能够与 IPv4 网络共存。双协议栈节点是指同时支持 IPv4 协议和 IPv6 协议的节点。隧道技术则是将 IPv6 网络包封装在 IPv4 网络包中，以跨 IPv4 网络基础设施传送 IPv6 网络包。然而，由于 IPv6 协议和 IPv4 协议之间在安全前提假设上存在差异，如果配置不当可能导致因 IPv6 转换机制产生安全问题。

IPv6 转换机制可能会损害甚至抵消 IPv4 网络中采用的安全机制。许多安全工具都是为 IPv4 网络设计的，因而在网络中部署双协议栈节点和使用隧道技术，可能会使这些安全工具所基于的假设前提变得不成立。例如，许多 IDS 系统被部署在网络的一些关键位置，用以检测针对网络主机的端口扫描攻击。如果攻击目标主机是一个双协议栈节点，可以将诸如 TCP SYN 的 TCP 端口扫描网络包作为 IPv6 网络包发送，这些网络包会被封装为 UDP 数据包。UDP 数据包可以在不触发任何告警的情况下通过 IDS，实现端口扫描。此外，由双协议栈节点和隧道技术产生的流量能够穿透网络中配置的防火墙。在大多数防火墙上，NAT（网络地址转换）设备或网络包过滤器都不会拦截由内部主机发起的 UDP 流量。一些 IPv6 转换机制（例如 Teredo 协议）将 IPv6 网络包封装在 IPv4 的 UDP 包中，可以轻易通过这些安全检查。

此外，IPv6 转换机制也可能被利用来规避 IPv4 网络中的安全检查。例如，可组合利用 IPv6 路由头[二]和隧道技术来避开网络中部署的 IPv4 安全检查点。攻击者可在 IPv4 的 UDP 包中封装 IPv6 网络包，并将其发送到一个启用隧道的节点。这种 UDP 流量能够通过大多数防火墙或 NAT 设备。一旦启用隧道的节点接收到这种 UDP 包，它就会提取出 IPv6 网络包并使用其 IPv6 协议栈进行处理。如果 IPv6 网络包中包含了路由头，那么它将被转发到在正常情况下不允许其抵达的网络节点。

由于 IPv6 转换机制几乎无处不在，所以上述情况的发生几乎是不可避免的。很多软件产品已经开始支持 IPv6 转换机制。如果组织机构的网络中存在 IPv6 子网，为了让这些 IPv6 子网能够访问由 IPv4 网络提供的网络服务，这些 IPv6 转换机制就是必要的。因此在当前的网络中，简单地关闭 IPv6 转换机制是不可能的。此外，IPv6 转换机制很容

　㊀　隧道技术是一种通过使用互联网络的基础设施在网络之间传递数据的方式。——译者注
　㊁　指明分组在到达目的地的途中将经过哪些节点，包含各节点的地址列表。——译者注

易配置，用户可以自己动手在他们的计算机上完成配置。例如，可能由于在计算机上安装的软件或错误的配置，导致自动启用隧道机制。然而，用户可能并没有充足的权限或足够的安全知识来采取必要的安全措施以保护所配置的隧道接口。对于网络管理员来说，要做到保证网络中的每个节点都正确配置是不切实际的。

由于以下原因，我们很难评估由于 IPv6 转换机制而在网络中造成的潜在安全后果：

1）IPv6 转换机制造成了复杂的网络拓扑结构。在网络中部署 IPv6 转换机制后，会产生两种拓扑结构：IPv4 拓扑结构和 IPv6 拓扑结构。从 IPv6 协议的角度看，两个双协议栈节点之间的隧道本质上是在这两个节点之间添加了一个链接，但是完全不会影响 IPv4 拓扑结构。

2）网络的 IPv4 拓扑结构和 IPv6 拓扑结构都是动态的。网络拓扑结构的动态性是由许多因素引起的。部署双协议栈节点会改变网络拓扑结构。新部署的双栈节点可能与所有的其他双协议栈节点进行通信，并在网络中产生更多的隧道，从而改变 IPv6 拓扑结构。软件更新也可能会改变网络拓扑结构——当用户将软件更新至较新版本时，可能会在不经意间将一个 IPv4 节点转变为一个双协议栈节点，从而改变 IPv6 拓扑结构。

3）IPv6 转换机制在网络中所造成的后果，不仅由网络拓扑结构所决定，还由在网络中运行的应用程序和由这些应用程序所支持的任务所决定。例如，Web 服务器通常被部署在 DMZ（非军事区 / 网络隔离区）中提供公开访问。一般来说，将 Web 服务器配置为双协议栈节点是没有坏处的。

然而，如果允许 Web 服务器上运行的某些应用程序通过 UDP 流量访问部署在防火墙之后的关键数据库，那么这种将 Web 服务器作为双协议栈节点的部署配置方式，可能会被利用来构建一个跨越 DMZ 的通道。必须在网络层面、应用程序层面和工作任务层面的上下文环境中，对 IPv6 转换机制进行验证，并对相关的风险进行分析。

假设网络管理员有足够的时间、精力和知识来处理所有这些问题是不现实的。以下方法能够辅助形成能力，以解决这些具有挑战性的问题：

- 对于 IPv4 和 IPv6 网络，都要充分理解可用于准确有效测量网络拓扑结构的最先进工具。
- 选择并利用适当的探测技术，尽可能地检测各种网络部署配置中节点间的连接关系。例如基于 ICMP 的探测包、基于 TCP 的探测包和基于 UDP 的探测包的探测技术。重要的是，因为不同的网络设备和主机对相同探测包可能会做出不同的响应（甚至不响应），需要组合使用不同的探测技术以提高命中率。
- 解析 IP 地址的别名。一台网络设备（例如路由器）可能有多个 IP 地址，这些 IP 地址称为别名。为了生成正确的拓扑结构，必须将别名映射至物理节点。
- 利用 Nmap 来对枚举到的节点进行"指纹识别"，以获取操作系统配置信息，例如操作系统类型、版本号和可用服务等。

- 开发特定的技术，以检测网络中存在的那些自动或手动配置的用于实现 IPv6 转换机制的隧道。例如，对流量进行拦截，能够辅助捕获由 Teredo 协议产生的 Teredo 数据包，从而检测发现自动转化网络包的隧道。为了检测手动配置的隧道，可发送（专门构造的）探测包至两个 IPv6 子网之间的网络区段中，以检查是否配有转换隧道。
- 建立一个具有规模的测试环境（作为待检测网络的代表），以验证系统能够有效地生成网络拓扑结构并检测发现双协议栈节点和各种隧道。

4.7.3　实现威胁 / 攻击感知

1. 用图模型描述威胁和攻击

近来，为了有效地评价网络中威胁与攻击带来的影响和损害，攻击图（Attack Graph，AG）（Amman 等人，2002；Jajodia 等人，2003；Sheyner 等人，2002）已经成为一种被广泛采用的技术，用于分析攻击事件之间的因果关系，并评估多步骤攻击行为的潜在影响。在典型的攻击图中，每个节点代表一台主机的一种特定状态，而每条边代表一种可能的状态转换。通过测绘发现的网络拓扑结构和节点配置情况，是生成此类攻击图模型的基础。

然而，现有的攻击图技术对高阶任务的网空影响评估能力非常有限，因为它们不能直接表现任务与对应网络资产之间的依赖关系。现有攻击图技术的另一个局限性是：它们无法实现模化扩展，因此不适用于大规模网络。

为了解决这些局限性，我们的团队在之前为陆军研究办公室（ARO）和空军研究实验室（AFRL）开展的研究工作中，开发了一个高效的攻击图模型，其关键思想在于区分出了类型抽象图（TAG）、网络攻击图（NAG）和实时攻击图（RAG）。基于这些攻击图模型，已经开发出了一个称为"NIRVANA"的软件工具包，它能自动生成带有最新漏洞条目的类型抽象图，并从导入的网络配置文件和防火墙规则中推导出网络的可达性。基于类型抽象图和（计算所得的）网络可达性信息，NIRVANA 可以自动生成对应的网络攻击图并用于静态安全分析。当真正的攻击发生时，NIRVANA 可以自动（由 IDS 告警触发）生成用于动态安全分析和损害评估的实时攻击图。[⊖]

特别地，类型抽象图抽象了攻击利用的场景，其中包括先决条件、攻击利用与攻击效应之间的依赖关系。这并不特定于任何网络，但它是为具体网络生成网络攻击图的基础。在我们团队所采用的方法中，通过将 3 万多条公开的 CVE（通用漏洞列表）记录条目转化成为一个具体类型的通用漏洞图模型，从而生成类型抽象图。图 4-5 展示了一个类型抽象图的示例。

⊖　TAG、NAG 和 RAG 的创建和使用过程正在申请相关专利。

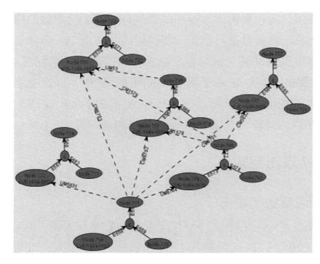

图 4-5   类型抽象图（TAG）示例

给定网络设置（例如，已发现的网络拓扑结构和配置信息），我们就能创建另一个攻击图来表达攻击利用之间的依赖关系，以及实际的网络可达性。这种推导得到的攻击图称为网络攻击图（NAG）。网络攻击图能够以离线操作的方式生成，通过利用具体网络配置信息来对类型抽象图进行实例化。网络攻击图对于给定网络的静态安全分析特别有用，它覆盖了 4.4 节中提到的大多数需求。图 4-6 展示了一个生成的网络攻击图示例。

威胁感知。基于网络攻击图可以回答一系列问题，例如，某一具体的攻击利用是否存在，计算机网络的当前安全姿态如何，网络中最薄弱的点是什么，以及从首先加固哪些资产的角度确定的行动计划。

攻击感知。为了分析所受到的攻击，也可以生成实时攻击图。在我们的模型中，一旦捕获了观察到的证据（例如 IDS 告警），即可触发生成实时攻击图。实时攻击图是通过在线操作构建的，有助于实现（接近）实时的安全分析和损害评估。图 4-7 展示了一个生成的实时攻击图的示例。

2. 交互的网空态势感知与影响分析

基于给定的网络和实时攻击图，能够实现有依据的互动操作，从而可以帮助分析师更好地了解过去、当前和未来的安全态势。例如，根据网络攻击图对当前攻击进行回溯，可以实现聚焦的取证分析，并提高入侵检测的准确性和及时性（例如，什么一定会出问题，却被当前的检测传感器遗漏了）。此外，基于网络攻击图对当前攻击的可能后续动作进行分析，能够对后续攻击做出预测，并为确定后续的保护措施节省宝贵的时间。

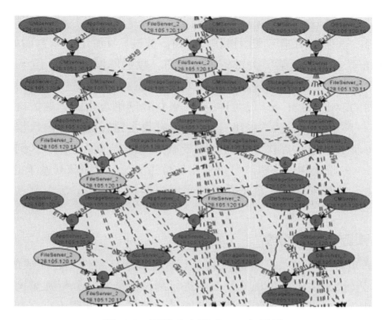

图 4-6　网络攻击图（NAG）示例

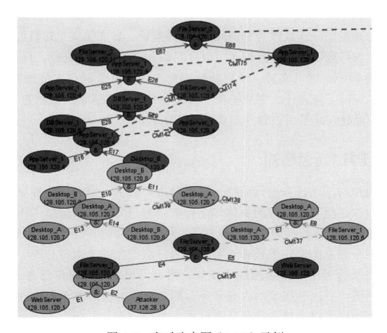

图 4-7　实时攻击图（RAG）示例

更重要的是，基于这些模型还能够进行假设分析。网络攻击图包含了给定网络的所有潜在攻击路径。这使得图遍历和图操作（例如，剪枝）具有了安全方面的语义。例如，考虑到当前攻击不应该到达某一关键资产（例如，数据库服务器），但不幸的是按照当前的网络设置，网络攻击图显示该攻击实际上能够到达这一关键资产。为了切断可能达到数据库服务器的攻击路径，可以运行图算法来查找网络攻击图上的关键节点。在这里"关键"意味着一旦这类节点被"禁用"，就不会有攻击路径能够导向数据库服务器。网络攻击图中的每个节点通常都代表着运行着带有某些漏洞的某些服务（例如，电子邮件服务、Web 服务）的特定物理主机。可以使用软件工具（作者团队开发了此类工具）对这些图进行可视化，并从未来潜在攻击路径的角度，展现"禁用"所选节点上某些服务可以带来的效果。

3. 状态与预测场景的回放

网空态势感知需要一种根据所保存的情况对各种网络事件进行回放的能力。此外，它还需要一种能够快速生成多个场景并逐一进行测试的能力。分析师应该具备保存网络状态的能力，用以运行实验并预测各种防御场景的结果。分析师还应该具备查看历史事件的能力，以确定历史事件是否对当前情况具有可借鉴性。这些数据需要以通用的方式以及可定制的方式向不同的防御者或团队呈现。最后，还需要具备快速生成场景并模拟运行的能力。

本章的作者开发了一款被称为 Hermes 的软件系统，旨在实现上述目标。由于在特定时间点的网络状态得到了保存，防御者可以"回到"这些时间点进行"行动后的"分析，并采用不同的防御姿态进行实验，从而检验因此产生的有效网空态势感知结果。例如，使用这种方法，可以了解为什么在某些攻击场景中 IDS 未能观察到初始的攻击感染行为。由于篇幅有限，此处省略了对该软件工具的细节介绍。

4.7.4　实现任务 / 运营感知

基本上，通过对工作任务进行分解，可以向用户提供一个有效的界面，将复杂的任务或运营转换为一组更易于管理的具体作业任务。另一方面，通过从工作任务到资产的映射，可以自动识别出执行预期工作任务和作业任务所需的相应网络组件及网空资产。

我们假设一个复杂的全局工作任务可以分为一组简化的子工作任务，或必须执行的作业任务。如果执行了所有指定的作业任务，则可得出结论：工作任务已经成功完成。此外，我们的模型中有两种类型的作业任务，即复合作业任务和原始作业任务。原始作业任务被定义为用户可以直接执行的基本动作。另一方面，复杂作业任务被认为是由原始作业任务或其他复合作业任务组成的作业任务。此外，工作任务中的作业任务由于依赖关系以及如时间和资源等方面的外部约束而彼此相互关联。在完成其他作业任务之前，可能无法执行下一项作业任务；也就是说，一项作业任务能否完成，取决于其他作业任务是否已经完成。

图 4-8 展示了一个工作任务的分解图，其中圆形表示复合作业任务，正方形表示原始作业任务。复合作业任务由一个或多个作业任务组成，每个作业任务也可以由一个或多个复合作业任务或原始作业任务组成。根节点 M0 被认为是工作任务本身。当且仅当作业任务 M1、M2 和 M3 完成时，才说明 M0 也已完成。反过来，作业任务 M3 只有在完成作业任务 M3.1、M3.2 和 M3.3 时才算完成。在图 4-8 中，任务分解图中的虚线箭头代表依赖关系。如果 T1 到 T2 间画有一条虚线箭头，则作业任务 T1 被认为依赖于 T2。考虑到这一概念，我们可以说在图 4-8 中，作业任务 M1 依赖于作业任务 M3.2.2，且作业任务 M3.1 依赖于作业任务 M3.2。这意味着在执行作业任务 M3.2.2 之前，不能执行作业任务 M1。随后，在作业任务 M3.2 完成之前，不能执行作业任务 M3.1。任务依赖关系是在工作任务中必须包含的重要方面，因为它们表现了现实世界中的实际情况。

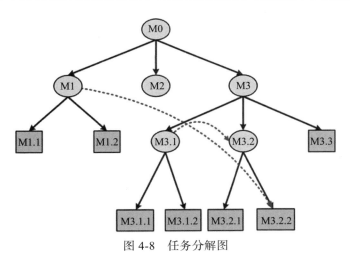

图 4-8　任务分解图

1. 工作任务映射及与攻击图的集成

工作任务与资产的映射，旨在体现并表达高阶工作任务与下层网空网络之间的依赖关系。一般来说，网络中展开的每项工作任务都依赖于某些网空操作，而这些网空操作进一步依赖于特定网段或网空资产。为了确定工作任务与相关网空资产之间的具体依赖关系，我们需要将复杂的工作任务分解成一组可管理的作业任务，这些作业任务可以由一些网络组件（例如，计算机或服务器）或网空服务（例如，电子邮件、Web 和 FTP 服务）直接支撑。很明显，不同的工作任务具有不同的资产映射关系。

此处我们简要地将网空资产分为三个类别：主机（例如，服务器、台式机和手持设备）、交换设备（例如，路由器、防火墙、VPN设备和基站）和通信链路（例如，有线和无线）。每个主机或交换设备都可以被视为工作任务的原子单元，其标识信息（例如，主机名，IP地址）和相关信息（例如，位置，用户）将被标记在映射图上。主机之间的物理连接被标记为映射图上的边。此外，每个交换设备都可以与一个连接关系表联系在一起，其中该连接关系表可以体现各个主机之间的（被允许的）逻辑连接关系。

任务资产映射图将被用于弥合工作任务描述与低阶攻击事件之间进行关联的缺口。为此，我们需要将一系列新的信息项嵌入任务资产映射中，并将攻击图和任务资产映射图结合在一起。

核心要求之一是准确有效地将各种网空资产映射至预期的工作任务与作业任务。本质上来说，为了评估攻击受损/服务降级的网空资产所带来的影响，网络管理员需要知道：被攻击的资产在哪里？谁的/哪种工作任务依靠于被攻击的资产？组织机构的哪项工作任务受到影响？哪种其他的网空资产或网络能力会受到影响？

由于缺乏上下文背景，现在的管理员很难回答上述问题。如果我们假设某些领域知识或关于预期工作任务的初始信息存在，则根据这些信息可以帮助我们识别出一些执行工作任务所需的资产。例如，任务指挥官可以将一个复杂的工作任务简单地划分成一组操作化的作业任务，并为操作员初始分配每个任务所需的资产。基于这些信息，我们至少可以确定某个工作任务所需的一些主机层级的资产。例如，如果我们知道在工作任务A中，用户B需要通过电子邮件与客户C联系，则不难识别出用户B的计算机和电子邮件服务器将被用于完成此工作任务。然后，以这两个资产为基础，我们可以根据网络拓扑结构和可达性对信息进行分析，自动推导出其他所需的主机层级网空资产。

在确定了网络中与工作任务相关的网空资产之后，下一步就是展开影响评估和安全分析。在攻击图模型中，每个节点表示一台主机的一个特定状态，每条边表示可能的状态转换。在评估对高阶工作任务的网空影响方面，这种图模型的能力有限。因此，我们需要找到一种将推导所得的任务资产映射图（MAP）与攻击图相互关联的有效方法。基本上，可以使用一个包含三个步骤的过程将攻击图和相关联的任务资产映射图融合在一起：1）将任务资产映射图与攻击图中呈现的状态信息结合起来；2）将攻击利用事件的信息与任务资产映射图结合起来；3）将攻击图合并到任务资产映射图里。为了简洁起见，此处省略了该过程的细节。

2. 通过图模型实现任务感知

通过将工作任务信息和攻击信息整合在一起，并使用图遍历算法，图模式能够从根本上促进任务感知和决策制定。例如，在攻击发生之前，通过在整合的图模型上运行分析算法，可以回答诸如以下问题：

- 我的网络中最薄弱的安全点是什么？
- 哪些工作任务可能受到这些薄弱点的影响？
- 如果我们加固这类网空资产，那么对成功完成任务来说会有什么好处呢？

此外，给定目前的攻击，可以便捷地回答以下问题：

- 哪些应用程序和工作任务受到攻击的影响，达到怎样的严重程度？
- 整体安全姿态和任务保障姿态是怎样的？

此外，还可以再次使用图遍历算法，在网空相关的图模型和任务图中展开假设分析，提供决策支持。例如，对4.7.3节中描述的用例进行扩展，可以回答关于假设想法（与对某些网空服务的禁用相关）对工作任务所造成影响的问题。

考虑攻击图和任务图中的所有因素，梳理网空资产和策略信息，人们能够阐明决策制定的相关问题，以及解决这些问题的最优行动方案，从而支持决策。

3. 任务资产优先级排序

为了将有限的资源集中在最关键的网空资产上，需要根据网络组件在任务保障支撑方面的关键性来确定其优先级，也可以基于对网空攻击导致影响严重性的分析确定优先级。基于给定的任务资产映射以及资产的关键价值，有许多候选的决策算法可用于确定优先级。一个示例是将层次分析法（AHP）用于风险分析并确定网空资产的优先级。

确定优先级的规程可概括如下：

1）将问题建模成为包含决策目标、选择和准则的层次结构。

2）根据成对比较确定元素间的优先级。

3）综合判断，为层次结构确定一套整体的优先级排序。

4）检查判断的一致性。

5）做出最终决策。

图4-9展示了一个简单示例，其中需要根据工作任务相关性、攻击风险和资产价值三个因素来考虑三个资产（即桌面A、路由器H和数据库P）的优先级。假设攻击风险和工作任务相关性的重要性均是资产价值的两倍，可以使用成对的比较矩阵来确定每个因素的适当权重。在这种情况下，攻击风险和工作任务相关性的权重被设置为0.4，资产价值的权重被设置为0.2。每个资产有一个向量指定对应于三个因素的相对权重值，用以根据权重因子计算资产的关键性。图4-9显示了三个资产的优先级确定结果，其中数据库P是首选实体，优先级为0.715。其重要性是优先级为0.07的桌面A资产的10倍。路由器H的值刚好位于两者中间。因此，在这种情况下，数据库P是最重要的资产，它应该得

到有效的保护以免遭潜在攻击，从而保障工作任务的成功。

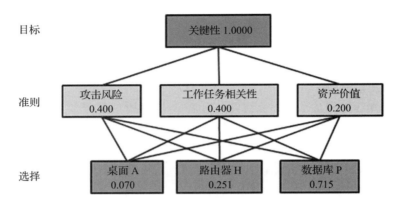

图 4-9   使用层次分析法对网络资产进行优先排序

4.8   未来方向

实现有效网空态势感知还面临着几个挑战。其中最重要的三个问题是：软件定义网络（SDN）、采用加密与匿名服务，以及上下文感知服务。

软件定义网络将控制移出网络的数据平面。这样可以快速改变网络。网络配置存在于单独的总线之上，从而做到从外部对网络的正常运行处理进行控制。这给有效网空态势感知带来了几个挑战：1）需要开发新的网络枚举方法，因为网络可能会不断变化；2）攻击／服务中断现在可以出现在两个独立的平面上，这使故障排除变得更加困难；3）最后，网络变化可能会带来"蝴蝶效应"。从积极的方面看，软件定义网络可以更快地对态势变化做出响应，这将提高服务水平。

加密和匿名服务的广泛应用，对尝试限制这种流量的网络运营者来说已经成为问题。这些加密与匿名服务的开发人员，正在与试图阻止这些服务的网络运营者展开"军备竞赛"。这些服务对有效网空态势感知提出了挑战，因为这些服务很多时候对网络防御者和运营者来说是不为所知的。网络本身并不知道流量是恶意的，还是仅仅由于用户想隐匿其痕迹。有效网空态势感知只能简单地记录下中继节点、桥接节点和用户，而这些仅被显示为已被消耗的带宽。

上下文感知服务使用一些通过推导或计算所得的数据，来辅助实现对所交付用户体验的丰富化。示例包括使用用户的当前位置来提供流量数据，或基于打开应用程序来提出搜索建议。由于具有数据收集无所不在的特性，这种普适计算已经成为有效网空态势感知的挑战。上下文感知服务通常会查询设备的有关操作系统版本、位置和当前任务进程等详细信息。这可能会向攻击者暴露远比网络防御者所想象的更多的信息。

4.9　小结

"宏观"态势感知是指网络的整体动态。它将网络视为单个实体，并以汇总形式看待网络中的元素或事件。相比之下，"微观"态势感知则是调查网络中的单个元素或单个事件。参与网空态势感知形成过程的三个主要组别是网络管理员、网络防御者和用户。该过程的输入是：来自网络传感器的原始数据和用户体验反馈，适用于网络运营或任务能力的上下文环境，网络管理员使用的网络模型。输出是网络管理员为确保网络服务持续运行而采取的可能姿势变化，或为修复或缓解问题所需对网络做出的调整。网络分析师的态势感知周期包括三个步骤：对网络的感知、对威胁或攻击的感知，对运营或任务的感知。获得对网络的感知的过程，包括对资产和防御能力的发现和枚举。对威胁和攻击的感知，包括针对所关注网络的可能攻击和攻击向量的当前图景。对运营及任务的感知，是理解网络运行的下降或降级将如何影响网络任务的一个图景。有效网空态势感知是能够改善决策制定、协同合作和资源管理的网空态势感知。其包含的关键概念是根据可能采取的动作给出一个预测的态势感知图景，这个图景基于可能采取的行动，以及基于将由传感器数据整合而成的一个统一的当前视图。促成有效网空态势感知的元素包括：通过层析成像（Tomography）方法分析端到端链接数据，测量网络的内部结构；通过路由分析（Route Analytics）方法对网络中的路由协议进行分析；通过协议监控（Protocol Monitoring）方法检查标准协议的速度和正确性。推理是对攻击者能力及意图的评估。抗推理是防御者在防止攻击者获得过多信息的同时，试图确定攻击者意图和能力的工具。网络测绘对于发现网络连通性和增强网络态势感知至关重要。诸如 Nmap 和 Zmap 的先进网络测绘技术和工具很有用处。在攻击图方面强调了多个模型，包括类型抽象图（TAG）、网络攻击图（NAG）和实时攻击图（RAG）。基于这些攻击图模型，已经开发出了一个名为 NIRVANA 的软件工具包，它可以自动生成具有最新漏洞条目的类型抽象图，并从导入的网络配置文件和防火墙规则中推导出网络可达性信息。基于类型抽象图和（计算所得）网络可达性信息，NIRVANA 可以自动生成相应的网络攻击图用于静态安全分析。当真正的攻击发生时，NIRVANA 可以自动（由 IDS 告警触发）生成实时攻击图，用于动态的安全分析和损害评估。任务资产映射图旨在发现和表达高阶工作任务与底层网络之间的依赖关系。需要根据网络组件对工作任务进行保障时所起的关键性作用大小来确定其优先级。优先级的确定，也可以基于对网空攻击所导致影响的严重性分析。给定任务资产映射图和资产的关键价值信息，可以使用诸如层次分析法的算法进行风险分析和网络资产优先级排序。

参考文献

Amman, P., Wijesekera, D., & Kaushik, S. (2002). Scalable, graph-based network vulnerability analysis. *Proc. of 9th ACM Conference on Computer and Communications Security.*

Durumeric, Z., Wustrow, E., & Halderman, J. (2013). ZMap: Fast Internet-wide Scanning and its Security Applications. *Proc. of USENIX Security Symposium.*

Endsley, M. (1995). Toward a theory of situation awareness in dynamic systems. *Human Factors*, 32-64.

Force, D. o. (2010). *Cyberspace Operations (Topline Coordination Draft v4).* Washington: HQ USAF.

Hoogendoorn, M., van Lambalgen, R., & Trur, J. (2011). Modeling Situation Awareness in Human-Like Agents Using Mental Models. *Proceeding of International Joint Conference on Artificial Intelligence.*

Jajodia, S., Noel, S., & O'Berry, B. (2003). Topological analysis of network attack vulnerability. In *Managing Cyber Threats: Issues, Approaches and Challenges.* Kluwer Academic.

Sheyner, O., Haines, J., Jha, S., Lippmann, R., & Wing, J. (2002). Automated generation and analysis of attack graphs. *Proc. of the IEEE Symposium on Security and Privacy*, (pp. 254–265).

Xie, P., Li, J., Ou, X., Liu, P., & Levy, R. (2010). Using Bayesian Networks for Cyber Security Analysis. *Proc of IEEE DSN.*

第 5 章

认知能力与相关技术

Cleotilde Gonzalez、Noam Ben-Asher、Alessandro Oltramari 和
Christian Lebiere

5.1 引言

正如前面章节所强调的,人类的认知能力与相关的支撑技术是网空态势感知的核心。因此,本章将聚焦于对信息技术与人类态势感知计算表征[⊖]进行整合时所面临的挑战,并将讨论相应的解决方法。在本章中,我们将入侵检测的过程作为一个主要例子,用以阐明网空态势感知的这些相关方面。我们认为需要引入认知模型,并在此基础上有效地开发出相应的技术和过程方法,从而能够采用与人类认知能力相适应的方式形成网空态势

C. Gonzalez (✉)
Social and Decision Sciences Department, Carnegie Mellon University,
5000 Forbes Ave, Porter Hall 208, Pittsburgh, PA 15213, USA
e-mail: coty@cmu.edu

N. Ben-Asher
Dynamic Decision Making Laboratory, Social and Decision Sciences Department,
Carnegie Mellon University, Pittsburgh, USA
e-mail: noamba@cmu.edu

A. Oltramari · C. Lebiere
Department of Psychology, Carnegie Mellon University, Pittsburgh, USA
e-mail: aoltrama@andrew.cmu.edu; cl@cmu.edu

⊖ 表征(representation)又称心理表征或知识表征,是认知心理学的核心概念之一,指信息或知识在心理活动中的表现和记载的方式。表征是外部事物在心理活动中的内部再现,因此,它一方面反映客观事物,代表客观事物,另一方面又是心理活动进一步加工的对象。(百度百科)

　　计算表征是,来自于认知科学领域里依据表征和计算来理解心理活动的 CRUM 认知中心假说,其中心假设是对思维最恰当的理解,是将其视为心智中的表征结构以及在这些结构上进行操作的计算程序。——译者注

感知[注]。这种认知模型是一系列的动态自适应计算表征，用于表达在形成态势感知和加工信息支撑决策制定的过程中所涉及的认知结构和认知机制。虽然可视化和机器学习经常被认为是能够加强网空态势感知的重要方法，但是我们指出：在这些技术的发展现状方面，以及将其应用于网空态势感知的情况方面，依然存在着一些局限性。目前，我们在理解网空态势感知的认知要求方面存在一些知识理解方面的缺口，包括：缺少在认知架构框架中的网空态势感知理论模型；决策差距，体现在网络空间中的学习、经验累积和动态决策制定方面；语义差距，体现为缺少能够在安全界中形成共同认识的一种通用语言和一套基本概念。

网络空间绝不能被"降级"理解为在其底部物理层的计算机互联技术，而应当被视为由人类所共同构建的可以通过各种界面和语言实时访问并共享信息的通信基础设施。在这方面，"网络空间是由认知领域所决定的，就像它是由物理或数字领域所决定的那样"（Singer 和 Friedman，2014）。检测发现的过程，能够清晰地阐释认知能力在网空世界中的中心地位。其中，人类分析师（即防御者）负责防止客户网络遭受因非法入侵和敌对活动（即网空攻击）而对信息和基础架构造成的完整性破坏。检测发现的过程，可被理解为类似于在信息和知识管理领域非常重要的"数据 – 信息 – 知识 – 智慧"（DIKW）层次模型（Rowley，2007）。DIKW 模型经常被描绘为一个金字塔结构，在一个层次化的过程中，数据被转换成信息，信息被转化成知识，知识被转化成智慧。

图 5-1 阐释了这种检测发现的过程。网络中存在着多个多样化的传感器，它们会产生大量的网络活动数据。网空安全工具（例如，入侵检测系统）用于将采集到的网络活动信息加以组织和结构化处理，使其在检测发现的上下文中变得具有相关性并产生含义，从而能够用于支持对流量的监控，以及用于将攻击导致的伤害降到最低。网空安全技术向分析师们提供了能够帮助他们在网空世界中应对所面临认知挑战的方法。例如，通过对大量网络事件进行缩减、过滤和组织，以及通过对事件信息进行预处理，帮助人类分析师降低工作负荷。这些技术将有助于加强分析师的态势感知：在一定时间和空间内准确观察环境中的元素，理解这些环境元素的意义并预测这些元素在未来的状态（Endsley，1988）。然而，态势感知很少会被整合到那些将信息与理解和执行能力进行结合的技术之中。虽然有多种关键技术能够支持分析师检测入侵行为，但它们通常是静态的，因此不能与分析师的思维模式和态势感知相适应。此外，态势感知本身并不是最终目的，而只是分析师在快速演变的复杂环境中所能够依赖以做出明智决策的手段。态势感知是对入侵检测做出准确决策的先决条件。

⊖　原文为 CAS，疑似 CSA 的笔误。——译者注

为了正确地设计出可支撑检测发现过程的动态自适应技术，在人类的认知加工过程方面，我们需要一个经验证且强大的定量模型。否则，往往结果可能是得到一个对于人类用户来说是"反人类"的系统，例如在这方面"恶名昭著"的微软回形针工具，它不断改变菜单中信息的顺序，导致其在尝试优化用户操作的物理移动时，给用户带来更大的认知成本，迫使用户不断地重新学习适应新的操作界面。

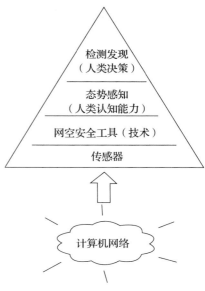

图 5-1　检测发现的过程

认知模型是形成态势感知和处理信息以支撑决策制定的过程中所涉及的认知结构和认知机制的动态自适应计算表征。在认知科学领域中认知建模技术已比较成熟，该技术所依靠的心理理论可用于构建生成模型，这种模型最终要能够经过行为学、生理学和神经学等多方面数据的测试。认知模型[○]的优势在于其能够在经验的基础上进行动态学习，从而以与人类相似的方式适应新的输入、环境和任务，在从未遇到过且缺少数据的情境中对执行情况做出预测。在这方面，认知模型与机器学习等纯统计方法不同，因为后者通常只能根据已有的数据对稳定且长期的顺序依赖关系做出评价[○]，但是却无法解释人类认知能力中关于学习过程和短期顺序依赖关系的动态特点（Lebiere 等人，2003；West 和 Lebiere，2001）。

认知模型往往建立在一个认知架构之中。而认知架构则是认知能力统一理论的计算表征（Newell，1990）。它们表达了认知能力中不变的机制和结构，正如人脑所实现的那样。例如，在本文中将讨论到著名的 ACT-R 认知架构（Anderson 和 Lebiere，1998；Anderson 等人，2004），该架构是一个具有多个模块的分布式框架，每个模块专注于处理特定类型的信息，并通过一个中央生成系统模块对这些信息进行整合与协调。其中的中央生成系统模块表达了态势感知与决策制定的过程。态势感知和决策制定的认知模型，应该能够表达人类心理中观察、理解和预测的状态，这是做出选择和制定决策的先决条件（Gonzalez 等人，2006）。然而，要建立一个网空态势感知的认知模型，我们就需要对网空世界所涉及的特有认知挑战展开更多研究。

○　需要注意的是，当进行与认知架构相关的讨论时，"模型"与"代理"的区别是模糊的。一般来说，代理可以被设想为与环境相互影响的认知模型。
○　指顺序发生的一系列活动之间的依赖关系。——译者注

对网空态势感知的研究还处于早期阶段（Jajodia 等人，2010），因此需要大量的协同研究工作以确定物理世界中态势感知的哪些方面在怎样的程度上适用于网空世界。网空环境中的动态特性并不遵循物理定律，通常不受物理限制。例如，网空攻击所使用的，并不是我们能够看到、触摸到或者听到而且已具有既定心智模型的物理武器（枪、刀和炸弹）。网空攻击所使用的数字武器是人们大多无法直接觉察的，因而我们对其也通常不会有明显的直观感受。网空攻击也不会受到地理边界和政治边界的限制。相较于物理世界的战争，网空攻击可能是高度分布式的，这意味着攻击者可以从多个地点同时发动攻击，而且同一场网空攻击可以同时打击多个目标（Singer 和 Friedman，2014）。此外，网络空间是一个高度动态化的分布式系统，"在网络空间中一台你甚至不知道其存在的计算机出现了故障，就可以导致你的计算机无法使用"（Lamport，1987）。因此，在网络空间的舞台上，由观察、理解和预测三阶段组成的传统态势感知可能会展现出非常不同的含义。

本章旨在概述目前我们在理解网空世界认知需求方面所存在的知识差距；呈现为了表达和支撑网空安全领域态势感知及决策制定过程而面对的认知架构和计算方法挑战。下文将讨论在网空世界中获得态势感知和制定最佳决策所必须面对的一些特有挑战。随后的小节将提出并讨论的知识差距包括：**认知差距**，即缺少一个在认知架构下定义的网空态势感知理论模型；**决策差距**，体现在网络空间中的学习、经验累积和动态决策制定方面；**语义差距**，体现为缺少能够在安全界形成共同认识的一种通用语言和一套基本概念；**对抗差距**，尚未形成一种表述对抗行为的方法；**网络差距**，尚未将表述人类行为的模型扩大至表述复杂网络和网络空间战争。随后，我们将讨论用以支持分析师的已有技术、最新的网空态势感知和决策制定模型，以及基于这些模型所能够推导出的新研究方向。

5.2 网空世界的挑战及其对人类认知能力的影响

与物理世界相比，网空世界的决策者面临着许多独特的认知挑战。第一，分析师可用的数据量非常庞大而且高度多样化。造成这种情况的原因是相对低成本的数据（网络活动）收集方法，以及大量多样化的潜在数据源（每个网络节点，或可用作传感器的设备）。

第二，网空攻击可能以不同的形态出现，每种形态的攻击可能会针对网络的不同部分或网络中的不同服务。这样一来，表述一个攻击的数据可能存在于一个数据源中，或存在于几个数据源的组合中，但却不是以同一方式同一时间存在于所有的数据源中。因此，分析师需要花费更多的精力搜索信息并进行诊断分析，才能够达到态势感知的理解阶段。

　　第三，网空世界迅速且不断地变化着。在正常的日常运行中，维护网络设备、添加子网、服务变更或用户变更等都可能是合法的操作。然而，其实它们也有可能看起来像是因为攻击行为而造成的迹象。此外，网络行为的变化可能是突然且激烈的，并且是由内外部因素共同造成的。例如，一个零售商网络上的网络活动突然激增，可能是由临近的假期（外部因素）或零售商促销活动（内部因素）所造成的，但是当然也有可能是由网空攻击所造成的。

　　第四，分析师的网空态势感知高度依赖于来自传感器（网络监控设备、日志记录等）的信息。因为无法直接评估传感器的可靠性，所以分析师需要不断地确定他对传感器的信任水平，以及确定是否能够依赖来自于这些传感器的信息。例如，攻击者可能首先感染传感器来欺骗分析师，导致分析师错误地评估网空攻击之前和期间的网络状态。

　　第五，网空攻击是决定谁能够获取权利、财富和资源的数字化对抗方法。因此，除了个人层面的态势感知之外，网空世界的防御者们（分析师和最终用户）都需要具有对攻击者的感知。与防御者相比，攻击者有一个重要的优势：他们了解自己的攻击对象，并能够决定由谁在什么时候如何发起攻击。而在识别攻击来源、追溯归因和攻击目标方面，防御者则面临着诸多的困难。在网空世界中，要确定那些怀有恶意意图躲在计算机后面发起攻击的人的身份、组织从属和国籍等信息，是非常困难的。此外，防御者需要监控网络、识别威胁并修复每一个漏洞；而攻击者只需要找到一个可以利用的漏洞就可以达到目的。这个简化的观点凸显了防御者与攻击者在态势感知方面所存在的不对称关系。因此，防御者的网空态势感知必须包含对攻击者态势感知和攻击意图的了解。这在态势感知领域还不是一个众所周知的概念。人们已经对共享态势感知概念做了大量研究，共享态势感知是在团队成员之间进行协调与协作以使团队能够有效工作的基础要求（例如，Gorman 等人，2006；Saner 等人，2009）。共享态势感知表现为"在共同的态势感知要求下，团队成员拥有同一态势感知的程度"（Endsley 和 Jones，2001，第 48 页）。在非对抗环境中，团队成员对信息的要求的重叠部分，是共享态势感知的关键元素（Saner 等人，2009），但是在网空战争环境中能够成功使防御者和攻击者受到欺骗的信息差异、信息矛盾和信息分歧，则是作战人员最重要的武器之一。因此，需要形成对抗性态势感知的概念，以增强网空环境中的心智理论和心智理论的模型。

　　综上所述，鉴于网络世界所面对的挑战以及这些挑战对人类认知能力的上述影响，很显然用于表达和支撑分析师网空态势感知和决策制定过程的认知模型和计算方法还处在萌芽阶段。下一节将会评述一些表达和支撑网空态势感知以及检测网空攻击的已有技术。我们还将介绍旨在表述网空防御过程的 ACT-R 认知架构和认知模型。在这些描述中，我们将强调当前对这些方面的理解，并概述如何使用认知架构和认知模型来弥合存在的差距。

5.3 支持分析师检测入侵行为的技术

网空分析师主要负责审阅各种安全工具和网络流量分析工具产生的日志；他们根据检测到的入侵行为汇编信息并上报安全事件。鉴于上文所讨论的认知挑战（例如，通过网络传感器收集的大量原始数据；事件发生的速度和分析师工作负荷的可变性；网络中不同元素之间的复杂相互关系），当面对网空环境时，分析师从掌握碎片信息形成一致整体理解的能力会有所下降。在检测威胁和网空攻击的过程中，一种能够支撑网空态势感知和人类决策制定过程的重要技术是入侵检测系统（IDS）。IDS 是一种相对成熟的技术，它们广泛应用于不同的环境中，用以自动化地分析数据包，寻找潜在安全事件发生的迹象，并将这些信息提供给人类分析师。Bernardi 及其同事（2014）全面评述了基于 IDS 的方法和技术，这些方法和技术通常用于检测和防御入侵行为。IDS 及其衍生产品大多是基于规则的检测系统，这些系统需要建立在对网络中漏洞理解的基础上。Snort（http://www.snort.org/）可能是最众所周知的入侵检测系统：它是一个拥有数百万用户的开源软件，被视为代表数据包嗅探和实时流量分析的标准。Snort 的规则由一个活跃的开源社区支持，该社区不断地完善规则并提升该工具的能力。诸如 Bro（https://www.bro.org/）的其他开源工具则可以提供更快速的网络入侵检测能力，也逐渐得到了普及。其中，Bro 被开发为一个入侵检测的研究平台，通常在学术界的研究工作中得到应用。

分析师面对的一个主要挑战是：IDS 会产生大量的误报，而分析师必须从中识别出真实的威胁。应当将 IDS 与其他很多能够帮助分析师进行分析甄别的工具一同使用。特别值得关注的是，需要形成关联模型，并对 IDS 所标记可疑事件之间的关系进行预估，从而帮助分析师检测发现入侵模式、攻击路径和攻击者意图。广泛应用的攻击图，也能够着重体现出告警之间的相关性，从而更好地预测攻击者的意图。这些攻击图强调了网络组件和已知漏洞之间的依赖关系，能够向分析师提供更好的态势感知，帮助他们了解攻击在网内传播的可能方式。将攻击图与体现网络中资产之间依赖关系的依赖关系图结合起来，可以为分析师提供更有依据的决策制定过程（Albanese 等人，2011）。

支持分析师的网空态势感知的另一种方法，是使用能够过滤数据并实现可视化的计算辅助工具，从而帮助分析师防止"认知过载"情况的出现（Etoty 等人，2014）。正如 Erbacher（2012）在最近指出的，绝大多数最先进的辅助工具能够向网络分析师提供对网络拓扑结构中的网空事件进行关联的功能，从而帮助分析师理解低阶的网空事件（其中，"异常"就是一种违反了某些预定义约束条件并与先前所观察模式存在偏差的网空事件）。此类工具（例如，VisAlert：http://www.visalert.com/，NVisionIP：Lakkaraju 等人，2004）利用机器学习和信息融合技术，为网空分析师推断出有含义的结构化信息，但它们既不提供对数据的高阶表达（其中包括风险管理和任务处置敏捷性等概念），也不充当真正态势感知中独特的认知元素，如观察、注意、记忆、经验、推理能力、期望、置信度和性能等。因此，大多数已有的可视化工具的目标是使数据变得更易于理解，从而减轻分析师在观察阶段的压力。对于网空态势感知的理解和预测阶段，这些工具所提供的支持则比较少。此外，可视化方面存在的许多易犯问题，可能会导致分析师的态势感知出现偏差，因此分析师在对网络数据进行可视化分析时应认真注意这些问题（Tufte 和 Graves-Morris，1983）。例如，因为可视化强调显示了某些数据属性，可能导致分析师在决策过程中过多地考虑这些属性，而减少对其他相关属性的关注。

当需要对大量网络流量进行分析时，机器学习（ML）方法可以提供一种对 IDS 过程进行实例化的方法（Chauhan 等人，2011；Harshna，2013）。总体来说，机器学习分为两大类，即"分类"和"聚类"：前者的目的，是使用标注过的数据作为训练样本，将误报（被误分类为攻击的正常事件）和漏报（未检测到的攻击）的数量降到最低；后者的目的，是从数据集中提取出具有类似模式的聚类，从而创建出由某些适合的距离度量机制所区分的多个数据子集。聚类的主要优点是它不涉及任何训练过程，这反过来能够使在具有训练数据的数据集上进行分类变得更加有效⊖。而分类在跨不同场景时可复用性较低，而且对新出现情况的适应性也会较差。在用于入侵检测机器学习的分类技术方面，我们发现主要有归纳式规则生成（例如，Ripper 系统；Cohen，1995）、遗传算法、模糊逻辑、神经网络、基于免疫的技术以及支持向量机。在机器学习的聚类技术方面，基于贝叶斯估计（Bayes estimator）和马尔可夫模型（Markov model）的统计学方法，代表了最复杂的分析框架，能够以可变的时间标度和每台主机 / 服务的标度来计算模式。总体来看，机器学习工具可以非常有效地处理海量数据，并能够就网络状态提供有含义的洞察理解。然而，它们在对威胁进行检测时必须依赖于复杂的算法和计算密集型的处理过程。最终，分析师能够得到推荐的建议，但是不理解产生这些建议的处理过程细节。如果无法获得适当水平的态势感知，分析师就会因为信任自动化机制而产生各种认知偏差，最终给态势感知的理解和预测阶段带来负面影响。

支持分析师检测入侵行为的技术，对于分析师获得网空态势感知和制定决策而言是至关重要的。但是，为了开发一种考虑到分析师思维模式因素的适用技术，需要将分析师的认知过程和相关局限性体现在这种技术之中。接下来，将讨论 ACT-R 认知架构，以及基于实例的学习理论（IBLT）（Gonzalez 等人，2003），这种理论认为决策来自于动态任务的经验，而且最近已用于建立入侵检测过程的认知模型。

5.4　ACT-R 认知架构

认知架构是认知能力统一理论的计算化实例（Newell，1990）。它们能够表达认知能力

⊖　由于对缺少训练数据的数据集可以采用聚类处理，因此可以将分类处理专门应用于具有训练数据的数据集，从而提高分类的有效性。——译者注

中那些不变的机制和结构，正如在人脑所实现的那样。ACT-R 架构（Anderson 和 Lebiere，1998；Anderson 等人，2004）由一系列模块组成，每个模块专注于处理特定类型的信息，并通过一个中央生成系统模块对这些信息进行整合与协调（参见图 5-2）[⊖]。假设每个模块能够向与其关联的缓存存储信息并从缓存中获取信息，而且中央生成系统只能对缓存中的内容做出响应，且不能对各模块内部封装的处理过程做出响应。每个模块及与其关联的缓存都与大脑中特定区域的激活有关（Anderson，2007）。视觉模块及其缓存会追踪视域内的对象及其位置。手动模块及其缓存与对手部的控制有关。陈述性模块及其检索缓存与长期陈述性记忆的信息检索有关。目标缓存会在解决问题的过程中跟踪目标及系统内部状态，而想象缓存（未在图中显示）则会对问题信息进行跟踪。最后，程序性模块通过对其他模块之间的信息流转进行引导，以协调这些模块的活动。该模块被实现为一个生成系统，包括：对缓存内容进行模式匹配的组件，选择在某个时间触发单一产生规则的组件，以及通过将信息引导至各个模块的缓存从而触发这些模块活动的组件。

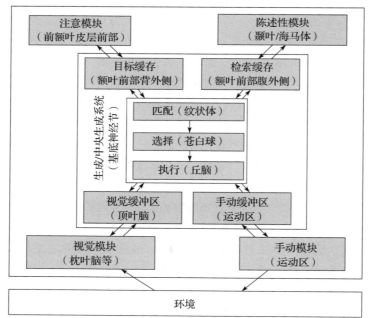

图 5-2　ACT-R 是一个产生式系统架构，具有多个对应于不同类型观察、行动和认知信息存储的模块。已发现这些模块对应于大脑中的各个特定区域。一个中心化的程序性模块负责同步来自和去向各个模块的信息

⊖ 认知任务的完成有赖于一系列生成规则的组合。生成规则是条件说明，即描述条件成立时发生的行为，有时也称作"条件 – 行为对"。生成规则的集合有时也简称为生成。（唐孝威，2011，《心智的定量研究》）。——译者注

　　陈述性模块和程序性模块分别存储并检索与陈述性知识和程序性知识相对应的信息。程序性知识包含我们通常在无意识情况下显现于行为中的各种隐式技能。生成规则表达了用于操控这些信息并解决问题的程序性知识，这些程序性知识的形式可以是设定的策略和基于经验的启发式过程。它们指定了在当前情境中表达和应用认知技能的程序性过程，从而对缓存中的信息进行检索和修改，并将信息传递给其他模块。虽然通过这些程序性过程可以为所面对的问题指定专家解决方案，但一般来说，如果要达到专家级的执行水平，至少需要在相关的最复杂领域中数千小时的工作经验。相反，对任务执行进行建模时，常用的假设是：假定个人需要依靠从陈述性记忆中直接识别出或回忆起相关的经验，来指导对问题的解决；如果无法做到，就需要回退到非常基础的启发式问题解决方法。这种"计算 vs 检索"的处理过程是用于构建 ACT-R 模型的通用设计模式（Taatgen 等人，2006）。例如，在网空安全方面，新手分析师要煞费苦心地应用程序性过程来判断是否有新的入侵，而专家分析师则可以轻松地识别出模式并做出快速判断。

　　陈述性知识是指人们可以关注处理、反复思考以及通常能够以某种方式（例如，通过口头或手势进行陈述）进行陈述的显式知识。ACT-R 中的陈述性知识，可以形式化地表达为知识组块。知识组块表现为记忆区插槽及其关联取值的结构化集合，而这些知识组块又可以组成其他的知识组块，从而能够形成复杂的层级化表现方式。陈述性记忆模块中的知识组块，对应于存储着模型中长时经验的情景知识和语义知识。知识组块通常能够将在某一特定时间点的共同上下文背景中的可用信息整合至单个表述结构。通过反映环境统计数据的激活过程（参见表 5-1 的详细公式），可以从长时陈述性记忆中检索得到知识组块（Anderson，1993）。每个知识组块都有可以反映其出现的新近性和频率的基础激活水平，这体现了人类行为中普遍存在的练习与遗忘的幂次定律。从目标缓存和想象缓存中的当前注意力焦点开始，通过陈述性记忆中知识组块之间的联系进行激活扩散，这解释了联想启动效应[⊖]等现象，而其中上下文在获取信息的过程中起着隐式的作用。这些知识组块之间的联系建立在经验的基础上，它们反映了在认知加工过程中组块是如何共现的。从一个认知结构到另一个认知结构的激活扩散，是由原认知结构的注意力焦点的权重，以及原认知结构与其他认知结构之间的相关强度，所共同决定的。使用部分匹配机制，能够将知识组块与检索缓存中指定的期望模式进行比对。在部分匹配机制中，需要从激活（称为相似度）中减去与期望模式的不匹配程度。要将期望模式的每个部分与相对应组块的每一个值进行比较，并采用一个不匹配惩罚因子对结果进行加权叠加。这种能够对信息进行部分匹配的能力，使我们能够应对不断变化的、近似性的以及概率性的环境。最后，将噪声添加到组块激活过程中，使得检索成为一个受 Boltzmann（softmax）

　　⊖　启动效应，是指由于之前受某一激活的影响而使得之后对同一激活的提取和加工变得容易的心理现象。——译者注

分布控制的概率过程，进而体现了人类认知的概率性。虽然通常会检索到最活跃的组块，但混合过程（Lebiere，1999）同样适用；该过程会返回一个通过推导得到的输出，这个输出的共识值反映了所有组块内容取值之间的相似性，这些相似性由它们的激活和部分匹配得分所决定的检索概率进行加权。这种混合过程通常在 IBLT（基于实例的学习理论）（Gonzalez，2013；Gonzalez 和 Dutt，2011；Gonzalez 等人，2003）所提出的连续域中被用作决策制定的约束方法，这些内容将在下面介绍。

表 5-1   ACT-R 架构中的激活机制

机制	公式	描述
激活	$A_i = B_i + S_i + P_i - \varepsilon_i$	B_i：基础激活水平反映组块 i 被使用的时间新近性和频率 S_i：扩散激活反映了缓存内容对检索过程的影响 P_i：部分匹配反映了组块与请求的匹配程度 ε_i：噪声值包含了临时与（可选的）永久两部分（在集成模型中未使用永久部分的噪声值）
基础水平	$B_i = \ln\left(\sum_{j=1}^{n} t_j^{-d}\right) + \beta_i$	n：组块 i 出现的次数 t_j：第 j 次出现以来的时间 d：衰减率（集成模型中未使用的） β_i：偏移常数（集成模型中未使用的）
扩散激活	$S_i = \sum_k \sum_j W_{kj} S_{ji}$	k：模型中所有缓存的权重求和 j：缓存 k 里记忆区插槽中的组块权重 W_{kj}：缓存 k 中来源 j 的激活量 S_{ji}：从来源 j 到组块 i 的相关强度
	$S_{ji} = S - \ln(\mathrm{fan}_{ji})$	S：最大相关强度（在模型中设置为 4） fan_{ji}：对有多少与组块 j 相关的组块的计量
部分匹配	$P_i = \sum_k PM_{ki}$	P：可以反映相似度权重的匹配放大参数（设置为 2） M_{ki}：检索要求中的值 k 与组块 i 中对应插槽的关联值之间的相似度 默认范围为 0 到 –1，0 即最相似，–1 表示差异最大
陈述检索	$P_i = \dfrac{e^{A_i/s}}{\sum_j e^{A_j/s}}$	P_i：组块 i 被唤起的可能性 A_i：组块 i 的激活强度 $\sum A_j$：所有符合条件的组块 j 的激活强度 s：组块的激活噪声
混合检索	$V = \min \sum_i P_i \cdot \left(1 - \mathrm{Sim}(V, V_i)\right)^2$	P_i：从陈述性记忆中被检索的可能性 Sim_{ij}：妥协值 j 和真实值 i 之间的相似度

5.5   基于实例的学习理论和认知模型

有一个源自基于实例的学习理论（IBLT）（Gonzalez 等人，2003）的观点：学习者拥有一种通用机制，可以将"情境 – 决策 – 效用"三元组存储在组块中，并在之后进行检索作为未来决策的泛化解决方案。IBLT 理论认为决策来自于动态任务的经验。最近，提出了一个衍生自 IBLT 的简单认知模型理论，以表达个体的学习过程，并且对重复的二元选择任务中的选择行为（Gonzalez 和 Dutt，2011；Lejarraga 等人，2012）进行重现。这种模型能够对大量多样化的任务条件和环境条件的选择过程和学习过程做出可靠的解释（更多信息请参见 Gonzalez，2013）。其最大的优势在于提供了一种单一的学习机制，以解释在多种范式和决策任务中所观察到的行为（更多信息请参见 Gonzalez，2013）。然而，Gonzalez 及其同事（2003）认为 IBLT 的优势在于该理论可以对诸如网空安全等复杂动态状况下所做的决策进行解释。出于将简单的二元选择模型扩展至想要用 IBLT 解释的复杂动态任务类型的目的，Gonzalez 及其同事使用二元选择的认知模型来表示网空安全的检测过程。

Dutt 等人（2011）提出了一个用于研究网空态势感知的 IBL 模型。该模型所代表的网空安全分析师认知过程，包含对计算机网络的监控以及对跳岛式简单网空攻击⊖等恶意网络事件的检测。在该模型中，存在一个模拟的分析师，在该分析师的记忆中预先添加了多个可能发生的网络事件的实例，其中包括定义网络事件的一系列属性（例如，IP 地址，IDS 是否发出告警等）。在实例中还包括分析师对于属性的特定组合所做出的决策，也就是说分析师会决定某一事件（即一系列属性及取值）所描述的网络活动是否为恶意。最后，实例中还存储了该决策的结果，以指明该事件最终是否表征了恶意的网络活动。通过对分析师记忆的表征进行控制，调整其中代表恶意网络活动的实例数量，可以实现对模拟分析师的态势感知的操控能力。例如，一位非常有选择性地进行记忆的分析师的记忆中包含了 75% 的恶意实例和 25% 的非恶意实例，而较无选择性地进行记忆的分析师的记忆中包含了 25% 的恶意实例和 75% 的非恶意实例。当对一个新的网络事件是否为恶意网络活动的一部分做出决策判断时，该模型会依据认知判断机制从记忆中检索出类似的实例。通过判断的过程，模拟分析师积累了可以指明网空攻击是否存在的证据。该模型的风险容忍度参数控制着这个累积过程。在该模型中，会持续将所检测到的恶意网络事件的数量与分析师的风险容忍度进行比较，一旦恶意事件的数量等于或高于风险容忍度，分析师就会做出判断：目前发生了网空攻击。因此，风险容忍度的作用，就是作为积累证据和承受风险的阈值。

通过模拟不同的网空分析师得到的结果表明，分析师的风险容忍度级别和过往经验都会影响分析师的网空态势感知，而且（在记忆中的）经验的影响大于风险容忍度层面的影响。该研究成果也重点强调了需要对敌对方行为进行建模，并比较攻击者采取有耐心策略和无耐心策略时分别会对防御者的表现带来怎样的影响。攻击者采取有耐心的策略时，会使威胁在经过较长延迟后才在网络上（再次）出现，从而给安全分析师带来挑战，

⊖ 跳岛（island-hopping）是一个军事术语，指美军在二战中采取绕过主要岛屿进行占领的策略。在网空领域，可以理解为常见的"跳板攻击"。——译者注

削弱其检测发现威胁的能力。因此，认知模型能够体现出这一现象：对模拟网空安全分析师来说，某些攻击模式比另一些攻击模式更具有挑战性。

5.6 在理解网空认知需求方面的研究差距

在多个研究方向上都需要取得进一步的进展，才能让认知模型变得实用，使其更有效地表达和支撑网空安全分析师的工作。基于上述的技术现状，我们总结出在网空认知需求理解方面所存在的五大差距。

5.6.1 认知差距：将认知架构机制映射至网空态势感知

诸如 ACT-R 的认知架构的通用加工过程，可以系统化地映射至网空态势感知的概念，这样就可以将不同层次的态势感知关联至具体的认知机制。这种映射不会采用在网空态势感知概念和认知模块之间一一对应的形式，而是将这些概念映射至建模惯用语（idiom），其中这些建模惯用语影响着采用了共同模式的多个模块。第 1 级网空态势感知，对应着从环境直接获取信息所涉及的过程。态势感知的观察层级，与 ACT-R 认知架构的观察模块（包括视觉和听觉模块）直接相关。然而，这些模块不能单独运行，而要通过程序性模块进行直接监督和控制才能得以运行。注意力是能够在认知模块（包括观察模块）中的有限处理资源与复杂开放式外部世界所产生的大量需求之间进行协调的基础构造。注意焦点可以用于将复杂的外部场景（例如复杂的网空安全显示）分解成可以由我们的观察系统直接处理的简单组成部分。

ACT-R 模型（Anderson 等人，2004）中典型的观察控制流程采用自上向下的方式。虽然注意力可以被环境中的外部事件所引导，但在网空安全这样典型的信息丰富环境中，要有效地执行复杂的任务，就需要以结构化的方式对信息进行以目标为导向的观察。因此，观察的第一步是请求得到一个与具体情况匹配的位置[⊖]。如果用户对环境足够熟悉，并且环境足够稳定，那么这个位置应该是已知的，在这种情况下可以通过对陈述性记忆进行检索得到位置。否则，如果已经基于充足经验通过生成编辑（production compilation）将知识转化为技能[⊖]，位置将可以直接由生成规则提供。如果经验不足，则不得不通过对环境进行搜索以匹配指定的条件，从而确定位置。一旦得到了位置信息，将该信息提供给视觉缓存，以在视觉模块中触发对视野范围的加工处理。这将导致表示在此位置所识别到的对象的组块被返回至同一视觉缓存。然后，该组块将被传送至包含

⊖ 在本章的讨论中，将聚焦于视觉注意力，然而同样的原则也适用于诸如听觉观察模块的其他观察模块。

⊖ 这里的编辑过程包含程序化和合成两个子过程：程序化子过程将陈述性知识变成"条件"，将执行的操作变成生成的"活动"部分；合成子过程将一系列相关的生成聚合成一个更大的生成，以更快的速度实现一系列小生成的操作效果。（唐孝威，2011，《心智的定量研究》）。——译者注

有当前情境表征的想象缓存，这是理解过程的起始点。因此，在网空态势感知的上下文里，该阶段对应于认知模型对来源和目的 IP 地址、协议类型和网络其他属性进行检索和编码的过程。理解对应于第 2 级网空态势感知，它将对所观察情境产生语义表述，这个认知加工过程的产物就是意义构建（Klein 等人，2006a）。根据 Klein 等人（2006b）的研究成果，意义构建是使用称为框架的心智表征将具象情境映射至泛化情境的抽象过程，其中框架对应着世界的结构化概念模型。Lebiere 等人（2013）描述了意义构建与 IBLT 是如何兼容的，更具体地说，描述了如何将框架映射至在该过程中用于表达情境的组块。例如，在地理空间情报领域，框架对应于输入数据中的模式，将来自独立传感器的多层信息聚合起来，并将其与具体的假设关联在一起。因此，"理解"对应于将所观察到的信息逐渐聚合至层级化组块的过程，其中这些组块形成了整合的框架。下一节将论证：通过将 ACT-R 模型中的陈述性组块映射至具有高度表达能力的语义结构，并由此语义结构形式化地定义封装于框架中的概念模型，"本体模型"能够增强第 2 级网空态势感知。回到网空态势感知和检测发现过程，在此理解阶段，需要对观察阶段所获得的 IP 地址进行归类，这些类别可以反映 IP 地址是在被监视网络的内部还是外部。此类推理也可以将某个事件（例如，IDS 告警）和该事件发生的原因（例如，与某一通信协议的最大开放连接数相关的 IDS 规则）进行关联，从而为所观察到的行为产生一个假设，以驱动进一步的调查。第 3 级网空态势感知对应于预测的过程，或者说是对系统的未来状态产生预期的过程。这些系统状态的变化，可能由决策者的行为所导致，可能由对手或队友的行为所导致，也可能由系统其他独立部分的变化所导致。如果要参考过往行动的结果反馈来评价潜在行为的效应，预测是必不可少的。由于许多网空安全的互动过程从根本上来看是对抗性的，因此必须能够对敌对方的未来行动（包括独立的行动，以及敌对方根据其决策做出的响应行动）形成预期。最后，由于诸如系统用户的第三方的行为也会对安全措施的结果产生影响，因此形成对第三方行为的预期，对于预测未来系统状态并实现有效系统控制来说是至关重要的。从网空态势感知的角度来看，在观察到 IDS 告警并且理解到告警是由开放连接数量限制规则所触发之后，就可以进入预测阶段了。当打开的连接数超过限制时，可以通过预测来评估这是由于服务需求临时剧增导致的良性情况，还是预示着发生了网空攻击的恶性情况。为了做出这样的决策判断，需要整合可从环境中显式观察和理解到的附加信息（例如，网络连接的源 IP 地址），还需要考虑到相关的隐式信息（例如，如果打开的连接持续增加，可能对网络造成的影响）。

5.6.2　语义差距：整合认知架构与网空安全本体模型

在前文所述的模型中，由建模者自己直接指定所表达的语义。为了在认知架构中实现全面的推理能力，这些系统需要包含"与现实世界的对象和过程相对应的可复用的陈述性表达"（McCarthy，1980）。同理，认知架构必须提供一种可以表达世界中实体的方法（Sowa，1984），即"本体"[⊖]。本体是一种语言相关的认知产物，它通过借助给定的语言[⊜]在一定程度上将世界概念化（Guarino，1998）。因此，从广义上讲，本体模型对应着世界（或世界的一部分，例如"领域"）的语义模型：用自然语言简单地描述该模型时，本体就简化成为字典、叙词表或专业术语；当使用公理理论（例如使用一阶逻辑）表达该模型时，则称为形式化本体模型。最终，如果逻辑约束被编码成为可机读的格式，则形式化本体模型就变成计算化本体模型，并在事实上成为语义技术家族的一部分，而此类语义技术包括搜索引擎、自动推理器和基于知识的平台等。在诸如 ACT-R 的认知架构上下文中，计算化本体模型可用于对陈述性记忆中所存储的知识组块进行语义扩展。虽然在完成相对狭义的认知任务时 ACT-R 模型通常不需要这些语义扩展，但是在诸如网空操作的复杂场景中进行处理并做出决策时，陈述性记忆应该能够包含广泛的概念，包括网空安全政策、风险、攻击行动、系统功能、人员责任、用户的特权等概念分类，以及它们之间的相互关联。在对 ACT-R 认知架构的范围进行扩展方面，对认知架构的前沿研究已经朝着将本体模型（Cyc，Lenat 等人，1985）映射至陈述性记忆（Ball 等人，2004；Best 等人，2010；Emond，2006）的方向发展。其不仅用于增强领域中可用知识的表达"能力"，还用于增强自动推导的功能，这也有助于增强网空态势感知中的"理解"层级。在这方面，本体模型在认知架构中的作用为：1）形式化地表达在长时记忆中对情境（框架）概念模型进行描绘的知识组块；2）促进某些认知任务的自动化，"通过采用可以克服注意力局限性的机制，极大地提升态势感知"，并改进决策制定的过程。

关于网空安全和网空战的本体模型的学术成果一直少有见到。Undercoffer 等人（2003）曾对 IDS 的本体模型进行了讨论；Kotenko 曾经在一篇涉及更广泛内容的学术论文（Kotenko，2005）中简要地讨论了 DDoS 攻击的本体模型；D'Amico 等人（2009）讨论了网空战的通用本体模型。Obrst 等人（2012）对网空战本体模型进行了最简要的概述，Dipert（2013）则对其项目的规模及其难度进行了讨论。就个人用户和人机交互界面而言，理解一个复杂的新领域，最重要的一步在于对实体和现象形成易于理解的定义和分类。Mundie（2013）在谈论 Jason Report（MITR Corporation，2010）时强调了这一点。对网空战争的论述，往往始于因术语滥用（例如，将网络间谍活动描述为"攻击"）而造成的困境。美军参谋长联席会议制定了一份保密版的网络术语定义清单（美国国防

⊖ 这是 AI 领域使用"本体"一词的起源。本体是一种关于"存在本身的研究"——如亚里士多德所定义的——是一门哲学学科。

⊜ 对于二者的区分，Guarino 将"本体"视为一门学科（字母'O'大写），"本体模型"作为工程认知产物。

部下属联合参谋部，2010），对已有的术语清单做出了进一步的补充和完善。然而，所有的这些定义都未以 OWL 格式（Staab 和 Studer，2003）或其他任何的计算化语义格式进行编码，这使得它们难以被计算机所理解。同样，各类机构和公司（NIST、MITRE、Verizon）已制定了恶意软件类型、漏洞和利用工具的枚举列表，有时还采用基于 XML 的语义格式；但如果常用词汇表的表述都不统一，那么分散在多个不兼容的大型数据库中并且使用杂乱无序的英语描述的信息，更是无法被计算机所直接理解，而且也几乎无法维护。在开发网空安全和网空战的计算化本体模型方面，已有的工作都未能在任何已有的标准框架中开展，也未能参考利用已有的军事领域本体模型。例如，UCORE-SL 就是一个已有的军事领域本体模型，定义了诸如"作战实体""组织""制品"和"武器"的概念。

　　由于普遍存在这一缺陷，为了填补"语义差距"所需要展开的首要并且最有用的工作任务之一，就是收集当前主要分散于各个本体模型、受控词汇表、理论学说和其他文献资源中对关键网空安全概念的定义，并将其融合至一个同质的计算化本体模型中。作为第二步，需要在网空行动的决策制定认知模型中，动态地验证这个网空安全本体模型的能力。

5.6.3　决策差距：体现在网空世界中的学习、经验累积和动态决策制定方面

　　鉴于网空环境的复杂性与多变性，向决策者提供支持决策制定过程的工具，并向其提供对网空世界的复杂动态性进行管理所需的洞察能力，已经成为一个持续不断的工作。为了获得和保持态势感知，经常需要决策者在高度动态化的环境中制定多个相互关联的决策。动态的决策制定过程，要求能够理解多个相互关联的属性，并具备对网络环境随时间推移而发展变化的情况做出预测的能力。只有制定正确的决策并及时采取适当的行动，才能实现决策价值的最大化（Brehmer，1992；Edwards，1962；Gonzalez，2005；Gonzalez 等人，2005）。

　　对网空安全中的人类决策过程建模，凸显出网空态势感知的一些重要方面，这些方面需要得到认知模型的解释。例如，存在不确定性的情况下进行模式识别，代表了防御者试图在攻击者的行动序列中找出模式，从而对攻击者的下一次行动进行预测，并执行最佳的响应行动。然而，如果攻击者察觉到防御者试图发现行动的顺序依赖关系，他就有可能采取应对的行动路径——不断变化恶意操作并利用变化后的顺序依赖关系来迷惑防御者。ACT-R（Anderson 和 Lebiere，1998，2003）认知架构中的认知模型，以及神经网络（West 和 Lebiere，2001），能够解释人类对顺序依赖关系进行检测的能力，并在策略相互作用的过程中，使用观察到的序列来预测对手最有可能采取的下一步行动。通过模型中神经系统的复杂性，可以基于这些模型实现一些防御性的欺骗和自我保护措施，

能够让防御者的行为变得不那么可预测，从而抵消对手利用改变行为模式而造成的迷惑。同样，从 ACT-R 和 IBLT 等模型衍生出来的认知模型，也提供了从经验中进行学习的能力，以及在全新决策情境中利用以往经验的能力。

人类决策者将同一认知系统用于多种多样的决策任务。底层的认知系统代表着一种已在各种情境和条件下进化成的尽可能高效的多功能机制（West 等人，2006）。认知架构同样具有灵活性和多样化特点，可以有效地表达和体现人类在网空安全方面的决策制定过程。然而，我们仍需不断努力来对这些架构所使用的对网络环境的形式化表达进行维护和更新。这一要求强调了，认知架构需要形成更好且更有效的观察模型以及信息编码模型。为了让认知架构能够在未来网空安全行动中承担有意义的角色，主要有两方面需加强：首先是实现人类自适应能力所需的灵活推理能力；其次是在动态环境中对信息进行搜索、检测和编码的主动且高效的观察过程。

5.6.4　对抗差距：体现在对抗性的网空态势感知和决策制定方面

认知架构提供了丰富且灵活的建模环境。基于这些架构，可以生成表述分析师决策制定过程、态势感知以及敌对方的模型。对于敌我双方的模型，我们都需要确定其知识库、学习过程和决策制定过程。而且，分析师和对手在确定的环境（例如，网空世界）中进行互动的模型，决定了在模型中可选择的一系列潜在行动。因此，有必要确定多个认知模型之间可能的交互作用。除了确定可能的交互作用之外，还需要确定模型需要以什么方式接收哪些类型的联合决策过程结果反馈。在对动态系统的决策和学习过程进行建模研究时，延迟反馈、不完整反馈或不完善反馈等问题都非常重要。因此，需要一套能够将分析师、攻击者以及他们互动所需的环境结合起来的全面的形式化表达。在涉及两个或多个实体在明确定义的环境中参与互动的方面，博弈论已成功地用于体现此类复杂和动态化情境的本质。我们认为：将博弈论观点和认知建模结合在一起，对网空世界中实体间的互动，能够形成一个受控但仍具备生态有效性的表达，并成为研究网空态势感知的有力框架。

博弈论已被普遍作为对社会困境和冲突情境下的决策制定进行描述和分析的有效方法。斯塔克尔伯格博弈已被用于对机场安检中防御者和攻击者的策略进行建模和表达，并用于优化在敏感环境中的资源配置（Pita 等人，2008）。类似地，博弈论也被用于网空安全决策制定方面（Alpcan 和 Baar，2011；Grossklags 等人，2008；Lye 和 Wing，2005；Manshaei 等人，2013；Roy 等人，2010）。然而，大多数的博弈论理论方法在应用于安全领域时仍然存在着一些局限性，而且这些理论要么假设博弈模型是静态的，要么就假设博弈中的信息是完善或完整的（Roy 等人，2010）。在某种程度上，这些假设都未能正确地体现出网空安全上下文环境中的真实情况，因为情境是高度动态化的，而且决策者只能依靠不完善和不完整的信息。为了克服这一问题，最近有研究尝试将博弈论应用于安全方面以解释人类行为体（特别是人类对手）的有限理性现象（Pita 等人，2012）。然而，这种方法和其他博弈理论方法，仍无法完全解决诸如记忆和学习等驱动着人类决策过程的认知机制，也无法完全对能力和次优偏差等人类行为在基本原理上做出预测。

行为博弈论通过对人类决策者以及他们在涉及多个决策者的策略情境中如何展开互动进行研究，从而放宽了一些博弈论的限制（Camerer，2003）。使用行为博弈论，可能可以解决博弈论方法所带来的一些限制，并研究从经验中的学习以及对环境的适应，将如何对网空安全中的决策制定和风险承担产生影响（Gonzalez，2013）。

如上所述，已证明 ACT-R 和 IBLT 有助于研究个人在学习过程与决策过程之间的相互作用。有一个持续的努力，是将认知模型拓展至研究在社会冲突下两个或多个决策者之间的相互作用，这些社会冲突包括"囚徒困境"（Gonzalez 等人，2014）和"斗鸡博弈"（Oltramari 等人，2013）。然而，将人类认知能力模型和态势感知模型，拓展至涉及超过两个参与实体的情况时，仍然存在挑战（Gonzalez，2013）。在态势感知的所有层面都涉及一个重要问题，即对其他实体的信息可获得性。最近，认知模型已经延展至研究信息的可获得性方面，以及用于研究信息来源将如何影响决策和学习的过程。

近期的学术成果也研究了描述性和实验性信息的可获得性将如何影响社会困境中的互动（Martin 等人，2013；Oltramari 等人，2013）。这些研究的主要发现表明：协作需要信息，而缺乏信息的情况会促使决策者倾向于利用另一个决策者。另一个相关发现则与信任及信任在协作行为中所扮演的角色有关，这表明决策者会根据意外情况（即预期或预测与所观察到结果之间的差距）来动态地衡量合作伙伴的信息。考虑到决策过程中意外情况并把描述性和实验性信息结合起来的学习模型，可以体现出冲突情境下两个决策者之间进行迭代式互动的复杂动态（Gonzalez 等人，2014；Ben-Asher 等人，2013）。总之，这些发现强调了：信息和认知过程之间的相互作用对于实现态势感知并最终做出决策是非常重要的。

5.6.5　网络差距：处理复杂网络和网空战

网空战是传统的攻击者 – 防御者概念的延伸，涉及多个参与方（可以是个人、国家支持的机构，甚至国家本身）通过计算机网络同时展开攻击性和防御性行动。在网空战中，多个参与方能够以合作方式同时针对目标展开攻击。另外，任何防御方也可能会被多个敌人攻击，并且最终可能会同时扮演攻击者和防御者的角色。

在网空战中，会有多个决策者同时制定决策，这导致很难对网空战的动态进行预测。在这样的环境中，实现和保持态势感知是至关重要的，但同时也是充满挑战的。由于存在多参与方同时在环境中展开行动的事实情况，这意味着决策者必须在不同的层级保持态势感知。决策者必须进行观察、理解和预测，不仅需要覆盖其直接涉及自身参与方的互动，还需要覆盖在其他参与方之间但不直接涉及决策者的互动，以及覆盖在环境层面汇总的总体态势感知。将态势感知认知模型从二元视角（一个分析师和一个对手），扩展至大量参与方以网络化方式同时进行交互的环境所需的态势感知，需要仔细考量和分析环境属性及其与态势感知的关系。例如，将涉及网空冲突的各参与方连接在一起的网络拓扑结构广泛地影响着信息的可获得性、信息的可信度以及信息的传播。

为了支持在大规模网空冲突中的态势感知和决策制定，可以将多个认知模型用网络连接起来进行模拟，以做出预测并回答假设的问题。类似地，将多个认知模型和决策人员结合起来进行模拟，可以训练人员在网空冲突中获得和保持态势感知。最近，人们开始逐渐关注与网空战具有相似性（Kennedy 等人，2010；Hazon 等人，2011）的 N-Player 社会冲突模式。同时，也有通过多参与实体建模（例如，Kotenko，2005，2007）对网空攻击和网空战进行研究的尝试。然而，许多模型使用策略代理，而不是认知模型。此类策略代理被设计为执行一个最佳的策略，而不能够从经验中学习到最优的策略；因此不仅不能模拟态势感知、人类学习和决策机制，也无法从根本上应对网空战中通常遇到的动态化易变情境的问题。

网空战博弈（Ben-Asher 和 Gonzalez，2014）是一个多参与方的框架，旨在体现网空战环境以及决策者方面的动态性以及一些特征。该模型受到多玩家（N-Player）模型（Hazon 等人，2011）的启发。考虑到网空战和网空冲突的重要方面，网空战博弈引入了两个相关的概念来描述参与方：实力和资产。在网空战的背景下，实力代表着成功实现目标的能力，对防御者来说是阻断攻击的能力，而对攻击者来说是实现恶意目标的能力。实力可以被看作网空安全基础设施稳健性的表达，可能与网空安全的投入具有函数关系。资产既是对防御者试图保护的一个抽象，也是对攻击者想要获得的事物的一个抽象。总的来说，资产是建立防御系统和攻击系统的动力，自利的资产最大化是这个环境中所有决策者的共同目标。实力则代表了这些系统实现这一目标的潜力。

在这个范例中，如图 5-3 所示，几个参与方同时互相攻击对方，或对攻击进行防御。因此，在博弈中参与方不会被指定为攻击者或防御者，而是自己确定所要扮演的角色。而且，这类似于在网络上的分布式攻击，还包含了可以将实力分配在多个目标之间的想法。参与方需要态势感知和学习过程来识别谁可能在尝试攻击，以及谁可能是有价值的攻击目标。如图 5-3 所示，参与方 1 和参与方 3 可能会攻击参与方 2，因为她最弱。然而，如果参与方 1 将自己所有的力量都投入攻击中，而不防御参与方 3，那么参与方 3 可以利用这一点，集中攻击资产价值最高的参与方 1。是否攻击对手的决策，并不是直截了当的，因为参与方必须考虑攻击成本、防御成本、攻击严重性（即攻击成功能获得对手多少比例的资产）和防御有效性等更多方面。像网空战博弈这样的框架让我们能够在行动层面（攻击谁和防御谁）、战术层面和战略层面（与谁联盟）对态势感知的角色进行研究。

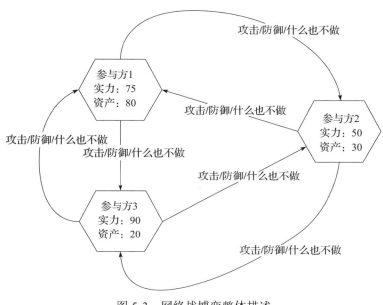

图 5-3　网络战博弈整体描述

5.7　小结

人类的认知能力是我们理解网空世界挑战的核心。网空安全是一个非常复杂的领域，它延展并挑战了许多态势感知和决策制定方面的理论和概念。当前的态势感知理论是面向物质世界而发展的，因此仍需研究以确定我们目前对态势感知所了解的知识，是否能够以及有多少能够适用于网空安全。入侵检测（防止网络遭受非法入侵）的过程阐述了网空安全所涉及的挑战，以及将信息技术与人类态势感知计算表征进行整合的需求。认知模型是在形成态势感知和加工处理信息以支持决策制定时所涉及认知结构与认知机制的动态化适应性计算表征。认知模型与诸如机器学习的纯统计方法不同。纯统计方法通常只能基于现有数据对稳定的长时顺序依赖关系进行评估，但不能解释包括学习过程的人类认知动态性。入侵检测系统（IDS）是支持网空态势感知和决策制定的重要技术。其他辅助工具大多面向网络分析师提供对网络拓扑结构中网空事件进行关联的功能，从而帮助分析师理解低阶的网空事件。大多数现有的可视化工具的目标是使数据更易于被分析人员理解，并减轻观察阶段的一些工作难度。此类工具对网空态势感知理解和预测阶段的支持较少。机器学习方法可以提供一种将 IDS 过程实例化的方法，机器学习通常可分为两大类，即"分类"和"聚类"。最终，分析师能够得到推荐建议，但是却不理解生成这些建议的过程细节。如果没有获得适当水平的态势感知能力，分析师就会因为对自动化机制的信任而产生各种认知偏差，最终给态势感知的理解和预测阶段带来负面影响。为了建立能够解释分析师思维方式的适应性技术，必须在认知模型中表达分析师的认知过程和局限性。认知模型通常建立在认知架构内。认知架构是认知能力的统一理论的计算化表达，其中 ACT-R 架构就是一个认知架构的示例。IBLT 理论认为决策来自于动态任务的经验；IBLT 的优势在于能够解释在诸如网空安全的复杂动态情境下的决策问题。

　　研究网空态势感知的 IBL 模型，表达了一个网空安全分析师的认知过程，该分析师需要监控计算机网络并检测出包含跳岛式网空攻击的恶意网络事件。当确定新的网络事件是否是恶意网络活动的一部分时，该模型根据认知判断机制从记忆中检索出类似的实例。该模型说明了分析师的风险容忍度和过去经验会如何对分析师的网空态势感知产生影响。在网空认知需求理解方面，当前存在以下知识差距：认知差距，即缺少一个在认知架构框架中的网空态势感知理论模型；决策差距，体现在网络空间中的学习、经验累积和动态决策制定方面；语义差距，体现为缺少能够在安全界形成共同认识的一种通用语言和一套基本概念；对抗差距，需要发展出表达对抗行为的方法；网络差距，需要将人类行为模型扩展到复杂网络和网空冲突表达等方面。总而言之，这些差距描述为新的研究方向呈现了路线图，也呈现了能够支持分析师网空态势感知和决策过程的认知感知开发路线图。

参考文献

Albanese M, Jajodia S, Pugliese A, Subrahmanian VS (2011) Scalable analysis of attack scenarios. In: Atluri V, Diaz C (eds.) Lecture notes in computer science, vol. 6879. Springer-Verlag, Berlin, p 415-433

Alpcan T, Basar T (2011) Network security: A decision and game-theoretic approach. Cambridge University Press, New York

Anderson JR (1993) Rules of the mind. Lawrence Erlbaum Associates, Hillsdale, NJ

Anderson JR (2007) How can the human mind occur in the physical universe? Oxford University Press, Oxford

Anderson JR, Bothell D, Byrne MD, Douglass S, Lebiere C, Qin Y (2004) An integrated theory of the mind. Psych Rev 111(4):1036-1060

Anderson JR, Lebiere C (1998) The atomic components of thought. Lawrence Erlbaum Associates, Hillsdale

Anderson JR, Lebiere C (2003) The Newell test for a theory of cognition. Behav Brain Sci 26(5):587-639

Ball J, Rodgers S, Gluck K (2004) Integrating ACT-R and Cyc in a large-scale model of language comprehension for use in intelligent agents. In: Proceedings of the nineteenth national conference on artificial intelligence. AAAI Press, Menlo Park, p 19-25

Ben-Asher N, Dutt V, Gonzalez C (2013). Accounting for integration of descriptive and experiential information in a repeated prisoner's dilemma using an instance-based learning model. In:

Kennedy B, Reitter D, Amant RS (eds) Proceedings of the 22nd annual conference on behavior representation in modeling and simulation. BRIMS Society, Ottawa

Ben-Asher N, Gonzalez C (2014) CyberWar Game: A Paradigm for Understanding New Challenges of Cyber War (Under Review)

Bernardi P, McLaughlin K, Yang Y, Sezer S (2014) Intrusion detection systems for critical infrastructure. In: Pathan A-SK (ed) The state of the art in intrusion prevention and detection. CRC Press, Boca Raton, p 115-138

Best BJ, Gerhart N, Lebiere C (2010) Extracting the ontological structure of OpenCyc for reuse and portability of cognitive models. In: Proceedings of the 19th conference on behavior representation in modeling and simulation. Curran Associates, Red Hook, p 90-96

Brehmer B (1992) Dynamic decision making: Human control of complex systems. Acta Psychol 81(3):211-241

Camerer CF (2003) Behavioral game theory: Experiments in strategic interaction. Princeton University Press, Princeton

Chauhan A, Mishra G, Kumar G (2011) Survey on data mining techniques in intrusion detection. Int J Sci Eng Res 2(7):2-4

Cohen, WW (1995) Fast effective rule induction. In: Proceedings of the 12th international conference on machine learning. Morgan Kaufmann, Lake Taho

D'Amico A, Buchanan L, Goodall J, Walczak P (2009) Mission impact of cyber events: Scenarios and ontology to express the relationship between cyber assets. Available online. http://www.dtic.mil/cgi-bin/GetTRDoc?AD=ADA517410

Dipert R (2013) The essential features of an ontology for cyber warfare. In: Lowther A, Yannakogeorgos P (eds) Conflict and cooperation in cyberspace: The challenge to national security. Taylor & Francis, Boca Raton, p 35-48

Dutt V, Ahn Y-S, Gonzalez C (2011) Cyber situation awareness: Modeling the security analyst in a cyber-attack scenario through instance-based learning. In: Li Y. (ed) Lecture notes in computer science, vol. 6818. Springer-Verlag, Berlin, p 281-293

Edwards W (1962). Dynamic decision theory and probabilistic information processing. Hum Factors 4(2):59-73

Emond B (2006) WN-LEXICAL: An ACT-R module built from the WordNet lexical database. In: Fum D, Del Missier F, Stocco A (eds) Proceedings of the seventh international conference on cognitive modeling, University of Trieste, Trieste, 5-8 April 2006

Endsley MR (1988) Design and evaluation for situation awareness enhancement. Hum Fac Erg Soc P 32(2):97-101

Endsley MR, Jones WM (2001) A model of inter- and intrateam situation awareness: Implications for design, training and measurement. In: McNeese M, Salas E, Endsley MR (eds) New trends in cooperative activities: Understanding system dynamics in complex environments. HFES, Santa Monica, p 46-67

Erbacher RF (2012) Visualization design for immediate high-level situational assessment. In: Proceedings of the ninth international symposium on visualization for cyber security. ACM, New York, p 17-24

Etoty RE, Erbacher RF, Garneau C (2014) Evaluation of the presentation of network data via visualization tools for network analysis. Technical Report #ARL-TR-6865, Army Research Lab, Adelphi MD, 20783

Gonzalez C (2005) Decision support for real-time dynamic decision making tasks. Organ Behav Hum Dec 96(2):142-154

Gonzalez C (2013). The boundaries of Instance-based Learning Theory for explaining decisions from experience. In: Pammi VS, Srinivasan N (eds) Progress in brain research, vol. 202. Elsevier, Amsterdam, p 73-98

Gonzalez C, Ben-Asher N, Martin JM, Dutt V (2014) A cognitive model of dynamic cooperation with varied interdependency information. Cognitive Science 1–39

Gonzalez C, Dutt V (2011). Instance-based learning: Integrating decisions from experience in sampling and repeated choice paradigms. Psychol Rev 118(4):523-551

Gonzalez C, Juarez O, Endsley MR, Jones DG (2006). Cognitive models of situation awareness: Automatic evaluation of situation awareness in graphic interfaces. In: Proceedings of the fifteenth conference on behavior representation in modeling and simulation. Simulation Interoperability Standards Organization, Baltimore, p 45-54

Gonzalez C, Lerch JF, Lebiere C (2003) Instance-based learning in dynamic decision making. Cog Sci 27(4):591-635

Gonzalez C, Vanyukov P, Martin MK (2005) The use of microworlds to study dynamic decision making. Comput Hum Behav 21(2):273-286

Gorman JC, Cooke NJ, Winner JL (2006) Measuring team situation awareness in decentralized command and control environments. Ergonomics 49(12-13):1312-1325

Grossklags J, Christin N, Chuang J (2008) Secure or insure? A game-theoretic analysis of information security games. In: Proceedings of the 17th international conference on world wide web. ACM, New York, p 209-218

Guarino N (1998) Formal ontology and information systems. In: Guarino N (ed) Formal ontology in information systems. IOS Press, Amsterdam, p 3-15

Harshna, Kaur N (2013) Survey paper on data mining techniques of intrusion detection. Int J Sci Eng Technol Res 2(4):799-802

Hazon N, Chakraborty N, Sycara K (2011) Game theoretic modeling and computational analysis of n-player conflicts over resources. In: Proceedings of the 2011 IEEE international conference on privacy, security, risk and trust and IEEE international conference on social computing. Conference Publishing Services, Los Alamitos, p 380-387

Jajodia S, Liu P, Swarup V, Wang C (2010) Cyber situational awareness: Issues and research. Springer, New York

Joint Staff Department of Defense (2010). Joint terminology for cyber operations. Available online. http://publicintelligence.net/dod-joint-cyber-terms/

Kennedy WG, Hailegiorgis AB, Rouleau M, Bassett JK, Coletti M, Balan GC, Gulden T (2010) An agent-based model of conflict in East Africa and the effect of watering holes. In: Proceedings of the 19th conference on behavior representation in modeling and simulation. Curran Associates, Red Hook, p 112-119

Klein G, Moon B, Hoffman RR (2006a) Making sense of sensemaking 1: Alternative perspectives. IEEE Intell Syst 21(4):70-73

Klein G, Moon B, Hoffman RR (2006b) Making sense of sensemaking 2: A macrocognitive model. IEEE Intell Syst 21(5):88-92

Kotenko I (2005) Agent-based modeling and simulation of cyber-warfare between malefactors and security agents in internet. In: Merkuryev Y, Zobel R, Kerckhoffs E (eds) Proceedings of 19th European conference on modeling and simulation, Riga Technical University, Riga, 1-4 June 2005

Kotenko I (2007) Multi-agent modelling and simulation of cyber-attacks and cyber-defense for homeland security. In: Proceedings of the 4th IEEE workshop on intelligent data acquisition and advanced computing systems: technology and applications. IEEE, Los Alamitos, p 614-619

Lakkaraju K, Yurcik W, Lee AJ (2004) NVisionIP: NetFlow visualizations of system state for security situational awareness. In: Proceedings of the 2004 ACM workshop on visualization and data mining for computer security. ACM, New York, p 65-72

Lebiere C (1999) The dynamics of cognition: An ACT-R model of cognitive arithmetic. Kognitionswissenschaft 8(1):5-19

Lebiere C, Pirolli P, Thomson R, Paik J, Rutledge-Taylor M, Staszewski J, Anderson JR (2013) A functional model of sensemaking in a neurocognitive architecture. Comp Intell Neurosci 2013:

921695.

Lebiere C, Gray R, Salvucci D, West R (2003) Choice and learning under uncertainty: A case study in baseball batting. In Alterman R, Kirsch D (eds) Proceedings of the 25th annual conference of the cognitive science society. Lawrence Erlbaum Associates, Boston, p 704-709

Lejarraga T, Dutt V, Gonzalez C (2012) Instance-based learning: A general model of repeated binary choice. J Behav Decis Making 25(2):143-153

Lenat DB, Prakash M, Shepherd M (1985). CYC: Using common sense knowledge to overcome brittleness and knowledge acquisition bottlenecks. Artif Intell 6(4):65-85

Lye K-W, Wing JM (2005). Game strategies in network security. Int J Inf Secur 4(1-2):71-86

Manshaei MH, Zhu Q, Alpcan T, Bacsar T, Hubaux JP (2013) Game theory meets network security and privacy. ACM Comput Surv 45(3):25

Martin JM, Gonzalez C, Juvina I, Lebiere C (2013) A description-experience gap in social interactions: Information about interdependence and its effects on cooperation. J Behav Decis Making 27(4):349-362

McCarthy J (1980) Circumscription – A form of non-monotonic reasoning. Artif Intell 13(1-2):27–39

The MITRE Corporation (2010) Science of cyber-security. The MITRE Corporation, McLean, VA, Technical Report.

Mundie D (2013) How ontologies can help build a science of cyber security. Available online. http://www.cert.org/blogs/insider_threat/2013/03/how_ontologies_can_help_build_a_science_of_cybersecurity.html

Newell A (1990) Unified theories of cognition. Harvard University Press, Cambridge

Obrst L, Chase P, Markeloff R (2012) Developing an ontology of the cyber security domain. In: Costa PCG, Laskey KB (eds) Proceedings of the seventh international conference on semantic technologies for intelligence, defense, and security, George Mason University, Fairfax, 23-26 October 2012

Oltramari A, Lebiere C, Ben-Asher N, Juvina I, Gonzalez C (2013) Modeling strategic dynamics under alternative information conditions. In: West RL, Stewart TC (eds) Proceedings of the 12th international conference on cognitive modeling. ICCM, p 390-395

Pita J, Jain M, Marecki J, Ordóñez F, Portway C, Tambe M, Western C, Paruchuri P, Kraus S (2008) Deployed ARMOR protection: The application of a game theoretic model for security at the Los Angeles International Airport. In: Proceedings of the 7th international joint conference on autonomous agents and multiagent systems: industrial track, p 125-132

Pita J, John R, Maheswaran R, Tambe M, Yang R, Kraus S (2012) A robust approach to addressing human adversaries in security games. In: Proceedings of the 11th international conference on autonomous agents and multiagent systems. International Foundation for Autonomous Agents and Multiagent Systems, Richland, p 1297-1298

Rowley J (2007) The wisdom hierarchy: representations of the DIKW hierarchy. J Inf Sci 33(2):163-180

Roy S, Ellis C, Shiva S, Dasgupta D, Shandilya V, Wu Q (2010) A survey of game theory as applied to network security. In: Sprague RH Jr. (ed) Proceedings of the 43rd Hawaii international conference on system sciences. IEEE: Los Alamitos

Saner LD, Bolstad CA, Gonzalez C, Cuevas HM (2009) Measuring and predicting shared situation awareness in teams. J Cog Eng Decis Making 3(3):280-308

Singer PW, Friedman A (2014) *Cybersecurity and cyberwar: What everyone needs to know.* Oxford University Press, New York

Sowa JF (1984) *Conceptual structures: Information processing in mind and machine.* Addison Wesley, Reading

Staab S, Studer R (2003) *Handbook on ontologies.* Springer-Verlag, Berlin

Taatgen N, Lebiere C, Anderson JR (2006) Modeling paradigms in ACT-R. In: Sun R (ed)

Cognition and multi-agent interaction: From cognitive modeling to social simulation. Cambridge University Press, New York, p 29-52

Tufte ER, Graves-Morris PR (1983) The visual display of quantitative information, vol. 2. Graphics Press, Cheshire

Undercoffer J, Joshi A, Pinkston J (2003) Modeling computer attacks: An ontology for intrusion detection. In: Vigna G, Kruegel C (eds) Lecture notes in computer science, vol. 2820. Springer-Verlag, Berlin, p 113-135

West RL, Lebiere C (2001) Simple games as dynamic, coupled systems: Randomness and other emergent properties. J Cog Syst Res 1(4):221-239

West RL, Lebiere C, Bothell DJ (2006) Cognitive architecture, game playing, and human evolution. In: Sun R (ed) Cognition and multi-agent interaction: From cognitive modeling to social simulation. Cambridge University Press, New York, p 103-123

第6章

认 知 过 程

John Yen、Robert F. Erbacher、Chen Zhong 和 Peng Liu

6.1　引言

在上一章的讨论中，体现出我们对网空分析师认知推理过程的理解是有限的，因此本章将聚焦于讨论可以弥合这方面知识差距的方法。本章首先基于先前的认知任务分析成果，对网空分析师认知过程的理解做出总结。然后，进一步探讨掌握"细粒度"认知推理过程的重要意义，以及相应的挑战。接着，通过呈现一个对网空分析师认知推理过程进行非侵入式信息采集和系统化分析的框架，提出解决上述挑战的方法。该框架包含以非侵入方式对网空分析师认知轨迹进行采集的概念模型和相应实践方法，以及通过对认知轨迹进行分析以提取出网空分析师推理过程的实践方法。该框架可以用于开展实验研究以提取专业网空分析师的认知推理过程。当有了可用的认知轨迹信息，就可以对其特性进行分析，并与分析师的执行情况进行比对。

要检测发现复杂的多步骤网空攻击，对于网空分析师来说是具有挑战性的，具体原因有以下几方面。首先，网空分析师收到的告警中包括误报告警。这就要求分析师能够及时过滤掉误报告警。否则可能会对分析师造成误导，致使他们将时间浪费在误报告警

J. Yen (✉)・C. Zhong・P. Liu
College of Information Sciences and Technology, The Pennsylvania State University ,
University Park , PA 16802 , USA
e-mail: jyen@ist.psu.edu; czz111@ist.psu.edu; pliu@ist.psu.edu

R. F. Erbacher
The U.S. Army Research Laboratory , Adelphi , MD 20783 , USA
e-mail: robert.f.erbacher.civ@mail.mil

上，进而延迟他们将注意力转向与实际攻击相关的告警的时间。其次，由于存在未知漏洞，或由于攻击者对已知漏洞采用了新的利用方法，可能导致与攻击相关的告警出现遗漏（例如漏报的情况）。由于告警被遗漏，分析师就可能无法识别出攻击链中的某些攻击步骤，因此会延误检测发现多步骤攻击的时间。

解决误报告警和遗漏告警的一种方法，是利用网空分析师在处理类似情形方面的过往经验（既包括成功的经验也包括失败的教训）。例如，与先前误报情况相关的失败经验，可能可以防止分析师跟进类似的误报情况。类似地，与先前遗漏告警情况相关的成功经验，可以帮助分析师根据过往经验来处理新的网空攻击时间，从而避免出现相似的遗漏告警情况。一位拥有多年丰富网空分析经验的资深分析师，会累积许多不同类型的经验。如果能够有效地对这些经验的认知过程进行采集与分析，使其能够在汇总后被其他分析师有效重用，那么将会带来一些重要的帮助。

之前关于网空防御的认知任务分析（Cognitive Task Analyse，CTA）成果，在网空分析师于现实世界中的高阶认知过程方面，提供了有价值的见解。Biros 和 Eppich（2001）识别出了 4 种认知能力。D'Amico 和 Whitley（2008）则提出了网空分析师的 6 类分析职能：**分类分流分析**、**事态升级分析**、**关联分析**、**威胁分析**、**事件响应**以及**取证分析**。我们将详细阐述这些角色，以及这些角色与其他相关认知过程的关系。Erbacher 等人（2010a，b）进一步扩大了认知任务分析的范围，将**漏洞评估**和"**大局图景**"组件纳入其中，以突出战术层面网空分析（例如，分析企业区域网络中的攻击行动）与战略层面网空分析（例如，检测发现涉及全球多个地区或多个国家的攻击行动）之间的相互作用。

基于这些认知任务分析的结果，我们将网空分析师的高阶认知过程合成在一起，并总结了它们之间的依赖关系，如图 6-1 所示。图中，椭圆表示过程，矩形表示数据或信息。由于某些过程由人类分析师执行，而有些则由计算机执行，因此我们在图中使用实心椭圆表示网空分析的认知过程，并使用白色空心椭圆表示软件自动化执行的过程，从而加以区分。例如，图中的"IDS"是指"入侵检测系统"，如 SNORT。

通过网空分析过程，将存在于网络中的大量原始数据（例如，网络包），以及存在于网络中每台计算机上的原始数据（例如，用户口令验证等系统调用的记录），转换为关于"安全事件"（此处指代需要做出响应的网空攻击行动）的决策，从而做出响应行动（例如，关闭被攻击受控的计算机），并进一步采取措施来缓解事件的影响。这是战术层面的网空分析。网空分析师还需要对那些作为更大攻击计划中一些部分的相关安全事件（这些安全事件可能在不同地区、不同国家被检测发现，甚至可能发生的时间也相差甚远）进行关联。这被称为战略层面的网空分析（D'Amico 和 Whitley，2008）。

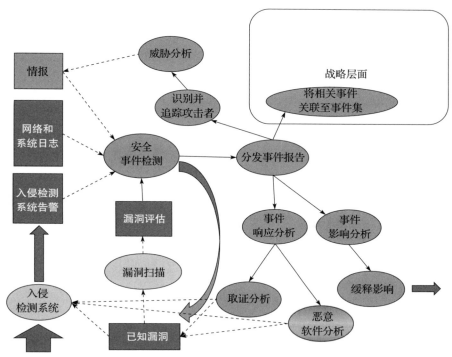

图 6-1　网空分析师战术层面的认知过程

　　战术层面网空分析还包括漏洞扫描（通常由计算机执行，但扫描任务可以由分析人员来启动和调度），用以对已知的漏洞进行漏洞评估。对计算机上所存在漏洞的掌握情况，通常对分析师确认判断安全事件是否发生，可以起到关键的作用。在检测发现事件后，分析师将形成一份正式报告并进行分发，以进一步支持 4 种类型的战术层面分析：1）事件响应（用于最大程度止损并展开快速修复）；2）影响分析和缓解计划（例如，评估对作战人员的当前任务带来的影响）；3）通过威胁分析（即通过对情报的收集、分析和融合，以识别攻击意图和攻击的背后支持者）来识别攻击者并进行追踪；4）取证分析和恶意软件样本分析，以进一步获得关于事件的细节。在涉及零日攻击（例如，利用未知漏洞的攻击）的情况下，第四种类型的分析尤其重要，因为它们对于识别出攻击的"（签名式）检测特征"是非常关键的，只有将这些检测特征纳入入侵检测系统中，才能够在未来检测并发现相同类型的攻击。

　　D'Amico 和 Whitley（2008）识别出了 6 类分析职能，用以说明网空分析师所执行的所有认知工作：1）分类分流分析，2）事态升级分析，3）关联分析，4）威胁分析，5）事件响应，6）取证分析。后三类认知职能已在图 6-1 中被显式地表达，而前 3 类认知职能则是分析师所展开的安全事件检测及其他工作职能的一部分。分类分流分析对大量数据（例如，入侵检测系统告警、网络或系统日志）进行过滤以识别出"可疑活动"，并将筛选所得到的数据用于事态升级分析，从而在一个比分类分流分析要更长的时间周期中，对多个来源的数据进行调查、理解和组合。关联分析，则需要在当前数据或历史数据中对模式和趋势进行搜索。D'Amico 和 Whitley（2008）也将涉及这 3 类职能的工作流程描述为迭代过程，但这些过程的某些细节尚未能被很好地理解。例如，他们指出，分析师在关联分析的过程中会去寻找无法解释的模式：

> 分析师无法提前知道他们要寻找怎样的模式，而可能会"在看到的时候才知道"。当他们遇到无法解释的模式时，会对潜在的恶意意图形成一系列假设，并试图通过额外的调查对这些假设加以证实或证伪。

网空分析师实际上会如何执行这一认知职能以及其他认知职能？将这些分析职能结合在一起的认知过程会是怎样的？为了回答这些问题，我们需要对网空分析师的细粒度认知推理过程进行信息采集并做出分析。在下一节中，我们将描述对细粒度认知推理过程进行信息采集的最新技术，也会提出将其应用于网空分析师所执行的任务时将会面临的困难。

细粒度认知推理过程信息采集及分析

我们使用"细粒度认知推理过程"这一术语来指代详细的认知过程，用以描述分析师所执行的一系列单个动作和推理步骤，以及这些动作和推理步骤之间的关系。例如，分析师可以在推理过程的某一特定时间点，根据其至此时间点为止所做出的观察，形成一个或多个假设。在后续推理过程中，分析师会完善、推翻或证实这些假设。对于网空分析师而言，这种详细的认知推理过程可以在 4 个重要的方面对上一节所描述的"高阶认知过程"做出补充。第一，这将加深我们对专家级分析师与经验不足的分析师在认知推理过程中所存在差异的理解。这种理解对于为网空分析师设计更好的培训工具来说，是至关重要的。第二，网空分析师的细粒度认知推理过程可以提供独特的基础，用于识别出能够向网空分析师提供更好的可视化支持能力的机会（Erbacher 等人，2010a，b）。第三，通过对细粒度认知推理过程的分析，有助于设计自动化的认知辅助工具，通过对分析师的分析流程进行复用和 / 或聚合，以提高分析师的执行能力。最后，对网空分析师的细粒度认知推理过程进行自动化的信息采集，有助于在不同工作班次或在不同地理位置的网空分析师之间共享相关信息。

用于对细粒度认知推理过程进行信息采集的现有方法包括：有声谈话法[⊖]，出声思维

　　⊖　有声谈话法是一种收集数据的方法，要求被测试人只能描述他们的行为，而不能进行解释。这种方法被认为比较客观，被测试人只是报告他们是如何完成任务，而不是解释或证明自己的行为。（Wikipedia）——译者注

法[⊖]，回顾报告法，观察性案例分析，行为轨迹捕获。前三种方法也被称为"口头报告分析法"[⊜]（Ericsson 和 Simon，1980，1993）。在口头报告分析的过程中，受试主体在被实验者监视并被记录（音频或视频）的情况下执行给定的任务。在有声谈话法中，要求受试主体口头表述出在执行某项心理任务时所想到的一切内容。在出声思维法中，要求受试主体口头描述他们思考如何解决问题时所想到的一切内容。在回顾报告法中，要求受试主体在解决问题后反映并阐明他们的想法。回顾性报告可以与前两种分析法中的一种进行结合，以验证其完整性（Ericsson 和 Simon，1993）。这些分析法是知识获取方法的基础，通过访谈和案例分析，将专家知识引入人工智能系统（通常称为"专家系统""知识型系统"或"智能代理"）并对其进行编码。由于这些任务具有复杂性，因此在口头报告分析过程中，需要"访谈者"（通常被称为"知识工程师"，因为他们熟悉用于对专业知识进行编码的表达语言）做出干预，通过询问试探的问题来对出声思维法的过程进行引导，并提供信息来模拟受试主体执行动作的结果（例如，一个诊断任务的测试结果）（Durkin，1994）。虽然这种启发诱导的方法对于那些所执行的行动只能产生有限数量的结果（例如，测试结果为正或负）的任务来说是可行的，但是难以将该方法应用于网空分析任务中的那些会产生大量可能结果的动作（例如，对特定的端口号进行过滤）。

对细粒度认知推理过程进行信息采集的第四种方法是观察性案例研究，即对执行任务的受试主体进行观察（Bell 和 Hardiman，1989）。这种方法可以与出声思维法和 / 或回顾报告法相结合。在观察研究中会使用案例或场景来为受试主体的行为提供上下文背景和相关信息。

获得细粒度认知推理过程信息的第五种方法是行为轨迹捕获，将所收集的受试主体观察数据转化为"行为轨迹"。目前已开发出了相关的工具（如 MacSHAPA），以便于从观察数据中生成这种行为轨迹（Sanderson 等人，1994）。例如，知识 / 认知工程师能够使用 Mac-SHAPA 将观察数据中捕获到的行动动作或交流动作作为模板或谓语进行编码。虽然这类型的工具有一定效用，但它不能提取出那些在出声思维法中受试主体没有显式表达的认知过程。

在本章的后续部分，我们首先提供认知过程信息采集相关研究的文献综述。随后介绍非侵入式的细粒度推理认知过程信息采集和分析框架，其中包括：1）行动 – 观察 – 假设（AOH）概念模型；2）以非侵入方式捕获网空分析师的认知轨迹，其中包含 AOH 对象及关系的时间序列；3）通过对认知轨迹的分析提取出网空分析师的推理过程。6.4 节会提出一个案例分析，将上述框架应用于对专业网络分析师认知推理过程的系统化信息采集，以及对认知轨迹进行分析的初步结果。最后，我们将总结在对网空分析师认知

⊖ 出声思维法是一种收集数据的方法，要求被测试人在完成指定任务时进行出声思维，说出完成任务时所有的思想、行动和感觉。（Wikipedia）——译者注

⊜ 指一种由被测试人大声地报告自己在进行某项操作时的想法来探讨内部认知过程的方法。——译者注

推理过程进行系统化信息采集方面做出的主要贡献，并指出这些成果对实现敏捷的网空防御所能发挥的关键作用。

6.2　文献综述

6.2.1　认知任务分析

通过认知任务分析（Crandall 等人，2006），可以推导出决策制定等高度分析性（认知）活动所需要的任务；其中特别值得关注的，是由网络分析师对网络事件相关性、重要性和特征表达进行确定的分析活动。更具体地说，通过认知任务分析，可以确定需要执行哪些任务，以及在目标领域的专家会如何执行这些任务。认知任务分析，对于通过开发高级显示和推荐系统等正确的工具和功能以提高网络分析师效能来说，是至关重要的。在现有文献中，有 3 项认知任务分析的研究工作与网络分析特别相关。

- 第一项认知任务分析研究工作（Foresti 和 Agutter n.d.），研究了网络专家进行认知任务分析时所使用的工具，并研究开发了供网络专家使用的高级显示功能。该认知任务分析研究工作聚焦于通过研究获得对高级显示功能进行开发所必需的基础理解，从而通过高级显示功能的应用来提高网络管理员的效率。此外，通过半结构化的访谈方式，在该认知任务分析工作的成果中，识别出了制定决策和确定事件优先级的时间组织形式。
- 第二项认知任务分析研究工作（D'Amico 等人，2005；D'Amico 和 Whitley，2008）有 3 个目标。首先是对分析师目标的集合进行研究。第二是确定所需要的分析师专业知识及其深度。第三是识别视觉表现形式的可行性，以及如何使用这种视觉表现形式。这项研究是在 7 个不同的组织机构通过对象访谈方式展开的。
- 第三项研究工作（Erbacher 等人，2010a，b）对西北太平洋国家实验室中参与网络运营并具有不同层次决策责任的个人进行了访谈。在一系列广泛的需求之外，该研究还制定了一个网空指挥控制任务的流程图，其中主要的任务包括评估、详细评估、响应、审计和大局图景，如图 6-2 所示。

6.2.2　基于案例推理

已经使用了基于案例推理（CBR）方法，研究如何重用网空分析师的分析推理结果。对于一个给定的问题，基于案例推理系统从案例资料库（也称为案例库或知识库）中检索出一个类似的问题，根据当前给定的问题对检索结果的解决方案进行修订，并将新的问题和解决方案保存在案例资料库中（Stahl，2004）。基于案例推理的最初概念源自Schank（1982）所提出的动态记忆认知模型，并发展成为使用计算机实现的基于案例推理系统（Kolodner，1983；Lebowitz，1983）。Aamodt 和 Plaza（1994）开发的基于案例推理过程模型由 4 个部分组成：检索、重用、修正和保存。该模型推动了在基于案例推理研究方面的大部分研究工作和应用开发工作。学术界对上述每一个组成部分都进行了广泛的研究，并形成了许多评述和调研报告（De Mantaras 等人，2005）。如图 6-3 所示的一个基于案例推理模型的扩展模型，显式地包含了由分析师形成安全事件报告的工作（Erbacher 和 Hutchinson，2012）。

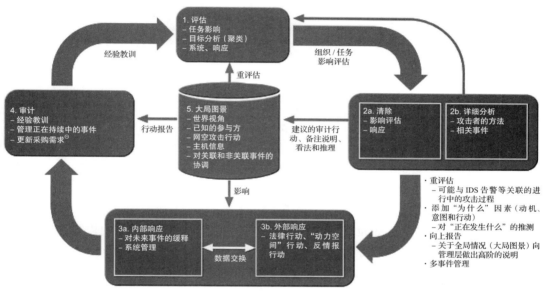

图 6-2　网空指挥控制任务流程（Erbacher 等人，2010a, b）

在运行过程中，将新的场景与已有场景进行匹配，从而找到最相关的匹配场景，然后使用相似性度量指标将匹配场景映射至这个新场景，并提供更新后的解决方案。这种基于案例推理方法已经被应用到众多领域，包括：

- 呼气测醉器（Doyle，2005）
- 支气管炎学科（Doyle，2005）
- 电子诊所（Doyle，2005）
- 智能辅导系统（Soh 和 Blank，2008）
- 帮助台系统，即问题诊断（Stahl，2004）
- 电子商务产品推荐系统（Stahl，2004）
- 分类，即分类归属（Stahl，2004）

───────────────
⊖　指根据经验教训，提出防御手段等方面的升级或采购需求。——译者注

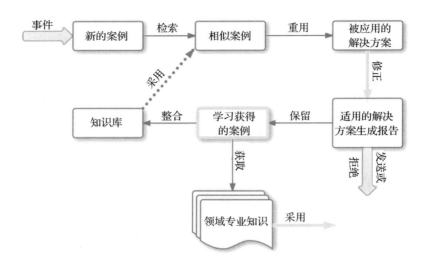

图 6-3　延伸型案例推理过程模型

基于案例推理系统的检索组件，需要对案例之间相似程度进行度量的指标。我们能在 Cunningham（2008）文献中找到关于相似性度量指标的调查报告/分类列表。对检索机制进行研究的例子包括：

- 信息论方法（Ranganathan 和 Ronen，2010）。该研究提供了对本体论模型中实例之间相似之处的识别方法。
- 用户定义函数（Sterling 和 Ericson，2006）。相关的专利也涉及了在数据库领域具有代表性的问题。
- 溯因法（adbudction）与演绎法（Sun 等人，2005）
- 模糊相似性（Sun 等人，2005）
- 上下文概率（Wang 和 Dubitzky，2005）。该度量指标将概率与基于距离的邻域加权结合在一起，并适用于有序数据和标定数据。
- 自适应相似性（Long 等人，2004）。在这种范式中允许制定新的相似性度量指标，并识别出该相似性度量指标所适用的具体场景，而不需要进行重新编程。
- 语义与句法相似性（Aamodt 和 Plaza，1994）。
- 相似性模型（Osborne 和 Bridge，1997）。该工作的目的，是确定相似性的主要类别，包括绝对和相对的相似性度量指标。

面向分类数据的具体相似性度量指标包括重叠（overlap）、eskin、IOF、OF、Lin、Lin1、Goodall1、Goodall2、Goodall3、Goodall4、Smirnov、Burnaby、Anderberg 和邻域计数度量指标（Neighborhood Counting Metric）（Boriah 等人，2008；Wang 和 Dubitzky，2005）。基

于案例推理已被用于支持对分析师所编制"报告"的重用，这些报告总结了分析师对之前网空攻击的分析推理，从而大幅减少为新发现的攻击行动生成报告所需要做出的努力（Erbacher 和 Hutchinson，2012）。然而，基于案例推理尚未被用于实现对分析师分析推理过程的信息采集和重用。将基于案例推理方法用于对分析推理过程进行检索和重用所面临的挑战之一，就是缺少对这些过程进行非侵入式信息采集的方法。

6.3　对认知推理过程进行信息采集和分析的系统化框架

为了应对在网空分析师详细认知过程信息采集方面的挑战，我们已经开发出一个对应的框架以及相关的认知追踪工具，用于对网空分析师的认知推理过程进行信息采集。该框架不仅将观察研究方法以及在 6.1.1 节中所描述的行为追踪方法结合在一起，还对之前的方法做出了扩展，使分析师能够记录其想法（作为"假设"），并将这些想法与通过观察研究方法对关注点的观察发现关联起来。从某种程度上讲，该框架将"出声思维"转换为"出声键入"——在解决某一涉及网空攻击的给定案例的上下文背景中，分析师可以采用自然的方式（不一定需要监控）记录其认知推理过程的每一个步骤，而不需要刻意地口头表达其想法。

在本节的其余部分，首先描述该框架的概念模型，我们称之为 AOH（动作 – 观察 – 假设）模型。该模型是以框架中的三个主要对象命名的：由受试主体执行的**动作**（Action），对受试主体关注点的**观察**（Observation），以及由受试主体在其观察基础上形成的**假设**（Hypothesis）。之后，我们将介绍这三个形成网空分析师分析推理过程的对象之间的关系。6.3.3 节将描述 AOH 对象，以及描述通过非侵入方式所采集到的对象间关系。最后，我们讨论如何从认知轨迹中提取出推理过程，从而为在个体分析师层面和跨多个分析师层面对认知推理过程进行系统化分析提供基础。

6.3.1　分析推理过程的 AOH 概念模型

网空分析过程的概念模型是以认知科学理论为基础的，其中包含意义建构理论[⊖]和自然决策理论。意义建构理论建立在三个关键的认知结构之上：**动作、观察和假设**。动作是指分析师对证据的探究活动；观察是指分析师所观察

图 6-4　涉及动作、观察和假设（AOH 模型）的迭代分析推理过程（Zhong 等人，2013）

⊖　布伦达·德尔文于 1972 年提出以使用者为中心之意义建构理论，即认为知识是主观、由个人建构而成，而信息寻求是主观建构的活动，在线检索的过程是一连串互动、解决问题的过程，由于互动的本质、检索问题而产生多样的情境，形成不同的意义建构过程。——译者注

到并认为具有相关性的数据 / 告警；假设则代表了在某一确定情况下分析师的意识和假设。这三个认知结构相互迭代并形成推理的周期。动作会形成新的观察或经过更新的观察，从而形成新的或经过更新的假设，然后再循环至后续的动作。并不令人意外的是，这三个认知结构作为通用意义建构理论的一部分，都能够自然地映射至网空分析师的认知活动。尽管动作和观察在网空分析中是显而易见的，但假设却不是显式的（也就是说，它们是"隐性的"知识），并且由于可能存在新的攻击行为（因此需要由分析师以半形式化的表达方式将其输入）而导致其不能被完全预期。通常，假设肯定是不被确定知晓的，直到收集到进一步的证据（例如，某节点上出现相关的漏洞）对其加以证实或证伪。分析师持有的所有假设都被称为"**工作假设**"。我们将动作、观察和假设的实例称为"**AOH 对象**"。

6.3.2　AOH 对象及其彼此间关系可表达分析推理过程

在分析推理过程的迭代周期中，在不同意义建构周期中生成的假设，以一种重要的方式相互关联在一起。一系列的行动和观察，可能会形成一系列分离的假设。因此，需要在分析推理过程中将 AOH 对象相互关联起来，如图 6-5 所示。由于动作总是会引起观察，我们将两者放在同一单元内，称之为 AO。假设（一系列 H 单元）则可以作为 AO 的子单元，说明这些假设是在 AO 单元的基础上生成的。而且，一个 AO 单元也可以作为一个 H 单元的子单元，说明 AO 单元是由 H 单元所触发的。我们也可以只考虑假设。如果 H_1 有一个 AO 单元作为其子单元，而另一个 H 单元（即 H_2）是该 AO 单元的子单元，我们就说 H_2 是 H_1 的子假设。一个父 H 单元被直接连接至多个子 H 单元，则体现了耦合的与（AND）关系（即对父 H 单元的假设进行细化，所得到的子假设）。如果 H_1 和 H_2 这两个 H 单元以同一 AO 作为其父单元，我们就说 H_2 是 H_1 的兄弟假设。兄弟假设具有分离式的或（OR）关系（即可替换假设）。因此，分析推理过程中的 AOH 对象是相互关联的。

6.3.3　对分析推理过程的信息采集

1. 根据表达形式识别应采集内容

我们已经提出了一个分析推理过程的模型，其中包括 AOH 对象以及对象之间的关系。所提出的模型支持对相互关联的意义建构结构（动作、观察和假设）进行半结构化表达，以及对假设的与－或（AND-OR）式组织形式进行半结构化表达。可通过一个结构化的表达形式对动作和观察进行采集，因为能够自动地记录分析师对数据进行探索的行为和分析师所选取的数据。对假设结构则可以采用自由格式文本的方式进行记录，这样能够以对分析师友好的灵活方式表达分析师的想法。

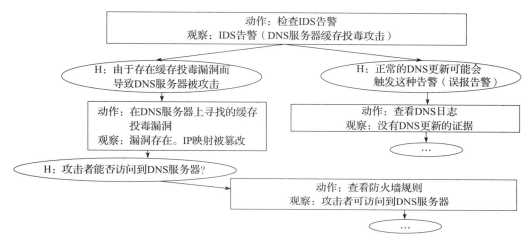

图 6-5　由 AOH 对象呈现的分析推理过程

分析师能够在 AOH 对象上执行不同的操作：在动作对象上的操作包括过滤、搜索、查询和数据选择；在观察对象上的操作可以是选择数据输入和对数据进行关联；在假设对象上的操作可以是创建新的假设、修正现有假设、切换上下文以及确认 / 否认一个已有的假设。我们将在 6.4 节中详细描述这些操作。因此，我们还应该按照时间顺序记录分析师在 AOH 对象上所进行操作的序列。

2. 非侵入式采集

考虑到隐性知识和专业技能的重要性，我们以非侵入的方式来对网空分析的分析推理过程进行采集。我们开发了一个监控系统，以支持对 AOH 对象的构建，以及对假设的调查和细化。该系统能够对分析师的行为（例如，对数据的操作，以及对假设的创建和完善）进行审计，并以轨迹形式对这些行为进行记录，这种轨迹被称为"认知轨迹"。该系统不会打扰中断分析师的工作。当分析师选择一系列数据源并从各个数据源中选择具体关注项时，动作对象和相关的观察对象就会被自动追踪记录下来。当分析师想要创建一个假设对象时，之前追踪到的观察对象会被自动加入一个初始的列表中并由此创建对应的 AO 单元（即动作 – 观察单元）。分析师能够选择对列表进行修订，以排除他 / 她曾经查看过但实际上与所创建假设不相关的数据项。当分析师确认了所采集 AO 单元与假设的关联关系之后，将向她 / 他呈现一个 GUI 界面，由分析师以自由格式文本方式输入对假设的简短描述。一旦分析师完成输入对假设的描述后，新创建的 AO 单元和假设以及它们之间的关系就会被记录下来，从而实现对网空分析师分析过程的信息采集。当分析师想要确认一个假设时，他 / 她可以将假设标记为"真"。反之，分析师可以将一个假设标记为"假"来表示拒绝该假设。

6.3.4   可从认知轨迹中提取出以 AOH 模型表达的推理过程

基于上文中所提出的表达形式，分析推理过程就是一个构建 AOH 对象的演化过程，以及对假设进行调查分析和细化完善的演化过程。由于监控系统已经记录了分析师构建 AOH 对象并对假设进行调查和细化完善的行为，我们就能基于所采集的认知轨迹来提取出分析推理的过程。

图 6-6 展示了本文所提出认知轨迹分析方法的框架。概念层的 AOH 模型为我们的分析推理过程表达形式确定了基础。这种表达形式可以帮助我们以非侵入方式来对分析推理过程进行采集。然后我们就能通过对认知轨迹进行分析，从中提取出推理过程。

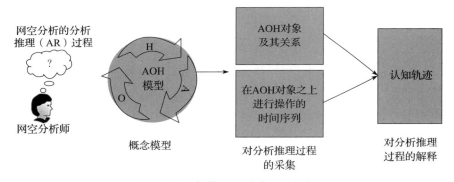

图 6-6   认知轨迹追踪分析的框架

通过对这种由网空分析师生成并以非侵入方式被采集的认知轨迹进行分析，我们可以从中找出差距并发现机遇，从而为下一代的网空防御培训、教育和发展奠定基础。更具体地说，基于对网空分析师分析推理轨迹进行分析，可以对有经验分析师与经验不足分析师在分析推理方面所存在差异形成关键的见解，从而能够识别出对分析师加强培训的机会与方向。此外，基于对轨迹进行分析，能够发现有可能利用有经验分析师的经验来支持经验不足的分析师进行分析推理，而且分析结果也体现出这种做法具有可能性。轨迹分析结果的另一个重要作用，是展现出有可能系统化地按照轨迹"讲述故事"从而在网空攻击方面加强与决策者的知识共享和沟通。最后，通过对涉及多步骤攻击的轨迹进行分析，发现有可能由多个分析师展开协同合作并共享经充分取证的信息，以推动实现接近实时的网空取证分析，从而支持分析师在信息非对称环境下做到"战斗到底"。

6.4　专业网络分析师案例研究

6.4.1　采集认知轨迹的工具

我们开发了 ARSCA 工具包（用于网空分析的分析推理支持工具）来对分析师执行网空分析任务时的分析推理过程进行跟踪。图 6-7 展示了 ARSCA 的架构。ARSCA 可以为分析师提供两个主要的视图：数据视图和分析视图。数据视图整合了多个监控数据源。例如在本案例中涉及网络拓扑结构、入侵检测系统告警以及防火墙日志。分析视图使分析师能够创建动作、观察和假设的实例（即 AOH 对象）。

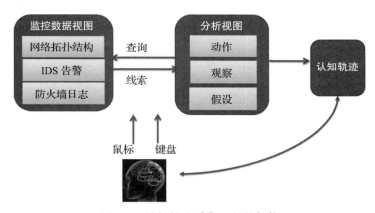

图 6-7　认知轨迹采集工具的架构

图 6-8 展示了 ARSCA 的界面。当分析师在对监控数据进行探索时，该工具就会自动采集新出现动作实例中的数据操作活动（例如搜索和过滤），也能采集新出现观察实例中由先前活动所选定的数据与其他信息。ARSCA 也能让分析师写下其想法作为假设实例，并将其与对应的动作和观察实例进行关联（Zhong 等人，2013）。

6.4.2　为收集专业网络分析师认知轨迹而展开的人员实验

我们与专业的网空分析师共同展开人员实验，以收集其分析推理过程的认知轨迹。首先，需要准备网络监控数据和攻击场景。我们采用的是 VAST 2012 Challenge Mini-challenge 2 (VAST Challenge 2012) 的网空分析数据集，包括约 35 000 个 IDS 告警和 26 000 000 条防火墙日志。图 6-9 展示了 VAST2012 的网络拓扑结构。该数据集中隐含一个持续接近 2 天（约 40 小时）的多步骤攻击。考虑到分析师在没有外部数据分析工具的帮助下难以在有限的时间内处理如此大量数据这一事实情况，我们将数据集分成分别包含一些关键攻击事件的 4 个部分，并使每一部分的数据对应一个任务（共 4 个任务）。

我们使每项任务的数据中包含在相似时间段内发生的相同数量的关键攻击事件,而且也包含数量相近的网络数据。表 6-1 展示了每项任务的时间段和大小。因此,我们可以假设这些任务具有相似的难度。

a) 数据视图

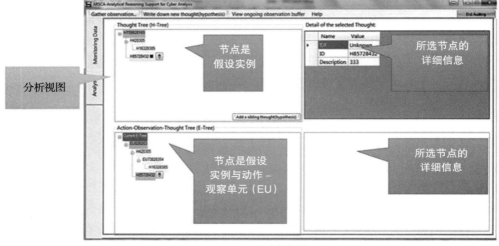

b) 分析视图

图 6-8 ARSCA 界面 (Zhong 等人, 2013)

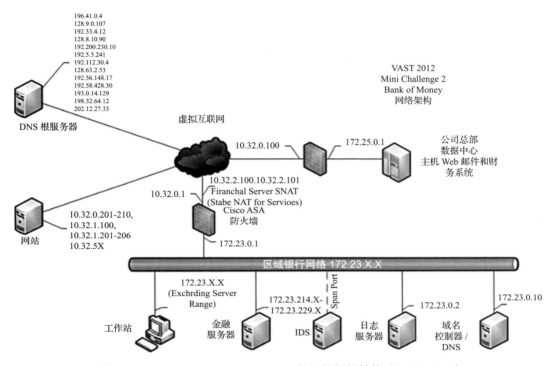

图 6-9　VAST 2012 Mini Challenge 2 的网络拓扑结构（VAST 2012）

表 6-1　任务数据集的时间段和大小

任务	时间段	原始数据大小
1	4/5 20:18–20:30（12 分）	IDS: 214 Firewall: 123,133
2	4/5 22:15–22:26（11 分）	IDS: 239 Firewall: 115,524
3	4/6 0:00–0:10（10 分）	IDS: 296 Firewall: 112, 766
4	4/6 18:01–18:15（14 分）	IDS: 252 Firewall: 85,463

　　在与美国陆军研究实验室（ARL）的合作中，我们招募了在 ARL 工作的专业网络分析师作为该研究实验的参与者。在每项实验任务中，都要求分析师分析为他们准备好的网络监控数据，分析目的是检测攻击事件。我们还要求分析师使用这款 ARSCA 工具来完成分析工作。因此，该款工具能够在分析师执行任务时采集其分析推理的轨迹。

　　由于分析师被要求使用我们提供的工具，我们在进行每项实验任务之前都为分析师们提供培训课程，并设计了一项测验来测试分析师使用 ARSCA 的熟练程度。在执行实验任务之前，受试主体（分析师）都必须通过这项测验。

作为实验的一部分，我们还要求受试主体在执行任务前与完成任务后接受问卷调查。执行任务前的问卷调查内容包括分析师的人口统计学属性[⊖]、推理类型以及在网空分析方面的知识与技能水平等。完成任务后的问卷调查内容包括他们对关键发现和结论的回顾性概述，以及他们对工具实用性的评价。

6.4.3　认知轨迹

1. 认知轨迹中有什么

一旦分析师完成了他/她的任务，ARSCA 就会生成分析师的认知轨迹。在本章的后续部分，我们将以一个受试主体 S1 作为示例，更详细地展示由 ARSCA 采集的认知轨迹。

图 6-10 展示了由受试主体 S1 所创建的 AOH 对象及对象间关系。椭圆形状的节点是 AO（动作 – 观察）单元，矩形的节点是 H（假设）单元。椭圆或矩形节点中标注的文字是 AOH 对象的 ID 编号。我们将与同一个 AO 单元（即动作 – 观察单位）连接的一系列假设实例，称为替代假设。例如，图 6-10 中虚线框内的假设实例即为替代假设。

在 AOH 对象之上进行的操作，将按照分析师操作的时间顺序记录在认知轨迹中。轨迹中的每一个记录项都包含时间戳以及在 AOH 对象上进行的操作。这些操作可被分为三类：1）与动作有关的操作（即 AOP_Inquiring、AOP_Filtering、AOP_Searching 以及 AOP_Selecting）；2）与观察有关的操作（即 OOP_Selected 和 OOP_Linking）；3）与假设有关的操作（即 HOP_Confirm/Deny、HOP_Modify、HOP_SwitchContext、HOP_Add_Sibling 以及 HOP_New）。

图 6-11 展示了记录着由受试主体 S1 所产生认知轨迹的文件的一部分。轨迹中的每个记录项中都包含时间戳和操作信息。轨迹记录项中所记录的操作可详见图 6-11，解释如下：

- "过滤"（AOP_Filtering）：以"SourcePort=6667"条件对数据源"Task2IDS"进行过滤。
- "选择"（AOP_Selecting）：选择过滤数据集里的数据条目。
- "已选"（OOP_Selected）：已选的数据条目。这种操作总是与 AOP_Selecting 操作成对出现。
- "新增"（HOP_New）：创建新的假设。

⊖　例如性别、年龄、种族和教育程度等。——译者注

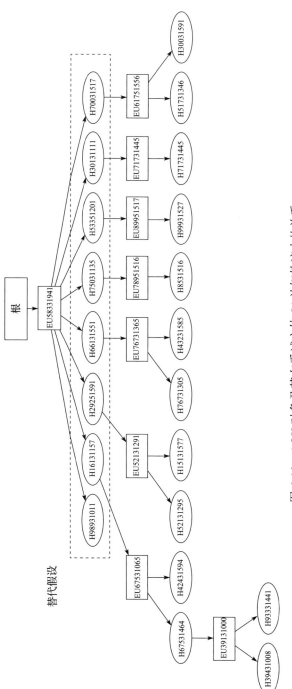

图 6-10 AOH 对象及其在受试主体 S1 认知轨迹中的关系

```
<?xml version="1.0" encoding="utf-8"?>
<Trace ID="TAP84531155">
    ...
    <Item Timestamp="07/31/13 13:01:41">
            FILTERING(
                    SELECT * FROM Task2IDS WHERE SourcePort = '6667',
                    Task2IDS
            )
    </Item>

    <Item Timestamp="07/31/13 13:01:46">
            SELECTING(
                    A[1:2000355:5]-[10.32.5.54]-[172.23.232.252],
                    A[1:2000355:5]-[10.32.5.56]-[172.23.233.59],
                    A[1:2000355:5]-[10.32.5.54]-[172.23.238.124],
                    A[1:2000355:5]-[10.32.5.56]-[172.23.232.55]
            )
    </Item>

    <Item Timestamp="07/31/13 13:01:46">
            SELECTED(
                    A[1:2000355:5]-[10.32.5.54]-[172.23.232.252],
                    A[1:2000355:5]-[10.32.5.56]-[172.23.233.59],
                    A[1:2000355:5]-[10.32.5.54]-[172.23.238.124],
                    A[1:2000355:5]-[10.32.5.56]-[172.23.232.55]
            )
    </Item>

    <Item Timestamp="07/31/13 13:04:06">
            NEW (
                    H46131157 The network is not secure,
                    H67531068 IDS IRC Alerts are true: The IDS alerts are showing
                    IRC authorization alerts over tcp/6667.  This is the default IRC
                    communication port, and this communication is between the
                    workstation IPs and external resources. In this situation this
                    could indicate that there has been a policy violating because IRC
                    communication on this network isn't allowed.  Or this could also
                    be an indicator of compromise because malware can leverage
                    IRC for Command to Control (C2) communication.
            )
    </Item>
    ...
</Trace>
```

图 6-11　受试主体 *S1* 的认知轨迹输出文件示例

2. 认知轨迹分析

我们对 10 个受试主体（用"S1""S2""S3""S4""S5""S6""S7""S8""S9"和"S10"表示）所产生认知轨迹的基本特征进行了初步分析。图 6-12 展示了这些分析师的认知轨迹中动作 – 观察单元的数量和假设的数量，以及完成网空分析任务（基于 VAST 2012）所花费的时间。在这三种认知轨迹的特征方面，分析师之间存在着显著差异。

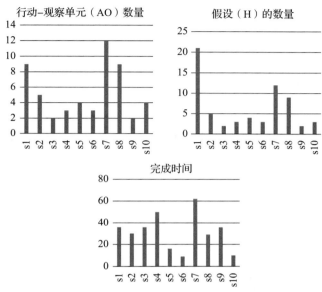

图 6-12　在轨迹中的 AOH 对象的数量和任务完成时间

我们进一步比较了本研究实验案例中 10 个受试主体的操作数量和类型。如图 6-13 所示，分析师在操作数量和所进行操作的类型方面存在显著差异。认知轨迹的这种"异质性"促使我们展开进一步的调查分析，以了解认知轨迹的特征与分析师的表现之间是否存在任何可能的关系。我们将在下一节中继续讨论这一点。

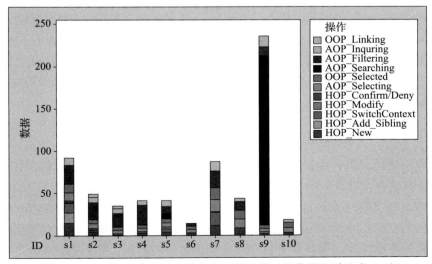

图 6-13　比较 10 个受试主体间的操作次数（操作描述详见表 6-2）

表 6-2 操作描述

	操 作	描 述
对行动的操作	AOP_Filtering	对数据源进行过滤
	AOP_Searching	在数据源中搜索关键词
	AOP_Selecting	在数据源中选择数据项
	AOP_Inquiring	询问一个端口或词语
对观察的操作	OOP_Selected	根据所选的数据生成观察值
	OOP_Linking	将所选的数据关联起来
对假设的操作	HOP_New	创建新的假设
	HOP_Add_Sibling	增加替代假设
	HOP_SwitchContext	将目前的注意力从一个假设切换到另一个假设
	HOP_Modify	修改假设的内容
	HOP_Confirm/Deny	对假设进行确定 / 否定

为了更深入地了解分析师的推理过程，我们对操作的时间顺序所展开的进一步研究也很重要。例如，切换上下文的操作体现出轨迹分析中一个较为有趣的方面，因为它可能会揭示分析师在其推理过程中于某一特定时间点改变其关注焦点的理由以及相关的推理机制。我们将使用受试主体 S1 的轨迹来说明这一点：S1 进行了两次的上下文切换操作（如图 6-14 所示）。相关的轨迹片段在图 6-14 的左侧给出，AOH 对象（即 AO 单元和 H 示例）及其在 S1 的轨迹中的连接关系展示在图 6-14 的右侧。在第一个上下文切换操作的场景下，S1 从假设 "H39431008"（标记为 "1"）跳转到 "H46131157"（标记为 "2"）。在此操作后，S1 创建了一个新的假设 "H666431551"（标记为 "3"）作为 "H46131157" 的兄弟假设。在第二个场景下，S1 从 "H89931527" 跳到 "H58331044"，然后将 "H58331044" 的事实取值从 "Unknown" 更改为 "False"（即否定此假设）。尽管在这两种情况下，分析师 S1 都切换了上下文，但理由却完全不同。在第一种场景下，S1 返回到先前的假设，从而创建替代假设。在后一种场景中，他／她重调出之前的假设，并对其做出 "否定"。这个例子说明：对操作的时间序列进行分析，从而获得对分析师推理过程更加丰富的理解，这是非常重要的。

6.4.4 不同水平分析师的认知轨迹有什么特点

鉴于我们的研究目标是提高分析师在网空分析方面的表现，所以我们关注分析师在实验任务中的表现，以及不同水平分析师的认知轨迹特点。

我们给出的实验任务的真实情况是已知的，即 VAST2012 Challenge Mini Challenge 2 数据集对应的攻击场景。因此，我们可以将分析师分析成果和结论与已知真实情况进行比较，根据准确度高低来评估分析师在实验任务中的表现。我们进行了两轮评估，从而确定每个受试主体的最终表现得分，范围为 0 ～ 5 分（5 分是最佳表现）。图 6-15 展示了 10 个受试主体的得分情况。3 名分析师被评为最高分（5 分），4 名分析师获得 4 分，其余 3 名分析师得分最低（3 分）。

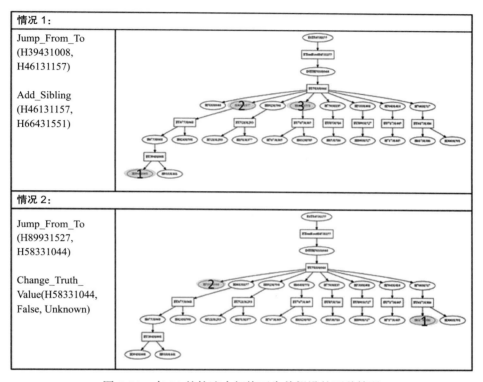

图 6-14　在 S1 的轨迹中切换至先前假设的两种情况

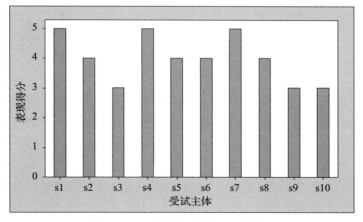

图 6-15　10 个受试主体的得分情况

接下来，我们根据表现评分将认知轨迹分为 3 组（即分别为 3 分、4 分和 5 分对应的轨迹），并研究每组中这些轨迹的特点。

我们首先对不同表现水平的分析师（即得分为 3 分、4 分和 5 分的分析师）的完成时间、AO 单元数量以及他们所提出假设实例的数量进行比较，如图 6-16 所示，最低水平的一组，其轨迹中的 AO 单元和假设实例的平均数量也最少。表现最佳的一组，其任务完成时间比其他两组完成任务的平均时间要长。尽管由于分析师的样本规模较小，我们无法对分析师的表现水平与其轨迹特点之间的关系做出结论，但这些初步结果确实表明有必要展开进一步的研究，对分析师表现与其轨迹特点间的潜在关系做出深入调查。

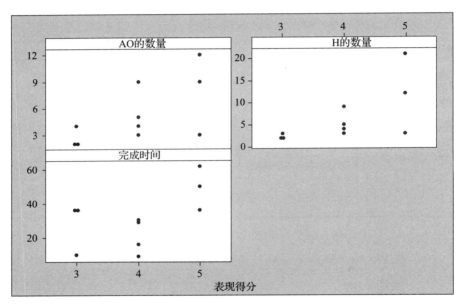

图 6-16　3 组表现得分不同的认知轨迹中的完成时间和 AOH 对象的数量

基于类似的策略，我们打算调查研究每种类型操作的数量是否以某种方式与分析师的表现相关。图 6-17 展示了这种比较的结果。高水平的分析师组，平均比其他两组使用了更多的过滤操作（AOP）。他们也倾向于做更多的上下文切换操作（HOP_SwitchContext）。最后，高水平组在已选的观察之间执行了更多的关联操作（OOP_Linking）。如前所述，我们需要更多的样本，并展开进一步的研究，来调查这些细致的轨迹特征是否以明显的统计学方式与分析师的表现水平相关。然而，目前这些初步结果的确表明，将分析师的认知轨迹特点与其表现水平进行比对，这个方向具有较好的研究前景。

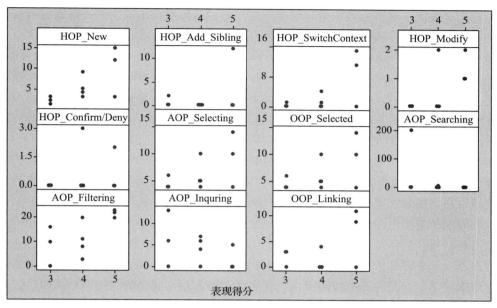

图 6-17　在不同水平的表现评分的认知轨迹中不同类型的操作的数量

6.5　小结

　　由于连接到互联网的计算设备得到了爆发式的发展，被用在个人健康监测和管理、环境和物理安全监控、智能家电、智能车辆、智能电网和无处不在的计算（例如 Google Glass）等方面，政府和企业的网空防御分析师也将不得不面对复杂程度和发生频率都快速提升的网空攻击。网空防御的最终目标是，即使在面对零日攻击（例如，利用网空防御者所不知道的漏洞进行攻击）时，也能提高网空防御的敏捷性，从而使从检测出攻击到创建出能够及早且有效发现未来近似攻击的自动化支持工具之间的时间间隔能够不断缩短，乃至于接近实时。在实现这一愿景的过程中，主要障碍是缺乏系统化的框架和支持方法／工具来采集专业网空防御分析师的分析推理过程。

　　在本章中，我们基于以往与专业网空防御分析师一同展开的认知任务分析工作，描述了目前对网空分析师的高阶认知过程的理解，并指出了使用现有方法采集分析师细粒度认知推理过程的困难。需要采用具有充分理论基础（具有高度普遍性）方法来克服这一困难，同时将此方法切实可行地"非侵入式"嵌入分析师的工作环境中。我们在此提出一个范例，并相信它有可能在不久的将来能够为更加敏捷的网空防御带来变革性的影响。我们在此总结这一框架的关键特性，以及这些特性如何有助于增强网空防御的敏捷性。

首先，动作－观察－假设概念模型的意义建构认知理论基础，使该框架能够被普遍地应用于广泛的任务和领域中。动作、观察和假设的概念能够自然地被分别映射至：分析师所执行的可观察动作；对呈现给分析师的海量数据的观察；以及分析师对攻击步骤、攻击序列和／或攻击计划所做出的假设。由于该框架建立在动作－观察－假设模型的基础上，因此它不仅可以被应用于实验研究案例中所示的战术层面的入侵检测，还可以应用于其他类型的战术层面网空分析任务（例如取证）以及战略层面的网空防御任务。事实上，该框架也可以应用于其他领域，如情报分析。

其次，该框架的非侵入特性使我们能够对认知过程采集机制嵌入专业分析师的工作环境中。系统会对分析师的行为（例如，数据操作、假设创建和假设完善）进行审计，并将其记录在"认知轨迹"中，同时不会打断分析师的工作。在分析师在选择数据源并从各个数据源中选出关注的具体数据项的同时，系统将自动对动作实例和相关的观察实例进行追踪。当分析师希望创建一个假设实例时，之前追踪到的观察将被自动包含在一个初始列表中，并将其作为 AO 单元（即动作－观察单元）。认知轨迹的非侵入式采集是使网空防御变得更敏捷的关键使能因素，因为它能够在尽可能早的时间内对认知轨迹进行采集，并显著减少对分析师推理过程进行提取所需的时间和成本（例如，由于分析师需要进行额外工作而带来的时间和成本）。

第三，如上述实验研究案例所证明，以非侵入式方式采集的认知轨迹，首次展现了分析师推理过程的重要特点，以及这些特点与分析师表现水平间的潜在关系。这些特征和关系提供了有效指导，即通过对推理过程进行分析（无论是在个体层面，还是在汇总层面），有助于完善培训计划以提高分析师的表现，也有助于设计认知辅助工具（Zhong等人，2014）。

总之，本章介绍了理论根据充分且可实践的用于采集和分析专业网空分析师的认知推理过程的非侵入式框架。它为进一步的研究提供了重要的依据，这些研究覆盖分析师之间（例如，两个相邻班次的分析师之间）的协作、支持分析师的可视化需求和设计、认知辅助工具，以及将所采集的推理过程用于完善培训规程，从而辅助提高分析师进行网空分析的工作质量与效率。

参考文献

Aamodt, A. and Plaza, E. (1994) "Case-based reasoning: foundational issues, methodological variations, and system approaches." *AI Commun.* 7, 1, 39–59.

Bell, J., and Hardiman, R. J. (1989) "The third role – the naturalistic knowledge engineer", in *Knowledge elicitation: Principles, Techniques, and Applications*, Dan Diaper (ed.), John Wiley & Sons, New York.

Biros, D., and Eppich, T. (2001) Human Element Key to Intrustion Detection, Signal, p. 31,

August.

Boriah, S., Chandola, V., Kumar, V.: (2008) Similarity measures for categorical data: A comparative evaluation. In: SDM, pp. 243–254. SIAM, Philadelphia.

Crandall, B., Klein, G., and Hoffman, R. (2006). *Working minds: A practitioner's guide to cognitive task analysis.* MIT Press.

Cunningham, P., (2008) "A Taxonomy of Similarity Mechanisms for Case-Based Reasoning," University College Dublin, Technical Report UCD-CSI-20080-11, January 6.

D'Amico, A., Whitley, K., Tesone, D., O'Brien, B., and Roth, E., (2005) Achieving Cyber Defense Situational Awareness: A Cognitive Task Analysis of Information Assurance Analysts, in Proceedings of the Human Factors and Ergonomics Society 49th Annual Meeting, 229–233.

D'Amico, A. and Whitley, K. (2008) "The Real Work of Computer Network Defense Analysts," *VizSEC 2007: Proceedings of the Workshop on Visualization for Computer Security*, Springer-Verlag Berlin Heidelberg, pp. 19–37.

De Mantaras, R. L., McSherry, D., Bridge, D., Leake, D., Smyth, B., Craw, S., Faltings, B., Maher, M. L., Cox, M. T., Forbus, K., Keane, M., Aamodt, A., and Watson, I. (2005) Retrieval, reuse, revision and retention in case-based reasoning. *Knowl. Eng. Rev.* 20, 3 (September 2005), 215–240.

Doyle, D. (2005) "A Knowledge-Light Mechanism for Explanation in Case-Based Reasoning," University of Dublin, Trinity College. Department of Computer Science, Doctoral Thesis TCD-CS-2005-71.

Durkin, J. (1994), "Expert Systems: Design and Development", Mamillan, New York, NY.

Erbacher, R. F. and Hutchinson, S. E. (2012) "Extending Case-based Reasoning to Network Alert Reporting", in *Proceedings of 2012 International Conference on Cyber Security*, pp. 187–194.

Erbacher, R. F., Frincke, D. A., Wong, P. C., Moody, S. J., Fink, G. A. (2010a) A multi-phase network situational awareness cognitive task analysis, Information Visualization 9(3): 204–219.

Erbacher, R. F., Frincke, D. A., Wong, P. C., Moody, S. J., Fink, G. A, (2010b) Cognitive task analysis of network analysts and managers for network situational awareness. VDA 2010: 75300

Ericsson, K. A. and Simon, H. A., (1980) "Verbal reports as data", Psychological Review, 87 (3), pp. 215–251.

Ericsson, K. A. and Simon, H. A., (1993) "Protocol analysis", MIT Press, Cambridge, MA.

Foresti, S. and Agutter, J., "Cognitive Task Analysis Report," University of Utah, CROMDI. Funded by ARDA and DOD.

Kolodner, J. (1983) "Reconstructive Memory: A Computer Model," *Cognitive Science* 7 (4), pp. 281–328.

Lebowitz, M. (1983) "Memory-based parsing," *Artificial Intelligence* 21, 4, pp. 363–404.

Long, J., Stoecklin, S., Schwartz, D. G., and Patel, M., (2004) "Adaptive Similarity Metrics in Case-based Reasoning," *The 6th IASTED International Conference on Intelligent Systems and Control* (ISC 2004), August 23–25, Honolulu, Hawaii, pp. 260–265.

Osborne, H. and Bridge, D., (1997) "Models of Similarity for Case-Based Reasoning," *Proc. Interdisciplinary Workshop Similarity and Categorisation*, pp. 173–179.

Ranganathan A., and Ronen, R. (2010) "Information-Theory Based Measure of Similarity Between Instances in Ontology," International Business Machines Corporation, United States Patent #7,792,838 B2.

Sanderson, P., Scott, J., Johnston, T., Mainzer, J., Watanabe, L., and James, J., (1994) "MacSHAPA and the enterprise of exploratory sequential data analysis (ESDA)", *Int. J. Human-Computer Studies*, 41, pp. 633–681.

Schank, R., (1982) *Dynamic Memory: A Theory of Learning in Computers and People* (New York: Cambridge University Press.

Soh, L. K., and Blank, T. (2008) "Integrating Case-Based Reasoning and Meta-Learning for a Self-Improving Intelligent Tutoring System. *Int. J. Artif. Intell. Ed.* 18, 1, 27–58.

Stahl, A. (2004) Learning of Knowledge-Intensive Similarity Measures in Case-Based Reasoning. PHD-Thesis, dissertation.de, Technische Universität Kaiserslautern.

Sterling, W. M., and Ericson, B. J. (2006) "Case-Based Reasoning Similarity Metrics Implementation Using User Defined Functions," NCR Corp., United States Patent # 7,136,852 B1, Nov. 14.

Sun, Z., Finnie, G., and Weber, K. (2005) "Abductive Case Based Reasoning," *International Journal of Intelligent Systems*, 20(9), 957–983.

Wang, H. and Dubitzky, W., (2005) "A flexible and robust similarity measure based on contextual probability." In *Proceedings of the 19th international joint conference on Artificial intelligence* (IJCAI'05). Morgan Kaufmann Publishers Inc., San Francisco, CA, USA, 27–32.

Zhong, C., Kirubakaran, D. S., Yen, J. and Liu, P., (2013) "How to Use Experience in Cyber Analysis: An Analyt-ical Reasoning Support System," in Proc. of IEEE Conf. on Intelligence and Security Informatics (ISI), pp. 263–265.

Zhong, C., Samuel, D., Yen, J., Liu, P., Erbacher, R., Hutchinson, S., Etoty, R., Cam, H., and Glodek, W. (2014) "RankAOH: Context-driven Similarity-based Retrieval of Experiences in Cyber Analysis," in Proceedings of IEEE International Conference on Cognitive Methods in Situation Awareness and Decision Support (CogSIMA 2014) pp. 230–236.

VAST Challenge 2012 http://www.vacommunity.org/VAST+Challenge+2012

第7章

适应分析师的可视化技术

Christopher G. Healey、Lihua Hao 和 Steve E. Hutchinson

7.1 引言

前几章所讨论网空态势感知面临的各项挑战，提出了为分析师和决策者提供辅助方法的要求。在许多领域中，数据可视化分析产品有助于对复杂的系统和活动进行分析。分析师采用图像化的分析形式，从而将其视觉观察能力用于识别数据中的特征，并将其领域知识应用于分析工作。同样，我们也可以预期在网空分析师的实践中，这种方式也能帮助形成对复杂网络的态势感知。在第5章中，我们涉及了与可视化相关的话题，包括对以网空分析师为代表的用户来说可视化的重要作用，以及可视化方面存在的误区和局限性等。在本章中，将详细介绍用于网空态势感知方面的可视化技术。首先，本章对科学可视化[⊖]和信息可视化[⊖]进行基础概述，并对近期用于网空

C. G. Healey (✉) • L. Hao

Department of Computer Science, North Carolina State University,

890 Oval Drive #8206, Raleigh, NC 27695-8206, USA

e-mail: healey@ncsu.edu; lhao2@ncsu.edu

S. E. Hutchinson

Adelphi Research Center, U.S. Army Research Laboratory,

2800 Powder Mill Road, Adelphi, MD 20783-1138, USA

e-mail: steve.e.hutchinson.ctr@mail.mil

⊖ 科学可视化，是科学之中的一个跨学科研究与应用领域，主要关注的是三维现象的可视化，如建筑学、气象学、医学或生物学方面的各种系统。重点在于对体、面以及光源等的逼真渲染，或许甚至还包括某种动态（时间）成分。摘自 Wikipedia。——译者注

⊖ 是对抽象数据进行（交互式的）可视化表示以增强人类感知的研究。抽象数据包括数值和非数值数据，如文本和地理信息。然而，信息可视化不同于科学可视化："信息可视化侧重于选取的空间表征，而科学可视化注重于给定的空间表征"。摘自 Wikipedia。——译者注

态势感知的可视化系统进行基础概述。然后，基于与专家级网空分析师所展开的大量讨论，我们针对可用于网空态势感知的可视化系统列举出一系列由推导所得到的需求集合。

最后，我们将对一个基于 Web 实现的工具进行案例分析，该工具通过使用图标作为核心表达框架，以满足上述的需求集合。我们对 JavaScript 语言的图表库做出扩展，从而向分析师提供灵活的界面以及关联分析的能力，从而辅助他们对潜在网空攻击形成的不同假设进行探索。我们将描述关键的设计元素，解释如何基于分析师的意图生成不同的可视化形式，以提供加强分析师态势感知的态势评估能力，并展示系统能够如何帮助分析师在潜在攻击的具体细节信息浮现时，快速通过一系列的可视化操作对细节信息进行探索。

数据可视化将原始数据转换为图像，从而使观察者能够"看到"数据的取值，以及数据间形成的关系。对数据进行可视化的动机是：图像能够让观察者运用他们的视觉观察能力，识别数据中的特征，对数据含义的不明确性进行管理，并且将领域知识以一种很难用算法实现的方式应用到分析工作之中。

可视化具有悠久而丰富的历史，最初是使用地图和图形来表示信息。一个著名的例子是，在 1854 年伦敦市中心区爆发霍乱期间，John Snow 构建了一个点描法地图来发现疫病受害者的聚集群体。根据聚集群体的位置，Snow 提出了假设，认为被污染的饮用水是造成这种疾病的原因。通过在该地区禁用公共水泵，有效遏制了疫情传播，也证实了这一结论。另一个例子发生在克里米亚战争期间（1853 ~ 1856）。弗罗伦萨·南丁格尔[⊖]作为一名护士志愿者，发现受伤士兵的生存条件非常差。这促使她创建了一个之后被称为玫瑰图或鸡冠花图的多维度饼图，用于记录战争中士兵的死亡原因。南丁格尔使用这些图表强调指出，可预防疾病导致的死亡数量，远远超过因受伤和其他不可预防原因所造成的死亡数量。

在这些早期的使用领域中，人们对可视化工作进行了持续的拓展。在统计学领域，Bertin 提出了以视觉形式表达信息的图形符号理论（Bertin，1967）。Chernoff 提出使用

⊖   Florence Nightingale（1820 年 5 月 12 日 ~ 1910 年 8 月 13 日），因她在克里米亚进行护理而闻名。她是世界上第一个真正的女护士，开创了护理事业。"5·12"国际护士节是全世界护士的共同节日，就是为了纪念这位近代护理的创始人而设立的，这一天就是弗洛伦萨·南丁格尔的生日。南丁格尔从小就显示出对数学的天分，后来，南丁格尔成为视觉表现和统计图形的先驱。她所使用的饼图，虽然在 1801 年由威廉普莱费尔所发明，但在当时仍是一个新颖的显示数据的方法。南丁格尔被描述为"在统计的图形显示方法上，是一个真正的先驱"，她发展出极坐标图饼图的形式，或称为南丁格尔玫瑰图，相当于现代圆形直方图，以说明她在管理的野战医院内，病人死亡率在不同季节的变化。她使用极坐标图饼图，向不会阅读统计报告的国会议员，报告克里米亚战争的医疗条件。（百度百科）——译者注

面部表情属性（Chernoff 脸谱图）来对多元数据进行可视化（Chernoff，1973）。1987 年，美国国家科学基金会（NSF）主办了科学计算可视化研讨会，研讨结果被提交至学术界，作为基于计算机的可视化领域的研究基础（DeFanti 和 Brown，1987）。最初的关注点，是对已知空间嵌入⊖的数据进行科学可视化：CT 或 MRI 数据重建后的立体可视化，地理空间数据的地形可视化，或表达流数据的矢量场的流可视化。后来，该领域扩展至面向更抽象数据的信息可视化：文档或网页的文本可视化，具有层次结构的数据细节的层次可视化，或者由变化视觉外观以表达多值数据集的标志符号所组成的多元数据可视化。

　　虽然科学可视化和信息可视化被视为两个子领域，但它们之间存在着明显的重叠。例如，这两个领域都涉及人类观察能力的问题：我们的视觉系统如何观察颜色、纹理和移动等基本属性，以及我们如何使用这些知识来构建有效的视觉表达。科学可视化和信息可视化都必须考虑多元数据——编码多个数据属性值的数据元素。

　　自上述的 NSF 研讨会以来，可视化领域明显变得更成熟。在 2005 年提出了可视化分析这一领域，明确地将数据分析和可视化结合在一起，用于进行迭代式的数据探索和假设测试（Thomas 和 Cook，2005）。这一研究领域持续在许多不同的方向得到发展。在犹他大学科学计算与成像（SCI）研究所所长 Johnson 发表的论文（Johnson，2004）中，包含了一个"顶尖科学可视化研究问题"的列表。例如，将科学研究整合到可视化中；错误与不确定性的表达；将对观察能力的研究整合到可视化中；利用新型的硬件设备；改善可视化系统中的人机交互。美国国家卫生研究院（NIH）和美国国家科学基金会（NSF）赞助的关于可视化研究挑战的报告，对这些建议（Johnson 等人，2006）做出了回应。虽然从 Johnson 提出原始的列表至今已过去了近 10 年，但其中的许多领域仍然在不断产出新的研究成果。

7.2　可视化设计的形式化方法

　　许多研究人员提出了以结构化形式对可视化设计进行组织或描述的方法，例如，根据被可视化的数据，根据使用的视觉属性，或根据可视化所支持的任务。

　　我们提出了一个形式化方法，以描述数据如何被映射至诸如亮度、色调、大小和方向的视觉属性。数据经过此数据 – 特征映射，形成一个能够展示各个数据取值及其所形成模式的视觉表达，这就是一种可视化。

　　输入数据集 D 由一个或多个数据属性 $A = \{A_1, \cdots, A_n\}$ 组成。存储在 D 中的每个数据元素 e_i 包含每个数据属性的一个取值，$e_i = \{a_{i,1}, \cdots, a_{i,n}\}$。为了可视化数据集 D，选择包

　　⊖　嵌入是一个数学概念，是指一个数学结构以映射包含在另一个之中。——译者注

含 n 个视觉特征的集合 $V = \{V_1, \cdots, V_n\}$，每个视觉特征对应于 A 中的一个数据属性。最后，定义映射集合 $M = \{M_1, \cdots, M_n\}$，将 A_i 域映射到 V_i 的范围中。

举个简单的例子，我们回到熟悉的在地图上可视化数据的技巧上。就像任何气象站点都会提供的气温地图。这里，D 由三个属性组成：$A = \{A_1 : \text{longitude}（经度），A_2 : \text{latitude}（纬度），A_3 : \text{temperature}（气温）\}$。视觉特征集合 $V = \{V_1 : x, V_2 : y, V_3 : \text{colour}（颜色）\}$，用于将以数据元素 $e_i \in D$ 形式存储的世界各地气温读数，转化为视觉表现形式。M_1 和 M_2 将数据元素 e_i 的经度和纬度映射至绝对的 x 和 y 坐标值。通过这些映射可以将地图放置在可视化窗口内，并且可以变化其大小和宽高比例。M_3 将温度值映射至不同的颜色，通常映射在一个离散的彩虹色标上，对应于彩虹的颜色范围：紫靛蓝绿黄橙红。正如在许多温度图谱中所见到的，紫色和蓝色代表冷的温度，橙色和红色代表热的温度，绿色和黄色代表中间的温度。

更复杂的数据集具有更多的数据属性。例如，假设我们对天气数据集做出扩展，不仅包含气温数据，还包含气压、湿度、辐射和降水数据。这将需要一个使用更多视觉特征以及数据 – 特征映射的可视化设计。在这样的情况下，对特征和映射方式做出选择并使其能够有效地在一起发挥效果，就变得困难了。另一方面，我们也可能会增加对天气读数的采集数量。但是，即使在高清晰度显示器上，一旦数据元素的数量超过 220 万，在显示器上就没有足够的像素来可视化每一个数据元素。引入其他的定位属性，如海拔和时间，会使可视化设计的需求进一步变得复杂。而且还可能存在非数字型的数据属性。假设数据集 D 包含属性 "$A_4 : \text{forecast}（预报）$"，在给定位置和一年中给定时间内的平均与极端天气情况所构成的上下文背景中，该属性可以提供对当前天气情况的文字描述。选择一个视觉特征和一个映射关系，将文字形式的预报信息转化为视觉表现形式，这本身就是一个具有挑战的问题。可视化领域的研究人员正在研究解决这类问题的新技术。

基于以上概述，似乎很明显的是：可视化具有重要潜力，可以对网空态势感知领域做出贡献。事实上，许多已有的态势感知工具都使用诸如图表、地图和流程图的可视化技术，向分析师呈现信息。然而，关键问题是研究如何将可视化技术最好地整合至网空态势感知领域。例如，哪些技术最适合于该领域常见的数据和任务？将这些技术整合进分析师已有工作流程与心智模型的最佳方法是什么？网空态势感知存在的问题会如何驱动可视化方面的创新研究？

7.3 网空态势感知的可视化

研究可视化的学术圈，最近将注意力聚焦于网空安全和网空态势感知领域。在早期对网空安全数据的视觉分析中，通常依赖于在文本表格或列表中呈现数据的基于文本的方法。遗憾的是，这些方法不能被很好地扩展，因为它们不能完全地表达在复杂网络数据或安全数据中的重要模式与关系。在后续的研究工作中，则采用了更复杂的可视化方法，如点边图、平行坐标系和树状图，以突显出在不同安全属性及网络流量中的模式和层次化数据关系。由于该领域产生的数据量可能非常庞大，所以许多工具采用了一种熟悉的信息可视化方法：综合使用概览、缩放与过滤以及按需呈现细节等操作的可视化方法。在这种方法中，首先呈现数据的概览。这使分析师能够对数据进行过滤和缩放，以聚焦于数据的一个子集，然后按需请求获取该子集的进一步详细信息。当前的安全可视化系统通常由多种可视化方法组成，每种可视化方法各自能够以不同的角度和不同的细节程度对系统安全状态的不同方面进行调查分析。

7.3.1　对安全可视化的调研

对网空环境中的可视化研究已经达到了一定的成熟度水平，在该领域已有一些调研报告。这些报告不仅提供了有用的调研概述，还提出了以不同的维度对可视化技术进行组织或分类的方法。

Shiravi 等人发表了网络安全可视化技术的调研报告（Shiravi 等人，2012），在对当前的可视化系统进行概述的基础上，他们还进一步对数据源和可视化技术的广泛类别做出了定义。可以在其中一个坐标轴上按照数据源对可视化技术进行细分：网络追踪（数据）、安全事件（event）、用户和资产上下文背景（例如，漏洞扫描或身份管理）、网络活动、网络事件和日志记录。在另一个坐标轴上考虑对用例做出分类：主机 / 服务器监控、内部 / 外部监控、端口活动、攻击模式和路由行为。将许多的可视化技术作为不同数据源和用例的组合示例进行描述。在文献的未来工作方向展望部分作者们专门强调了关于态势感知的问题，指出许多可视化系统需要尝试提高重要情境的优先级，并突显出关键的事件，从而作为对网络中所产生大量数据进行概括呈现的一种方法。他们将态势感知和态势评估进行区分，将前者定义为"知识的一种状态"，将后者定义为"达到态势感知的过程"。将原始数据转化为视觉形式是态势评估的一种方法，旨在向分析师呈现信息以增强他们的态势感知。

Dang 和 Dang 也对安全可视化技术进行了调研，重点关注基于 Web 的实现环境（Dang 和 Dang，2013）。Dang 根据可视化系统所运行的位置对它们进行分类：客户端、服务器端或 Web 应用程序。客户端的可视化系统通常比较简单，侧重于防止网络用户遭受诸如网络钓鱼的攻击。服务器端的可视化系统，是为系统管理员或网空安全分析师所设计的，假定他们具有一定的技术知识水平。这些可视化系统通常规模更大且更复杂，侧重于多元数据展示，以向分析师呈现网络的多个属性。大多数的网络安全可视化工具属于服务器端这一类别。最后一类可视化系统面向 Web 应用程序的安全性。这是一个复杂的问题，因为它涉及 Web 开发人员、管理员、安全分析师和最终用户。Dang 还对服务器端的可视化系统做出细分，根据主要目标分为：网络管理、监控、分析和入侵检测；根据可视化算法分为：像素、图表、图形和 3D；根据数据源分为：网络包、NetFlows 和应用程序所生成的数据。多种技术属于各个类别的交集。

新的安全与网空态势可视化系统被不断地提出。我们在此呈现一些近期出现的技术，并根据可视化类型进行细分，进而介绍在安全和态势感知领域的上下文背景中的不同可视化方法。

7.3.2　图表和地图

如以上概述所提到的，图表和地图是两种最常见的可视化技术。使用熟悉的方法，可以通过减少分析师"学习"可视化所需的精力，从而提高工具的易用性。通常将数据汇总后形成柱状图、饼图、散点图或地图。作为可视化设计的一部分，需要将诸如网络流量或入侵告警的抽象数据，在空间中进行放置。在图表的坐标轴上嵌入数据，是放置数据元素的常见方法——例如，在散点图中将 IP 地址 $A = \{A_1 : $ source IP（源 IP 地址），$A_2 : $ destination IP（目的 IP 地址）$\}$ 映射至对应的水平和垂直坐标轴坐标上的视觉特征集 $V = \{V_1 : x, \ V_2 : y\}$；或为每个数据元素设定地理位置，例如，估计 IP 地址的经纬度坐标，然后将 $A = \{A_1 : $ longitude（经度），$A_2 : $ latitude（纬度）$\}$ 转换至视觉特征集 $V = \{V_1 : x, V_2 : y\}$。

Roberts 等人提出了基于堆叠柱状图和地理位置热图的 StatVis 系统，用于可视化随时间发生变化的网络健康状况（Roberts 等人，2012）。堆叠柱状图和热图被用于呈现不同地理区域的机器状态概况。可以使用一个单独的十字线准星来控制对各个机器细节的可视化，其结果是将概况与按需提供细节信息结合起来，从而获得对计算机网络状态的实时态势感知。

一个名为 VIAssist 的类似可视化系统，通过将不同的图表关联在一起，对网络安全数据进行可视化，以从多个角度呈现数据（Goodall 和 Sowul，2009）。当在一个可视化显示中选中（或轻触）数据元素时，同一元素也会在其他系统中被突出显示（或被连接）。这样可以识别出数据元素在不同的可视化显示中是如何相互关联的。在概况中使用柱状图和饼图来可视化任何数据属性的最常见元素，而协调联动的视图中则使用各种图表和地图来呈现可视化显示间的彼此关联关系。这使分析师能够使用不同的可视化技术来对计算机系统的不同部分进行评估。

7.3.3　点边图

另一种常见的可视化技术是点边图，其中节点和连接边分别对应于数据元素和元素之间的关系。例如，节点可以代表机器集群，连接边代表机器集群之前的网络连接。点边图还支持对图算法的应用，以分析网络结构或网络中流量的模式。

NetFlow Visualizer 可视化系统，在不同的聚合程度上使用点边图中的有向边来代表网络设备之间的通信，使用点边图中的节点来代表网络设备（Minarik 和 Dymacek，2008）。这使分析师能够对持续变化的网络状态形成态势感知，并聚焦于其关注的个别流量。可以将图形可视化与包含个别网络属性具体取值的电子表格关联在一起。分析师可以指定使用不同的数据属性来控制节点与连接边的大小 / 粗细和颜色。

7.3.4　时间轴

为了理解数据集合，掌握其随时间推移而发生变化的情况，往往是至关重要的。因此，时间轴是在网空态势感知中使用的另一种常见可视化方法。虽然时间轴与图表相似，其具体作用是强调数据集中的时序模式和关系，例如，某线图将数据属性集 $A = \{A_1 :$ time（时间），$A_2 :$ frequency（频率）$\}$ 映射至视觉特征集 $V = \{V_1 : x, V_2 : y\}$。

由 Phan 等人设计的 Isis 可视化系统提供两种可视化方式——时间轴和事件图——将二者关联起来，能够支持对网络入侵的迭代式调查（Phan 等人，2007）。Isis 可视化系统的时间轴可视化，以直方图的形式呈现了网络流时间序列的概况。事件图则使分析师能够对数据的子集进行钻取分析，通过将数据属性集 $A = \{A_1 :$ time(时间)$, A_2 :$ IP address(IP 地址)$\}$ 映射至视觉特征集 $V = \{V_1 : x, V_2 : y\}$，所形成的散点图能够揭示出个体事件的模式。散点图中的标记代表了个体的 NetFlow。可以通过改变这些标记的形状、大小和颜色，对 NetFlow 的属性进行可视化。

PortVis 可视化系统也使用时间轴来可视化基于网络端口的安全事件（McPherson 等人，2004）。这种时间轴是在较长的时间窗口（例如，数百小时）内对安全事件进行汇总的理想选择。它使用散点图来可视化数据属性集 $A = \{A_1 :$ port number（端口号），$A_2 :$ time（时间）$\}$，将其映射至横坐标轴和纵坐标轴的视觉特征集 $V = \{V_1 : x, V_2 : y\}$。更详细的可视化也可用于在更短时间窗口内的态势评估：用于调查分析各个端口上活动的主要可视化，以及使用柱状图呈现不同端口上属性取值的详细可视化。

7.3.5　平行坐标系

平行坐标系（PC）是一种对多元数据进行可视化的技术，使用一系列 n 个纵坐标轴，每一个坐标轴对应于数据集中的一个数据属性。每条坐标轴覆盖对应属性的取值域，包含从底部的最小值到顶部的最大值。每个数据元素，由该元素的属性取值所确定的在每条对应坐标轴上的位置表示。将相邻坐标轴上的位置用线段连接起来，把该元素可视化为一条折线。平行坐标的一个重要优势，在于可代表数据属性的数量和类型的灵活性。

例如，假设 Fisher 的 Iris 数据集中所包含三种鸢尾花的 450 个测量值，其数据属性集 $A = \{A_1 : \text{type}（种类），A_2 : \text{petal width}（花瓣宽度），A_3 : \text{petal length}（花瓣长度），A_4 : \text{sepal width}（花萼宽度），A_5 : \text{sepal length}（花萼长度）\}$。使用视觉特征集 $V = \{V_1 : \text{colour}$（颜色），$V_{2-5} : \text{PC axis}（平行坐标系坐标轴坐标）\}$ 对数据进行绘制，生成如图 7-1 所示的可视化显示。通过可视化，众多的关系就变成可见的了，例三个物种之间，各个物种的花瓣长度与宽度具有相关性，而且花萼的长度与宽度也具有相关性。锦葵鸢尾和蓝鸢尾具有相似的长度和宽度模式，但是锦葵鸢尾花则有更大的花瓣。两个物种（锦葵鸢尾和蓝鸢尾）都有与其花萼大小相同的花瓣。而山鸢尾有比花瓣更大的花萼。

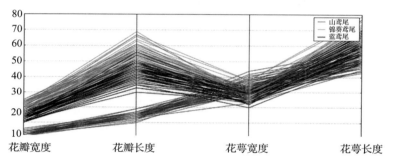

图 7-1　对 Fisher 的鸢尾花数据集中数据的平行坐标系可视化

在 PicViz 可视化系统中使用了平行坐标系对网络数据进行可视化（Tricaud 等人，2011）。平行坐标系对于此类数据很有效，因为平行坐标系的可视化可以包含数量、时间、字符串、枚举值、IP 地址等。PicViz 可视化系统是为了调查分析 Snort 日志数据中多个属性之间的相关性而开发的。平行坐标系的有效性与可读性，通常会受到其坐标轴顺序的影响。PicViz 可视化系统支持对坐标轴进行快速重组，以针对给定的调查分析工作确定最适合的坐标轴序列。如图 7-1 所示，元素折线都被着色以表示用户所选的附加属性。这样可以在发现属性异常后，对出现异常的属性进行更仔细的检查。

在另一个可视化系统 Sol 中，同样使用了平行坐标系，但是这个系统选用了水平的平行坐标轴（Bradshaw 等人，2012）。Sol 的流容器使用两个平行坐标轴对 NetFlow 进行可视化，顶部的平行坐标轴表示网络流的来源地址，底部的平行坐标轴表示网络流的目的地址。分配给来源地址坐标轴和目标地址坐标的常见数据属性包括 IP 地址或地理位置。图中的小"箭头"表明从来源平面流向目标平面，并对在用户指定时间窗口内的 NetFlow 活动量进行可视化。用户还可以插入中间的坐标轴来对额外的数据属性进行可视化。这将导致 NetFlow 箭头在从来源到目标平面的过程中贯穿多个状态，其中每一个状态对应一个额外的数据属性。

7.3.6　树形图

具有层次化结构的数据，可以被可视化为树形图，即一种基于数据属性不同取值出现的频率而对矩形区域进行递归细分的可视化技术。直观地说，树形图通过在其父节点区域中嵌入叶节点，将多级树可视化为二维"地图"。

如图 7-2 所示，它根据数据属性集 $A = \{A_1: \text{region}$（区域），$A_2: \text{parent}$（上级区域），$A_3: \text{revenue}$（收入），$A_4: \text{profit}$（利润）$\}$ 对数据集进行细分。代表全球这个顶级区域的矩形被细分为三个大洲：北美洲、欧洲和非洲，并根据每个大洲的利润确定对应子区域的大小。对应各大洲的区域被进一步按照国家或州进行细分，形成了按照地理位置的层次化分解。视觉上，采用视觉特征集 $V = \{V_1: \text{text label}$（文字标签），$V_2: \text{spatial location}$（空间位置），$V_3: \text{size}$（大小尺寸），$V_4: \text{chromaticity}$（色度）$\}$。每个子区域的大小尺寸可以对其收入进行可视化，并且使用综合了颜色和饱和度（即色度）的双端色标来对其利润进行可视化：绿色为正值，红色为负值，其中越极端取值的色度越强。

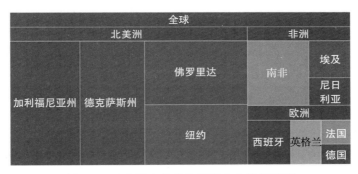

图 7-2　三大洲中各州和各国收入的树形图

Kan 等人在 NetVis（一种网络安全监控工具）可视化系统中使用了树形图（Kan 等人，2010）。将公司内部的网络，首先根据部门，然后根据部门内的主机，进行细分。通过颜色来标识某主机在分析师指定的时间窗口期内是否出现了 Snort 告警。对于存在告警的节点，使用颜色的亮度对告警数量进行可视化：颜色越亮表示告警越多。

Mansmann 等人在网络监控和入侵检测方面比较了树形图和点边图（Mansmann 等人，2009）。Mansmann 的树形图中包含由分析师所选定的一组当前遭受攻击的本地主机，并按 IP 地址对其进行层次化的组织。围绕树形图的边界排列了攻击主机，并通过从攻击者到攻击目标的连接，指示出攻击发生在哪里。树形图中每个节点的大小和颜色可以被指定对应于不同的变量，包括网络流计数、网络包计数或被传输字节数。作者指出，与标准点边图相比，树形图具有很多优点和缺点，例如，树形图可以体现出子网结构并更好地强调外部攻者与内部主机之间的关系，但攻击者和本地主机之间的线段可能会阻挡住树形图的节点，并隐藏它们所可视化的信息。

7.3.7　层次可视化

在许多情况下，数据集可以被结构化地组织成为多个层面的细节。例如，可以使用按照网络标识符将个体地址汇聚而成的概况信息代表一个 IPv4 地址，而在其中则是包含着主机标识符的详细视图。其他常见的例子，包括按照地理位置、攻击类型等进行的汇总。由于多方面原因，对这种上下文相关结构的可视化能力是有用的。首先，概况可用于呈现对数据集的直观综述。其次，层次可视化有助于分析师根据层次结构选择逻辑相关的数据子集。这非常符合在信息可视化中采用的方法，在可视化概览的基础上，进行缩放和过滤操作，然后按需呈现细节。

相关文献（Cockburn 等人，2008）中研究了两种对大型层次化结构进行信息可视化的方法："概览 + 细节"与"焦点 + 上下文"。"概览 + 细节"方法结合了对数据集的概览以及内部细节。树形图就是这种可视化方法的范例。"焦点 + 上下文"方法展示了对数据集（即上下文）的概览，并允许用户在特定位置（即焦点）上请求更多细节。一种常见的"焦点 + 上下文"方法，是首先提供对数据集的概览，然后允许分析师在概览视图中放置"放大镜"。在"放大镜"之下的数据会被"放大"以显示内部细节。

NVisionIP 可视化系统对 NetFlow 数据采用三种不同详细程度的可视化：网络状态的概况、可疑机器组的汇总以及单台机器的细节（Lakkaraju 等人，2004）。在星系图可视化中，以散点图的形式呈现当前网络状态的概况，将数据属性集 $A = \{A_1 : \text{subnet}（子网），A_2 : \text{host}（主机）\}$ 映射至视觉特征集 $V = \{V_1 : x, V_2 : y\}$。散点图中的每个标记都标识着出现在网络流中的一个 IP 地址。分析师可以选择一组显现出异常流量模式迹象的主机，并进行放大操作，以两个直方图来比对主机之间的流量：其中一个直方图表现若干常见网络端口上的流量，另一个则表现其他所有网络端口上的流量。最后，通过针对个体机器的详细视图，可视化了在分析师所选定时间窗口中一台机器上所有网络流量按照不同协议和不同网络端口的字节计数和流计数。

虽然这些安全可视化系统旨在支持更灵活的用户交互，以及关联各种不同的数据源；但是，它们中的多数仍然会迫使分析师在一套相当受限的静态可视化表现形式中做出选择。例如，Phan 等人使用图表进行可视化，但是这些图表的 x 轴和 y 轴上的属性是固定的。诸如 Tableau 或 ArcSight 这样的通用商业可视化系统能够提供更灵活的可视化集合，但是它们却没有在可视化和人类的感知能力方面提供指导，因此必须要在可视化专家的配合之下，分析师才能有效地展现数据。最后，许多系统缺乏可扩展的数据管理架构。

这意味着整个数据集在被过滤、展现和可视化之前，必须先被加载到内存中，这增加了数据传输的成本并限制了数据集的大小。

7.4   可视化的设计理念

我们的设计理念，是基于与多个研究机构和政府部门的网空安全分析师所展开的讨论。绝大多数的分析师认同，根据直觉判断，可视化应该非常有用。然而，在实际工作中，他们发现很少能够做到将可视化整合到工作流程中以带来显著的提升。经常听到的评论是："研究人员对我们说，这是一种可视化工具，咱们可以一起把你们的问题适配到这个工具上。但是，我们实际需要的是一种能够适应于我们所面对问题的工具。"这不是安全领域所独有的现象，但它表明安全分析师可能会对工具和技术与他们当前的分析策略之间所存在的偏差更敏感，因此对面向通用目的的可视化工具和技术的接受度较低。

然而，这并不是说，可视化研究人员应该只提供安全分析师所要求的。我们的分析师对于他们想要如何对数据进行可视化提出了高阶的建议，但是他们并没有可视化的经验，也没有专业能力来设计具体解决方案并评估其是否满足他们的需求。为了解决这些问题，我们发起了与主要政府研究实验室同事的合作机制，以创建符合以下条件的可视化方案：满足分析师的需求，充分利用可视化研究社区中已有的知识和最佳实践。

再者，虽然这种方法并不是独有的，但它确实提供了一个可以在网络安全领域的上下文中研究可视化技术优缺点的机会。特别是，我们很好奇应该从哪些通用技术（如果有的话）开始入手，以及需要做出多大的改动才能使其能够变得对分析师有用。如此看来，我们的方法不会显式地将关注点局限在网络安全数据之上，而会将关注点放在网络安全分析师身上。通过支持分析师的态势感知需求，我们能够一并有效地实现将分析师所面对的数据进行可视化的目标。

通过进行讨论，我们确定了一套初始的需求集合，以实现成功的可视化工具。有趣的是，这些需求并没有显式地指出设计的决策。例如，它们没有确定我们应该可视化哪些数据属性，也没有确定我们应该如何表示这些属性。相反，它们会通过一系列分析师可能会希望（或不希望）如何使用可视化的高阶建议，来对可视化的设计做出隐式的限制。我们将这些分析师的建议评论归纳为六大类：

- **心智模型**。可视化必须"适应于"分析师用于调查问题的心智模型。分析师不太可能为了使用可视化工具而改变他们分析处理问题的方式。
- **工作环境**。可视化必须能够整合进分析师的当前工作环境。例如，许多分析师使用 Web 浏览器来查看以网络监控工具所定义格式存储的数据。
- **可配置性**。静态且预定义的数据呈现形式通常是无用的。分析师需要根据其正在调查的数据，从不同角度来查看数据。

- **易用性**。分析师应当熟悉可视化。具有陡峭的学习曲线的复杂呈现方式通常不太可能被选用，除非能够找到一个体现出明显成本效益优势的特定场景。
- **可扩展性**。可视化机制必须支持来自多个数据源的查询并从中获取数据，每个数据源都可能会包含非常大量的记录。
- **整合**。分析师不会因为使用新的可视化工具而改变他们当前的解决问题策略。因此，可视化必须提供有效的支持作用来增强这些解决问题的策略。

7.5　案例研究：对网络告警的管理

网络安全分析师的一项常规任务，就是对系统内的网络告警进行主动监控。通常，会按照告警的严重性等级（低、中、高）对告警进行归类，配合简短的文字概述作为标注，并每隔几分钟在 Web 浏览器中刷新显示一次。分析师有责任快速决定需要对哪些告警（如果有的话）展开进一步的调查。当识别出可疑的告警时，会对更多的数据源进行查询，以搜寻对应的上下文环境信息和支撑证据，以决定是否对告警进行升级处理。通常情况下，各个数据源都会被独立管理。这意味着查询结果必须由分析师手动关联，通常需要他们对工作记忆中的多个发现进行协调。我们被要求设计一种可以按照以下需求来支撑分析师工作的系统：1）使分析师能够更有效用且更有效率地识别出上下文信息；2）将来自多个数据源的结果整合到一个统一的综述中；3）选择最适合于分析师的数据和任务的可视化技术；4）为分析师提供按需准确控制显示哪些数据以及如何表现数据的能力。

分析师的需求意味着我们在确定分析师的数据和任务，以及设计最优表现这些数据的可视化方式时，不能拘泥于常规策略，而且还需要根据分析师的反馈对设计做出修订。工作环境、可用性和整合方面的制约条件，以及来自分析师的建议评论，都表明采用不熟悉表现形式的一种全新可视化方法可能是不适合的。由于缺少能够满足所有分析师需求的已有工具，我们决定设计一个框架，能够运行在基于 Web 的分析师使用环境中，采用图表这一基础且熟悉的可视化方式。我们对此框架做出了一系列的修订，以使其能够满足分析师的每一个需求。单独来看，每项改进的范围似乎都是很适中的。然而，我们认为，这些修订项决定了分析师是使用这些系统，还是不使用这些系统。而且分析师也赞同这种观点。最后，这些修订项展示出了令人惊讶的表达能力和灵活性，这表明该设计的某些部分在网络安全领域之外也是有用的。

对我们所提出设计方案的可配置性、可用性、可扩展性和整合需求，需要实现灵活的用户交互，而且需要将多个大型数据源组合起来进行可视化。对工作环境的需求，则进一步规定了只能在分析师目前使用的工作流程之中实现可视化。为了做到这一点，该系统结合了 MySQL、PHP、HTML5 和 JavaScript 等组件或技术，以形成基于 Web 的网络安全可视化系统，使用该系统可以将多个用户可配置的图表组合起来加以应用，从而分析出可疑的网络活动。

我们采用了 Shiravi 所提出的态势感知作为一种"知识状态"的定义，以及态势评估作为一种"实现态势感知的过程"的定义。在这个上下文语境中，可视化工具被设计用于支持态势评估。期望通过提供有效的态势评估，从而能够有助于增强态势感知。

7.5.1　基于 Web 的可视化

该可视化实现，使用 HTML5 的 Canvas 元素，作为一个 Web 应用程序运行。这种实现方式的效果不错，因为它不依赖于外部插件，而且可以在任何一个现代 Web 浏览器中运行。其中使用二维图表对网络数据进行可视化（Heyes，2014）。基本图表是最为人所知而且也是得到广泛使用的一种可视化技术。这满足了易用性的需求，因为图表在分析师所接触过的其他安全可视化系统中很常见，而且是一种能够有效展现分析师所要探索的数值、趋势、模式和关系的可视化方法。

7.5.2　交互的可视化

为了实现由分析师驱动的图表可视化，系统提供了一个基于 Canvas 元素和 jQueryUI JavaScript 库并且具有事件处理能力的用户界面，以支持实现更高阶的 UI 部件和界面操作。此设计允许完全控制将哪些数据属性分配至图表的那些坐标轴。这种功能被证明是相当具有表达能力的，分析师可以据此产生一系列有趣的图表和图表类型。分析师还可以附加上额外的数据属性，按照这些属性来控制图表中代表数据元素的标志符号的外观。例如，标志符号的颜色、大小和形状都可以用于可视化这些额外属性值。

7.5.3　分析师驱动的图表

在通用的信息可视化工具中，查看者通常会精确地定义他们所要的可视化方法。目前的可视化系统基于以下原则自动选择初始的图表类型：对不同类型图表的优点、局限性和用途的知识了解；分析师要求进行可视化的数据。例如，如果分析师要求查看某个单一数据属性的取值分布情况，系统会建议使用饼图或柱状图。如果分析师要求查看两个数据属性之间的关系，系统会建议使用散点图或甘特图。

图表的坐标轴则是根据数据属性的特点而初始确定的，例如，柱状图的 x 轴确定为代表属性的分类，而 y 轴则确定为代表聚合的计数。如果选择了类似于数据属性集 $A = \{A_1 : source\ IP（源\ IP\ 地址），A_2 : destination\ IP（目的\ IP\ 地址）\}$ 的两个分类属性，则数据属性被映射至散点图的坐标轴，对应的视觉特征集为 $V = \{V_1 : x, V_2 : y\}$，而散点图上的标记则代表某一对 IP 地址之间的网络流（图 7-3c）。

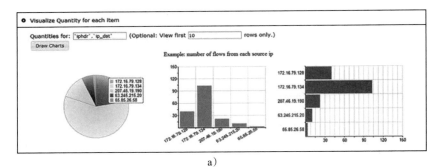

a)

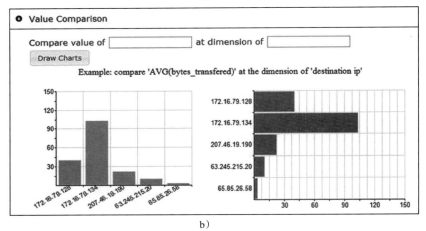

b)

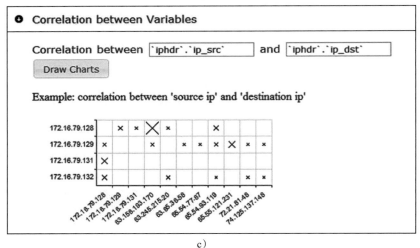

c)

图 7-3　按用例对图表分类：a) 饼图和柱状图，进行比例分析；b) 柱状图，单一维
度上的取值比较；c) 散点图，关联分析

如果数据属性集 $A = \{A_1 : \text{time}（时间），A_2 : \text{destination IP}（目的 IP）\}$，则再次使用视觉特征集为 $V = \{V_1 : x，V_2 : y\}$ 的散点图（图 7-4a）。对数据属性集如 $A = \{A_1 : \text{time}（时间），A_2 : \text{destination IP}（目的 IP 地址），A_3 : \text{duration}（持续时间）\}$ 的 NetFlow 属性进行可视化，首先可以产生一个甘特图，其中标志符号的矩形范围条对应于视觉特征集 $V = \{V_1 : x，V_2 : y，V_3 : \text{width}（宽度）\}$，以表现不同的网络流（图 7-4b）。具有相同 x 和 y 取值的数据元素被组合在一起，并使用额外的视觉属性来显示其计数。例如，在可视化源 IP 地址和目的 IP 地址之间的网络流量的散点图中，每个标记的大小表明了两个地址之间的连接数。在甘特图中，每个范围条的不透明度，表明了在某个时间范围内特定目的 IP 地址上发生的网络流数量。

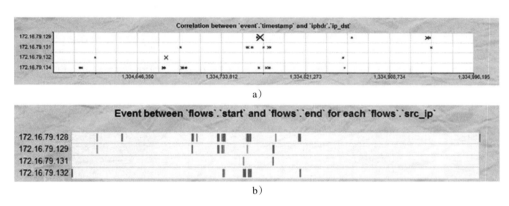

图 7-4　散点图和甘特图：a) 在时间范围内按照目的 IP 地址对连接计数进行可视化；b) 按照源 IP 对网络流的时间范围进行可视化

更重要的是，分析师可以自由地改变上述的这些初始选择。系统将如同处理那些自动选择的属性那样，来解释分析师们所做出的修改。这使分析师能够采用自动选择的最合适图表类型（饼图、柱状图、散点图或甘特图）开始着手分析，其中对图表类型的自动选择是基于分析任务、指定至图表坐标轴的数据属性，以及分析师要求对每一个数据点进行可视化的附加信息。

7.5.4　概览 + 细节

可视化系统使分析师能够对输入进行过滤，或通过交互操作选择现有图表中的子区域进行放大，从而聚焦于数据的子集。在上述任一情况下，都需要重新绘制图表，使其仅包含所选的元素。例如，考虑由分析师创建的散点图，其中每个交叉线标记的大小编码了网络流的数目，而这些网络流则对应于源和目的 IP 地址（绘制在图表的 x 轴和 y 轴上）。图 7-5b 是对图 7-5a 中被选中子区域进行放大的结果。在原始的散点图中，不容易区分所选子区域中网络流计数之间的差异。经过缩放后，会对当前可见元素的交叉线标记的进行重新缩放，突显出网络流计数的差异，特别是能够看清楚底部行对应的目的 IP 地址 172.16.79.132 上网络流计数的差异变化。相同类型的缩放操作也可应用到甘特图上（图 7-5c 和图 7-5d）。经过放大到选定的区域后，原始图表中彼此粘连覆盖的网络流被分离开了，有助于分析师区分时间戳。

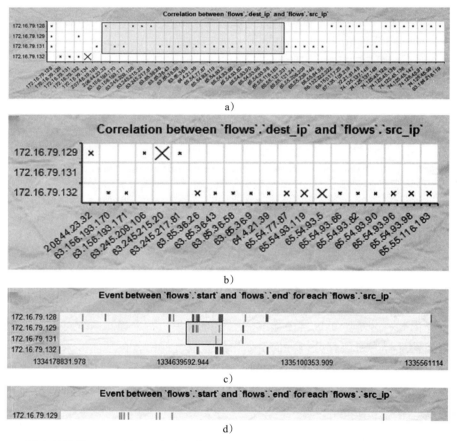

图 7-5　图表的缩放：a）选择了缩放区域的原始散点图；b）缩放结果；c）选择了缩放区域的原始甘特图；d）缩放结果

7.5.5　关联的视图

　　分析师通常会展开一系列的调查分析，通过关联多个数据源并在多个细节层面探索数据，从而追寻新的发现。这需要可视化系统能够提供多个视图以及灵活的用户交互。该系统通过产生关联的 SQL 查询语句，并扩展 RGraph 库以支持不同图表之间的依赖关系，从而实现对多个数据源的关联。

当分析师研究图表的时候，他们的态势感知可能会发生改变，产生对网络活动成因或效应的新假设。将图表关联起来，可以使分析师能够立即从当前视图中生成新的可视化视图，从而对这些假设做出探索。通过这种方式，该系统使分析师能够展开一系列的分析步骤，每个分析步骤都建立在之前的发现基础之上，并按需产生新的可视化视图以支持当前的调查分析。

与缩放操作类似，分析师可以通过选定区域并请求建立子画板（canvas），从而为关注的区域创建相关联的多个图表。系统生成一个约束条件，据此在单独的窗口中提取关注的数据。然后，分析师可以选择需要包含的新数据属性，或者选择新的表格或约束条件以添加至新的图表。

7.5.6　分析过程示例

为了演示该系统，我们描述了一个场景，在这个场景中将使用该系统探索由 NCSU 的网络安全同事所采集的陷阱数据[⊖]。该数据的目的是作为自动入侵检测算法的输入。这提供了一个接近现实世界的测试环境，并且还提供了自动化系统的结果，从而使我们有可能对人类分析师在具有和不具有可视化支持的条件下的执行情况进行比较。该数据中有 4 个不同的数据集可用于可视化：Netflow 数据集、告警数据集、IP 包头数据集和 TCP 包头数据集。

NCSU 的安全专家在此示例场景中担任分析师。可视化过程从抽象层次的概览开始，分析师据此形成初始的态势感知。接着，通过对关注的子区域进行高亮选中和放大操作，实现对不同假设的探索分析。分析师产生相关联的多个图表，以在更详细的层次对数据进行钻取和分析，并将其他支持数据导入可视化视图中，所有这些都旨在加强对网络特定子集的态势感知。添加一个新的流数据集，可以将对关注子集的分析拓展到更大的一组数据源。可视化系统通过根据分析师当前的关注和要求，生成不同类型的图表，以支持分析师的工作。这可以引导分析师识别出包含大量告警的特定 NetFlow。从而将该 NetFlow 标记为需要进一步调查。

分析师首先构建了对每个目的 IP 地址上告警数量的概览可视化视图，将 $A = \{A_1$: destination IP（目的 IP 地址），A_2 : alert count（告警计数）$\}$ 作为可视化的数据属性集，并将其中的 A_1 作为"聚合汇总"属性。选择"绘制图表"功能将聚合汇总的结果显示为饼图和柱状图，也就是将 $V = \{V_1$: start angle（起始角度），V_2 : arc length（弧长）$\}$ 作为饼图可视化

⊖　疑为"追踪数据"（trace data）的笔误。——译者注

的视觉特征集，或将 $V = \{V_1 : x, V_2 : y\text{–height}\ (y\ \text{轴高度})\}$ 作为柱状图可视化的视觉特征集，如图 7-6 所示。这提供了初始的态势感知，包括网络中发生了多少告警，以及这些告警如何分布在不同的主机之上。饼图突显了不同目的 IP 地址上告警的相对数量，而通过柱状图则可以更有效地对比各个目的 IP 地址上告警的绝对数量。这些图表被关联在一起：高亮选中柱状图中的某一根数据柱，饼图中相应的部分就会被高亮显示，反之亦然。

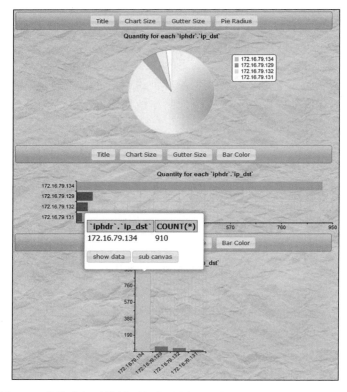

图 7-6   将聚合汇总结果可视化为饼图、水平柱状图和垂直柱状图

上述饼图和柱状图表明，大多数告警（910）发生在目的 IP 地址 172.16.79.134 上。为了进一步分析与此目的 IP 地址相关联的告警，分析师选择"sub canvas"（子画板）功能，以预定义的初始查询信息（数据集、数据属性和约束条件）打开一个新的窗口。通过添加"目的 IP 地址 = 172.16.79.134"过滤条件对查询加以限制，进一步对该目的地址进行分析。这展示了分析师需要通过请求新的可视化视图以继续他的分析工作时，可以不断地为数据查询添加新的约束条件或新的数据源。

下一步，分析师将来自不同的源 IP 地址的告警附加到目的 IP 地址上进行可视化。

他依据目的网络端口号来分析源地址与目的地址的相关关系，通过使用数据属性集 $A = \{A_1 :$ source IP（源 IP），$A_2 :$ port number（网络端口号），$A_3 :$ alert count（告警次数）} 和视觉特征集 $V = \{V_1 : x, V_2 : y, V_3 :$ size（大小）} 来进行可视化。

散点图显示只有一个源 IP 地址上有与所关注目的 IP 地址相关的告警，并且大多数告警都与被发送至 21 号端口的网络流量有关。这提供了分析师对可疑的成对具体地址（源 IP，目的 IP）以及端口号的更详细态势感知。

分析师通过将 NetFlow 及其相关告警可视化为甘特图，可以更细致地查看关注目的 IP 地址 21 号端口上的所有网络流量。这里，将 $A = \{A_1 :$ start time（开始时间），$A_2 :$ duration（持续时间），$A_3 :$ alert time（告警时间）} 和 $V = \{V_1 : x, V_2 :$ size（长度），$V_3 :$ texture hash（纹理哈希）} 分别作为可视化的数据属性集和视觉特征集。网络流的集合用红色绘制，并将网络流的开始和结束时间作为端点。告警作为黑色竖条叠加在网络流之上，并放置在检测发现告警的时间点。图 7-7a 显示大部分网络流分布在两个时间范围内。通过指出已发生攻击的可能时间，进一步增强了分析师的态势感知。通过分别对每个网络流进行放大操作（图 7-7b 和图 7-7c），分析师意识到绝大多数告警都发生在左侧的网络流中（图 7-7b）。该网络流中的告警被认为是可疑的，并被标记为需要更详细的调查。通过随后与数据集作者的讨论证实，这组告警正是对应着对系统模拟的未知入侵活动。

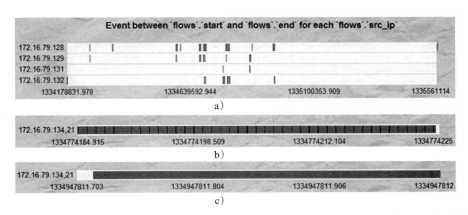

图 7-7　甘特图包含所关注目的 IP 和目的端口的网络流与告警：a) 两个网络流；b) 放大左侧的网络流，显示多个告警；c) 放大右侧的数据流，显示一个告警

本示例演示了该系统如何使分析师能够根据自己的策略和偏好来展开一系列步骤以对告警进行调查。该系统根据分析师对系统内潜在攻击的假设，来支持态势评估过程。有效的评估可以形成越来越详细的态势感知，使分析师能够对系统被入侵的可能性做出证实或证伪。

7.6   小结

数据可视化将原始数据转换为图像，使查看者能够"查看"数据取值及其所形成的关系。这些图像使查看者能够通过自身视觉感知能力来识别数据中的特征，对数据含义的不明确性进行管理，并且将领域知识以一种很难以算法实现的方式应用到分析工作之中。可视化可以被形式化表达为映射：数据通过一个数据–特征映射产生视觉表现形式（即可视化），从而展现各个数据值及它们所形成的模式。许多已有的态势感知工具使用了可视化技术，如图表、地图和流程图，从而向分析师呈现信息。面临的挑战是：确定如何将可视化技术最好地整合到网络态势感知领域。许多工具都采用了熟悉的信息可视化方法：概述、缩放和过滤，以及按需提供细节。最近被用于安全和态势感知领域的可视化技术包括：图表和地图、点边图、时间轴、平行坐标系、树形图和层次可视化。我们识别出为了实现成功的可视化工具而必需的初始需求集。这些需求并未确定我们应该可视化哪些数据属性以及如何表示这些属性。相反，通过将设计师乐于（或不乐于）使用哪些可视化方式的高阶建议作为需求，能够对可视化方案的设计做出隐式的限制：可视化必须"适应于"分析师用于调查问题的心智模型；必须整合进分析师目前的工作环境；预定义的数据表现形式通常是无用的；可视化形式应该是分析师所熟悉的；必须支持对多个数据源的查询和数据获取；可视化必须与现有的策略相整合并提供有用的支持。基于这些指导原则，我们展示了一个分析网络告警的原型系统。

参考文献

Bertin, J (1967) Sémiologie Graphiques: Les diagrammes, les réseaux, les cartes. Gauthier-Villars, Paris

Bradshaw, J M, Carvalho, M, Bunch, L et al (2012) Sol: An agent-based framework for cyber situation awareness. Künstliche Intelligenz 26(2):127–140

Chernoff, H (1973) The use of faces to represent points in k-dimensional space graphically. Journal of the American Statistical Association 68(342):361–368

Cockburn, A, Karlson, A, and Bederson, B B (2008) A review of overview+detail, zooming, and focus+context interfaces. ACM Computing Surveys 41(1):Article 2

Dang, K T and Dang, T T (2013) A survey on security visualization techniques for web information systems. International Journal of Web Information Systems 9(1):6–31

DeFanti, B H and Brown, T A (1987) Visualization in scientific computing. Computer Graphics 21(6)

Goodall, J and Sowul, M (2009) VIAssist: Visual analytics for cyber defense. Paper presented at the IEEE Conference on Technologies for Homeland Security (HST '09), Boston, MA

Heyes, R (2014) RGraph: HTML5 charts library. http://www.rgraph.net. Accessed 02 May 2014

Johnson, C R (2004) Top scientific visualization research problems. IEEE Computer Graphics & Applications 24(4):13–17

Johnson, C R, Moorehead, R, Munzner, T et al (eds) (2006) NIH/NSF Visualization Research Challenges. IEEE Press

Kan, Z, Hu, C, Wang, Z et al (2010) NetVis: A network security management visualization tool based on treemap. Paper presented at the 2nd International Conference on Advanced Computer Control (ICACC 2010), Shenyang, China

Lakkaraju, K, Yurcik, W and Lee, A J (2004) NVisionIP: Netflow visualizations of system state for security situational awareness. Paper presented at the 2004 ACM Workshop on Visualization and Data Mining for Computer Security (VizSEC/DMSEC '04), Washington, DC

Mansmann, F, Fisher, F, Keim, D A et al (2009) Visual support for analyzing network traffic and intrusion detection events using treemap and graph representations. Paper presented at the Symposium on Computer-Human Interaction for Management of Information (CHIMIT 2009), Baltimore, MD

McPherson, J, Ma, K, Krystosk, P et al (2004) PortVis: A tool for port-based detection of security events. Paper presented at the Workshop on Visualization and Data Mining for Computer Security (VizSEC/DMSEC '04), Washington, DC

Minarik, P and Dymacek, T (2008) NetFlow data visualization based on graphs. In: Visualization for Computer Security, Springer, pp 144–151

Phan, D, Gerth, J, Lee, M, Paepcke et al (2007) Visual analysis of network flow data with timelines and event plots. Paper presented in the Proceedings of the 4th International Workshop on Visualization for Cyber Security (VizSec 2007), Sacramento, CA

Roberts, J C, Faithfull, W J and Williams, F C B (2012) SitaVis—Interactive situation awareness visualization of large datasets. Paper presented in the Proceedings 2012 Conference on Visual Analytics Science and Technology (VAST 2012), Seattle, WA

Shiravi, H, Shiravi, A, and Ghorbani, A A (2012) A survey of visualization systems for network security. IEEE Transactions on Visualization and Computer Graphics 18(8):1313–1329

Thomas, J J and Cook, K A (2005) Illuminating the path: The research and development agenda for visual analytics. National Visualization and Analytics Center

Tricaud, S, Nance, K, and Saade, P (2011) Visualizing network activity using parallel coordinates. Paper presented in the Proceedings of the 44th Hawaii International Conference on System Sciences (HICSS 2011), Poipu, HI

第 8 章

推理与本体模型

Brian E. Ulicny、Jakub J. Moskal、Mieczyslaw M. Kokar、Keith Abe 和
John Kei Smith

8.1　引言

正如前一章所讨论的，可视化很重要，但并不会因此而降低算法分析在实现网空态势感知方面的关键作用。算法能够对大量关于网络的观察发现和数据做出推理解释，并推导出情境中的重要特征，以辅助分析师和决策者形成他们的态势感知。为了展开这种推导过程，并且使其输出能够对其他算法和人类用户变得有用，就需要使用明确定义了术语和术语间关系的一致性的词汇集，用以表示算法的输入与输出，这就意味着需要具有清晰语义和标准定义的本体模型。这一主题正是本章的重点。我们已经在第 5 章中提到了语义的重要性。现在我们将详细讨论在网空行动中，基于本体模型的推导过程能够如何被用于确定威胁的来源、攻击的目标和攻击的目的，从而确定潜在的行动方案以及

B. E. Ulicny (✉)・J. J. Moskal
VIStology, Inc., Framingham, MA, USA
e-mail: bulicny@vistology.com; jmoskal@vistology.com

M. M. Kokar
Northeastern University, Boston, MA, USA
e-mail: m.kokar@neu.edu

K. Abe
Referentia Systems Incorporated, Honolulu, HI, USA
e-mail: kabe@referentia.com

J. K. Smith
LiveAction, Palo Alto, CA, USA
e-mail: jsmith@liveaction.com

未来影响。由于尚不存在一个全面的网空安全本体模型，我们将展示如何通过利用已有的网空安全相关标准和标记语言来开发这样的本体模型。

网空安全系统的一个共有特征，是需要能够对动态的环境做出非常快速的反应，而这种动态环境的状态会发生变化，并不取决于人员或计算机代理是否对其发挥作用。然而，这些计算机代理确实希望能够对环境发挥作用，从而至少在其关注的领域可以演化发展达到满意的目标状态，或者更现实地做到在计算机网络中规避某些不希望发生的状态，例如入侵渗透和攻击受控等情况。为此，代理需要收集关于环境的信息（通常来自许多不同的信息源），根据收集到的信息和它们所具有的知识做出决策，按照其决策采取行动，并从环境中收集对行动做出反应的反馈信息，进而对它们的知识做出更新，以便在未来制定决策。

我们使用 Kokar 等人在文献（Kokar 等人，2009）中所描述的术语——"感知"，即人们为了能够做到感知

> ……需要关于所关注对象的数据，需要使人们能够理解所收集数据的一些背景知识，以及需要展开推导的能力。

对推导能力的要求，来自于像韦伯斯特词典这样的常识性来源："感知是指人们在观察中的警惕性，以及对所经历事物展开推导所得到的机敏性。"

在网空系统中，OODA 处理循环（Boyd，1987）的速度非常快，许多推导工作必须由计算机完成。换言之，自动化的推导引擎必须能够完成这些推导过程，反过来也就是要求使用具有形式化语义的语言来表述能够被这种引擎处理的信息（事实）。推导引擎将这些事实作为输入，并产生出新的信息。

在下文中，我们将首先介绍一个恶意代码感染的场景，并讨论分析人员将如何处理恶意代码检测问题。然后，我们将讨论如何使用本体模型和推理引擎来实现一种模仿分析师处理流程的方法。

8.2　场景

本章中我们将讨论一个与网络间谍行为相关的恶意代码案例。接着我们将按照发生的顺序对其中的重要事件做出描述：

- 2012 年 1 月 1 日上午 10 点，一封电子邮件通过雅虎邮件服务被发送至某个特定用户账号，该用户与某台特定的笔记本电脑（HP-laptop1）有关，该邮件的 PDF 附件中包含能够利用一个已知漏洞（CVE-2009-0658）的恶意代码。该漏洞与一个非 JavaScript 的函数调用相关，并可能与 JBIG2 图像流相关，能够在 Adobe Reader 9.0 及之前版本中导致缓冲区溢出。远程攻击者可以通过其构造的 PDF

文件使用该漏洞执行任意代码。这一事件被 Snort 系统所捕获，其中 Snort 是由 Sourcefire 公司开发的开源网络入侵防范和检测系统（IDS/IPS）。

- 2012 年 1 月 1 日上午 11 点，第二封电子邮件被通过雅虎邮件服务发送，该邮件附件中的 PDF 文件包含利用同一漏洞的恶意代码；其目标是相同的 HP-laptop1。这一事件也被 Snort 系统所捕获。随后，HP-laptop1 笔记本的用户打开了 PDF 文件，由此笔记本电脑被恶意代码所感染。

- 2012 年 1 月 2 日，已经被安装在 HP-laptop1 笔记本电脑上的恶意代码通过 getPlunk.com 网址发送了一条消息，以获取 C&C 服务器的地址（C&C 服务器是能够支持恶意代码进行攻击的一台计算机）。GetPlunk.com 是一个提供中介人微博客服务的网站。Snort 系统捕获了恶意代码所发出的这一请求，并能够提供检测特征、ID 标识和网络事件信息。

- 2012 年 1 月 2 日，该恶意代码使用新的 C&C 地址来接收指令，并隐匿地导出了攻击者关注的数据。这些行为被 Snort 系统基于检测特征、ID 标识和网络事件信息所捕获。

8.3 场景中人员展开的分析

网空分析人员需要检查网络日志文件，从而检测发现如前所述使用恶意代码展开的僵尸网络攻击。在这种情境下，分析人员需要：

- 在网络流量日志记录中检测发现前文提及的事件。例如，以某种方式确定某台特定笔记本电脑所接收的众多电子邮件 PDF 附件中的一个包含着恶意代码。

- 根据打开了受感染电子邮件附件的笔记本电脑的软件安装情况，确定在此笔记本电脑上存在着一个可被利用的漏洞。

- 检测发现受感染笔记本电脑和微博客服务之间所交换的信息中包含着 C & C 计算机的地址。

- 或者，除此之外，以某种方式检测发现受感染笔记本电脑与 C & C 服务器之间的网络流量中存在着不同寻常的交互次数或模式，尽管事实上网络中的每台计算机都可能会定期与多个合法的服务器进行交互。

通过对检测发现感染事件时间点之前一段时间内所接收到的每一封带有 PDF 附件的电子邮件进行检查，一旦发现某台计算机已被感染，分析人员就可以追溯该笔记本电脑的活动并查询相关的 IP 地址，从而确定可疑域名和 IP 地址的列表并加以利用。

在分析人员得不到工具支持的情况下，想要追溯某台特定笔记本电脑是如何被恶意代码感染并导致其被外部 C&C 服务器所控制，将会是非常繁琐而耗时的。而且，在这种糟糕的情况下，分析人员甚至可能无法意识到笔记本电脑已经完全被外部控制了。

8.4　网空安全本体模型的使用概要

本节我们简要地介绍本体模型和自动推理。

8.4.1　本体模型

正如在知识表示领域中被使用的定义那样，"本体模型"这一术语代表一种显式的、形式化的、机器可读的语义模型，定义了与某一问题域相关的类、类的实例、类间关系和数据属性（Gruber，2009）。

为了使本体模型能够适合于计算机的自动处理，它们需要能够被具有形式化语法和形式化语义的一种语言所表达。必须对语法做出定义，从而使计算机能够识别本体声明（语句）在语法上是否正确。形式化的语义意味着机器可以判断两个声明是否一致，以及是否能相互推断。缺少形式化语义的词汇集至多只能算是一种语法，即限定该词汇集中哪些单词组合或单词串属于该语言一部分的一系列约束规则。大多数用于对网络当前状态情况进行信息交换的语言或协议都属于这种类型。它们是纯语法的。

要使一个词汇集具有形式化的语义，就必须能够让具有计算能力的机器理解：何时词汇集中的声明为真（模型理论），能够从该词汇集的一组声明中推导出什么论断（推导），以及哪些情况下一组声明不可能联合为真（一致性）。因此，一个本体模型就是对词汇集的概念域的一种逻辑描述，使用具有形式化语法和形式化语义的语言进行表达。

通过 W3C（万维网联盟）组织在语义网（Semantic Web）方面展开的活动，产生了当前得到最广泛应用的可互操作词汇集，这些词汇集具有本体模型形式的语义体系，并采用 OWL（Web Ontology Language）语言对本体模型进行编码。OWL（W3C，2009）是当前最常用于表达本体模型的语言，也具有迄今为止最广泛的开发者基础。因此，在本文的讨论中，我们将单独聚焦于 OWL 本体模型。

从我们研究目的的角度来看，OWL 能够表达个体（例如，网络中诸如某个特定路由器或者某个特定用户的元素）、类（例如，"路由器"、"打印机"、"经授权的用户"）以及将个体关联至其他个体（例如，"对象属性"）或数据类型个体（例如，表达为 xsd:dateTime 的一些日期）的属性（例如，"hasIPAddress""hasPassword""lastAccessed"）。

OWL 的语义基于描述逻辑（DL）[⊖]（Baader 等人，2010），这是一系列具有基于模型的形式化语义的形式化知识表示（KR）方法。在基于描述逻辑的系统架构中，可以设置知识库（KB）并对其内容进行推理。知识库由两个部分组成，分别被称为 TBox 和

⊖　全称为 Description Logic，是基于对象的知识表示的形式化，是一阶谓词逻辑的一个可判定子集。——译者注

ABox。在 OWL 的上下文语境中，TBox 引入了定义着本体模型的类、属性及其之间关系的一系列公理。例如，TBox 对类之间的关系做出断言。这些可以是简单的类层次结构（例如，每个 CiscoRouter 都是一个路由器），或是任意复杂的逻辑表达式（例如，如果一个单独的发送操作将网络包传输到多个目的地，那么它就是一个多播操作）。TBox 还使本体模型能够指定属性的域和范围、属性的基数限制、属性类型（对称的、传递的）、属性层次结构、数据类型范围限制等。此处我们难以提供一个关于 OWL 的完整教程，但是其表达能力确实是极为强大的，虽然仅略逊于一阶逻辑。

ABox 中则包含关于具体被命名个体的断言，这些个体是在 TBox 中所定义类和属性的实例。在网空态势感知的上下文中，TBox 由所有网络实例和状态所共有的关于网络领域的公理组成。另一方面，ABox 则表述了具体网络在具体时间的相关事实。

TBox 的逻辑定义与 ABox 对具体信息的断言结合在一起，使推导引擎能够通过一个类所展现的属性来识别出它的新实例。相似地，类的不相交性公理使系统能够根据本体模型识别出不一致的内容。例如，如果只有某个类别的用户被允许访问某些数据，并且某个具体用户被断言为属于一个与被允许类不相交的类，但是又存在着该用户访问过这些数据的断言，那么说明在本体模型中检测到了不一致，OWL 推导将会停止。知识库必须始终保持一致，因为从不一致的知识库中可能推导出任何事情。

OWL 2 是该标准的最新版本，定义了三个被称为语言轮廓（language profile）的子集。这些语言轮廓都是具有表达能力并且易于处理的，但各自适应于具体的需求：

- OWL 2 EL——基于术语/图式的推理，侧重于用于轻量级本体模型的术语表达能力；
- OWL 2 QL——通过数据库引擎对查询做出回答，将 OWL 概念用于轻量级的查询，使系统能够在关系型数据库之上通过 SQL 重写处理进行查询并做出回答；
- OWL 2 RL——可通过标准的规则引擎实现推理。

OWL 2 RL 是得到最广泛应用的语言轮廓之一，是一个包含 75 项蕴涵关系和一致性规则的集合。它具有令人满意的特性：所需的三元组集合是有限的并存在于 PSPACE[⊖]之中，而且其运行时的复杂度也在 PTIME[⊖]之中。

为了在应用程序之间存储和交换 OWL 本体模型，需要从它所具有的多种具体语法中选用一种。OWL 的主要交换语法是 RDF/XML，这源于一个事实情况：OWL 的底层模型是 RDF。由于 OWL 的语义也可按照 RDF（资源描述框架）的语义来定义，所以对

⊖ PSPACE 是计算复杂度理论中能被确定性图灵机利用多项式空间解决的判定问题集合，是 Polynomial SPACE 的简称。（维基百科）——译者注

⊖ 即计算复杂度理论中的多项式时间，指可由确定性图灵机在多项式时间对确定性问题求解。——译者注

OWL 的序列化过程，组合了对 RDF 的序列化以及对由 RDF 构建的附加概念的序列化。

RDF 的声明（语句）由三个元素组成：主语、谓语和宾语，统称为三元组。谓语表示关系，主语来自于该关系所定义的域中的元素，宾语来自于关系所定义的范围。因此，在概念上来看，OWL 也可以被视为是三元组的集合。

通常还会使用其他不基于 XML 的具体语法，其中最值得关注的是 Turtle、OWL XML 和 Manchester Syntax（Wang 等人，2007）。RDF/XML 是唯一一个要求每个 OWL 兼容工具都支持的语法。

虽然看起来 OWL 只是另一种 XML 语言，因为它可以用 XML 表达；但重要的是要注意到 XML 只是其中一种语法，而且 OWL 还具有一个形式化的语义。语义等价的 OWL 文档可以使用不同的语法按照多种方式进行表达。此外，由于 OWL 基于 RDF，所以可以使用 RDF 的查询语言 SPARQL 来查询 OWL 知识库。

对本体模型的质量可以进行评价。在一系列相关文献（Brank 等人，2005）（Obrst 等人，2007）（Shen 等人，2006）（Vrandečić，2009）中概述了各种评价维度。在另一文献（Ye 等人，2007）中提出了以下评价准则：

- 清晰度：一个本体模型中的概念，应该通过在本体中所指明的必要和充分条件，被唯一地标识并与其他术语相区分。
- 一致性：本体模型中的概念应被一致地定义。
- 本体论承诺：本体模型应足够通用，使其能够被该领域中的任何应用所使用。类、相关属性和相关约束能够被用于该领域中的所有常见问题，这是一种具有优势的做法。
- 正交性：所定义的概念应该是相斥的，这使共享和复用本体模型变得更简单。
- 编码偏差：通用的本体模型应与符号级的特定编码方式无关。也就是说，对概念的命名不应偏向于专有命名方案或特定供应商的命名方案。
- 可延展性：本体模型应该是可扩展的，使其能够很容易地被具体领域中的其他应用所复用。

随着各种网空态势感知的本体模型逐渐成形，可以在这些维度上对这些本体模型进行评价和比较。

8.4.2　基于本体模型的推导

对于 OWL 表达的本体模型，可以使用推导引擎或语义推理器进行自动推导。基于在所关注具体领域用 OWL 断言的一系列事实，推导引擎使用公理和推导规则得出其他的事实。换句话说，推导引擎使那些在显式表示事实中隐式存在的事实变成显式的。这些由派生而得到的事实，是给定事实库中的事实以及用于表达这些事实的本体模型经推理的逻辑结果。还可以将在派生过程中使用到的任何变量进行实例化。

例如，如果推导系统知道（在通信网络的上下文背景中）能够对网络包进行路由的设备是路由器，以及思科路由器（CiscoRouter）能够对网络包进行路由，则系统可以推导出 CiscoRouter 是 Router（路由器）的子类。从表面上看，这类推导是简单而且明显的，但对于计算机而言这却是不明显的（虽然是简单的）。此外，对这一事实的派生可能会带来更深远的影响，因为现在被认为属于 Router 的一切类、属性和关系，都可以被认为是属于 CiscoRouter 的。其他的推导可以根据基类的属性（如上所述）派生出子类的属性，推导出某一个体是具体类的一个实例等。所有推导类型都可能与本章所讨论的案例研究相关，尽管本文直接提到的推理类型，是根据代理（agent）所掌握的知识派生出是否发生了特定的情境（恶意软件入侵）。

按照 OWL 的语义，可以预期推导过程在计算上是可处理的。因此，OWL 推导引擎能够保证在可处理的时间内进行所有的推导。因此，能够做到语义可扩展性和互操作性。处理 OWL 本体模型所需的时间，取决于本体模型中公理的数量和复杂度。然而，OWL 的语义仅保证做出合乎逻辑的推导，即推导引擎是合理的。至少有一些 OWL 语言轮廓可以在与本体模型大小相关的多项式时间内完成所有的推导（这样的引擎是完整的）。所以形式化语言的强大，在于它们具有形式化语义这一事实，这保证了推导的合理性、可能的完整性以及在 OWL 情况下的易处理性。

已有多个使用 OWL 本体模型（ABox 和 TBox）进行推导的商业化推导引擎（OWL/实现）。用于实现 OWL 标准的推导引擎，从同一组给定的事实中，可以推导出所有和仅有的相同事实。在我们的项目中，我们使用了可免费用于研究用途的 BaseVISor 推导引擎（Matheus 等人，2006）。该引擎允许包含额外的推导规则。

8.4.3　规则

OWL 的表达能力相对较高，等价于完整一阶逻辑的一个可决定片段。OWL 的设计者有意在此级别上保持其表达能力，以避免推导的高计算性复杂度。然而，在许多案例中，需要实现比 OWL 更强的表达能力。在这些案例中，可以使用规则作为 OWL 的补充。

例如，考虑对发送相同网络包的路由器类进行定义。为了做到这一点，需要将该类定义为一对路由器的集合，一对路由器中的一个路由器发送与另一个路由器相同的网络包。虽然 OWL 提供关联功能，例如在此案例中可以通过发送网络包（sendsPacket）属性由网络包把路由器关联起来，但使用 OWL 无法通过这个属性来区分两个路由器，也无法区分与这些路由器相关的两个网络包。为了实现这样的目标，我们需要变量，这是 OWL 所缺少的一个特性。（然而对于任何两个具体的路由器，使用 OWL 可以表示一个路由器发送所有而且仅有与第二个路由器相同的网络包。）

　　然而，利用规则能够很容易地实现期望的结果。我们能够定义一个规则，表明：如果 sendPacket（?R1，?P1）和 sendSamePacket（?R1，?R2）成立，那么 sendsPacket（?R2，?P1）也成立。

　　人们已经长期认识到关于 OWL 表达能力与规则语言表达能力的问题，并在文献中得到了广泛的讨论（参见 Horrocks 和 Sattler，2003）。特别地，人们已经认识到 OWL 在处理复杂的角色包含方面存在着严重的局限性。例如，不可能将"所有权"角色从一个汇总集合传播到其部分集合（一个网络帧的发送者，也是该网络帧中的所有网络包的发送者）。在我们的方法中，当遇到仅与 OWL 表达能力相关的问题时，我们就会使用规则。还应当指出的是，仅仅使用规则本身并不能保证解决方案的正确性；需要意识到与使用自动推导相关的各种陷阱，并确保这些规则的实现能够避免这些问题。

8.5　案例研究

　　这项研究的第一个要求是建立一个网空安全领域的本体模型。遗憾的是，在该领域不存在一个全面的本体模型。在本节中，我们将描述我们开发这种本体模型的方法。后面将会介绍如何使用规则对本体模型做出补充。为了证明基于本体模型的方法在网空安全方面的有用性，必须建立一个测试环境，收集数据并交由推导引擎使用，以推导出存在某一具体类型网空威胁的情境是否发生。

8.5.1　网空安全本体模型

　　网空态势感知的本体模型应当具有足够的表达能力，以覆盖：所涉及个体的类和属性（例如，网络设备，以及拥有、控制或使用这些设备的人员或组织机构），这些类和属性如何相互关联（包括成员条件、属性域和范围的限制以及表述互斥关系的公理），以及在特定时间组网的元素和它们所涉及的活动（例如，在时间 T，元素 X 将消息 M 发送到元素 Y）。将这种在逻辑框架中对网络的表现形式作为基础，需要网空态势感知引擎能够将态势描述为要么正常运行，要么处于攻击或其他不希望出现情境的某一阶段。

　　遗憾的是，全面地采用 OWL 将网空态势信息编码为本体模型的开发尝试相对较少（Swimmer，2008；Parmelee，2010；Obrst 等人，2012；Singhal 和 Wijesekera，2010），并且目前在此方面还没有公开发表的全面本体模型。然而，已经发表了的一些文献中包含对重要网络概念进行建模的设计模式，例如 Dumontier（2013）中概述的分体拓扑模式（mereotopology pattern）。

　　在我们的研究项目中，从表达网空安全各个方面的角度，调查分析了 MITRE 的（CCE）、（CPE）、（OVAL）、（STIX），以及 NIST 的（SCAP）和 IETF 的（IODEF）等各种网空安全标准。图 8-1 展示了主要的类别，以及每个类别中的标准。为了构建一个可

实际使用的网空态势感知本体模型，可能需要将这些多样化的标准的全部或部分转换至
OWL 版本。也就是说，来自各个基于 XML 的词汇集的术语被整合至一个 OWL 本体模
型，从而为它们提供计算机可处理的语义。图 8-1 列出了项目中考虑到的标准，并指出
是否已作为此项目的一部分工作，将其转换至 OWL 版本。

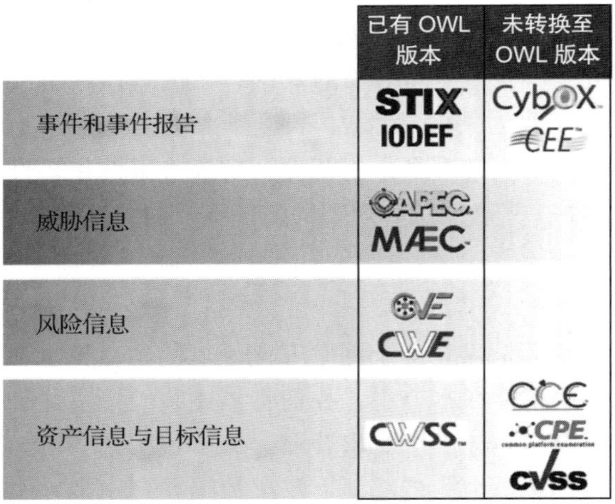

图 8-1　安全标准

　　相关性最高的标准，是得到各个组织机构支持并由 MITRE 所管理的一个相对较新的
标准，被称为结构化威胁信息表达（STIX）。STIX 代表着在进行统一的网空安全信息共
享方向所做出的最全面努力。它被描述为"网空威胁情报信息的结构化语言"，并且包含
几个其他标准的词汇集。其总体结构如图 8-2 所示。STIX 旨在实现对网空威胁情报的信
息共享。STIX 的 0.3 版本具有一个 XML 模式，可被用于构建初始的本体模型。

　　STIX 覆盖了下列概念，并提供了一个高阶框架来将各种网空情报组件聚合在一起。
包括：

- 可观察对象和指标
- 安全事件
- 攻击者的战术、技术和规程（TTP）
- 攻击利用的目标
- 行动方案
- 攻击行动和威胁行为体[⊖]

STIX 标准有助于将诸如事件、设备和其他各种 MITRE 标准的较低阶概念黏合在一起。

　　⊖　也经常被称为"威胁源"。——译者注

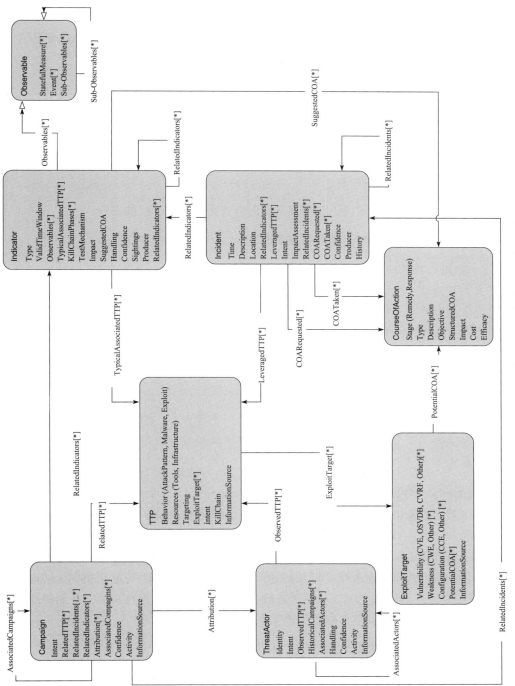

图 8-2　结构化威胁信息表达的架构 v0.3（STIX）

8.5.2 概述基于 XML 的标准

为了在所有这些词汇集所表达的声明上进行推理，我们将以下基于 XML 的网空标准整体或部分地转换为 OWL 本体模型。

1. 结构化威胁信息表达（STIX）

STIX ™是由以社区驱动多方协同的方式，定义和发展出的一种标准化语言，用于表达结构化的网空威胁信息。STIX 语言旨在全方位地表达潜在网空威胁的信息，并努力做到具有全面的表达能力、灵活性、可扩展性、可自动化和尽可能使其能被人员所理解。

STIX 得到了来自于美国国土安全部下属网空安全和通信部门的支持。

2. 通用攻击模式枚举和分类（CAPEC）

CAPEC ™是国际性而且可以免费供公众使用的。它是一个公开可用且由社区开发的通用攻击模式列表，具有全面的模式（schema）和分类方法。攻击模式是对攻击利用软件系统的通用方法的描述。它们源自于将设计模式概念应用于破坏性而非建设性的上下文场景，并基于对现实世界中具体攻击利用实例的深入分析。

CAPEC 得到了 MITRE 公司和美国国土安全部下属网空安全和通信部门的共同支持。

3. 通用漏洞披露（CVE）

CVE 是公开已知信息安全漏洞和披露的一个字典表。CVE 的通用标识使安全产品之间可以实现数据交换，并提供了对工具和服务的覆盖率进行评价的基线索引点。

4. 网空可观察对象表达（CybOX）

网空可观察对象表达（CybOX）是一种标准化模式（schema），用于对操作领域可观察到的事件和有状态属性进行规格定义、表达、描述和交流。大量的各种高阶网空安全用例依赖于这些信息，具体包括：事件管理 / 日志记录，恶意代码检测特征描述，入侵检测，事件响应 / 管理，攻击模式特征描述等。CybOX 提供了一种通用机制（结构与内容），用于在全范围的用例之中以及用例之间表达在网络上的可观察对象，从而提高一致性、效率、可互操作性以及整体的态势感知水平。

5. 恶意代码属性枚举和特征描述（MAEC）

MAEC 是一种标准化语言，基于诸如行为、产出物和攻击模式等属性，对关于恶意代码的"高保真"信息进行编码和交流。通过消除目前在恶意代码描述中存在的模糊性和不准确性，并减少对检测特征的依赖度，MAEC 旨在改进人与人、人与工具、工具与工具、工具与人之间关于恶意代码的沟通交流；减少研究人员在恶意软件分析工作方面的潜在重复性；并使防御者能够通过利用先前观察到的恶意代码实例来更快地开发出对抗机制。

6. 通用弱点枚举（CWE）

CWE（http://cwe.mitre.org）提供了一个统一的、可度量的软件弱点集合，使人们可以围绕能够在源代码和操作系统中发现这些弱点的软件安全工具与服务，展开更有效的讨论、描述、选择和使用，并能够更好地理解和管理与架构和设计相关的软件弱点。

7. Whois 和额外的本体模型

若干个额外的本体模型被用于表达组织机构、Whois 信息和其他数据。Whois 是一种查询与响应协议，被用于对存储着域名、IP 地址段或自治系统等互联网资源的注册用户或被分配人信息的数据库进行查询。该协议以分析师可理解的格式存储和传递数据库中的内容。

8.5.3　将网空安全 XML 提升为 OWL

XML 模式（XML Schema）仅要求：将预先指定的一组 XML 元素从一个代理传递到另一个代理时，确定如何对信息进行结构化。各个 XML 元素的含义是隐式的，或至多仅在 XML 模式的文档中有所体现，并实现于按照这个模式进行输入和输出的代码之中，而且其所用的方式与另一个实现者所采用的方式可能一致也可能不一致。也就是说，按照前文所述的区别，目前用于交流网空情境的各种 XML 模式提供了一系列的概念名称，配有不同的 URI 和语法（消息格式），但没有形式化的语义。因此，它们还不算是本体模型，而且也不能被自动推导。

将 XML 数据转换为语义表示（RDF 或 OWL）的过程称为提升（lifting）。这一过程在很大程度上能够被自动化，但是需要注意：并不是所有的 XML Schema 构建都存在着直接对应的 OWL 构建。目前，在这一领域已展开了大量的研究（Bedini 等人，2011a；Bikakis 等人；Anagnostopoulos 等人，2013；Ferdinand 等人，2004；Bohring 和 Auer，2005；Rodrigues 等人，2006）。

在将基于 XML 的模式转换为 OWL 时，我们有以下选择：

- 使用通用的 XSLT 转换机制：由于 XSD 和 OWL 都基于 XML 格式，因此可以使用 XSLT 将 XSD 转换为 OWL。
- 编写一个自定义的 XSLT 脚本：该方法需为每个 XSD 编写一个定制化的 XSLT 脚

本，使所得到的 OWL 可以更精确地表述该模式。

- 编写自定义应用程序：这是一个重型的解决方案，涉及编写程序式代码（Java 和 C++ 等），将特定的 XSD 文档加载到内存中，并生成对应的 OWL（可能使用 OWL 库）。
- 使用外部工具：使用目前市面上可用的工具，如 TopBraid Composer。
- 手动：使用本体编辑器（如 Protégé）手动创建基于 XSD 数据模型的本体模型。

STIX 的 XML 模式非常复杂。它使用了许多高级特性，如 xsd: choice、xs: restriction、xs: extension、xs: enumeration，这些元素通常不能轻易地转换为 OWL。此外，该模型被分为多个文件，不仅可以相互导入，还可以导入额外的外部模式。不足为奇的是，通用 XSLT 脚本或第三方应用程序所提供的自动翻译转换功能，都没有能够产生令人满意的结果。所产生的本体模型不仅是不一致的，也是凌乱的，而且实际上极其难以使用。枚举被错误地进行转换，命名空间被错误地定义，并且生成了大量被作为占位符但实际无用的类和属性。许多类和属性在多个生成的 OWL 文件中被重复定义，从而产生了不一致性。更为重要的是，自动翻译转换未能正确地处理数据类型，而且在所生成对象属性是不必要或不正确的时候，会将原始数据类型定义为 OWL 类（例如 String）。

一般来说，由于 XML 模式只关注于消息结构，而不是消息含义，诸如字符串的数据类型属性被用于对实体进行编码，这使得 OWL 推导变得不可实现，因为它们不能代表实体（即由 URI/IRI 所表示的一个事物），而仅是一条数据。例如，如果将与 IP 地址有关的国家以 OWL 中的字符串表示（例如"爱尔兰共和国"），那么就不可能使用包含地理位置及其之间关系的本体模型（GeoNames 本体模型）进行地理空间推理。为了对诸如某个地理区域的事物进行推理，实体必须是由 IRI/URI 所标识且具有关联属性（纬度 – 经度坐标等）的一级个体。

将自动翻译方法用于从 STIX 模型转换为 OWL 时尚未能够产生令人满意的结果。对这种自动翻译技术的研究仍然正在进行中（Bedini 等人，2011b）。一般来说，从 XSD 到 OWL 的自动化转换方法之所以失败，是由于它们无法做到以下几点：

- 将容器元素（例如，Contacts）与单一类（例如，Contact）进行区分，其中单一类与一个父类可能是一对多相关的。
- 区分数据类型属性和对象类型属性。
- 生成可用的对象属性关系的标识符。
- 在多个类之间产生可用的属性限制（基数限制除外，由于基数限制通常是准确的）。
- 生成域和范围限制。
- 生成可用的类层次结构。

我们的第二种方法是编写自定义的 XSLT 脚本。然而，由于 STIX 模型的上述复杂度问题，其结果远达不到令人满意的效果，因此我们决定用 XSD 模型作为指导，以手动方式创建 STIX 本体模型。在手动创建本体模型的过程中，我们能够利用一些特定于 OWL 的机制，并创建一个保持 schema 模式意图的本体模型，但使用略微不同的构建来进行表达。例如，为了将 XSD 中的指标（indicator）与一系列可观察对象关联起来，STIX 模型的作者创造了一个类型 stix:ObservableType，它是一个可以包含无边界的 stix: ObservableType 序列的复杂类型。为了在 OWL 中表达出相同的概念，仅需要使用一个类，例如，stix:Observable，它的实例可以与 stix:Indicator 类的实例，通过对象属性"stix:observable"进行关联。如果我们想限制这种关系，例如，假设单个指标只能有一个 Observable，那么我们只需简单地将"stix:observable"属性定义为一个函数属性。

XSD 元素之间几乎所有的关系，都可以被表达为代表着其中某一个元素的类的 OWL 限制条件。例如，为了表达实际上 stix:Indicator 的一个实例可以与 stix:Observable 的多个实例相关联，我们定义了 stix:Indicator 类之上的限制条件：

```
<owl:Class rdf:about="http://stix.mitre.org/STIX#Indicator">
<rdfs:subClassOf>
<owl:Restriction>
<owl:onProperty rdf:resource="http://stix.mitre.org/STIX#observable"/>
<owl:allValuesFromrdf:resource="http://stix.mitre.org/STIX#Observable"/>
</owl:Restriction>
</rdfs:subClassOf>
</owl:Class>
```

最后，所得到的本体模型反映了原始模型中所表达的关系，但它更清晰，在逻辑上更一致，而且在编写 SPARQL 查询语句或声明规则时易于使用。

8.5.4 STIX 本体模型

我们基于 STIX XML Schema（XSD）文档所创建的 STIX OWL 本体模型具有以下特点（图 8-3）。

指标	
公理	527
逻辑公理数量	304
类的数量	67
对象属性的数量	83
数据属性的数量	33
个体的数量	11
DL 表达能力	ALUHOQ (D)

类的公理	
SubClassOf 的公理数量	270
EquivalentClasses 的公理数量	11
DisjointClasses 的公理数量	0
GCI 的数量	0
隐藏 GCI 的数量	6

图 8-3　STIX 0.3 本体指标

在多个 STIX 本体模型文件（图 8-4）外，STIX 本体模型还额外导入了以下本体模型（图 8-4）。

前缀	命名空间
Common	http://cybox.mitre.org/Common#
capec_v1	http://capec.mitre.org/capec_v1#
data-marking	http://data-marking.mitre.org#
cybox_v1	http://cybox.mitre.org/cybox_v1#
killchain	http://referentia.com/killchain/
maec-core2	http://maec.mitre.org/XMLSchema/maec-core-2#

图 8-4　STIX 本体模型中导入的模型

图 8-5 展示了本项目中所生成 STIX 本体模型的高阶概述。其中，中心的类是 TTP(战术、技术和规程)，其实例是各种网空安全方面的攻击利用。上述 TTP 可以具有多样化的子类。基于将该类实例进一步个体化的对象属性，可以将 TTP 与 AttackPattern（攻击模式）、Exploit（漏洞利用）、ExploitTarget（漏洞利用的目标）、InformationSource（信息源）、Infrastructure（基础设施）、Intent（意图）、KillChain（杀伤链）、KillChainPhase（杀伤链的阶段）、Identity（目标的身份）和 ToolInformation（工具信息）等各个类的实例关联起来。TTP 具有 ObservedTTP（观察到的 TTP）、RelatedTTP（相关的 TTP）和 LeveragedTTP（利用的 TPP）三个子类。Indicator（威胁指标）类通过对象属性 indicatedTTP（所标示的 TTP）与 TTP 类关联起来。对对象属性的限制，被用于对该类和其他类的实例进行结构化组织。

使用 NVDClient 工具填充漏洞信息

NVDClient 是我们开发的一种工具，它使用美国国家漏洞数据库（由 NIST 提供）来获取在通用漏洞披露（CVE）的登记表中关于某个特定网空漏洞的数据。数据包括关于 CVE 的影响（通用漏洞评分体系（CVSS-SIG））、对相关安全建议的参考引用、解决方案与工具以及和 CWE 的关系等信息。因为数据量巨大，加上有太多不必要的信息，所以我们不想在一开始就把所有漏洞都包含在一个用于推导的本体模型中。并根据 CAPEC 本体模型中的信息，将攻击模式与漏洞类关联起来。

NIST 不提供任何网络服务以访问其数据，而是发布一个定期更新的数据馈送。数据馈送格式为 XML，并且文件尺寸较大（16MB）。如果每次仅有兴趣获取几个有关的 CVE 信息，那么下载和处理整个数据馈送就显得不那么现实。为了解决这个问题，我们开发了一个 Java 程序，直接从相应的网页上抓取 CVE 信息。每一个 CVE 都在可以通过以下 HTTP 地址访问的单个页面中描述：

http://web.nvd.nist.gtv/view/vuin/detail? vunId = <*CVE ID*>

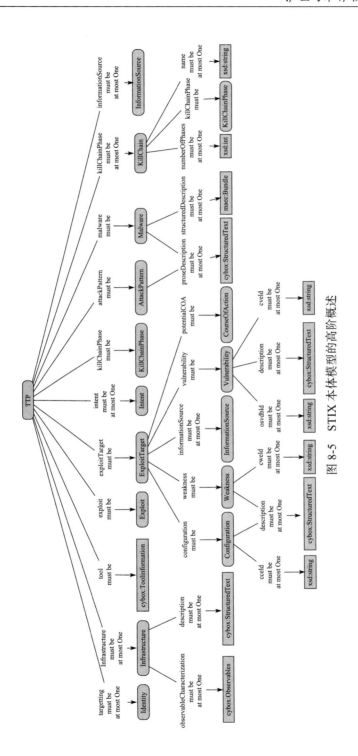

图 8-5　STIX 本体模型的高阶概述

因此，在上述 HTTP 地址中填入适当的 CVE ID（CVE 编号），该工具可以下载包含着所关注 CVE 描述信息的 Web 页面的 HTML 代码。接下来，使用 jsoup 库（jsoup），可以使用一种类似 CSS 的语法访问页面中的特定 HTML 元素，从而抓取出关于 CVE 的有用信息。

将 CVE 信息存储在内存中之后，该工具会在 Apache Jena 中创建一个新的本体模型，并生成一个表达该 CVE 信息的 OWL 文档。像 TopBraid Composer 或 BaseVISor 推导引擎这样的工具就可以处理得到的 OWL 文档，能够在进行推导时导入这些文档。

8.5.5　其他本体模型

1. 人员、群组和组织机构

我们使用 FOAF（Friend of a Friend，朋友之友）[⊖]本体模型来表达人员、群体和组织机构。此外，我们为 WhoIs 互联网注册信息（WhoIs）开发了一个本体模型，用以将设备 IP 地址与人员和组织机构关联起来。我们使用一个名为 whoisxmlapi.com 的服务来获得我们所遇到 IP 地址的 WhoIs 信息。这一操作需要进行两次查找。在第一次查找中，根据所提供的 IP 地址确定一个联系人电子邮件地址。然后，我们在联系人电子邮件的域（假定它们是相同的）上进行 DNS 查找，以获取控制该 IP 地址的联系人电子邮件地址域的域名及其他信息。类似地，我们可以查找注册人的名字。如果注册人是可疑的，那么了解关于该 IP 地址的事实情况，对我们来说就十分有用了。遗憾的是，由 whoisxmlapi.com 服务生成的 XML 对于美国以外的 IP 地址来说就不是那么有用，因为它无法包含结构化的信息。相关信息被包含在记录中，而且通常以外国语言形式被封装在文本字符串中，这将导致需要通过额外的解析来填充 XML 字段，然后才可能提升至 OWL。我们并未为了完成这一任务而实现一个自定义解析器。

2. 威胁表达

我们使用 NIST 的 CAPEC 分类来在一个本体模型中对威胁进行表达。CAPEC 分类提供了对攻击进行分类的方法，并可以与所检测到的网空事件结合起来，以了解那些与攻击利用相关的 CVE 漏洞，而这些攻击利用使用了某个特定的 CAPEC 攻击机制。然后，这被用于推导出恶意代码对攻击目标的潜在影响，以及其在未来可能做出的动作。

我们没有使用 MAEC 模式，因为它通常被用于表达实际的恶意代码；而且除非使用付费的订阅服务，否则无法在各个安全网站上获得这种类型的数据。CVE 和漏洞信息则是通常可以获得的，但并不提供关于实际恶意代码的数据。

⊖ FOAF 是一种 XML/RDF 的词汇集，它以计算机可读的形式，描述互联网用户通常可能放在主 Web 页面上的个人信息之类的信息。——译者注

3. 弱点和风险表达

对各种类型弱点进行分类的 CWE，与所引用的 CAPEC 信息一起，可以在该本体模型中被完整地表达。CVE 漏洞信息则没有被表达在该本体模型中，因为它通常是用于对安全事件进行检测的特征的一部分。通常，Snort 的检测特征会标识出具体的 CVE，然后将其用于标识出相关联的 CWE 和 CAPEC 信息。

CWE 提供了可被恶意代码攻击利用的各种弱点，可被用于理解攻击并确定攻击的影响和恶意代码的行为。图 8-6 描述了 CWE 结构的一部分；深灰色的框代表了美国国家漏洞数据库正在使用的 CWE。

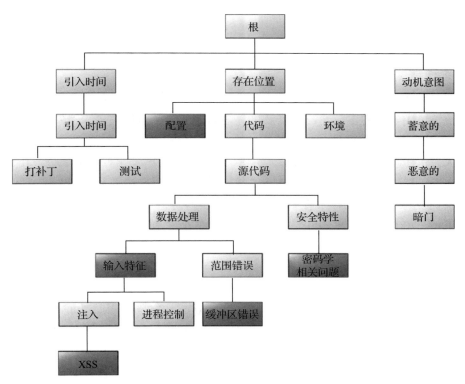

图 8-6　通用弱点枚举结构的一部分（CWE）(http://nvd.nist.gov/cwe.cfm)

4. 资产和攻击目标的表达

诸如 CPE、CCE 和 CVSS 的 MITRE 标准用于表达恶意代码所针对的目标和资产。CPE 和 CCE 更多地被用于表达端点主机的配置、操作系统和应用程序；但由于这些概念已经存在，所以不会将其用于该本体模型。关于漏洞评分的 CVSS 信息会被用于具体的攻击，以了解攻击的潜在影响和严重程度。

我们还开发了一些其他的本体模型，包括 Snort 事件和类似事件的本体模型、部分 – 整体关系的本体模型、用于表述 IP 域和子域的本体模型和关注列表的本体模型。原型系统能够处理来自各种来源的事件，并将其转换至本体模型中。对于 Snort IDS 的事件，系统会查询 Snort 的数据库并对各种事件进行处理。关键的 Snort 字段是事件类型，已知检测特征的分类，以及被攻击利用漏洞的 CVE 编号。

为了将用户与网络上的实体关联起来，需要在 LDAP 目录上查询用户登录域和从域中注销的信息，并将这些信息转换为本体模型中的事件。

从已有的网络流收集器可以获得 Netflow 事件；由于系统不生成高阶的 Netflow 数据，因此需要使用临时处理机制将 Netflow 转换至本体模型。通过使用网管能力对相关统计数据进行 SNMP 轮询，可以获取网络的性能数据，并将其转换为 OWL 格式。

5. 杀伤链

接下来，我们讨论关于在本体模型中进行事件和情景建模的问题，用以表达并推理事件以及情境中实体的参与情况，以及事件之间的部分 – 整体关系、因果关系、时间关系和地理空间关系。在事件或情境的本体模型中，将这些实体作为出现或发生的个体。它们被认为是在时间维度上展开的永续实体，即它们具有时间上的组成部分。相比之下，像石头和椅子这类实物对象被认为是存在的，而且它们所有的部分都存在于时间上的每个点；它们被称为持久物体。存在着几个事件本体模型（Wang 等人，2007；Raimond 和 Abdallah，2007；IPTC，2008；Doerr 等人，2007；Mueller，2008；Francois 等人，2005；Westermann 和 Jain，2007；Scherp 等人，2009）以及与事件紧密相关的态势感知模型（Chen 和 Joshi，2004；Wang 等人，2004；Yau 和 Liu，2006；Lin，2008），其中一些模型基于 Barwise 和 Perry 所提出的可以用于表达网络内所发生事件的情境理论[⊖]（Barwise 和 Perry，1983；Matheus 等人，2003，2005；Kokar 等人，2009）。

在我们的系统中，基于 MITRE 通用事件表达（CEE）的 Event 类，被用于描述在典型日志数据中所记录的低阶事件数据。基础本体模型使用了一些能够在 CEE 中找到的概念，包括时间（Hobbs 和 Pan，2004）、优先级和其他通用属性。通过对该本体模型进一步增强，使其能够描述以下的事件子类：

- 安全事件
- 身份事件
- 声誉事件

⊖ 又称"情势理论""权变理论"，着重从领导者、被领导者和环境之间的相互作用来研究领导效能的理论的总称。——译者注

- 网络流
- 网络性能事件

图 8-7 展示了来自于本体工具的本体类结构。

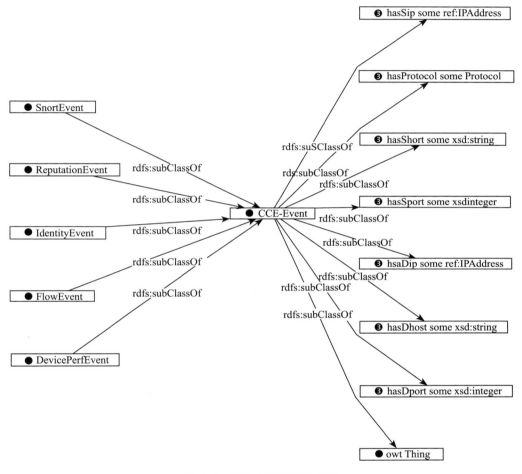

图 8-7　事件本体模型的结构

　　杀伤链是源自 STIX 的一个关键的网空情境概念。它是一种特定类型的情境，在此情境中若干个特定类型的事件必须按照指定的顺序发生。因为杀伤链与 APT（高级持续性威胁）相关，所以 Hutchins 等人（2011）对其进行了详细的描述。APT 的杀伤链模型被用于描述以下列表中对手可能展开行动的各个阶段，详见图 8-8：

- 侦察

- 武器化
- 投递
- 攻击利用
- 安装
- C2（指挥控制）
- 为达到目的而展开行动

图 8-8 杀伤链模型（安全情报）

STIX 所引用的杀伤链模型与 Hutchins 论文中的描述略有不同，但都表达了类似的概念。在我们的本体模型中，入侵杀伤链是杀伤链的一个子类，包含对应类型的杀伤链（此处，就是入侵杀伤链）的多个阶段，而且是用"在前面"（precedes）这一具有传递性的对象属性，将这些阶段彼此关联起来。

8.6 APT 测试用例

出于测试目的，选择使用 Stewart（2013）所描述的近期事件作为 APT 类型的示例。"高级持续性威胁"（APT）是指对政府、活动人士和工业领域进行的网络间谍活动。所涉及的实体可以是能够提供信息的任何事物——恶意代码、指挥控制（C2）域、主机名、IP 地址、行为体、攻击利用、攻击目标、工具、战术以及其他。"高级"是指使用恶意代码对系统中漏洞进行攻击利用的复杂技术。例如，APT 可能会使用像 CryptoLocker 的复杂"勒索软件"那样进行攻击利用，通过邮件附件攻击一台计算机并将机器上的数据加密，从而要求用户支付赎金以解密数据（US-CERT，2013）。在"持续"方面，一个外部的指挥控制（C&C）系统持续监控某个特定的被攻击目标，并从中盗取数据。在"威胁"方面，是指由敌对的人员参与对攻击的策划编排。

一个 APT 事件包含在一段时间内发生的各种事件，这些事件覆盖了杀伤链的各个部分。需要跟踪的实体数量是巨大的：APT 网络间谍行动中涉及了数百个独特的定制恶意代码家族，使用数千个域名和数万个子域名来支撑恶意代码或展开鱼叉式钓鱼攻击。

在最基础的事件层面，使用网空态势本体模型对 APT 进行推理，需要对低阶的网络事件进行检测发现，主要由 Snort 事件和 Netflow 事件组成。在我们的场景中，通过使用本体模型中的推导机制和规则，可以将这些事件推导形成高阶的概念，从而生成与事件相关的可观察对象等个体，随后这些个体可以成为威胁指标并被表达为本体模型中的安全事件。

　　然后对中阶实体做出断言，通过使用本体模型以及无法在本体模型中直接表达的定制化推导规则进行推导，将中阶实体与更高阶的概念相关联，这些概念包括攻击行动、TTP、威胁行为体和攻击目标等。

　　我们开发了一系列规则，用于推导出各种 STIX 类，以及推导出它们是如何相互关联的。这些规则可以被用于推导出杀伤链、杀伤链阶段、TTP、威胁行为体和攻击目标。并通过推导将各种检测到的事件与杀伤链的阶段关联起来。

8.6.1　测试网络

　　通过在测试网络上展开实际攻击以完成测试。该测试网络由一个汇聚站点以及与其连接着的三个分支站点组成（图 8-9）。有三条去往分支站点的潜在路径，每条路径上都部署了不同的 IDS、防火墙、路由器和交换机。在网络上展开各种攻击行动，采集事件信息，并由原型系统进行分析。然后使用本体模型和规则来推导出有关攻击的信息以及攻击对测试网络的影响。由低阶的 Snort 事件触发对事实的推导过程，从而识别出杀伤链的元素，进而识别出攻击者，这个推导过程由 VIStology 的 BaseVISor OWL 2 RL 前向串接推导引擎完成，并结合了由本文所述各种标准所产生的网空态势本体模型。

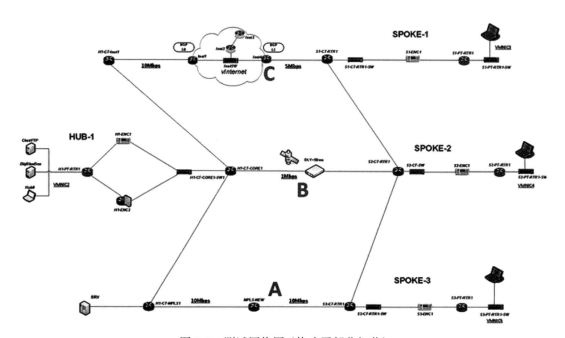

图 8-9　测试网络图（修改了部分细节）

在推导机制和规则方面的开发主要包括：由各种低阶网络事件（event）创建的高阶 STIX 事件（incident），以及推导出网络状态、攻击路径及攻击的潜在影响等信息。

在表达 STIX 的本体模型中，需要开发一系列规则，从而创建出一个网空安全状态的模型，这些状态来自于网络设备、拓扑结构、具有来自 IDS 动态事件信息的资产、NetFlow、网络度量指标和其他事件数据。

在表达 STIX 的本体模型中，需要基于一系列个别的事件（event），创建出 STIX 事件（incident）、攻击行动和其他高阶的类。然后将诸如 CVE Snort 事件的相互关联个体事件，与 Snort 类的类型拼接在一起，以理解攻击的类型。Snort 事件中的 IP 地址被用于对 APT 威胁行为体的身份进行推导。

1. 杀伤链

各种低阶事件被作为一个更大的杀伤链的部分相互关联起来。通过分析用户和攻击目标，并关联分析各个事件的顺序，从而确定这些事件是否是同一威胁行为体所展开相似攻击行动的一部分。根据事件的时间顺序，对情境的性质做出分类。例如，如果 C2 信标出现在被感染文件下载之前，那么这与杀伤链的顺序是相反的，因此这两个事件就可能不是同一个杀伤链的不同阶段，尽管它们可能是尝试注入被感染文件的多个单独元素。

2. 攻击目标信息

来自 Snort 传感器的 IP 地址信息，可被用于进行 WhoIs 信息查询得到对应的身份事件，从而通过身份事件获得并理解被作为攻击目标的设备和用户身份。对域名注册人的观察，能够用于将各种网空事件与同一用户关联在一起。作为目标，本体模型中表征的关于用户在企业中角色和位置的信息可用于推断实际和潜在的攻击类型和可利用漏洞。

3. 威胁行为体

在我们的本体模型中，基于来自于 WhoIs 和域名信息网站等外部链接的声誉列表，构建了一个威胁行为体的声誉列表。最终在其他外部事件报告的辅助下，可以将威胁行为体与针对多个组织的更大型攻击行动关联起来。可以基于 TTP、攻击目标和攻击方法的复杂程度来推导出威胁行为体的类型（例如，国家资助、犯罪分子或个人黑客）。

将声誉事件与集体情报框架（CIF）项目放在一起研究，可作为基于 IP 和基于 URL 的声誉信息的潜在外部来源。CIF 使用诸如 Malware Domain Blocklist、Shadowserver 和 Spamhaus 的几个站点的数据，进而对数据进行存储和关联。为了直接实现研究目的，我们使用 Spamhaus(spamhaus.org) 声誉列表。在将来，可以使用 CIF 的接口来获取额外的信息。

4. 影响分析

我们开发了相关规则，基于对当前攻击行为的理解，推导网络的状态信息以及在网络中的攻击路径，据此考虑攻击影响和缓释措施。

　　总体来看，我们使用了一些规则来增强本体模型，这些规则有助于推导出更复杂的 APT 概念，并可以创建出表达潜在攻击行为的 STIX 实例。上述规则由 VIStology Base-VISor 语言编写，并使用 BaseVISor 推导引擎来运行。标准 OWL 2 RL 推导规则用于进行类和关系的一般性推导，而作为补充，由推理引擎运行上述所有规则，则能够从低阶事件中推导出 STIX 可观察对象、指标和事件。从这些低阶指标，基于潜在的威胁行为体和攻击目标，可以推导出杀伤链以及相应的杀伤链阶段。

　　基于各种 Snort 事件、信誉事件和身份事件，也可以使用 SPARQL 查询对攻击的影响进行分析。将 Snort 事件所引用的 CVE，与本体模型中的 CWE 和 CAPEC 进行关联，用以推导出额外的网络影响评分。

8.6.2　规则

　　除了本体模型之外，我们还开发了一系列规则来做出以下推导：

- 将 Snort 事件绑定至 CVE。
- 为每个 Snort 或 Netflow 事件创建一个可观察对象（Observable）。
- 为每个可观察对象创建一个指标（Indicator）。
- 从 Snort 事件中提取出杀伤链的阶段并形成指标。
- 将指标与相关的 CVE 组合在一起。
- 将具有相同检测特征 ID 和源 IP 地址的指标组合在一起。
- 将指标与具有相同源 / 目的 IP 地址和检出时间的 Snort 事件和 NetFlow 事件组合在一起。
- 将指标与匹配了源 / 目的地址但是没有相应 Snort 事件（SnortEvent）的 NetFlow 事件（NetFlowEvent）组合在一起
- 对缺失某一杀伤链阶段的基于 NetFlow 的指标做出杀伤链阶段的断言。
- 为指标创建相应的事件（Incident）。
- 提取 CVSS（通用漏洞评分系统）的基础评分。
- 识别出攻击利用目标（ExploitTarget）（在 Snort 事件中的用户域目的属性）。
- 基于已有的攻击利用目标创建出 TTP 和威胁行为体（ThreatActor）。
- 从攻击利用目标的 CWE 中提取出攻击模式（AttackPattern），成为威胁行为体的 CAPEC。
- 根据来自攻击利用目标的事件，保存威胁行为体的 IP 地址。
- 将指标指定为杀伤链阶段（KillChainPhase）。

这些规则由 BaseVISor 规则语言所实现，采用霍恩子句（Horn clause）规则的形式对三元组的模式（pattern）进行表达，并可在规则体中使用常量与变量。为一系列事实绑定变量，如果变量取值匹配上了规则体中所确定的模式，就可以按照规则头的定义做出新的三元组断言。此外，这些值可以作为规则头中程序附件（procedural attachment）的输入。例如，这样的程序附件可能会调用外部服务，将域名转换为 IP 地址，或计算以纬度 / 经度坐标表示的两个地理空间点之间的距离。

当安全事件被 Snort 发现时，如果检测特征具有与之关联的 CVE，则该信息将被用于从 NIST 站点获取有关具体漏洞其他信息的键值。NIST 网站提供关于 CVE 的 HTML 格式数据，同时也提供与 CWE、CAPEC 和 CVSS 基础评分、访问向量等额外信息的关联关系信息。

在基础层面，检测到的 Snort 事件和 Netflow 事件包含 CVE 检测特征、主机和目的 IP 地址以及主机信息。事件被收集在一起作为可观察对象，通过本体模型和规则映射成为指标，然后汇总形成事件（Incident）。通过在本体模型中将 Snort 事件对应到杀伤链的阶段，带有 CVE 信息的 Snort 事件可被用于推导出杀伤链的哪个部分可被用于描述这些事件。无相关联 CVE 的 Snort 事件，则需要与 Netflow 事件相互关联，以表达它们的关系。例如，指挥控制（C&C）流量在 Snort 系统中可能会被显示为可疑事件，但并不具有关联的 CVE。然后，可以按照源和目的地址信息，把这些 Snort 可疑事件与 Netflow 事件关联起来，从而推导并匹配至特定的攻击目标和威胁行为体。通过本体模型与规则，能够进一步将这些中阶的事件（Incident）与攻击行动、TTP、威胁行为体和攻击目标等更高阶的概念关联在一起。

8.6.3　基于推导的威胁检测

我们使用规则将域名或 IP 地址与事件（Incident）进行关联。随后，就可以检测发现具有相同源地址的多个事件。如果事件被描述为恶意的，或确定是杀伤链的一部分，那么对应的域名或 IP 地址就可以与声誉本体模型中的条目关联起来，其中这些条目由前文所述的 Spamhaus.org 条目派生所得。此外，本体模型中具有对应于国家、组织机构和互联网注册商的个体，使系统能够根据个体在之前的行为，描述这些域名是否可疑。可以根据各个国家是否为网空侵略者提供承载攻击的环境而描述它们的声誉度，例如，可以通过如前所述的方法通过 WhoIs 和 DNS 查找，将 IP 地址关联至各个国家。因此，来自一个已知可疑国家的可疑流量，可以被认为在本质上是更加可疑的。

8.7　网空安全领域中其他与本体模型相关的研究工作

一些研究论文提到在网空安全方面使用了本体模型。首先，一些论文认为需要使用本体模型解决网空安全问题。例如，在一个 ARO 研讨会的报告中，Sheth（2007）主张将语义网技术和本体模型用于网空态势感知。Caton（2012）认为应当将网空安全问题置于超越当前态势模型的更通用冲突理论的更广泛上下文背景中考虑，使模型可以有能力适应于在网络空间战争方面的未来发展。显然，这一观点符合 Endsley 的态势感知模型（Endsley，1995），在其过程中包含对未来的预测。Atkinson 等人（2012）将网空安全问题放置于更广泛的社交网络视角中，并提出了一种方法，将网空安全问题视为建立一个网空生态环境的问题，在这个生态环境中存在着鼓励良好行为和威慑不良行为的手段。其本体框架既包含社交信任，又包含技术规则和控制。

网空安全的本体模型可以追溯到语义网的早期阶段。例如，2003 年的论文（Undercoffer 等人，2003）就已经讨论了使用 DAML 语言（OWL 前身）来表达入侵检测领域的本体模型。该论文将 DAML 与 XML 进行了比较，并讨论了后者的不足之处。这一本体模型包含 23 个类和 190 个特性 / 属性。2005 年的论文（Kim 等人，2005）提出了一些使用本体模型对网空相关基础设施之间的依赖关系进行建模的计划，但没有给出本体模型成果的细节。另一篇论文（More 等人，2012）描述了将本体模型和推导机制用于入侵检测的实验系统，他们的本体模型是对由 Undercoffer 等人（2003）所开发本体模型的延展。Okolica 等人（2009）开发了一个用于理解网空安全领域态势感知的框架。他们也应用了 Undercoffer 等人（2003）开发的本体模型。

有大量论文提到了将本体模型用于网空安全和态势感知。然而，由于并未给出所用本体模型的细节信息，所以我们不可能重用这些结果。例如，一篇论文（Khairkar 等人，2013）提到了使用本体模型的一些研究工作，该论文声称本体模型将解决入侵检测系统的诸多问题，特别是对在网络活动日志记录中检测到的恶意活动进行分类，但是并没有展示这种方法的任何细节。另一篇论文（Kang 和 Liang，2013）讨论了一个使用本体模型的尝试，该本体模型将安全问题关联至基于模型驱动架构（MDA）软件开发过程。特别地，该本体模型（被呈现为各种元模型的合集）被归因于对各种 MDA 模型的泛化。遗憾的是，该论文并没有展示如何实现这一过程的任何细节。Strassner 等人（2010）讨论了一个使用了本体模型的网络监控系统的架构。该论文强调了使用本体模型推导出显式表达的事实的能力，但是依然没有给出本体模型的细节。Bradshaw 及其同事（2012）讨论了将策略和一个基于代理的架构用于网空态势感知任务，并侧重于人机交互操作的方面。Oltramari 等人（2013）讨论了将本体模型用于网空行动中的决策支持，但没有提供具体的本体模型。该论文着重于探讨在架构和概念方面使用包含本体模型的认知架构的理由。de Barros Barreto 的作者等人（2013）描述了一个使用本体模型的系统。他们并未展示新的本体模型，而只是重用了其他已有的本体模型。

许多论文展示（通常是以图形方式）了所使用本体模型的表现形式。论文（D'Amico 等人，2010）提到了一个研讨会，其中参与者共同建立一个用于描述工作任务和网空资源之间关系的本体模型。这项工作是 Camus 项目（网空资产、工作任务和用户）的一部分（Goodall 等人，2009）。Strasburg 等人（2013）描述了一个项目，其中以 OWL 表达的本体模型被用于表现入侵检测和响应领域。该论文仅展示了顶层的本体模型。论文（Bouet 和 Israel，2011）讨论了一种系统，其中使用了本体模型来描述资产及其安全信息。该系统通过对长文件进行审计分析以离线方式工作。该论文仅展示了顶层的本体模型。

相比之下，Fenza 等人（2010）使用情境理论本体模型（STO）（Kokar 等人，2009）（可公开获得）来识别机场安全领域的安全问题。

一些论文侧重于为网空安全领域开发本体模型的过程。因为这是我们必须展开的工作，所以我们对此也非常关注。例如，Wali 等人（2013）描述了一种从网空安全教科书索引和已有本体模型（Herzog 等人，2007）来开发网空安全本体模型的方法。软件工程研究院（SEI）的报告（Mundie 和 McIntire，2013）描述了恶意代码分析专门词汇（MAL）——这是一个受到 JASON 报告（McMorrow，2010）影响的倡议。

我们采用一份较近期的 MITRE 报告（McMorrow，2010）来结束本文的文献调研部分。JASON 作为向美国政府提供防务科技咨询服务的独立科学顾问小组，于 2010 年发布了一份非常有影响力的报告（McMorrow，2010），旨在对网空安全的理论与实践做出审查和评估。该报告最重要的结论之一是：

> 最重要的因素是构建一种通用语言和一套基础概念，使安全界可以据此形成共同的理解。由于网空安全是存在着对手方的情况下的科学，因此这些对象将随着时间的推移而改变，但一种通用的语言和一致认同的实验方法，将有助于对假设进行测试以及对概念进行验证。

8.8　经验教训和未来工作

鉴于当前基于 XML 的标准所具有的复杂性，以及自动将 XSD 转换为 OWL 的技术水平，以一种能被用于推理（例如 OWL）的可互操作格式来表达威胁信息的语义，并不是一项简单的工作。跟上标准的变化，以及引入额外的标准，都需要以手动方式完成大量的知识表达工作。

在本文所述的测试场景中，使用本体模型表达信息和推导额外信息的能力，来识别出由多个步骤组成其行动过程的高级持续性威胁（APT），而在我们的本体模型中表达为杀伤链中的顺序步骤。使用本体模型的推导来理解威胁行为体、攻击目标和攻击目的，有助于确定潜在的行动方案和未来的影响。

总体来说，我们使用隐式存在于基于 XML 的网空标准中的已有术语和概念，创建出一个带有一系列规则的 OWL 本体模型，用于实现网空态势感知，这一经验让我们能够得出以下结论：

- 基于本体模型的分析有助于实现网空态势感知，因为它能够整合以不同标准表达的多来源信息，从而发现模式并推导出新的信息。
- 将不同事件类型与推导的事件信息绑定在一起的能力非常具有潜力，可用于在将来添加额外的事件类型。
- 从 XML 模式自动生成的本体模型，要经过大量处理之后才能变得有用，并会产生很多难以解决的复杂问题。
- MITRE 安全标准有助于表达网空安全概念，但由于其更多是面向 XML 的，必须经过适配后才能用于本体模型。
- 在 NetFlow 信息上下文环境中，基于 Snort 的事件信息可以被用于理解攻击的发生时间、持续时间和其他网络特性。

根据真实的网络创建本体模型并不是简单的工作。然而，在对网络进行基于路径的分析之外，通过本体模型和推导也能够提供具有洞察力的额外信息。与诸如 Drools 的基于 Rete 的传统规则引擎相比，本体模型提供了能够更易于整合新信息和新规则的框架。然而，为了成功使用本体模型，确实需要领域知识、本体学知识和软件开发技能，而这些通常不是网络管理工作的一部分。

此处的网空本体模型利用了 MITRE、NIST 和 USCERT 等组织制定的各种标准。其中许多标准被 XML 所表达，在研究期间发现很难使用 XML 变换规则将这些标准的 XML 自动转换为本体模型。由于缺少与 MITRE 标准和其他网空态势标准相对应的 OWL 本体模型，阻碍了实现互操作性与态势感知，因为在这些标准所基于的 XML 模式中不包含形式化的语义。因此，这些标准中的信息不能被组合起来并用于推导出新的知识。本项目所开发的基于 STIX 的本体模型，可以适用于那些正在使用 XML 定义 STIX 的各个机构，以及其他研究机构，作为它们相关工作的起点。在对 MITRE 和 STIX 标准的 XML 进行转换的过程中，习得的经验教训将有助于避免其他人走弯路。因为增加了语义含义，STIX 本体模型也可以辅助实现机构间和部门间的网空信息共享。但是由于各相关标准都使用了 XML，这使我们很难使本体模型的版本与相关标准保持同步更新。

STIX 社区对最终使用 OWL 进行编码表现出了兴趣，但这并不是一项简单的任务。需要认真努力地投入，以开始建构可互操作的网空态势感知本体模型，才能够以标准、透明和统一的方式进行基于共享信息展开推导。由于在开发基于 XML 的已有标准上已经投入许多有价值的工作，而且围绕这些标准都形成了既有的用户群体，因此将工作资源认真地投入开发能够把 XML 模式（schema）提升至 OWL 本体模型的技术，属于合理的发展方向，从而使机器不仅可以共享通用的词汇集，还可以共享表达和推导网络状态的通用含义。

8.9 小结

在网空系统中，处理循环非常快，大量的推导工作必须由计算机完成。换句话说，自动推导引擎必须能够展开推导，这反过来就需要使用具有形式化语义的语言来表达这种引擎处理的信息（事实）。"本体模型"这一术语代表着一种显式的、形式化的、可机读的语义模型，这种模型定义了与问题域相关的类、类的实例、类间关系和数据属性。为了使本体模型能够被计算机自动处理，需要使用具有形式化语法和形式化语义的语言来表示。OWL 是目前用于表达本体模型的最常用语言，也是至今在此方面有着最大开发者基础的语言。

对 OWL 表达的本体模型进行自动推导，由推导引擎或语义推理器所完成。推导引擎将 OWL 中对具体关注领域做出断言的一系列事实作为输入，并根据公理和推导规则得出其他的事实。OWL 所采用的语义，使推导过程可被预期为在计算上是易于处理的。有多个商业化的推导引擎可以用于对 OWL 本体模型进行推导。OWL 的表达能力相对较高，等价于完整一阶逻辑的一个可决定片段。此外，可以用规则对 OWL 做出补充。将网空态势信息全面编码为 OWL 本体模型的开发尝试相对较少，没有公开的全面本体模型。最相关的标准是得到多个组织支持并且由 MITRE 管理的一个相对较新的标准，被称为结构化威胁信息表达（STIX）。还存在其他相关的 XML 模式，但它们只是要求在从一个代理向另一个代理传递预先指定的一组 XML 元素时，如何将信息结构化。由于缺少本体模型，它们不能被自动推导。而基于本体模型的自动推理，能够支持网空安全领域的态势感知。可以使用本体模型和推导引擎，实现一种模仿分析人员工作过程的方法。可以通过利用现有的网空安全相关的标准和标记语言，开发一个全面的网空安全本体模型。

参考文献

Anagnostopoulos, E. et al. Vol. 418. Studies in Computational Intelligence. Springer Berlin Heidelberg, 2013, pp. 319–360. isbn: 978-3-642-28976-7. doi: 10 . 1007 / 978 - 3 - 642 - 28977 - 4 _ 12. url: http://dx.doi.org/10.1007/978-3-642-28977-4_12

Apache Jena. http://jena.apache.org

Atkinson, S.R., Beaulne, K., Walker, D., and Hossain, L. "Cyber – Transparencies, Assurance and Deterrence", International Conference on Cyber Security, 2012

Baader, F., McGuinness, D. L., Nardi, D., and Patel-Schneider, P. F. (Eds.). (2010) The Description Logic Handbook: Theory, Implementation and Applications. Cambridge University Press.

Barwise, J., Perry, J. (1983) Situations and Attitudes. Cambridge, MA: MIT Press.

Bedini, I. et al. "Transforming XML Schema to OWL Using Patterns". In: Semantic Computing (ICSC), 2011 Fifth IEEE International Conference on. 2011a, pp. 102–109. doi: 10.1109/ICSC.2011.77

Bedini, I., Matheus, C., Patel-Schneider, P. F., and Boran, A. Transforming XML Schema to OWL

Using Patterns. ICSC '11 Proceedings of the 2011 IEEE Fifth International Conference on Semantic Computing, Pages 102-109, 2011b.

Bikakis, N. et al. "The XML and Semantic Web Worlds: Technologies, Interoperability and Integration: A Survey of the State of the Art". In: Semantic Hyper/Multimedia Adaptation. Ed. by Ioannis

Bohring, H., and Auer, S. "Mapping XML to OWL Ontologies." In: Leipziger Informatik-Tage 72 (2005), pp. 147–156.

Bouet, M., and Israel, M. "INSPIRE Ontology Handler: automatically building and managing a knowledge base for Critical Information Infrastructure Protection", 12th IFIP/IEEE IM, 2011.

Boyd, J. A discourse on winning and losing. Technical report, Maxwell AFB, 1987.

Bradshaw, J. M., Carvalho, M., Bunch, L., Eskridge, T., Feltovich, P. J., Johnson, M., and Kidwell, D. "Sol: An Agent-Based Framework for Cyber Situation Awareness", Kunstl Intell, 26:127–140, 2012.

Brank, J., Grobelnik, M., and Mladenic, D. A survey of ontology evaluation techniques. In In Proceedings of the Conference on Data Mining and Data Warehouses (SiKDD 2005)

CAPEC – Common Attack Pattern Enumeration and Characterization. http://capec.mitre.org/.

Caton, J. L. "Beyond Domains, Beyond Commons: Context and Theory of Conflict in Cyberspace", 4th International Conference on Cyber Conflict, 2012.

CCE – Common Configuration Enumeration: Unique Identifiers for Common System Configuration Issues. [Online] http://cce.mitre.org/.

Chen, H., and Joshi, A. *The SOUPA Ontology for Pervasive Computing*. Birkhauser Publishing Ltd., April 2004

Common Vulnerability Scoring System (CVSS-SIG). [Online] http://www.first.org/cvss/.

CPE – Common Platform Enumeration. [Online] http://cpe.mitre.org/.

CVE – Common Vulnerabilities and Exposures. [Online] http://cve.mitre.org/.

CWE – Common Weakness Enumeration. National Vulnerability Database, http://nvd.nist.gov/cwe.cfm.

CWE – Common Weakness Enumeration. http://cwe.mitre.org

CybOX – Cyber Observable eXpression. http://cybox.mitre.org

D'Amico, A., Buchanan, L., Goodall, J., and Walczak, P. "Mission Impact of Cyber Events: Scenarios and Ontology to Express the Relationships between Cyber Assets, Missions and Users", International Conference on i-Warfare and Security (ICIW), The Air Force Institute of Technology, Wright-Patterson Air Force Base, Ohio, USA, 2010.

de Barros Barreto, A., Costa, P. C. G., and Yano, E. T. Using a Semantic Approach to Cyber Impact Assessment. STIDS, 2013.

Doerr, M., Ore, C.-E., and Stead, S. The CIDOC conceptual reference model: a new standard for knowledge sharing. In Conceptual modeling, pages 51–56. Australian Computer Society, Inc., 2007. ISBN 978-1-920682-64-4.

Dumontier, M. SemanticScience wiki: ODPMereotopology. https://code.google.com/p/semantic-science/wiki/ODPMereotopology. Updated Nov 27, 2013.

Endsley, M. (1995). "Toward a theory of situation awareness in dynamic systems". Human Factors 37(1), 32-64.

Fenza, G., Furno, D., Loia, V., and Veniero, M. "Agent-based Cognitive approach to Airport Security Situation Awareness", International Conference on Complex, Intelligent and Software Intensive Systems, 2010.

Ferdinand, M., Zirpins, C., and Trastour, D. "Lifting XML Schema to OWL". In: Web Engineering. Ed. by Nora Koch, Piero Fraternali, and Martin Wirsing. Vol. 3140. Lecture Notes in Computer Science. Springer Berlin Heidelberg, 2004, pp. 354–358. isbn: 978-3-540-22511-9. doi: 10.1007/978-3-540-27834-4_44. http://dx.doi.org/10.1007/978-3-540-27834-4_44.

Francois, A. R. J., Nevatia, R., Hobbs, J., and Bolles, R. C. VERL: An ontology framework for representing and annotating video events. IEEE MultiMedia, 12(4), 2005.

GeoNames Ontology – Geo Semantic Web. http://www.geonames.org/ontology/documentation.html.

Goodall, J. R., D'Amico, A., and Kopylec, J. K. "Camus: Automatically Mapping Cyber Assetts to Missions and Users", IEEE Military Communications Conference, MILCOM 2009, pp.1-7, 2009.

Gruber, T. Ontology. In Ling Liu and M. Tamer Ozsu, editors, The Encyclopedia of Database Systems, pages 1963–1965. Springer, 2009.

Herzog, A., Shahmehri, N., and Duma, C. "An Ontology of Information Security," IGI Global, 2007, pp. 1-23.

Hobbs, J. R., and Pan, F. An Ontology of Time for the Semantic Web. CM Transactions on Asian Language Processing (TALIP): Special issue on Temporal Information Processing. 2004. Vol. 3, 1, pp. 66-85.

Horrocks, I., and Sattler, U. The effect of adding complex role inclusion axioms in description logics. In Proc. of the 18th Int. Joint Conf. on Artificial Intelligence (IJCAI 2003), pages 343–348. Morgan Kaufmann, Los Altos, 2003.

Hutchins, E. M., Cloppert, M. J., & Amin, R. M. (2011). Intelligence-driven computer network defense informed by analysis of adversary campaigns and intrusion kill chains. Leading Issues in Information Warfare & Security Research, 1, 80.

IODEF – Cover Pages Incident Object Description and Exchange Format. http://xml.coverpages. org/iodef.html.

IPTC International Press Telecommunications Council, London, UK. EventML, 2008. http://iptc.org/.

jsoup: Java HTML Parser. http://jsoup.org/

Kang, W., and Liang, Y. "A Security Ontology with MDA for Software Development", International Conference on Cyber-Enabled Distributed Computing and Knowledge Discovery, 2013.

Khairkar, A. D., Kshirsagar, D., and Kumar, S. "Ontology for Detection of Web Attacks", International Conference on Communication Systems and Network Technologies, 2013.

Kim, H. M., Biehl, M., and Buzacott, J. A. "M-CI^2: Modelling Cyber Interdependencies between Critical Infrastructures", 3rd IEEE International Conference on Industrial Informatics (INDIN), 2005.

Kokar, M. M., Matheus, C. J., and Baclawski, K. Ontology-based situation aware- ness. Inf. Fusion, 10(1):83–98, 2009. ISSN 1566-2535. doi: http://dx.doi.org/10. 1016/j.inffus.2007.01.004.

Lin, F. *Handbook of Knowledge Representation*, chapter Situtation Calculus. El- sevier, 2008

MAEC – Malware Attribute Enumeration and Characterization. http://maec.mitre.org/.

Matheus, C. J., Kokar, M. M., and Baclawski, K. A core ontology for situation awareness; Cairns, Australia. In Information Fusion, pages 545–552, July 2003.

Matheus, C. J., Kokar, M. M., Baclawski, K., and Letkowski, J. An application of semantic web technologies to situation awareness. In International Semantic Web Conference, volume 3729 of LNCS, pages 944–958. Springer, 2005.

Matheus, C., Baclawski, K., and Kokar, M. (2006). BaseVISor: A Triples-Based Inference Engine Outfitted to Process RuleML and R-Entailment Rules. In Proceedings of the 2nd International Conference on Rules and Rule Languages for the Semantic Web, Athens, GA.

McMorrow, D. Science of Cyber-Security. Technical Report, JSR-10-102, The MITRE Corporation, 2010.

More, S., Matthews, M., Joshi, A., Finin, T. "A Knowledge-Based Approach To Intrusion Detection Modeling", IEEE Symposium on Security and Privacy Workshops, 2012.

Mueller, E. T. *Handbook of Knowledge Representation*, chapter Event Calculus. Elsevier, 2008

Mundie, D. A., and McIntire, D. M. "The MAL: A Malware Analysis Lexicon", Technical Note, CMU/SEI-2013-TN-010, Software Engineering Institute, 2013.

NIST. National Vulnerability Database Version 2.2. http:// http://nvd.nist.gov/

Obrst, L., Ceusters, W., Mani, I., Ray, S., and Smith, B. The evaluation of ontologies. In ChristopherJ.O. Baker and Kei-Hoi Cheung, editors, Semantic Web, pages 139–158. Springer US, 2007.

Obrst, L., Chase, P., & Markeloff, R. (2012). Developing an ontology of the cyber security domain. Proceedings of Semantic Technologies for Intelligence, Defense, and Security (STIDS), 49-56.

Okolica, J. S., McDonald, T., Peterson, G. L., Mills, R. F., and Haas, M. W. Developing Systems for Cyber Situational Awareness. Proceedings of the 2nd Cyberspace Research Workshop, Shreveport, Louisiana, USA, 2009.

Oltramari, A., Lebiere, C., Vizenor, L., Zhu, W., and Dipert, R. "Towards a Cognitive System for Decision Support in Cyber Operations", STIDS, 2013.

OVAL – Open Vulnerability and Assessment Language. [Online] http://oval.mitre.org/.

OWL/Implementations. W3C. http://www.w3.org/2001/sw/wiki/OWL/Implementations.

Parmelee, M. *Toward an Ontology Architecture for Cyber- Security Standards.* George Mason University, Fairfax, VA : Semantic Technologies for Intelligence, Defense, and Security (STIDS) 2010

Raimond, Y., and Abdallah, S. The event ontology, October 2007. http://motools.sf.net/event

RDF: Resource Description Framework. W3C. http://www.w3.org/RDF/

Rodrigues, T., Rosa, P., and Cardoso, J. "Mapping XML to Existing OWL ontologies". In: International Conference WWW/Internet. Citeseer. 2006, pp. 72–77.

SCAP – Security Content Automation Protocol. NIST. [Online] http://scap.nist.gov/.

Scherp, A., Franz, T., Saathoff, C., and Staab, S. F–a model of events based on the foundational ontology DOLCE+DnS Ultralight. In Conference on Knowledge Capture, pages 137–144, New York, NY, USA, 2009. ACM. ISBN 978-1-60558-658-8. doi: http://doi.acm.org/10.1145/1597735.1597760.

Security Intelligence. Defining APT Campaigns. SANS Digital Forensics and Incident Response, http://digital-forensics.sans.org/blog/2010/06/21/security-intelligence-knowing-enemy/

Shen, Z., Ma, K.-L., and Eliassi-Rad, T. Visual analysis of large heterogeneous social networks by semantic and structural abstraction. Visualization and Computer Graphics, IEEE Transactions on, 12(6):1427–1439, 2006.

Sheth, A. Can Semantic Web techniques empower comprehension and projection in Cyber Situational Awareness? ARO Workshop, Fairfax, VA, 2007.

Singhal, A., and Wijesekera, D. 2010. Ontologies for modeling enterprise level security metrics. In *Proceedings of the Sixth Annual Workshop on Cyber Security and Information Intelligence Research* (CSIIRW '10), Frederick T. Sheldon, Stacy Prowell, Robert K. Abercrombie, and Axel Krings (Eds.). ACM, New York, NY, USA, Article 58, 3 pages. DOI=10.1145/1852666.1852731 http://doi.acm.org/10.1145/1852666.1852731

Stewart, J. (2013). Chasing APT. Dell SecureWorks Counter Threat Unit™ Threat Intelligence. 23 July 2012. http://www.secureworks.com/research/threats/chasing_apt/

STIX – Structured Threat Information eXpression. "A Structured Language for Cyber Threat Intelligence Information". http://stix.mitre.org

Strasburg, C., Basu, S., and Wong, J. S. "S-MAIDS: A Semantic Model for Automated Tuning, Correlation, and Response Selection in Intrusion Detection Systems", IEEE 37th Annual Computer Software and Applications Conference, 2013.

Strassner, J., Betser, J., Ewart, R., and Belz, F. "A Semantic Architecture for Enhanced Cyber Situational Awareness", Secure& Resilient Cyber Architectures Conference, MITRE, McLean, VA, 2010.

Swimmer, M. Towards An Ontology of Malware Classes. January 27, 2008. http://www.scribd.com/doc/24058261/Towards-an-Ontology-of-Malware-Classes.

The Friend of a Friend (FOAF) project. http://www.foaf-project.org/.

Undercoffer, J., Joshi, A., and Pinkston, J. "Modeling Computer Attacks: An Ontology for Intrusion Detection," in Proc. 6th Int. Symposium on Recent Advances in Intrusion Detection. Springer, September 2003.

US-CERT. (2013) Alert (TA13-309A) CryptoLocker Ransomware Infections. Original release date: November 05, 2013 | Last revised: November 18, 2013 http://www.us-cert.gov/ncas/ alerts/TA13-309A

Vrandečić, D. Ontology evaluation. In Stephen Staab and Rudi Studer, editors, Handbook on Ontologies, International Handbooks on Information Systems, pages 293–313. Springer Berlin Heidelberg, 2009.

W3C. OWL 2 Web Ontology Language Document Overview, 2009. http://www.w3.org/TR/ owl2-overview/.

Wali, A., Chun, S. A., and Geller, J. "A Bootstrapping Approach for Developing a Cyber-Security Ontology Using Textbook Index Terms", International Conference on Availability, Reliability and Security, 2013.

Wang, X. H., Zhang, D. Q., Gu, T., and Pung, H. K. Ontology based context modeling and reasoning using OWL. In *Pervasive Computing and Communications Workshops*, page 18, Washington, DC, USA, 2004. IEEE. ISBN 0-7695-2106-1

Wang, X., Mamadgi, S., Thekdi, A., Kelliher, A., and Sundaram, H. Eventory – an event based media repository. In Semantic Computing, pages 95–104, Washington, DC, USA, 2007. IEEE. ISBN 0-7695-2997-6.

Westermann, U., and Jain, R. Toward a common event model for multimedia ap- plications. IEEE MultiMedia, 14(1):19–29, 2007.

WhoIs. http://www.whois.com/

Yau, S. S., and Liu, J. Hierarchical situation modeling and reasoning for pervasive computing. In Software Technologies for Future Embedded and Ubiquitous Systems, pages 5–10, Washington, DC, USA, 2006. IEEE. ISBN 0-7695-2560-1.

Ye, J., Coyle, L., Dobson, S., and Nixon, P. Ontology-based models in pervasive computing systems. The Knowledge Engineering Review, 22(4):315–347, 2007.

第 9 章

学习与语义

Richard Harang

9.1　引言

　　本章将继续阐述上一章的主题——推导，并聚焦于机器学习这一对网空信息处理具有非常重要作用的特定类型算法。本章将继续围绕本体模型和语义进行讨论，探讨算法有效性与算法产出物语义清晰程度之间的折中关系。通常情况下，从机器学习算法中提取出有意义的上下文信息是困难的，因为那些具有高度准确性的算法经常使用不易于被人们理解的表达形式。另一方面，那些使用更易于被人们理解的词汇集进行表达的算法，可能不那么准确，并可能产生更多的虚假告警（误报）甚至给分析师带来困惑。因此，在算法的内部语义与其输出的外部语义之间，存在着折中关系。我们将通过两个案例研究来阐明这种折中关系。网空态势感知系统的开发人员必须意识到这些折中关系，并设法妥善规避相关问题。

　　大多数的态势感知模型（例如，广泛引用的 Endsley，1995）将第 1 级态势感知（SA）描述为"观察"，将其定义为"对当时环境中相关元素的状态、属性和动态所做出的观察"（补充强调）。虽然人们正在使传统态势感知模型能够适用于网空态势感知，但是显而易见，这一观察性的步骤会因为有极大量的无害数据流经网络边界而明显变得更加复杂，尤其因为观察步骤应考虑到相关性的问题。由此，目前用于实现网空态势感知的方法（例如，D'amico 等人，2005；Barford 等人，2010a）更强调对于正在发生的事件或攻击的"检测"或"识别"。在 D'amico 等人（2005）的研究工作中，提出了对入侵检测

R. Harang (✉)
United States Army Research Laboratory, Adelphi, MD, USA
e-mail: richard.e.harang.civ@mail.mil

分析师工作流的认知任务分析，将这一过程分为六项任务：第一项是"分类分流"，排除误报和升级上报可疑活动以进行进一步分析；再次强调识别出相关的信息的作用。后续的分析依赖于升级上报的一系列报告，并将它们融合形成更复杂的因果关系，从而最终形成完整的网空态势感知评估。与之类似的是，在 Barford 等人（2010a）的研究工作中，识别出了网空态势感知的若干关键方面，其中第一个方面被他们称为"态势识别"，即指意识到某个攻击实际上正在发生。正如 D'Amico 等人（2005）提出的分类分流和升级上报过程一样，态势识别是展开诸如归因分析、影响评估和取证分析的其他进一步战术网空态势感知分析的先决条件，也是形成敌对活动分析与预测等更具战略性的网空态势感知分析的主要组成部分。

在这两种情况下，对态势识别和分类分流处理的关键输入并不是"原始"网络数据——由于数据量巨大且协议格式众多，这种原始的网络数据通常不适合于直接由人工进行分析——而是应采用网络入侵检测系统（NIDS）工具的输出。诸如 Snort（Roesch，1999）或 Bro（Paxson，1999）的 NIDS 工具通常用于检测恶意活动，并将分析师的注意力引导至需要进一步分析的活动之上。此类工具通常以表格的形式向分析师呈现"告警"，这些"告警"用于标示各种情况，可能是在网络流量中某个特定网络包中出现了攻击利用的检测特征，可能是表明出现了攻击后受控活动的网络连接异常，也可能是突出显示了网络流量简单统计摘要在某些维度上出现的异常值。然而，正如 Barford 等（2010a）指出，尽管大多数 NIDS 工具从表面上看用于检测入侵行为，但目前对 NIDS 的更准确理解是：作为预过滤器处理大量流经网络的流量，尝试突显出那些与某个正在发生的事件最有可能相关的数据，将分析人员的注意力引导至这些数据，从而助力于"分类分流"操作（D'Amico 等人，2005），而不是消除对这类操作的需求。网空态势感知的实际工作发生在人员层面上，将来自不同的 NIDS 工具的报告，以人类的时间尺度，融合在一个手动的过程之中，从而为当前态势建立一个全面的图景。因此，适当地促进这种分类分流操作是至关重要的；能够提供足够辅助信息以支持快速分类分流的工具，将能做到更快速地对告警进行升级上报或消除；而那些提供很少或无法提供辅助信息的工具，则需要分析师投入资源，以在能够进行分类分流操作之前，先对工具的输出进行解释。

由于网络流量的总量逐年呈指数级增长，对这种工具的需求也会随着时间的推移而不断增加。思科公司（2013）的一项分析得出结论：互联网流量每年以约 23% 的复合增长率增加（大约每 3.5 年翻一番）。利用可比较的速率增加 NIDS 分析师的数量，以跟上流量的增长速度，从长期来看显然是不可持续的。进而能够得出这样一个结论：网空态势感知的合成和分析需要越来越多地得到工具的支持，而且变得越来越自动化，这使得人员的责任将更多转向越来越抽象和高阶的任务，而这些任务的中心是对 NIDS 分析结果进行验证。遗憾的是，正如下文将讨论的那样，目前这一代的 NIDS 工具并不适合这种情况；它们或是缺乏泛化推广至新式攻击（甚至是已有攻击的形式变种）的能力；或是无法产生具有足够可靠从而可被纳入自动化分析的信息；或是为了实现泛化推广和保障可靠性而进行的转换过程变得过于复杂，而使分析人员无法进行简易的理解与分析（他们承受着巨大的语义差距所带来的问题）。

还有其他一些能够增强网空态势感知的自动化和半自动化方法也已提出。许多研究工作完全回避了对恶意行为进行检测和上下文情境化的问题，而是侧重于：通过对可用数据的更自然表现形式，来促进分析师检测恶意行为的能力，通常将所选中数据的整体以某种图形化的格式进行展示，同时使操作人员能够以手动方式对数据进行过滤以形成所关注的组件（例如，Lakkaraju 等人，2004；Yin 等人，2004）。尽管这些方法在短期内看来很具有前景，但正如上文所讨论的那样，目前互联网流量的增长速度表明：这些方法把分析人员作为分类引擎的核心功能组件，这种完全依赖于人员处理能力的方式是不可持续的。Yegneswaran 等人（2005）提出了其他的提议（也可参见（Barford 等人，2010b）做出的紧密相关工作）建议使用蜜网进行数据收集以支持网空态势感知的工作，并在报告中指出，这些数据——尤其是在僵尸网络或蠕虫爆发等存在着自动化恶意活动的场景中——能够提供更高阶的有用信息，并为网空态势感知分析带来价值。本章的作者指出，需要进行大量的分析以使其发挥作用，并且主要关注于大规模的攻击利用方法（对错误配置的扫描、僵尸网络的探测和蠕虫的传播），使其更适用于高阶的战略层面网空态势感知，而不是我们在此更多考虑的战术层面。

本章的其余内容组织如下。首先，提出关于 NIDS 工具和相应机器学习部分的高阶讨论。接下来，将讨论机器学习工具输出的语义及其"内部"语义：如何在机器学习工具中使用数据来产生决策或分类。此外，将提供关于机器学习方法的两个具体案例，并将详细讨论它们的输出语义和内部语义，重点介绍如何使它们能对人类分析师产生帮助。最后一节讨论如何将机器学习工具整合至能够产生有用网空态势感知信息的过程中，并给出建议作为总结。

9.2　NIDS 机器学习工具的分类

NIDS 工具通常分为两个广义的大类：基于签名式检测特征的入侵检测系统（通常称为"滥用"检测），它能够通过与已知的恶意流量示例进行匹配以识别出恶意流量；以及基于异常检测的入侵检测系统，此类系统试图以特征描述正常行为，然后通过分析以标记出所有异常流量（Sommer 和 Paxson，2010；Laskov 等人，2005）。基于检测特征的入侵检测，通常通过对流量内容（Roesch，1999）或行为标记（Paxson，1999）进行匹配，以聚焦于那些具有比较清晰已确定特征的已知的攻击行为或恶意行为；而基于异常检测的入侵检测系统则张开了一张更大的"网"进行筛选，尝试用特征以某种方式描述"正常的"行为，然后标记出不符合该特征的任何行为，以进一步进行检查分析（参见 Ertoz 等人，2004；Lakhina 等人，2004，2005；Abe 等人，2006；Zhang 等人，2008；Depren 等人，2005；或 Xu 等人，2005，以及其他许多在该领域中提出了一系列方法的文献）。上述两种方法各具优缺点。然而，尽管基于检测特征的方法对于检测众所周知且被特征充分描述的攻击来说是可接受的（尽管在规则集无法良好地适应于目标部署环境时，可能会导致重大的错误，见 Brugger 和 Chow，2007），但当它们面对全新的、未被特征描述的或多态的攻击时，则往往会遭遇失败（Song 等人，2009）。异常检测方法的优点在于：至少在原则上能够检测全新攻击（Wang 和 Stolfo，2004）。然而，如何使用特征描述"正常"网络流量，以及如何对明显全新的攻击进行检测发现，已被证明是显著的挑战（Yegneswaran 等人，2005），它将导致极高的误报率（详见 Sommer 和 Paxson，2010；Rehak 等人，2008；或 Molina 等人，2012 的讨论）。

尽管网空攻击的数量在不断增长，但已经迅速被网络流量的整体增长给超越了。美国政府问责局（GAO）分析了从 2006 年至 2012 年间报告给美国计算机应急准备小组（USCERT）的攻击信息，结果显示：攻击数量以每年约 7180 起的增长率呈大致的线性增长趋势（Wilshusen，2013），2012 年共报告了 48 562 次攻击。然而，如上所述，网络流量总量的复合年增长率预计为 23%（思科公司，2013）。结合起来看，这表明恶意流量作为所接收到总体流量的一部分，所占的比例（"基准"的检测阳性率）较低，并且很可能在未来若干年内大幅下降。正如 Axelsson（2000）所讨论的那样，这一极低的比率使 NIDS 工具的可用性几乎完全决定于系统的误报率。虽然基于检测特征的 NIDS 工具通常具有较低的误报率，并由此可预期其在现实的网络环境中会表现得更好，但这是以将其检测机制泛化推广至更多场景的能力作为代价的。而另一方面，基于异常检测的 NIDS 工具则是出了名地容易受误报率影响，这将会严重局限它们在实践中的使用。尽管为了降低这类工具的误报率做出了各种各样的尝试，例如在 CAMNEP 项目中提出了通过基于代理的方式融合此类工具的方法（Rehak 等人，2008），但是在文献中几乎没有将基于异常检测的 NIDS 工具用于操作化部署的例子（虽然可参见 Molina 等人于 2012 年发表的文献，其中包含一个在骨干网环境中涉及多个异常检测工具的案例研究）。

所以，NIDS 工具所面临的主要挑战是：即使在工具无法应对全新攻击的情况下，如何能够至少形成将监测机制泛化推广至已知攻击变种的能力，从而与实用中可接受的错误率（由误报率所决定）之间达到某种平衡。虽然已经提出了使用各种机器学习的方法来弥合这一差距，并取得了不同程度的成功，但正如我们将在后续小节中进行讨论的，这些方法在网空态势感知方面又引入了各自的复杂性。

9.3 机器学习中的输出与内部语义

在 NIDS 工具中使用机器学习，将引入机器学习自身所面对的挑战。如上所述，为了产生有用的网空态势感知，这一点十分必要：即 NIDS 工具不仅可以在检测到潜在敌对活动时发出告警，还能够以某种格式提供充足的上下文信息，从而使态势感知过程中的"识别"或"分类分流"阶段顺利展开。高度精确的机器学习算法只能为用户提供很少或不提供上下文信息，在这种情况下即使精度再高也无法支持网空态势感知。而那些提供大量上下文信息但准确度略低的工具，实际上反而可能在支撑网空态势感知方面具有重要价值。为了更详细地剖析这一概念，首先对机器学习进行非技术性简要概述，然后定义和讨论机器学习算法的"内部"和"输出"语义概念。

不严格地说，在机器学习方面就是需要考虑对能够从数据中进行学习的自动化系统进行设计与分析。虽然存在着许多变化的方法（详见各种新近的参考文献，如 Murphy 于 2012 年对此问题的阐述），但最常见的方法是：以标注的样本形式向系统提供一组"训练数据"，使系统能够从中学习得到一系列将输入数据关联至输出标签的规则。这旨在使产生的规则既是准确的（就是说算法所产生的输出与所期望的输出能够可靠地匹配），也能够是通用的（就是说该算法面对之前从未见过的输入数据时仍然能够保持准确）。例如，给定若干组包含手写数字的图像与其所代表数字的成对数据，我们可以预期确定通用的规则，以对代表相同数字但未见过的图像进行标记（截至本文撰写时，LeCun 等人（2014）在网站上发布了关于与此相同的问题的最先进研究成果；此外，参见 Goodfellow 等人在 2013 年所提供的更新近版本文献，关于从街景图像中识别出地址信息）。

有一系列方法可用于解决基于数据学习关联关系的通用问题；例如，简单地将输入（诸如像素颜色值）转换为数字，然后将那些数字拟合到一条直线上（"线性分类器"），这种方法也可能产生可接受的结果（LeCun 等人，1999）。也可以使用更复杂的方法，例如从一系列的"是–否"问题中构建出一棵决策树，或构建由多个层次和专门模块组成的人工神经网络（Goodfellow 等人，2013），其中每种方法在耗时和准确性方面都存在着各自的折中关系。然而，无论算法的细节如何，呈现给算法的数据都必须转换成为算法能够处理的某种标准化形式（通常称为"特征向量"），并且必须为算法的输出选择一些有用的表达形式。

通过这种法方式对内部数据表达及处理过程与输出数据格式进行区分，可以形成对机器学习工具中的语义分组进行区分的方式。"输出语义"指的是可以从分类器中，或从决策制定工具及其所问问题中，直接并完全获得的信息。即使分类器的输出在绝对意义上只包含很少的信息，例如一次输出一个比特信息的二元分类器，但是将该输出与问题空间组合起来（例如，"这是一只白猫的图片吗？"）可以提供明显更详细的信息。"内部语义"指的是达成分类或决策的机制（或非正式地，"推理"）。对于线性分类器而言，这指的是在拓扑空间中位于一个分离超平面的一侧或另一侧的一个点；对于基于规则的系统而言，它则能够表明满足哪些规则或不满足哪些规则。对于无监督的学习工具而言，这通常是指不同聚类之间的质量度量，并且结合了所关注点与其余点之间的相似性度量。

虽然复杂的模式识别任务在传统上已经由人类所主导，但对于一些任务，特别是在数字识别或交通标志分类等静态图像分析任务上，机器学习方法的表现通常可以达到或超过人类的标准（Ciresan 等人，2012），这表明与网络入侵检测相关的复杂异构时间数据分类问题可能会很快出现在机器学习系统可以企及的范围之内。然而，为了使这些工具能够仍然可用于网空态势感知，必须在其内部或输出中产生语义表达，而且这些表达必须足够清晰，从而使分析人员能够在工具生成告警时进行有效的分类分流处理。这种"深度学习"分类器的输出语义，可以通过使用足够详细的分类问题进行调整，但对这些模型的训练成本通常较高。而且诸如 Snort 的这类基于检测特征的已有工具，在效果上已经实现了带有明确输出语义的二元分类器，这使将前述"深度学习"分类器用于这些用途时的吸引力有所下降。关于内部语义，为了获得一流的表现，许多机器学习方法利用诸如深度神经网络或卷积神经网络[⊖]的"黑箱"模型[⊖]，可以同时拟合数万到数千万个参数，但它们通常采用一种挑战常规解释能力的方式。即使是诸如支持向量机（Cortes 和 Vapnik，1995）的较简单机器学习方法，也依赖于将所观察数据投影至可能无限维的空间中，而且这一空间可以定义在该空间上的线性函数所（近似地）分割。当涉及文本或分类数据时，或当底层数据的维度非常高时，许多方法（Li 和 König，2010；Weinberger 等人，2011）都严重依赖于各种伪随机投影机制，通常采用在机能上不可能恢复至原始域的哈希函数。

虽然机器学习在分类方面的成功是不可否认的，但是当将其应用于希望能够获得某种程度网空态势感知的情境时，我们还不得不兼顾到进行分类分流的需求，从而对误报和真实告警进行区分。在这种情况下，由工具简单地进行上报（例如，报告某个给定的网络连接意味着一个潜在的威胁）是不够的；为了使分析师能够有效地对这类上报报告进行分类分流处理，必须向分析师提供能够支撑分类的推理依据。如果把关注点放在输出语义上，那么分类信息或支撑分类的推理信息越详细，分析师就可以越快速地进行验证。

如果一个工具的输出语义不清晰，那么就需要使用内部语义，（如上所述）这通常是

⊖　一种前馈神经网络，它的人工神经元可以响应一部分覆盖范围内的周围单元，对于大型图像处理有出色表现。——译者注

⊖　也称经验模型，指一些其内部规律还很少为人们所知的现象。——译者注

个更加困难的命题。抛开将网空安全相关数据（通常是分类或文本形式）转换至一些可测量度量指标空间的问题（参见 Harang 2014，以了解更多关于这一点的讨论），一个分析师如果希望根据工具的内部语义对一个特定告警进行分类分流，那么他不得不与机器学习算法产生结果所需要的任何变换机制打交道。当这些变换机制不能轻易地关联回原始空间时，或者当无法以分析师所熟悉的标准属性形式通过算法向分析师解释分类背后的逻辑原理时[一]，分类分流的处理过程就会变得更加困难，导致分析师不得不对分类器产生此类告警的潜在原因进行实际上"盲目"的调查分析。

当告警的输出语义不清晰时，对误报的分类分流处理就会变成一个特别的挑战，因为本质上只能由分析师来证明它是不成立的。然而，如果没有由机器学习工具所做出的狭义且易于证伪的断言（即清晰的输出语义），或者没有方法能够向分析师解释机器学习算法为什么会产生告警的推理过程（即明确的内部语义），分析师将面对一个艰难的任务，即做出断言：机器学习工具上报的那一项数据并不能够代表存在着可能的威胁[二]。需要注意的是，当分类分流问题面对着基础概率谬误[三]时，整体影响会是巨大的；在这里，基础概率谬误表明分类器在诸如网空安全的高度类别不平衡[四]环境所中出现的绝大多数错误实际上是误报的。

9.4　案例研究：ELIDe 和汉明聚合

这里呈现两个将机器学习方法用于入侵检测的例子，它们具有明显不同的内部语义和输出语义，并研究它们的语义会如何影响它们在网空态势感知中所起的作用。首先呈现 ELIDe（极轻量级入侵检测）的例子，它作为一种基于载荷的入侵检测引擎，其运作机制是对分组数据中的 n-gram 做出高维度变换，可以认为其对应于基于特征检测的 PAY-L 异常检测系统（Wang 和 Stolfo，2004）。作为一个二元分类器，ELIDe 所产生的输出（可能）具有非常清晰的语义并可以用于快速的分类分流处理，但是其内部语义在本质上难以供分析人员分析。作为比较极端的另一个例子，我们将讨论使用可变汉明距离进行告警聚合，由于算法中完全以原始数据的形式进行表达，这可以被认为是一种具有非常清晰内部语义的异常检测方法，其中完全以原始数据集的形式进行表达。然而，当把基于汉明距离的告警聚合用于异常检测模式时，具有（如所有异常检测方法一样）非常糟糕的

[一]　也就是说，需要向分析师解释：分类器所采用的算法是在哪些标准属性（例如网络包中的字段属性）的基础上以怎样的逻辑原理做出分类判断。——译者注

[二]　也就是在这样的情况下，分析师很难证明一个告警是误报，因此也就很难对告警的正确性进行区分。——译者注

[三]　基础概率谬误，是人们在进行主观概率判断时倾向于使用具体信息而忽略掉一般信息的现象。——译者注

[四]　类别不平衡就是指分类任务中不同类别的训练样例数目差别很大的情况。——译者注

输出语义，除了能够指出所提交数据的某一个子集对其余数据来说是异常值，并无法提供进一步的内在检测能力。特别是在考虑语义对分类分流步骤的影响时，这两个例子有助于说明将机器学习技术融入网空态势感知过程中所需要做出的一些权衡以及考虑因素。

9.4.1　ELIDe

ELIDe 是一种用于入侵检测的线性分类器，使用 n-gram 数据的直方图作为特征，试图在实现接近于更复杂分类器的能力的同时减少资源需求。与早期基于 n-gram 的研究工作（如 PAY-L（Wang 和 Stolfo，2004））相比，由于利用了"哈希核"（hash kernel）（Shi 等人，2009 年；Weinberger 等人，2011）（另见在一个不同应用领域中更早提出相同想法的文献（Alon 等人，1999），在该文献的图表中被标注为"tug-of-war"（拔河）），因此 ELIDe 可以使用几乎任意长度的 n-gram，将大的（通常是大到难以处理的）n-gram 所需要的特征空间映射至小很多的特征空间中，同时还能够大致保留其内部产物。ELIDe 运行于监督学习模式，采用诸如 Snort（Roesch，1999）的参考分类器的输出进行训练，并通过标准的随机梯度下降[⊖]过程（Bottou，2010）来更新线性分类器的权重。通过将哈希核结合至较长的 n-gram，使 ELIDe 在准确度方面能够接近于工作在高维度空间的分类器，而不需要承受在高维度空间中进行计算所带来在时间和内存（n 的指数级）方面的过高成本。

使用 n-gram 将网络包有效地投影到一个被高度提升维度（256^n 个可能的 n-gram）的空间中，并在其中进行线性分类以区分"好的"网络包数据与"可疑的"网络包数据，因此至少从计算观点来看这是相当明确的。但值得注意的是，即使这种直接明确的投影，其内部语义也难以解释的，而且甚至对于计算机而言其计算要求也是难以承受的，因为直接在这个高维空间上进行操作需要 n 的指数的空间（以及时间）。对文件（Li 等人，2005）和网络包（Wang 和 Stolfo，2004）的字节表示进行直接操作的 n-gram 方法，通常使用适中的 n 取值，例如 1。这样其中可能存在的独特 n-gram 数量是适中的，并且就内部语义而言可能是易于处理的。然而，即使 n 的取值很小，也会使得问题快速变得难以处理；例如，$n = 3$ 将需要大约 1700 万个内存位置来存储完整的直方图，而诸如 10 这类较大的取值将需要大约 10^{28} 个内存位置。

然而，鉴于典型的最大可传输单元限制约为 1500 字节，实际上该高维空间中的 n-gram 特征将极为稀疏。虽然这种稀疏性并没有显著改善其内部语义，但它确实使计算上的捷径变得可能。通过使用哈希核，使我们能够避免将原本的 n-gram 存储在它们的 256^n 空间中，而是使用它们各自的哈希摘要的较低位进行索引。这有效地在此降低了问

⊖　梯度下降（GD）是最小化风险函数、损失函数的一种常用方法，随机梯度下降是一种迭代求解思路。——译者注

题空间的维度，达到表示被截短哈希摘要所需的大小（例如，2^{10} 个维度的问题空间，输出 10 位的哈希）。n-gram 哈希摘要的输出长度成为一个可调整的因素，可以在资源消耗和精度之间进行调整权衡。更长的摘要大小能够实现对空间的更准确的表达，而且具有更复杂分类器所能够提供的通常更好的效果特性；而较短的摘要则使更低的内存要求和更快的计算变得可能。还有一个暗示性的证据表明，减少哈希长度，虽然会对应地损失原始分类器的整体保真度，但实际上会提高分类器的归纳泛化效果，从而使其能够更好地对那些会被纯检测特征分类器所遗漏的已有检测特征的变种进行分类。然而，需要注意的是，虽然这提高了计算上的易处理性，我们却进一步混淆了（已经很复杂的）内部语义；我们从对人类而言难以概念化的数据的高维度表达，进一步发展到对数据的伪随机投影，这种投影虽然保留了一些数学上的结构，却因为随机性而消除了任何的内部语义内容。

图 9-1 和图 9-2 呈现了哈希大小对 ELIDe 在速度和精度方面的影响效果；位数设置不足导致测试准确度降低至无法接受的程度，而同时将哈希的长度增加至超过大约 11 位，则会导致计算时间的快速增加。然而，在 8 ～ 10 位的区间中，训练数据的准确度接近 100%，而计算时间仍然保持较低。我们为最终的实现选择了 10 位哈希长度，这是因为随着哈希长度增加，准确度单调非递减，而且 10 位哈希长度具有可接受的快速性能。这有效地形成了从 2^{80} 维空间到 2^{10} 维空间的随机投影。虽然维度的降低是显著的，但 2^{10} 维度的可视化和概念化仍然超出了大多数人的理解能力，因此导致 ELIDe 的内部语义在网空态势感知中几乎没有作用。

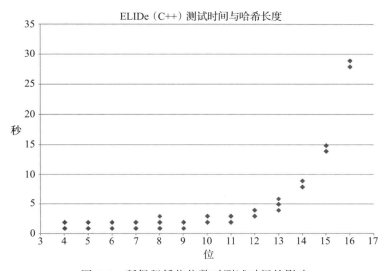

图 9-1　所保留低位位数对测试时间的影响

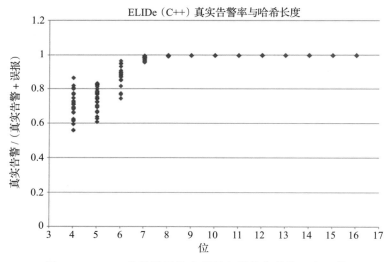

图 9-2　ELIDe 分类结果作为所保留低位位数的一个函数

尽管 ELIDe 的内部语义具有复杂性，但应当注意到——作为一个二元分类器，ELIDe 的输出语义可能是明确的，而且（在正确选择参数的情况下）其误报率并不会明显高于其他基于检测特征的入侵检测工具。ELIDe 所发出的告警，说明用于训练它的工具也很可能会产生告警。在使用范围较窄的针对性训练集的情况下，这通常足以有效地对告警进行分类分流，并进行有限的额外检查分析。例如，如果训练集只包含与针对某一特定服务的攻击相关的规则，则分析师可以直截了当地依据该信息来检查被识别为攻击对象的系统，并且通过确定在该系统上实际是否提供了该服务，确定是否存在着潜在的风险。

另一方面，如果训练集是非常广泛的或未明确定义的，这种特点会传递至 ELIDe 的输出语义，从而降低其价值，并迫使分析师不得不依赖于内部语义。如上所述，无论训练集如何，这些内部语义都是难以解释的，因此无法有效推进网空态势感知的过程。

9.4.2　汉明距离聚合

对入侵检测告警的汉明距离聚合（Harang 和 Guarino，2012）（在 Mell 和 Harang 2014 文献中，对此进行了明显的扩展），尝试在一些用户定义的汉明距离 d 上找到一种对告警的高质量聚类，其中两条告警的汉明距离由不匹配的字段数量所确定。为每个聚类都设定一个单独的元告警，代表一个除 d 个字段之外其他所有字段都是相同的告警聚类；如果有一个与集合中其他告警都存在超过 d 个差异字段的告警，则可以将此告警与其自身合并形成一个聚类,并创建一个只包含此单一告警的元告警,我们将其称为一个"单例"(singleton)。随着聚合的汉明距离增加,这些离群值变得越来越显著,并形成了需要进一步调查的潜在目标。与一个单例相关的输出语义在某种程度上是难以解析的;一个告警与其他告警相比有超过 d 个字段不匹配的事实,并不能直接表明导致不匹配的原因(与 ELIDe 相比,ELIDe 的一个告警直接与训练集中的一个策略违规或威胁相关)。然而,如下文所述,其内部语义却是明确的。

表 9-1 给出了简单的示例。需要注意,告警 5 既可以被聚合至告警 2(在第 2 列上不一致),也可以被聚合至告警 3 和 4(在第 3 列上不一致)。如果我们尝试找到一个覆盖告警数量最多的元告警最小集合((Mell 和 Harang,2014)中深入讨论了该问题与集合覆盖问题具有明显的相似性),那么我们应将告警 3、4 和 5 组合起来,与告警 1 和 2 分别形成各自的元告警。尽管在这种情况下,告警 2 看起来像是离群值,但由于出于优化选择而将其变为仅包含单一元素的元告警,因此不应将其视为一个单例或离群值。与此相反,告警 1 在至少 2 列中与所有其他告警都有所不同,因此不能以汉明距离 1 聚合其中任何一列;这使其成为我们需要更细致检查的异常值。

表 9-1　告警数据示例

告警编号	列 1	列 2	列 3
1	A	C	G
2	B	D	K
3	B	F	I
4	B	F	J
5	B	F	K

尽管由于篇幅原因我们忽略了具体细节,但是 Mell 和 Harang(2014)的文献以及 Mell(2013)的文献呈现了一种在 $O(n \log n)$ 时间内完成元告警提取的基于超图的高效算法。如果将注意力完全局限在构建超图和识别单例上,则整个操作过程可以在严格的 $O(n)$ 时间内执行,其中 n 是告警的数量。

虽然汉明距离聚合可以很好地应用于任何能够产生相当标准化的输出的 NIDS(网络入侵检测系统)工具((Mell 和 Harang,2014)中做出了进一步的探讨),但是我们将评价分析聚焦于一个包含下列字段的 Snort 告警列表:传感器标识、告警标识、源 / 目的 IP 地址、接收 / 发送端口、相关的自治系统序号(ASN)以及告警日期 / 时间戳。我们研究了从中等规模生产网络中收集的数据,这些数据是由组合配置了 Snort ET 规则和 VRT 规则的 Snort 系统在 2012 年 2 月的若干天内所收集的。表 9-2 显示了数小时内数据的聚合,而表 9-3 显示了一个 24 小时周期内数据的聚合。需要注意的是,利用 Harang 和 Guarino

（2012）所提供的算法，对一个完整 24 小时周期进行分析是不现实的；后续文献（Mell 和 Harang，2014）表明 Harang 和 Guarino（2012）的算法不仅具有很高的时间复杂度，而且在某种程度上也是次优的。因此，我们使用了后一种基于超图的算法，产生了表 9-3 中的结果。所有告警中的敏感数据都被匿名化处理。

表 9-2　汉明距离为 1 的元告警示例

	64502 条告警	两条告警	4 条告警
规则 ID	408	402	# 4 个独特值
规则集	snort_rules_vrt	snort_rules_vrt	snort_rules_vrt
规则信息	ICMP 应答回复	ICMP 目标不可达；端口不可达	# 4 个独特值
传感器	传感器 –001	传感器 –002	传感器 –003
时间戳	# 366 个独特值	# 两个独特值	# 24 个独特值
源 IP	10.0.0.1	10.0.0.2	10.0.0.4
目的 IP	# 64502 个独特值	# 两个独特值	10.0.0.5
源 ASN	0001	0003	0004
目标 ASN	0002	0003	0005
源国家代码	A	C	E
目标国家代码	B	C	D

表 9-3　汉明距离为 6 的离群值示例

	单例 1	单例 2
规则 ID	2406705	2500547
规则集	snort_rules_et	snort_rules_et
规则信息	ET RBN 已知俄罗斯的商业网络 IP UDP（353）	ET COMPROMISED 已知被入侵受控或敌对的主机流量 UDP（274）
传感器	传感器 –003	传感器 –002
时间戳	2012-02-19	2012-02-19
源 IP	10.0.0.7	10.0.0.9
目的 IP	10.0.0.6	10.0.0.11
源 ASN	0004	0003
目的 ASN	0005	0003
源国家代码	E	C
目标国家代码	D	C

在表 9-2 中给出了一些元告警的示例（最早出现在（Harang 和 Guarino，2012）文献中）。第 1 列和第 2 列给出了对单个 Snort 规则进行聚合的两个示例；第 1 列中的示例由 1 小时的数据聚合所得，其中显示了 60 000 多条告警。该聚合直接表明了一个共同的根

本原因（网络扫描），而且通过对目的 IP 的取值进行简单检查分析，就足以说明在整个 B 类子网上除了少数几个 IP 外都产生了这个告警。表 9-2 的第 2 列显示同一时间段内的一个不太常见告警；这里需要注意的是，尽管该告警事实上只覆盖了两条告警，但是（在没有展开进一步工作的情况下）不可能确定其是否在一个仅含两个元素的分组内，这可能是因为其自身的稀缺性，也可能是因为该元告警的其他潜在候选对象被分组到了其他的元告警中。表 9-2 中最后一个元告警展示了一个案例，其中某个 IP 地址在另三条告警的集合中多次重复出现。虽然我们没有对这种可能性进行详细讨论，但很明显，这可以作为对共有攻击模式进行确定的构成要素，而且如果底层的告警是清晰的，就可以直接提供明确的语义解释。

相比之下，即使经常会因为单例未与其他告警关联在一起而使其输出语义不够清晰，但单例的分类还是有可能具有较清晰的语义。如果汉明距离为 d 的一个告警被分类为一个单例，那么按照构造规则，该告警与整个数据集里其他的告警必须至少有 $d+1$ 个字段存在不同。此外，随着 d 的增加，随机获得这种结果的可能性就迅速降低了。在表 9-3 中，我们展示了在完整 24 小时周期中获得的两个汉明距离为 6 的单例。请注意，本例中的两个规则都与观察到的来自外部 IP 地址的接触有关，而这些外部 IP 地址则已经被 ET 规则集的维护者列入了黑名单。与表 9-2 中提到的大规模扫描或顺序式攻击活动不同，这些规则可能代表着更加隐蔽的活动，而这些活动可能会在相对较大量的告警中被忽略。此外，由于（在本案例中）规则是明确定义的，对这些告警的进一步分类分流就变得非常明确，然而这些工作严重依赖于待聚合底层告警的语义。

图 9-3 展示了在所关注这一天内，可被作为异常事件而展开调查的单例数量与汉明距离之间的关系。

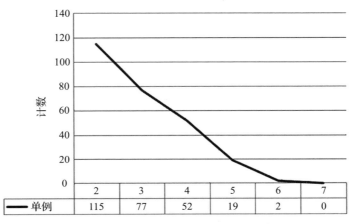

	2	3	4	5	6	7
单例	115	77	52	19	2	0

图 9-3　非聚合单例数量与汉明距离的函数关系

如果单例在网空态势感知上下文中被作为告警,那么尽管输出语义并不清晰——因为在这一点上并没有直接迹象表明该单例在本质上就比其他单例更令人警惕或更与某一特定攻击相关——但是其内部语义很明确:之所以发出告警,恰恰是因为在给定的时间内,该告警至少有明确定义数量的特征与其他所有记录存在不同。这种将"异常"的记录提升到分析师注意视野内的机制,同时使分析师能够清晰地直接理解这些记录被强调突显的原因,并使分析师能够快速对单例的重要性做出决策,从而有效地对记录进行分类分流,以支持网空态势感知过程。

9.5   小结

形成网空态势感知的第一步被定义为"分类分流"或"观察":获取网络安全数据并确定哪些数据项代表着攻击,以及哪些数据项是安全且可被忽略的。海量的网络流量意味着:目前用于处理前线 NIDS 工具输出的自动化机器学习方法,在帮助网络安全分析师开展工作方面的重要性正日益增加,使分析师们能够如谚语所说的那样,在以指数增长的"干草堆"中找到那几根"针"。然而,这类高度的不对称性(在大量正常流量中的极少数的攻击)导致了误报的结果成为分析师所必须对付的主要错误,在没有进一步信息的情况下,如果要完成作为网空态势感知过程基础的分类分流和观察操作,将会给分析师们带来不切实际的负担。

为了充分支持形成全面的网空态势感知,必须设计并实现基于机器学习的 NIDS 工具,以提供分类分流所必需的附加信息,并考虑到误报数量之多所带来的难题。无论是在工具的输出中,还是在工具的决策过程内部表达中,都需要能够以清晰语义的形式来理解这些附加信息。然而,因为存在着为了获得更高分类准确性而精心设计的高维度变换或极其复杂的处理机制,从机器学习算法中提取所需的上下文信息往往变得十分困难。在大多数情况下,它们必须被简单地当作"黑箱"处理,根据输入产生某种形式的分类或标签,并且不太可能对处理过程进行稍微深入的内省。虽然在其他场景中这可能是一个可接受的局限性,但在网空安全的分类分流过程中,漏报所带来的高代价使其成为重要的问题。

有两种能够产生足够清晰语义以促使形成网空态势感知的直接方法:首先,如本章中 ELIDe 部分所讨论的,该分类器的目标对象可以是足够具体的,使分析师不需要进一步了解分类器自身就能够对结果进行独立验证。这是基于检测特征的入侵检测工具(以及其派生的机器学习工具)的最常用方法,也是目前得到最为广泛接受的方法。这种使用极其明确和具体输出语义的方法,使分析师能够以最低代价,安全地排除许多错误告警。

另一种方法，正如我们在本章中的汉明距离聚合部分所讨论的，是探索能够对分类器的决策向分析人员做出某种形式的推理解释的分类器，即那些通常在未经变换版本的数据上进行简单操作并具有非常清晰内部语义的分类器。基于规则的系统（见（Harang，2014）中的讨论和参考）是这种方法的一个例子；然而，它们还没有取得像基于检测特征的系统那样的成功。各种可视化技术和数据探索系统可被视为后一种方法的极端情况，即完全放弃生成告警，转而支持对网络传感器所收集全部数据进行全面的内省。

值得注意的是，除了诸如扫描检测工具的这种具有聚焦特点而且收窄限定并完整确定了输出语义的窄范围应用之外，绝大多数的异常检测方法都不具有上述任一形式的明确语义。这些方法充分利用了被用于支撑现代机器学习的高维变换和投影机制，造成了内部语义的模糊，然后在输出语义不明确的情况下，尝试将流量大致分为极其宽泛的二元类别："异常"或"正常"。来自于这些工具的告警，在分类分流处理时不能被有效地确定是否是误报，因此导致网空态势感知过程的停滞。

能够支持网空态势感知的一种理想的网络入侵检测机器学习方法，应同时提供清晰且相对明确的内部语义和输出语义：识别潜在的恶意流量，并根据其分类结果确定令人信服且可理解的防御措施。通过这类系统能够对告警进行直接分类分流，从而将告警作为结果迅速传递到网空态势感知的下一阶段。然而，目前这种能力似乎超出了机器学习方法所能达到的范围。在缺少这种系统的情况下，在设计能够支持网空态势感知的机器学习 NIDS 工具时，必须仔细分析和构建其内部语义或输出语义。

参考文献

Abe, N., Zadrozny, B., and Langford, J. "Outlier detection by active learning," in *Proceedings of the 12th ACM SIGKDD international conference on Knowledge discovery and data mining*, New York, NY, USA, 2006.

Alon, N., Gibbons, P. B., Matias, Y., & Szegedy, M. (1999). Tracking join and self-join sizes in limited storage. *Proceedings of the eighteenth ACM SIGMOD-SIGACT-SIGART symposium on Principles of database systems*.

Axelsson, S. "The base-rate fallacy and the difficulty of intrusion detection," *ACM Transactions on Information and System Security (TISSEC)*, vol. 3, no. 3, pp. 186–205, 2000.

Barford, P., Dacier, M., Dietterich, T. G., Fredrikson, M., Giffin, J., Jajodia, S., and Jha, S. "Cyber SA: Situational awareness for cyber defense," in *Cyber Situational Awareness*, Springer, 2010a, pp. 3–13.

Barford, P., Chen, Y., Goyal, A., Li, Z., Paxson, V., and Yegneswaran, V. "Employing Honeynets for network situational awareness," in *Cyber Situational Awareness*, Springer, 2010b, pp. 71–102.

Bottou, L. (2010). Large-scale machine learning with stochastic gradient descent. *Proceedings of COMPSTAT, 2010*.

Brugger, S. T., and Chow, J. "An assessment of the DARPA IDS Evaluation Dataset using Snort," UC Davis department of Computer Science, 2007.

Ciresan, D., Meier, U., and Schmidhuber, J. "Multi-column deep neural networks for image classification," in *IEEE Conference on Computer Vision and Pattern Recognition*, 2012.

Cisco Corporation. "Cisco Visual Networking Index: Forecast and Methodology, 2012–2017," Cisco Corporation, 2013.

Cortes, C., and Vapnik, V. "Support-vector networks," *Machine Learning,* vol. 20, no. 3, pp. 273–297, 1995.

D'Amico, A., Whitley, K., Tesone, D., O'Brien, B., and Roth, E. "Achieving cyber defense situational awareness: A cognitive task analysis of information assurance analysts," in *Proceedings of the Human Factors and Ergonomics Society Annual Meeting,* 2005.

Depren, O., Topallar, M., Anarim, E., and Ciliz, M. K. "An intelligent intrusion detection system (IDS) for anomaly and misuse detection in computer networks," *Expert Systems with Applications,* vol. 29, no. 4, pp. 713–722, nov 2005.

Endsley, M. R. "Toward a theory of situation awareness in dynamic systems," *Human Factors: The Journal of the Human Factors and Ergonomics Society,* vol. 37, no. 1, pp. 32–64, 1995.

Ertoz, L., Eilertson, E., Lazarevic, A., Tan, P.-N., Kumar, V., Srivastava, J., and Dokas, A. P. "MINDS-minnesota intrusion detection system," *Next Generation Data Mining,* pp. 199–218, 2004.

Goodfellow, I. J., Bulatov, Y., Ibarz, J., Arnoud, S., & Shet, V. (2013). Multi-digit Number Recognition from Street View Imagery using Deep Convolutional Neural Networks. *ArXiv/CS, abs/1312.6082.*

Harang, R. "Bridging the Semantic Gap: Human Factors in Anomaly-Based Intrusion Detection Systems," in *Network Science and Cybersecurity,* New York, Springer, 2014, pp. 15–37.

Harang, R., and Guarino, P. "Clustering of Snort alerts to identify patterns and reduce analyst workload," in *MILITARY COMMUNICATIONS CONFERENCE,* 2012.

Lakhina, A., Crovella, M., and Diot, C. "Diagnosing network-wide traffic anomalies," *ACM SIGCOMM Computer Communication Review,* vol. 34, no. 4, pp. 219–230, 2004.

Lakhina, A., Crovella, M., and Diot, C. "Mining anomalies using traffic feature distributions," *ACM SIGCOMM Computer Communication Review,* vol. 35, no. 4, pp. 217–228, 2005.

Lakkaraju, K., Yurcik, W., and Lee, A. J. "NVisionIP: netflow visualizations of system state for security situational awareness," in *2004 ACM workshop on Visualization and data mining for computer security,* 2004.

Laskov, P., Dussel, P., Schafer, C., and Rieck, K. "Learning Intrusion Detection: Supervised or Unsupervised," in *Image analysis and processing,* 2005.

LeCun, Y., Bottou, L., Bengio, Y., & Haffner, P. (1999). Gradient-based learning applied to document recognition. *Proceedings of the IEEE ,* 86(11), 2278-2324.

LeCun, Y., Cortes, C., & Burges, C. J. (2014). *MNIST handwritten digit database.* Retrieved April 14, 2014, from http://yann.lecun.com/exdb/mnist/

Li, P., and König, C. "b-Bit minwise hashing," in *ACM Proceedings of the 19th international conference on World wide web,* 2010.

Li, W.-J., Wang, K., Stolfo, S. J., and Herzog, B. "Fileprints: Identifying file types by n-gram analysis," in *Proceedings from the Sixth Annual IEEE SMC Information Assurance Workshop,* 2005.

Mell, P. "Hyperagg: A Python Program for Efficient Alert Aggregation Using Set Cover Approximation and Hamming Distance," National Institute of Standards and Technology, 2013. [Online]. Available: http://csrc.nist.gov/researchcode/hyperagg-mell-20130109.zip.

Mell, P., and Harang, R. "Enabling Efficient Analysts: Reducing Alerts to Review through Hamming Distance Based Aggregation (SUBMITTED)," in *Twelfth Annual Conference on Privacy, Security, and Trust,* Toronto, 2014.

Molina, M., Paredes-Oliva, I., Routly, W., and Barlet-Ros, P. "Operational experiences with anomaly detection in backbone networks," *Computers & Security,* vol. 31, no. 3, pp. 273–285, may 2012.

Murphy, K. P. (2012). *Machine learning: a probabilistic perspective.* MIT Press.

Paxson, V. "Bro: A system for detecting network intruders in real time," *Computer Networks,* vol. 31, no. 23–24, pp. 2435–2463, 1999.

Rehak, M., Pechoucek, M., Celeda, P., Novotny, J., and Minarik, P. "CAMNEP: agent-based network intrusion detection system," in *Proceedings of the 7th international joint conference on Autonomous agents and multiagent systems,* 2008.

Roesch, M. "Snort – lightweight intrusion detection for networks," *Proceedings of the 13th USENIX conference on System administration,* pp. 229–238, 1999.

Shi, Q., Petterson, J., Dror, G., Langford, J., Strehl, A. L., Smola, A. J., and Vishwanathan, S. V. N. "Hash kernels," in *International Conference on Artificial Intelligence and Statistics*, 2009.

Sommer, R., and Paxson, V. "Outside the Closed World: On Using Machine Learning for Network Intrusion Detection," in *2010 IEEE Symposium on Security and Privacy (SP)*, 2010.

Song, Y., Locasto, M. E., Stavrou, A., Keromytis, A. D., and Stolfo, S. J. "On the infeasibility of modeling polymorphic shellcode – Re-thinking . . .," *MACH LEARN,* 2009.

Wang, K., and Stolfo, S. "Anomalous payload-based network intrusion detection," in *Recent Advances in Intrusion Detection*, 2004.

Weinberger, K., Dasgupta, A., Langford, J., Smola, A., and Attenberg, J. "Feature hashing for large scale multitask learning," in *Proceedings of the 26th Annual International Conference on Machine Learning*, 2011.

Wilshusen, G. C. "CYBERSECURITY: A Better Defined and Implemented National Strategy Is Needed to Address Persistent Challenges," 2013.

Xu, K., Zhang, Z.-L., and Bhattacharyya, S. "Reducing unwanted traffic in a backbone network," in *USENIX Workshop on Steps to Reduce Unwanted Traffic in the Internet*, Boston, 2005.

Yegneswaran, V., Barford, P., and Paxson, V. "Using honeynets for internet situational awareness," in *ACM Hotnets IV*, 2005.

Yin, X., Yurcik, W., Treaster, M., Li, Y., and Lakkaraju, K. "VisFlowConnect: netflow visualizations of link relationships for security situational awareness," in *2004 ACM workshop on Visualization and data mining for computer security*, 2004.

Zhang, J., Zulkernine, M., and Haque, A. "Random-Forests-Based Network Intrusion Detection Systems," *IEEE Transactions on Systems, Man, and Cybernetics, Part C: Applications and Reviews,* vol. 38, no. 5, pp. 649–659, sep 2008.

第 10 章

影响评估

Jared Holsopple、Moises Sudit 和 Shanchieh Jay Yang

10.1　引言

　　正如第 1 章所阐述，第 2 级态势感知被称为"理解"，用以确定某个情境中各个元素的含义、各个元素与其他元素之间的关系以及各个元素与网络总体目标之间的关系。这也经常被称为态势理解，涉及在对所观察到信息进行解读时会遇到的"那意味着什么"（so what）的问题。本书之前的章尚未关注这一层级的态势感知。因此，本章节将对网空态势感知的"理解"层级展开具体阐述。本章将解释用于理解情境中不同元素之间显著关系的一种有效方法，也就是专注于分析这些元素对网络的工作任务[⊖]所产生的影响。这需要提出一系列问题并做出解答，包括：多个疑似的攻击之间有什么关系；这些攻击与网络组件的其他能力之间有什么关系；以及攻击导致的服务中断和服务降级将会如何

J. Holsopple (✉)
Avarint, LLC., New York, USA
e-mail: jared.holsopple@avarint.com

M. Sudit
CUBRC, Inc., New York, USA
e-mail: sudit@cubrc.org

S. J. Yang
Rochester Institute of Technology, New York, USA
e-mail: Jay.Yang@rit.edu

⊖　按照字面直译，mission 可被译为"使命"，而 task 可被译为"任务"。但是考虑到在中文的惯常用法中，"使命"通常包含"重大职责"的含义，因此为了避免混淆，在本章中将 mission 译为"工作任务"以体现其相对高阶的特点，而将 task 译为"操作任务"以体现其相对具体的特点。——译者注

影响工作任务的元素与总体目标。

10.1.1 高级威胁与影响评估的动机

随着对网空防御工具的需求不断增加，对提出解决方案以弥合这些技术差距的需求也变得迫切。当前的网空防御技术，通常对网络流量进行分析以识别出某些潜在的恶意事件或异常事件。我们通常将这些工具称为"传感器"，包括入侵检测传感器、入侵防御传感器、防火墙日志记录或软件日志记录。这些传感器的输出通常（在基于检测特征的方法中）以表格格式呈现（Snort，2013；Enterasys-Products-Advanced Security Applications，2013），或者（在基于统计的方法中）以图格式呈现（Valdes 和 Skinner，2001；HP 网络管理中心，2013）。企业级的网空防御工具，如 Arcsight（HP 网络管理中心，2013），能够将这些工具的输出聚合起来，从而以统一的方式进行呈现。此时，分析师可以查看事件并确定是否需要对其采取行动。

然而，这种方法仍然会产生非常多的事件，其中包含大量误报。即使有这些潜在攻击的迹象标识，数据分析师所需要处理的数据量仍然非常庞大，而且非常容易出错。因此，研究方向最终转向了解决告警关联问题（Ning 等人，2002；Valdes 和 Skinner，2001；Bass，2000；Noel 等人，2004；Sudit 等人，2007），这些单例事件被关联起来形成"轨迹"，表明事件之间的因果关系和 / 或时间关系。这些告警关联技术的目标，是确定能够表达单个攻击者或一组攻击者的一个或多个轨迹，同时忽略存在的误报。

虽然网空传感器和告警关联器目前仍在积极的演化过程中，但一些研究的关注点已经转移至威胁和影响评估方法，尝试通过这些方法确定网空攻击对工作任务和操作任务造成的影响。这些工具的设计目标，是帮助分析师及时决定优先考虑哪些影响，也就是决定优先处理哪些相应的攻击轨迹。

虽然这是一个符合逻辑的技术发展过程，但是实际上在设计告警关联器时通常不会对影响评估进行考虑，而在设计传感器时通常也不会对告警关联器进行考虑。然而，告警关联器应该是基于传感器所提供的信息而设计的，影响评估工具则应该是基于告警关联所提供的信息以及对手头工作任务的理解知识而设计的。不仅如此，目前还没有现成的通用协议或标准协议可用于工具之间的互通，而且各个工具也没有其所需要（或至少所期望）的一系列输入或输出的形式化表达定义。此外，也缺少一种使用有助于告警关联或影响评估的数据结构对计算机网络进行表达的标准方法，因此人们不得不创造出一系列供应商特定的模型用于对计算机网络进行建模。此外，由于需要通过某种方式对这些网络模型进行数据填充，因此还不得不使用供应商特定的方式来对必要的数据结构进行数据填充。最后，当前可能会由于缺少对工作任务进行建模的能力而严重阻碍影响评估技术的实现，这也导致了不得不使用供应商特定的模型进行实现。

尽管在这种技术的发展过程中没有采用正式的设计方法，但可以认为，这些工具是采用"自下而上"的方法设计的，通过在现有技术的基础上进行扩展或改进以实现（新的）技术，从而最大限度地缩短分析师对网空攻击的响应时间。然而，这种方法的一个限制因素是：许多新技术需要更多的数据或信息，而这些数据或信息是无法轻易地从网空防御工具中获得的。因此，我们将探索一种"自上而下"的替代方法，使我们能够识别出需要弥合的技术差距，从而提供更全面的网空防御工具，以实现更短的响应时间。

在尝试基于现有的检测发现和告警关联技术创建新技术时，一些研究方向转向了工作任务影响评估（Holsopple 和 Yang，2008；D'Amico 等人，2010；Jakobsen，2011；Argauer 和 Yang，2008；Grimalia 等人，2008）。Grimaila 等人（2008）推动了对工作任务影响评估的需求，并明确了为有效部署这些工具，在这些技术方面所需要克服的许多障碍。正如我们将会看到的，由于缺少对数据输出的标准化，以及缺少对工作任务影响评估所需信息的理解，导致出现了许多的障碍。因此，一些技术差距阻碍了对这种技术的部署与评价。

本章将考虑 Holsopple 和 Yang 提出的自上而下式信息融合设计（Holsopple 和 Yang，2009），并将其应用于网空安全问题。随着设计过程的发展，我们将会讨论能够满足设计需求的已有能力，以及仍然存在的技术差距。

10.1.2 已有的告警关联研究

Bass（2000）是首先推动告警关联研究的学者之一。在他之前，网空防御的重点一直是开发入侵检测传感器（IDS），以试图识别出计算机网络中单独的攻击利用或攻击事件。由于网空攻击行动很少由单一事件组成，所以 Bass 推动了使用信息融合方法将告警关联起来，以表达独特的攻击行动（即事件的集合）而不仅是独特的事件。

在随后的几年中，各种告警关联技术被陆续提出。其中可能得到最多研究的方法是攻击图（Noel 等人，2004）。攻击图是一种定向图，能够表述通过网络展开的网空攻击行动的逻辑进展。创建攻击图的基础是目标计算机网络的拓扑结构以及其上存在的漏洞情况，而这些信息可以通过各种网络发现和漏洞评估工具获得。攻击图由一系列的攻击利用和安全条件所确定。每个攻击利用由三部分组成（vul，src，dest），即具有漏洞（vul）的主机（dest）被另一台主机（src）所连接。在本地攻击利用的情况下，src 和 dest 可以是同一台主机。必须在满足安全条件后，攻击利用才变得有可能。由于入侵检测告警通常被直接映射至漏洞，因此使用这种结构就能够很容易地将入侵告警映射至攻击图。

其他的告警关联技术则聚焦于贝叶斯方法（Phillips 和 Swiler，1998），使用概率来确定攻击利用发生的可能性。虽然贝叶斯方法本身的特性使其能够被用于关联告警，但是对概率进行确定的最佳或最有效方法尚不明确。逻辑上，网络拓扑结构和攻击者能力，乃至主机的重要性，都会使概率发生很大的变化。这会导致在不同网络之间，概率会存在着广泛的差异，从而使我们难以找到一个准确的概率集合。

INFERD（用于实时决策的信息融合）系统（Yang 等人，2009）是一款灵活的告警关联工具，可以反映不同级别的粒度，并能够促进创建攻击轨迹以及消除模糊性。在模型的定义中，许多告警关联工具需要特定级别的粒度。虽然这可以为某些情境创造出非常有效而且几乎没有误报的工具，但该模型可能会变得过度受限而无法处理其他情境。INFERD 系统尝试通过对告警进行分类，以及对限制条件进行灵活定义，来解决这个问题。这样就可以改变和调整模型，以最大限度地利用单个模型检测大量潜在的攻击（代价是误报率的升高），或聚焦于具体类型的情境（代价是漏掉更多不同类型的攻击）。

图 10-1 描述了 INFERD 系统的架构。INFERD 系统从传感器数据的存储库中接收信息并实时进行处理，从而输出一组攻击轨迹。这些攻击轨迹是被假设为来自同一攻击者的事件序列。攻击轨迹的创建与更新通过以下 4 个过程进行：

1）数据对齐。INFERD 系统能够获取来自不同类型传感器的输入，因此需要将所有数据对齐为一个通用的格式。应该注意的是，如果一种通用告警上报格式采用被广泛接纳并一直使用的标准（如 IDMEF 或 CEF），则不需要此处理过程。

2）含义获取。在此处理过程中，确定给定可观察对象的事件类型。例如，尝试将事件分为"侦察扫描"（Recon Scanning）、"入侵 Root 权限"（Intrusion Root）或"拒绝服务"（DoS）等类别。根据该模型定义的一系列限制条件进行这种分类处理。

3）数据关联。在此处理过程中，确定给定事件是否是新的轨迹，或者是否是现有轨迹的一部分。数据关联由定义在该模型图中的边之上的限制条件所驱动。

4）轨迹更新和上报。一旦完成数据关联之后，对轨迹做出更新，并将其作为输出进行发送。

INFERD 系统还执行一些其他的后台处理过程。

1）轨迹归档，使 INFERD 系统保持可扩展性，以便于只保留可用于处理的相关轨迹。

2）模糊性检测和消除，试图通过进行其他处理，以处理存在任何模糊性的数据。该模型所使用的限制条件，很有可能不足以将事件与攻击轨迹进行唯一关联，因此需要在该过程中将一套更强的限制条件应用至事件上，以尝试消除任何的模糊性。

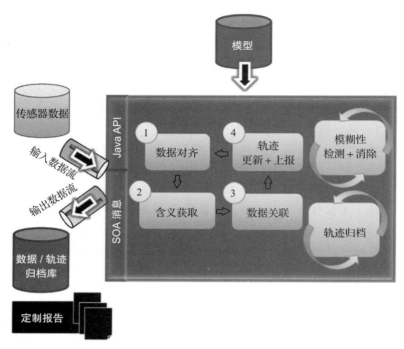

图 10-1　INFERD 系统的架构

　　图 10-2 展示了一个简化的 INFERD 模型。蓝色圆圈被称为模板节点，它们对应于诸如"侦察扫描"（扫描网络的事件）或"内部区域入侵 root 权限"（为攻击者提供计算机 root 访问权限的事件）的高阶概念。在模板节点之间由弧边所连接，定义了可能的转移变换。INFERD 模型的理念是，由模板节点和弧边决定告警关联的粒度级别。在示例模型中，为每个弧定义的紫色框中包含一个限制条件，表示当事件的目的 IP 与另一个相关事件的源 IP 或目的 IP 匹配时，可能会发生转换。因此，如果在一个给定的主机上先出现了 DMZ 隔离区侦察扫描（Recon Scan DMZ）事件，之后又出现了 DMZ 隔离区侦察足迹（Recon Footprint DMZ）事件，那么这两个事件将被添加至同一个攻击轨迹。应当注意的是，在这个简单的例子中，在弧边上使用了 IP 地址作为限制条件，因此在 IP 地址欺骗攻击的情况下，这样的模型会出现错误。另外，并未将对实际网络的定义考虑在该模型中。因此，实际上防火墙或入侵防御传感器可能已经阻止了该模型中识别出的攻击轨迹。然而，如果在 INFERD 中引入这种限制条件，可能会导致效果不理想。因此，必须细致考虑 INFERD 模型所要达到的细节程度。如果目标是能够检测发现隐蔽的攻击，那么即使存在着大量误报的 INFERD 模型也可能是有用的。在这种情况下，可以通过另一个处理过程对攻击轨迹进行后处理，从而确定其准确性（例如在关于 VT 虚拟地形的内容中所

讨论到的处理过程），可能能够过滤掉大部分的误报。

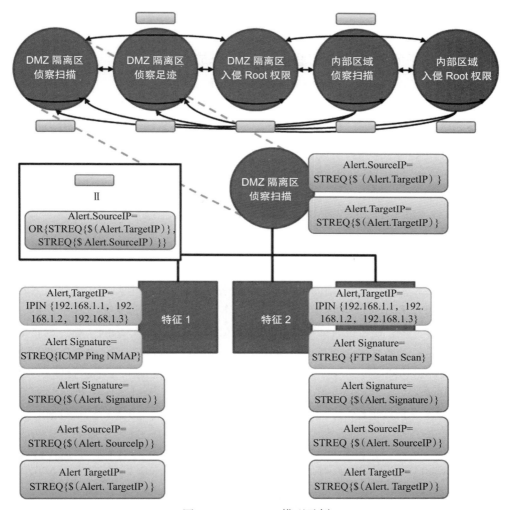

图 10-2 INFERD 模型示例

每个模板节点都包含一系列的特征，最终通过一组限制条件将这些特征映射至单个的可观察对象。在示例模型中，DMZ 隔离区侦察扫描（Recon Scan DMZ）事件所具有的其中一个特征，由来自 Snort 传感器的两个告警所确定，具体是 ICMP Ping NMAP 告警和 FTP Satan Scan 告警，并且都覆盖某一个特定的 IP 地址范围。这再次说明，模型的粒度级别是很重要的。回想一下，虚拟地形（VT）上的主机各自包含一组服务，而通过这组服务最终能够确定主机上所存在的漏洞。因此，也可以在 INFERD 模型中特征的限制条件里利用这些映射关系[⊖]，从而只对存在漏洞而易受攻击的主机上的告警进行分类。然而，由于这也可能会对性能带来负面影响，因此在 INFERD 模型上应采用较简单的限制条件，并使用后处理来解决误报问题，这可能是一种有用的方法。

10.1.3 工作任务影响评估方面的已有研究成果

在过去的十多年中，研究的重点是对工作任务依赖关系进行建模，从而帮助对当前工作任务展开计算机辅助分析。D'Amico 等人（2010）的研究工作聚焦在计算机网络上，创建了一个关于工作任务依赖关系的本体模型。他们提出了从网空资产到工作任务和用户（CAMU）的方法，假设用户会使用网空能力，由网空资产提供网空能力，再由网空能力进而支持工作任务。按照他们的方法，需要对来源包括 LDAP、NetFlow、FTP 和 UNIX 的现有日志和配置数据进行挖掘分析，以创建这些工作任务 – 资产映射关系。CAMU 提供一种图形化的形式，能够展现出某个给定的网空告警对工作任务和服务能力的潜在影响。

Jakobsen（2011）提出使用依赖图进行网空影响评估，并采用基于时间的层次化方法对工作任务进行建模和评估。传统上，工作任务被认为是相对静态的。然而，经常在不同时候，工作任务的不同方面会变得更加重要。因此，能够在工作任务模型中融入时间因素是很重要的。在影响依赖关系图中，允许工作任务的依赖关系随时间发生改变，从而做到这一点。他们的方法主要聚焦在为工作任务和操作任务提供支持服务的支撑资产上。这些依赖关系中的每一条，在建模时都可以基于一个 AND/OR 关系，以表明子组件到底是工作任务成功所必需的，还是只是与其他子组件相互冗余。任务影响的评分由个体资产的影响所驱动，而资产影响则通过在与资产已知漏洞相关联的逻辑限制条件图上进行计算得到。

Holsopple 和 Yang（2013）利用一种基于树的方法来计算对工作任务的影响。他们的工作任务树是一种树形结构，利用 Yager 的聚合器（Yager，2004）智能地把对资产的损害"向上卷起"[⊖]，以计算对每个工作任务的影响。采用基于这种视角的方法，能够向分析师提供指示信息，帮助他们快速确定可能需要关注哪些工作任务。采用这种树形结构，使分析师能够对树进行"钻取"，以确定哪些资产或工作任务正在造成这些影响。之所以要进行这种钻取操作，是因为在资产中也包含着关于哪些事件会对其产生影响的信息。

图 10-3 展示了在特定时间点的工作任务树基本结构。一棵任务树由三种不同类型的节点组成：资产节点、聚合节点和工作任务节点。资产节点必须始终是叶节点。聚合节点是可以运行某种数学函数以计算所有子节点共同影响的节点。第三种节点类型是工作任务节点，代表被当作主要工作任务（根节点）执行的工作任务，或者为支持另一组工作任务而执行的各类工作任务。

⊖ 指"主机 – 服务 – 漏洞"映射关系。——译者注
⊖ roll up，是一种形象的比喻，在此处指在树形结构中自下而上地把每一层的各个元素汇聚至上一层中的对应因素，直至到达树形结构的根部。——译者注

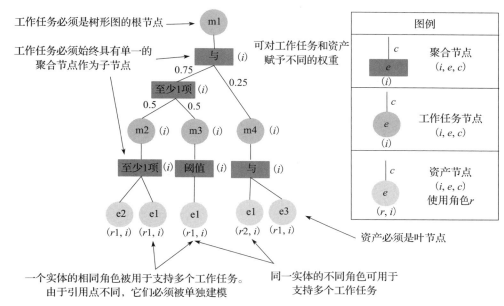

图 10-3   任务树的结构

资产节点由一个 3 元组 (i, e, c) 所定义，对于某个角色 r，$i \in [0, 1]$ 是资产 e 对支持关键性为 c 的父工作任务的损害评分。可以通过较低层次的情境评估过程计算损害评分，并且只要损害评分所提供的值在 0（表示对资产没有损害）和 1（表示资产的功能已完全受到阻碍）之间，计算该值的过程就不显得重要。关键性被用于描述某个给定节点对父工作任务的重要性。资产节点必须是叶节点，并有聚合节点作为其父节点。

任务节点也由一个 3 元组 (i, e, c) 所定义，其中 i 是工作任务 e 的影响评分，其中该工作任务对父工作任务支持的权重为 c。权重被用于描述给定节点对父工作任务的关键性或重要性。每个工作任务节点必须包含单一的父节点（除了根节点）和单一的子聚合节点。对于一个工作任务节点，$i = i$（子聚合节点）[⊖]。

聚合节点可以对所有子节点的共同影响进行计算，并由一个 3 元组 (i, e, c) 做出定义，其中 e 是一个聚合函数，而关键性是 c，共同影响是 $i = f(e)$。每个聚合节点的父节点必须是一个工作任务节点，或者是一个聚合节点。虽然聚合函数可以是各种类型的函数，我们选择采用 Yager 的聚合函数（Yager，2004），这是由于该函数在定义各种逻辑关系和数学关系方面具有灵活性。

Yager 的聚合函数（Yager，2004）将一个权重向量与一个有序的向量相乘，以实现诸如最大值、平均值和最小值的各种数学函数。由于它们在函数定义方面的灵活性，将

⊖   即工作任务节点的损害评分，取值等于其子节点（聚合节点）的损害评分。——译者注

它们选择作为聚合函数的主要计算方法。

在 Yager 的聚合计算中，每个聚合节点都由权重向量 w 和有序向量 v_s 所确定。有序向量是将每个节点所定义的 $i*c$（影响与关键性相乘）的所有取值按降序排序的向量。每个向量的点积会产生对该节点的影响评分 i。

工作任务树支持使用以下聚合函数为各种工作任务关系建模：

1）And（与）——所有的子节点必须正常运作，父工作任务才可以正常运作。这由最大值函数所表达。

2）Or（或）——只要有一个子节点正常运作，父工作任务就可以正常运作（即执行冗余的功能）。这由最小值函数所表达。

3）AtLeastN（至少 N）——需要至少有 N 个子节点正常运作，以保证父工作任务的正常运作。这可以由 Yager 聚合器所表达。

4）Threshold（阈值）——在对父工作任务产生影响之前，允许子节点表现出一定程度的损害。任何低于给定阈值的损害评分或影响评分都将被计为 0。

工作任务树还能够利用"触发器"以使其自身随着时间流逝而动态变化。对工作任务树的各种变更包括添加或删除工作任务，改变关键性取值或重新指派资产。这些变更可以通过以下三种方式之一来触发：

1）**功能触发器**——针对任务树的一次性更改。随着业务或特定操作任务的演变，可能需要创建新的工作任务，或者已有的工作任务被认为是不必要的。为了适应在不可预判时间点生效的变更，这些触发器必须对应着以手动方式做出的变更。

2）**绝对时间触发器**——这些是将在某个时间点所触发的一次性变更。这些变更通常表达了工作任务树的可预测变化，例如某个给定任务的最后期限。工作任务的最后期限截止时，该工作任务将被永久地从工作任务树中删除。此外，可以在给定的时间点创建对工作任务做出支持的已知操作任务或已计划操作任务。

3）**循环触发器**——这些变更描述了在工作任务定义中可预测和周期性的变化。这些变化通常是由业务周期所导致，其中某些资产在正常的工作时间内可能就会变得更关键。此外，由于资源的可用性限制，资产可能只在特定的时间段内可用，因此这些资产只能在特定时间段内对工作任务产生影响。这些变化会导致对工作任务树的循环变更。

10.1.4　计算机网络建模

Philips 和 Swiler（1998）提出使用攻击图来确定资产的漏洞。这种方法利用非循环图来表达网络上的潜在攻击。然而，他们的模型具有非循环限制，意味着由于计算机之间的双向通信使漏洞利用可以在不同的方向被执行，会导致攻击图呈指数级增长。Vidalis 等人（2003）提出了将漏洞树用于威胁评估。然而，由于采用了树形结构，也使对双向通信的建模变得困难，从而导致计算机网络中漏洞建模所需的树形结构数量呈指数级增长。

虽然目前有相当数量的漏洞扫描和网络扫描工具，但这些工具中的多数不提供对计算机网络的全面测绘。ArcSight（HP 网络管理中心，2013）使用自己的工具扫描网络，但这种工具对于许多组织机构来说成本过高。然而，这种扫描工具，是能够对诸如虚拟地形（Virtual Terrain，VT）（Holsopple 等人，2008）的模型进行数据填充的有力工具。

虚拟地形是对计算机网络的一种基于安全的表达方式。其目的是形成一个定义计算机网络的开放标准，使得在根据该标准所建立的模型中包含的信息层级，足以用于开展网络及影响评估的层次。回想一下，在讨论工作任务建模的小节，所提到的已开发技术都需要实现它们自己的漏洞与网络连接扫描方法。确定工作任务树的工作，虽然独立于所使用的环境模型，但仍然需要有关于资产损害的输入信息。定义一个表达计算机网络的通用标准，不仅有助于完善在网空网络防御方面的研究工作，而且还为建立可用于评价更先进网空网络防御工具的公开数据集铺平了道路。

10.2　自上而下的设计

网空防御体系的建立，是对已有技术或分析方法的渐进式改进。这是一个符合逻辑的技术进步方式，因为较低阶的处理过程（诸如攻击识别和告警关联）为较高阶的处理过程（诸如威胁评估和影响评估）提供了基础构件。然而，即使较低阶的处理过程也被证明是不简单且不断演进的，因此关注点并不会被明显地转向更高阶的处理过程。但如果不能够以清晰一致的架构为基础开展设计工作，可能会导致出现碎片化的解决方案，进而使对多种看似互补的技术进行整合的工作变得更困难。

基于前面对现有研究工作的总结，本节将介绍一种自上向下的设计流程，以构建网空防御系统的架构，从而最大限度地降低分析师对恶意威胁进行追踪并确定优先级的工作量。这种"自上而下"的设计方法类似于 Holsopple 和 Yang（2009）所讨论的设计流程，其聚焦于设计一种无需对任何特定技术局限性做出假定的理想系统。通过这种方法，可轻易地识别出技术差距，并推动开发出解决这些差距的方法。然而，这种方法可能会识别出过多的技术差距，导致很难在合理的时间范围内开发出一个完整且一致的系统。尽管如此，通过这种方法，可以确定出一个由学术界和商业界共同努力达成的最终目标。

图 10-4 展示了 Holsopple 和 Yang 的自上而下设计流程（Holsopple 和 Yang，2009），该流程已被应用于网空安全领域。该流程分为四大部分：

1）模型设计

2）人机交互（HCI）设计

3）上下文设计

4）可观察对象设计

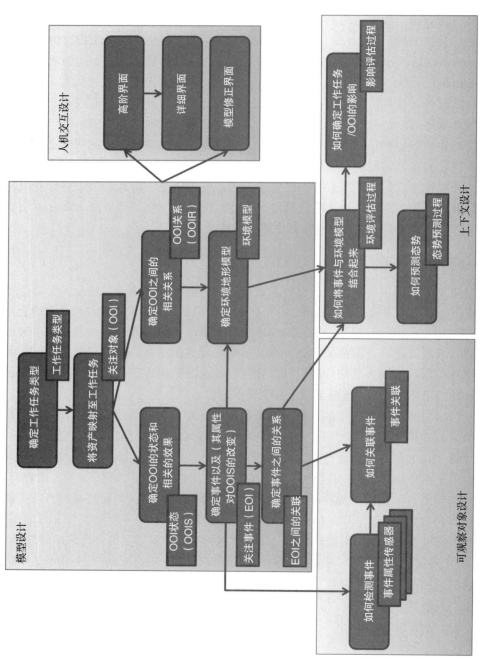

图 10-4 自上而下的通用设计流程

虽然如同其他设计流程那样，这些组件中的每一个都可以被单独定义，但这些组件之间可以是互补的，并且对其中某一个组件的变更可能会触发对不同组件的一系列变更。这是典型的瀑布式设计方式，其中单个组件会被不断完善，直到需求得到满足。

在本章中，我们将探索如何进行模型设计、告警关联以及如何确定对工作任务的影响，并以此来展示自上而下的设计流程。在下一章中，我们将详细讨论如何使用根据这里讨论的设计实现的系统来预测网空态势。

10.2.1　模型设计——工作任务定义

我们首先从模型设计组件开始。模型设计组件专注于确定系统需要存储或计算的数据。网空分析师的最终目标是识别出威胁并进行缓解，因此他们持续尝试对那些会对网络能力或可信性带来最严重当前（或潜在）影响的攻击做出响应。对攻击所带来影响进行预估，从根本上可归结为预估攻击会如何影响网络上正在执行的工作任务。

对工作任务的实际定义，则会因网络的用途不同而存在很大差异。对于军事网络而言，工作任务可以是支撑作战并保护数据链路的完整性。在商业网络中，工作任务则可以是保护企业的敏感信息或雇员的个人信息。然而，不管应用场景如何，工作任务（大部分）都将符合某种结构，也就是说该任务可以支持其他的任务。此外，这些任务将由特定的服务器、计算机、服务以及用户等资产所支撑。因此，将资产映射至工作任务是很重要的。为此，确定事件对资产的定量影响，使得我们能够利用此工作任务 – 资产映射关系，计算出对工作任务的影响。一旦分析师掌握了工作任务影响信息，就能够确定哪些工作任务受到了影响，并快速进行优先级排序。这种优先级排序的目的，是使分析师能够对影响情况进行"向下钻取"，以了解哪些资产正在造成某一影响，以及哪些事件正在对这些资产造成影响。

Grimaila 等人（2008）讨论了为何因为技术的缺失，而导致无法满足网空工作任务影响评估（CMIA）的需求。确定攻击对工作任务的影响，具有以下含义：

1）执行工作任务活动的能力

2）整体工作任务系统的能力

3）实现特定的工作任务目标

4）关于特定工作任务实例的信息

5）预测工作任务影响如何随时间变化

6）预测目前未被使用的资源会造成什么未来的影响

7）预测受影响资源会如何影响未来的工作任务实例

因此，为了确定网空攻击对一个或多个工作任务的影响，不可避免地需要开发一种面向网空攻击影响的通用语言。

目前在工作任务建模方面并没有现成的标准，而那些现有的技术则更多的是"图解式而非可计算的"（Grimalia 等人，2008）。这些建模技术通常会忽略时间因素，这意味着资产的重要性被假定为是不随时间的推移而变化的，但事实上资产重要性是随时间而变化的。此外，虽然现有的网空风险评估工具有助于分析师理解未来的威胁会如何影响网络，但是它们通常都采用离线方式，这意味着它们缺乏以足够的速度处理数据并及时对当前影响做出评估的能力。Grimaila 等人（2008）也认为，虽然有大量的工具可以识别发现网络上的（可能是恶意的）活动，但它们都没有尝试对网空攻击的影响进行建模，而这一点却正是影响评估所必需的。

在工作任务建模方面，存在着若干未解决的问题。可将这些问题至少归结为以下三个问题中的一个：

1）特别是在网空防御领域，用于对影响进行计算的工作任务形式化建模，是一个非常不成熟的领域。因此所有已知的技术都存在"缺陷"，使它们无法成为完整的整合解决方案。

2）缺少为工作任务建模技术提供输入以计算出影响评估所需的可用工具，因为在态势感知中开始考虑影响评估之前这种工具都不是必需的。这是网空防御领域采用无意识的"自下而上"设计方法所造成的后果之一。

3）问题的本质使得对工作任务做出影响评估变得困难，但这是一个可能实现的过程。对这些工具进行定量评价时很容易出错。

CAMU（网空资产到工作任务和用户）模型（D'Amico 等人，2010）中使用本体结构对包括网空功能和用户的工作任务信息进行建模。虽然这种方法可提供灵活的工作任务模型，但这种灵活性是以无法进行影响预估为代价的。因此，仍然由分析师负责筛选出个体的网空告警，以确定这些告警所对应的事件是否是恶意的。此外，正如我们所看到的，其他影响评估方法对"较低阶"网空防御工具的支持是有限的。

工作任务树（Holsopple 和 Yang，2013）方法不直接依赖于入侵检测传感器（IDS）或系统日志中的可观察对象以支持其进行影响计算；然而，它确实需要对可观察对象进行某种预处理以实现对资产的损害预估。为了使这种方法变得可行，确实需要实现此类预处理过程。实际上，工作任务树方法以及任务影响关系图（Jakobsen，2011），也不支持（或非常有限地支持）对工作任务模型的生成工作。如果没有直观的图形化用户界面（GUI），或未能与某些网络发现工具进行整合，则可能会导致出现容易出错的模型。

截至本书出版时，由于网空工作任务影响评估研究的不成熟性，导致上述的所有技术都只与有限的网空防御工具组进行了整合。随着这些（或未来的）工具的发展，以及与其他网空防御工具更加完全地集成，将显现出这些方法的作用。

由于缺乏数据来对任务影响模型进行填充，因此目前还没有通用的数据集可以用来评价并相互比较这些方法各自的效用。此外，在所列出的方法中，没有一种是足够成熟且可以在现有计算机网络上被实时评价的。因此，虽然在概念层面可以看到工作任务建模和影响评估的效用，但目前还没有办法确定它在提升网空分析师的决策能力方面能发挥多大的效果。

即使网空防御社区对工作影响评估的通用数据结构取得了共识，在对任务工作影响评估方法的评价方面依然存在挑战。这不一定仅仅是因为缺少技术创新或数据，而更可能是在于实际问题本身。就如 Grimaila 在之前研究中所提到的那样（Grimaila 等人，2008），"影响"这一概念存在着不同的含义。因此，有些技术可能会把评估的关注点放在不同含义的"影响"之上，导致无法在各种技术之间进行充分的比较。同样，即使有详细的基准数据，也无法得知如何对影响进行量化评估（例如，即使对影响的标准定义达成了共识，如何能确定在某一给定时间点，实际的影响是 0.7 而不是 0.65？）。因此，无法通过准确的计算做出基于距离的比较。评价影响评估准确性的另一个选项，是对影响评分进行排名，但是只有相对的影响评分才是对分析有意义的。这使得问题变得更加复杂，因为影响的级别，实际上取决于评价者对态势的观点。

因此，关于对资产的"基准"影响，必须说明：

1）谁关注评估，以及他们与被评估的工作任务有什么关系？

2）按照哪一种对影响的定义进行评估？

3）哪一部分网络将受到影响？

4）评估的有效期截止到什么时间？

5）哪些事件促成了这一影响？

为了能够解释在基准方面的所有这些要求，将会涉及一个主观的过程，并可能会导致在结果中出现潜在的偏差。因此，将影响评估技术的结果与基准数据直接进行比较是不可行的。对此类技术的评价，只能基于分析师使用某一给定工具时由其个人发现的效用。

10.2.2 模型设计——环境建模

回想一下，上节描述的工作任务建模技术，所有工作均取决于对个体资产的损害预估。我们可以使用下面关键信息计算损害评分：

1）资产有什么漏洞？

2）如何在网络上使用资产？

3）如何访问在网络上的资产？

4）哪些事件可能是将该资产作为目标的？

前三项信息可以根据对计算机网络的了解所确定，而第四项信息取决于网络上检测到或关联到的事件。我们首先把注意力放在前三项信息上，因为随着工作开展到设计流程的后期阶段，就会关系到第四条信息。

多年来，已有各种模型和工具被提出甚至被实现，用于对计算机网络的某些方面进行建模。其中大多数方法所存在的问题是，要么无法获得与影响评估或告警关联相关的全面数据集，要么无法实现自动化或便捷的方法来对模型进行填充。

虚拟地形（Holsopple 等人，2008）是一种基于 XML 的表达方法，它使用一种图结构，其中包含着实现影响评估以及其他高级网空防御工具所必需的数据。虚拟地形由多个组件构成：

1）**计算机网络**——包含关于资产以及网络的物理 / 虚拟连接关系信息。

2）**服务 – 漏洞映射**——根据通用平台枚举（CPE）和通用漏洞披露（CVE）标准把服务映射至它们的潜在漏洞。由于 CPE 和 CVE 数据库不完全支持所有可能的漏洞，因此需要包含更通用泛化的映射，以代表诸如 ping 和端口扫描的更多一般性事件。

3）**漏洞 – 观察对象映射**——该映射依赖于被作为输入源的传感器 / 日志记录器。诸如 Snort 的传感器，提供了对 CVE 和其他漏洞数据库的引用，因此可用于增添这种映射关系。

虚拟地形能够在关于计算机网络的以下方面进行建模：

1）**主机、服务器、群集和子网等**——这些在计算机网络中用于处理信息的物理组件通常可能遭受攻击。在虚拟地形中将所有这些组件建模为主机（单个工作站或服务器）、集群（具有相同配置的多个主机）或子网（具有相同连接关系的主机或集群的集合）。每一个组件包含：

a. **IP 地址、主机名和域名等**——通常用于确定主机的一组元数据。

b. **服务引用**——对一个或多个服务的引用。

2）**路由器、交换机、防火墙和接入点等**——这些组件都会影响网络的连接关系。它们的根本作用是控制流量如何被路由或者在哪里被过滤。

3）**传感器**——为了过滤掉误报并识别出真正的告警，所放置传感器的位置和类型都是极为重要的。基于网络的 IDS 通常只处理所有的流量，而缺乏对下层网络（结构）的理解，这可能导致出现误报。例如，将基于网络的 IDS 放置在防火墙之外可能会触发产生许多可观察对象，然而防火墙实际上会过滤掉大部分这样的流量，因此这些事件并不代表着真正的威胁。另一方面，由于事实上这些主机确实正在接收恶意流量，因此就应当更加重视来自基于主机的 IDS 的可观察对象。因此，了解网络上传感器的类型和位置非常重要，只有这样才可以准确地对资产损害做出预估。

4）**用户**——对于确定谁可以访问什么，了解用户及其相关的权限也是很重要的。这样的信息可以用于确定哪些用户正在尝试访问他们不应该访问的数据，而这正是攻击的迹象标示。

　　将虚拟地形分解成这三个组件[⊖]的意图，是使从主机到服务再到漏洞以及到可观察对象的"向下钻取"成为可能。这也使得能够从可观察对象到漏洞再到服务以及到主机的"向上卷起"成为可能，这将是先进网空防御所最终需要的。能够上卷汇总这些信息，可以快速地获得对资产损害的预估。例如，如果所收到的可观察对象表明在某一主机上正在尝试对一个可能存在的远程桌面漏洞进行攻击利用，则可以通过交叉引用此信息，快速查看目标主机是否确实容易受到该攻击。如果主机容易受到该攻击，则可以检查网络的连接关系以及传感器的类型和位置，以确定所检测到的这一事件是否损坏了目标。

　　虚拟地形被开发用于涵盖高级网空网络防御的所有必要信息，但还有一些有待解决的问题：

　　1）需要与已有的扫描工具和诸如防火墙类的网络组件集成，以向模型填充全面的信息。如果虚拟地形这类模型成为一个标准，供应商就可以编制自己的集成策略来填充虚拟地形模型。

　　2）对虚拟地形可扩展性的分析。虽然主机集群的概念旨在提供将数百台主机建模成为单个节点的能力，但事实上仍有数以千计的漏洞和服务需要被映射。另一方面，为了充分支持影响评估工具，需要能够非常快速地从虚拟地形模型获取信息，所以必须对虚拟地形进行评估并做出可能的调整，以优化可扩展性。

　　3）虚拟地形所包含的大量有关计算机网络的信息是非常有用的，但如果攻击者获得这些信息也将会是非常有害的。因此，必须有一个或多个安全协议可用于对这些信息进行加密，或者用于在网络上智能地分发信息，从而使整个虚拟地形模型只能在具有正确安全权限的情况下被访问。

10.2.3　可观察对象设计

　　可观察对象设计组件侧重于对事件的检测和关联。网空检测的主题已经得到了广泛的研究，已有的商业化、专有和开源工具正在不断完善。在本节中，我们将探讨告警关联的概念。

　　网空告警关联器通常利用来自入侵检测传感器或系统日志的输出，通过因果关系和/或时间关系将事件分组成为"轨迹"。为了理解攻击对工作任务的潜在或当前影响，对单次攻击所采取行动的了解是不可或缺的。单个事件可能不会产生显著的影响，但是多个事件的组合则可能会产生显著的影响。

　　例如，如果已经知道某一事件导致了一台工作站被攻击受控，那么其影响可能是最小的，因为威胁可以被轻易地隔离和缓解。然而，如果已经知道该事件只是一次更大的攻击行动的一小部分，那么可能需要实现一个更复杂和牵扯更大范围的缓解策略。就资

⊖　即前文中提到的计算机网络、服务 – 漏洞映射、漏洞 – 观察对象映射——译者注

产损害而言，某一给定轨迹中每个事件的元数据，可用于确定资产的损害。该轨迹的资产损害的总体集合，将可用于计算对工作任务的集体影响。

尽管相对于工作任务影响评估，告警关联得到了更深入的研究，但它仍然面对着一样的问题，许多工具只与 IDS 和有限的其他网空防御工具进行了集成。

与影响评估不同，告警关联工具在对告警进行关联的能力方面受到较少的主观影响，从而能够使用通用数据集来评价技术的性能表现。Salerno 提出了一套性能度量方法，用于评估网空告警关联工具（Salerno，2008）。假设给定数据集中活动（轨迹）的基准活动是已知的，他们提出了三种对置信度的度量方法：

$$召回率 = \frac{准确检测次数}{已知活动数量} \tag{10-1}$$

$$精确率 = \frac{准确检测次数}{检测到的活动数量} \tag{10-2}$$

$$碎片率 = \frac{识别为同一已知活动的结果数量}{检测到的活动数量} \tag{10-3}$$

这三个指标可用于确定关联的准确性。召回率（recall）计算出有多少活动未被检测到（指标取值越高越好）。精确率（precision）决定了每一个检测到的活动被映射回它们的基准活动的程度（指标取值越高越好）。碎片率表示对于单个基准活动检测到了多少个活动（指标取值越低越好）。

虽然检测的准确率很重要，但是能够识别出最重要的活动（即恶意的活动）则更为重要。如果告警关联工具能够识别数百种不同的活动，那么要求分析师在合理的时间内遍历所有这些活动是不可行的。因此，告警关联也必须对活动进行相互排序。Salerno 还提出了关注活动（AOI）评分方法，尝试确定最重要的活动应该如何排名。

这些计量指标将使我们能够在不同的告警关联工具之间，评价它们有多易于检测各种不同的网空攻击。回想一下，一些告警关联方法需要使用非循环有向图。这会造成局限性，因为可能需要大量的图才能够发现同一攻击的微小变种。因此，用这种方法对某一非常具体类型的攻击建模，可能可以很好地检测到这类攻击，但在面对此类攻击的变种，或面对完全未被建模的攻击时，则会出现表现不佳的情况。另一方面，诸如 INFERD 系统（Sudit 等人，2007）的告警关联工具被设计使用单个模型灵活地对攻击的大量变种进行检测。然而，这可能是以出现大量误报为代价的。这使得像 INFERD 系统这样的工具只有依赖于对此类被识别出的攻击进行排名，才有可能成为被网空防御分析师使用的有效工具。

10.3 小结

为了实现有效的工作任务影响评估，需要对智能化的网空防御系统进行整体设计，甚至还需要能够预见到严重攻击对网络运行和工作任务的影响。这样一个工作任务影响评估系统将成为一个关键的组成部分，使其成为一种能够实现网空态势感知的可行且具有弹性的日常技术。大多数的现有工具都是采用"自下而上"的方式进行设计的，并通过开发新的技术用以扩展或完善已有的技术，以期达到最大限度地减少分析人员对网空攻击的响应时间的最终目标。然而，这种方法存在一个限制因素，就是许多新技术需要更多的数据或信息，而网空防御工具未能现成地提供这些数据或信息。由于网空攻击很少由单个事件组成，所以必须通过信息融合将告警关联在一起，以表达独特的攻击行动（即事件的集合）而不是局限于唯一的事件。INFERD（用于实时决策的信息融合）系统是一种灵活的告警关联工具，可以通过定义设置来反映不同级别的粒度，并有助于创建攻击轨迹以及消除歧义。INFERD 系统能够接收来自传感器数据存储库的信息，并对信息进行实时处理，以输出一组攻击轨迹，这些攻击轨迹是假定为来自于同一攻击者的一部分事件序列。一些研究已经转向了工作任务影响评估，试图以现有的检测和告警关联技术作为基础进行开发。在过去十多年中，研究重点是对工作任务的依赖关系进行建模，以帮助推动对当前工作任务展开计算机辅助分析。CAMU（网空资产到任务和用户）方法假设用户使用网空能力，而网空资产提供网络能力。这种网空能力进而支持工作任务。利用攻击图来确定资产的漏洞，有助于对计算机网络进行建模。ArcSight 的工具对网络进行扫描，可以作为对虚拟地形等模型进行填充的工具。虚拟地形（VT）是对计算机网络的基于安全的表达形式。本章所描述的自上而下设计流程构建了一个网空防御系统的架构，可最大限度地减少分析师追踪恶意威胁并进行优先级排序的工作量。自上而下的设计流程被分为 4 个主要部分：模型设计；人机界面（HCI）设计；上下文设计和可观察对象设计。工作任务建模至关重要，因为对攻击的影响预估问题，基本上可以归结为攻击如何影响网络正在执行工作任务的问题。然而，满足网空工作任务影响评估（CMIA）需求的技术仍然缺失。例如，确定攻击对工作任务的影响，可以有不同的含义，包括工作任务执行活动的能力；一般意义上的工作任务系统能力；实现特定的工作任务目标等。目前没有现成的工作任务建模标准，而那些已存在的技术则是不可计算的。即使网络防御社区在工作任务影响评估的通用数据结构方面取得了共识，在对工作任务影响评估方法的有效性评价方面仍然存在挑战性。环境建模很重要，因为工作任务建模技术都最终依赖于对个体资产的损害预估。可以根据对计算机网络的了解确定资产相关的信息。为针对网络的某些方面进行建模，已经提出并实现了多种模型和工具。虚拟地形是一种使用图结构的基于 XML 的表达方式，包括影响评估和其他高级网空防御工具所需的数据。可观察对象设计则侧重于对事件的检测和关联。网空告警关联器通常利用入侵检测传感器的输出和／或系统日志，通过因果和／或时间关系将事件分组形成"轨迹"。将任务定义、环境建模和可观察对象设计结合在一起的流程，可以引导对工作任务影响评估具有支撑作用的技术架构。

参考文献

Argauer, B., and Yang, S. J. "VTAC: Virtual terrain assisted impact assessment for cyber attacks," in Proceedings of SPIE, Defense and Security Symposium, March 2008.

Bass, T. "Intrusion detection systems and multisensor data fusion," Communications of the ACM, vol. 43, no. 4, Apr. 2000.

D'Amico, A., Buchanan, L., and Goodall, J. "Mission Impact of Cyber Events: Scenarios and Ontology to Express the Relationships between Cyber Assets, Missions, and Users," in Proceedings of 5th International Conference on Information Warfare and Security, April 8–9 2010, Wright-Patterson Air Force Base, OH.

Enterasys – Products – Advanced Security Applications. http://www.enterasys.com/products/advanced-security-apps/index.aspx,2013

Grimalia, M. R. et al. "Improving the cyber incident mission impact assessment (CIMIA) process", Proceedings of the 4th annual workshop on Cyber security and information intelligence research. 2008.

Holsopple, J., and Yang, S. J. "FuSIA: Future Situation and Impact Awareness," in Proceedings of the 11th ISIF/IEEE International Conference on Information Fusion, Cologne, Germany, July 1–3, 2008.

Holsopple, J., Yang, S. J. "Designing a data fusion system using a top-down approach", in Proceedings of Military Communications Conference. Boston, MA. Oct 2009.

Holsopple, J., Yang, S. J. "Handling temporal and function changes for mission impact assessment", in Proceedings of Cognitive Methods in Situation Awareness and Decision Support. San Diego, CA. Feb 2013.

Holsopple, J., Argauer, B., and Yang, S. J. "Virtual terrain: A security based representation of a computer network," in Proceedings of SPIE, Defense and Security Symposium, March 2008.

HP Network Management Center. http://www.hpenterprisesecurity.com/, 2013.

Jakobsen, G. "Mission cyber security situation assessment using impact dependency graphs", in Proceedings of the 14th International Conference on Information Fusion, July 2011.

Ning, P., Cui, Y., and Reeves, D. "Analyzing intensive intrusion alerts via correlation," in Proceedings of the 9th ACM Conference on Computer & Communications Security, 2002.

Noel, S., Robertson, E., and Jajodia, S. "Correlating intrusion events and building attack scenarios through attack graph distances," in Proceedings of ACSAC, December 2004.

Phillips, C., and Swiler, L. P. "A graph-based system for network vulnerability analysis," in Proceedings of the 1998 workshop on New security paradigms. New York, NY, USA: ACM Press, 1998, pp. 71–79.

Salerno, J. "Measuring situation assessment performance through the activities of interest score," in Proceedings of the 11th International Conference on Information Fusion, July 2008.

Snort. http://www.snort.org, 2013

Sudit, M., Stotz, A., and Holender, M. "Situational awareness of a coordinated cyber attack," in Proceedings of International Data Fusion Conference, Quebec City, Quebec, CA, July 2007.

Valdes, A., and Skinner, K. "Probabilistic alert correlation," in Proceedings of the 4th International Symposium on Recent Advances in Intrusion Detection (RAID), vol.2212, pp.54–68, 2001.

Vidalis, S., Jones, A. et al. "Using vulnerability trees for decision making in threat assessment". Technical report. University at Glamorgan, Wales, UK. 2003.

Yager, R. R. Generalized OWA Aggregation Operators, Fuzzy Optimization and Decision Making, 2:93–107, 2004.

Yang, S. J., Stotz, A., Holsopple, J., Sudit, M., and Kuhl, M. "High Level Information Fusion for Tracking and Projection of Multistage Cyber Attacks," Elsevier International Journal on Information Fusion, Special Issue on High-level Information Fusion and Situation Awareness, 10(1):107–121, 2009.

第 11 章

攻 击 预 测

Shanchieh Jay Yang、Haitao Du、Jared Holsopple 和 Moises Sudit

11.1　引言

在前一章中专门讨论了第 2 级态势感知之后，我们将在本章中继续讨论第 3 级态势感知。态势感知的最高层级是预测，包含对当前态势将如何演化至未来态势的展望，以及对未来态势中元素的预期。在网空态势感知的上下文中，至关重要的是对未来网空攻击进行预测，或者是对正在进行中的网空攻击的未来阶段进行预测。攻击过程通常需要较长的时间周期，涉及大量的侦察、漏洞利用和混淆活动，以达到网空间谍活动或破坏的目的。对未来攻击动作的预期，通常基于对当前所观察到恶意活动的推导。本章将回顾已有最先进的网络攻击预测技术，然后解释如何利用对正在发生的攻击的策略进行预估，以预测网络关键资产即将面临的威胁。为了做出这些预测，需要分析潜在的攻击路径；而且，对这些攻击路径的预测，应当基于网络和系统漏洞情况、对攻击者行为模式的理解、对新模式的持续学习，以及揭示并看穿攻击者所开展的混淆和欺骗行为。

对企业网络展开的网空攻击或网空战争已经进入了一个新的时代，攻击者和安全分析师都会利用复杂的策略来混淆和误导对方。严重的攻击行动，经常采取大量的侦察、漏洞

S. J. Yang (✉) · H. Du
Department of Computer Engineering, NetIP Lab, Rochester Institute of Technology,
Rochester, NY, USA
e-mail: jay.yang@rit.edu

J. Holsopple · M. Sudit
Center for Multisource Information Fusion, University of Buffalo,
CUBRC, Inc., Buffalo, NY, USA
e-mail: jared.holsopple@avarint.com; sudit@cubrc.org

利用和混淆手段来达成展开网络间谍活动或进行破坏的目的。尽管仍然需要通过不断努力发现和检测出新的漏洞利用，但仅仅这样做已经不再足够。想象一下，存在一个系统，可以处理大量来自传感器的观察对象，而且其中包括一些不准确的观察对象，并能够将相关的事件自动合并对应至已知或未知的攻击策略；对正在进行中攻击的策略进行预估，然后据此实现针对关键资产所面临直接威胁的预测，从而实现**预测性的网空态势感知**。本章将讨论在网络攻击预测领域中目前取得的工作成果，以及存在的待解决问题。

对多阶段网络攻击的预见（predicting）或预测（projection），需要对攻击如何随着时间推移而展开的过程进行建模。这种模型比传统入侵检测定义的含义更广泛，其重点是理解系统漏洞和攻击利用。在 20 世纪 90 年代末，Cohen（1997）提出了一个开创性的网络攻击建模框架。该框架使用因果模型来推断出 37 种威胁剖面（行为）、94 种攻击（包括物理攻击和网空攻击）和 140 种防御机制，并公布了一套模拟结果（Cohen，1999）。他们的成果以及在 20 世纪 90 年代末和 21 世纪初期的其他一些著作成果（Howard 和 Longstaff，1998；Debar 等人，1999；Chakrabarti 和 Manimaran，2002），对不同网空攻击类型及其对网络系统的影响提供了全面的理解。

关于攻击建模，或者更准确地说是关于攻击分类法的早期成果著作，引发了对告警关联或攻击计划识别的研究（例如，Ning 等人，2002，2004；Cheung 等人，2003；Valeur 等人，2004；Noel 等人，2004；King 等人，2005；Wang 等人，2006；Stotz 和 Sudit，2007；Yang 等人，2009）。图 11-1 展示了一个示例网络，在这个网络上观察到了一小组恶意事件，但其中部分恶意事件可能由于混淆技巧而变得不可靠。这个示例展示了在约 4 分钟时间内的 12 个事件，并且可以想象作为许多采取不同策略且同时发生的攻击活动的结果，有大量（大于 10 000 个）这样的事件相互交织在一起。被关联到同一个多阶段攻击活动的传感器输出（事件），可被视为攻击者所被追踪到的足迹。这些足迹以及它们的顺序和因果关系，可以被建模及表达为攻击策略，并形成相应的（分析）假设，从而帮助分析师在海量告警中对态势进行理解和管理。以数学模型所表达的假设攻击策略，可用于对正在进行中的攻击行动的未来动作进行预测。

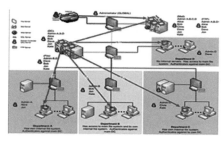

图 11-1   示例网络中（上）所观察到的恶意事件的一个小集合（下）

时间	源 IP	目的 IP	描述
12:56:03	52.2.100.5	100.20.2.15	WEB-MISC 无效 HTTP 版本字符串
12:57:09	211.1.8.10	100.5.11.166	SHELLCODE x86 NOOP
12:58:11	211.1.8.10	100.10.20.4	(http_inspect)BARE BYTE UNICODE ENCODING
12:58:45	100.10.20.4	100.10.20.3	NETBLOS SMB IPCS 万国码共享访问
12:58:59	100.10.20.3	100.10.20.3	ICMP L3retriever Ping
12:58:37	52.2.100.5	100.10.20.4	WEB-MISC Chunked-Encoding transfer attempt
12:59:37	211.1.8.10	100.10.20.4	(http_inspect)OVERSIZE CHUNK ENCOOING
12:59:38	100.10.20.4	100.10.20.4	(http_inspect)BARE BYTE UNICODE ENCODING
12:59:48	92.6.85.103	92.6.85.103	(portscan)TCP Portscan
12:59:50	132.30.8.20	100.5.11.208	ICMP PING NAMP
12:59:57	121.5.1.16	100.10.20.4	WEB-MISC 跨站脚本尝试
13:00:21	100.10.20.4	100.10.20.4	(http_inspect)VOERSIZE CHUNK ENCODING

图 11-1　（续）

本章将被追踪到的多阶段网空攻击 $X = <X_1, X_2, \cdots, X_n>$ 作为一个观察事件的有序序列，其中随机变量 $X_k \in \Omega$，$k \in \{1, 2, 3, \cdots, N\}$ 被定义为序列中的第 k 个动作。理论上，X_k 应被定义为描述所观察事件的多个属性组成的一个向量。为便于在本章范围内进行说明，X_k 被视为随机变量，除非另有说明。在许多情况下，攻击策略将被表示为 L 阶马尔可夫模型 $C^{\ominus}$

$$P(X \mid C) = P(X_1, \cdots, X_L) \prod_{k=1}^{N-L} f^C(X_k, \cdots, X_{k+L}) \tag{11-1}$$

其中 $P(X_1, \cdots, X_L)$ 是攻击模型 C 的初始分布，而 f^C 给出了 L 阶模型的转移矩阵，即 $P(X_n \mid X_{n-1}, \cdots, X_{n-L})$。使用有限阶马尔可夫模型，可以作为如何表达假设攻击策略的一个示例；本章所回顾的一些著作使用了这种模型，而其他的著作则没有。

网络攻击预测有许多种形式，从对基于网络和系统漏洞的潜在攻击路径（知己）的分析，到对攻击行为模式（知彼）的分析。基于网络漏洞的预测具有聚焦于关键资产的优势，并能够对主动防御进行显式评估，以阻止对网络的进一步渗透。然而，它需要对网络的最新情况具有相当程度的了解，但这在实践中是具有挑战性的。基于攻击行为模式的预测不依赖于对网络和系统配置的了解，但它可能由于诱饵圈套或攻击混淆而导致对关键动作产生错误预言。这些方法所共同面对的挑战包括：

- 网络配置、用户可访问性和系统漏洞可能无法准确知晓，或者无法在企业网络或更高层面上先验地知晓，更不用说对变更和更新做到及时掌握了。因此，对攻击进行预测的方法需要在网络信息不完整的情况下保持健壮性。
- 由于传感器的错误、告警关联的缺陷和攻击混淆技巧的存在，将会存在不确定性。攻击预测方法需要适应这种不确定性，或者需要理解如何在这种不确定性下进行

　$\ominus$　马尔可夫模型是一种统计模型，广泛应用在语音识别、词性自动标注、音字转换和概率文法等各个自然语言处理等应用领域。——译者注

预测。就这一点而论，可以在攻击预测中对于未来的攻击行动提出一个或多个假设，这会是一种有帮助的方式，可以使分析师做好积极准备来对一个合理且可管理的潜在攻击行动集合进行分析。

- 网络攻击策略是多样化的，且会随着时间的推移而不断演化。因而攻击预测方法需要是自适应的，并且最好能够以在线方式来处理未知的攻击策略。

下一节将回顾和讨论当前各种网络攻击预测研究成果的优点和局限性，其中的大部分能解决一些（但不是全部）挑战。11.3 节将讨论待解决问题以及一些前期的研究成果，以对综合利用了知己与知彼信息的整合解决方案有更好的理解。最后，11.4 节将简要总结预测性网空态势感知的最新研究情况，以及对未来的展望。

11.2   用于威胁预测的网络攻击建模

11.2.1   基于攻击图和攻击计划的方法

该领域的第一套方法（Qin 和 Lee，2004；Wang 等人，2006；Noel 和 Jajodia，2009）是由告警关联扩展而来的。其总体思想是：告警关联产生了假设的攻击模型，也称为攻击图（Wang 等人，2006）或攻击计划（Wang 等人，2006；Noel 和 Jajodia，2009），并且可以用这些攻击模型进行前向分析来完成预测。对告警关联的全面回顾已经超出了本章的讨论范围，以下将集中讨论如何分别从相应的告警关联系统扩展得到两种预测分析方法。

Wang 等人（2006）讨论了使用**攻击图**来对入侵告警进行关联、产生假设并做出预测。攻击图的主要思想是提供一种高效的表达方式与算法工具，从而识别出在网络中系统漏洞可能被攻击利用的情况。这种方法严重依赖于在相当程度上对网络中系统漏洞和防火墙规则的完整且准确的了解。虽然在理想情况下，可以使用各种扫描工具来获取这些信息，但对于由多个系统管理员负责管理网络不同部分的大型企业网络来说，这却是一项艰巨的任务。需要注意的是，在 20 世纪 90 年代末和 21 世纪初，在其他著作（例如，Phillips 和 Swiler，1998；Tidwell 等人，2001；Daley 等人，2002；Vidalis 和 Jones，2003）中已经对表征网络中漏洞的概念进行了讨论。这些著作中的大多数都揭示了对网络中所有可能存在的漏洞进行建模的可伸缩拓展性问题。Wang 等人（2006）和 Noel 与 Jajodia（2009）描述的攻击图方法，则展示了缓解这种可伸缩性问题的方法。

Wang 等人（2006）建议从最近收到的告警开始，在攻击图上进行广度优先搜索。从新的告警开始，在不对攻击利用之间的析取（disjunctive）关系与合取（conjunctive）关系进行推理的情况下，搜索寻找同时满足安全条件和攻击利用的路径。本质上，使用该方法能够从攻击图中找出所有可能的后续攻击行动。虽然 Wang 等人（2006）讨论了在计算和内存使用方面的性能，但他们没有对预测性能提供全面的分析。

一种攻击图的替代方法，是使用**动态贝叶斯网络**（Dynamic Bayesian Network，DBN）[⊖]。Qin 和 Lee（2004）是第一批提出高阶攻击预测方案的研究者。他们对其告警关联系统的用途做出扩展，将其设计为使用动态贝叶斯网络把传感器的可观察对象拟合到预定义的高阶攻击结构上。这种方法能够定义所观察事件之间的因果关系，更重要的是能够通过足够数量的数据来动态学习转移概率。一旦完成学习，转移概率就可以用来预测潜在的未来攻击动作。

Wang 等人（2006）的研究成果与 Qin 和 Lee（2004）的成果之间的区别是，攻击图更多是基于规则的，而动态贝叶斯网络方法则更多基于概率并且是数据驱动的。因为攻击图是基于规则的，所以它能够对网络中的漏洞和攻击利用行为进行具体的建模和分析。另一方面，使用动态贝叶斯网络来对高阶攻击计划进行建模，则需要将具体告警映射至攻击类别，而且能够进行概率推导，并且有助于将所有可能的未来攻击动作缩减为一个未来可能发生的攻击的可分辨列表。

虽然这种方法看起来很有前景，但 Qin 和 Lee（2004）所讨论的动态贝叶斯网络方法并非没有局限性。首先，高阶攻击计划需要由领域专家先验地创建。目前尚不清楚如何能够实际地创建和更新各种攻击计划。也不清楚为了达到较好的关联或预测表现，将需要多少攻击计划，以及需要达到怎样的详细程度[⊜]。其次，需要通过对相当大量的数据进行学习，才能得到转移概率。这意味着，对于每个攻击计划，需要能够看到足够大量的攻击序列，才能够以高保真度进行准确预测。然而，这可能是不现实的，因为网络攻击策略是多样化并且快速演化的。11.2.3 节将讨论一组对未来攻击动作进行推导的方法，这些方法无需预先定义的攻击计划，从而消除每个攻击计划对大量数据的需求。

11.2.2　通过预估攻击者的能力、机会和意图进行攻击预测

在威胁预测中对网络配置和漏洞信息的应用，也可以推广至对攻击者**能力、机会和意图**（COI）进行预估的概念上，这一概念已广泛应用于军事和情报界的威胁评估（Steinberg, 2007）。在用于网空态势感知的可计算技术上下文中，本小节扩展了 Holsopple 等人（2010）和 Du 等人（2010）的研究成果，并提出了对网空攻击者的能力、机会和意图的以下概念定义。

能力。鉴于确定网空攻击真正来源以及确定攻击者的多方面能力具有较大难度，在

⊖　一个随着毗邻时间步骤把不同变量联系起来的贝叶斯网络。——译者注
⊜　在 11.3.1 节中将讨论如何评估攻击模型之间的相似性 / 差异性。

没有先验知识或未经学习的情况下，即使只是要确定攻击者能够有效使用的工具集合与能力集合，也是具有挑战的。一个实际的方法是采用一种概率学习过程，从而根据攻击者曾经成功攻击利用的情况，推断每个攻击者可能攻击利用的服务集合。需要注意，我们建议在服务的层次对能力进行评估，例如使用通用平台枚举（CPE）标准，因为攻击者通常会知晓对同一服务的多种攻击利用方式。如果能够获得相关的信息，就应当在概率学习过程中考虑特定攻击利用所需的技能水平，以及考虑 CPE 和通用弱点枚举（CWE）所覆盖攻击利用类型的广度。

机会。对网空攻击机会的评估，可以被理解为：确定当前在网络中取得进展的进行中攻击行动所"暴露"的系统集合。当然，如果攻击者掌握了网络配置等内部信息，或者网络因管理不善而在技术或策略上只有最基本的防护，这些情况下对攻击机会进行评估的价值就会低得多。在这里，我们假设已经在有关的网络上实现了一定程度的安全保护，采取防火墙规则、权限和禁止列表以及服务配置等措施对访问域进行隔离。随后按照该过程从已经被攻击利用或被扫描的机器或账户中，动态地识别出攻击者下一步可能达到的目标。在某种程度上，在 11.2.1 节中讨论的攻击图方法可以为每个正在被观察到的进行中攻击序列找到其对应的（攻击）机会。可以使用基于概率或加权的方法，对不同的已暴露目标进行分辨。

意图。真正的攻击者意图分析，需要研究攻击者的动机和社会影响——这实质上已经偏离了本章的关注点。从技术角度来看，一种推断"最坏情况"意图的方法，是依据攻击动作如何能够逐步接近网络中的关键资产和数据，评估攻击者展开下一步动作的可能影响。这种分析的第一步，是一种能够确定网络资产对所支撑各种工作任务的关键性的有效方法，可以参考前一章讨论中名为"自上而下的网络影响评估"的影响评估方法。由此，可以将从某一动作可达的一系列下一步目标上的每一个动作的效果汇总起来，并确定最坏情况下的意图场景。

通过能力、机会和意图（COI）分析进行预估，需要经过整体的分析，可以采用在军事和情报界传统上采用的人工分析方式，或者通过理论融合算法进行合成，如 Dempster-Shafer 合成规则（Shafer，1976）或可传递置信模型（TBM）（Smets，1990）。

在展现 COI 分析的定量效益方面所做的还很少。Du 等人（2010）开发了一种使用 TBM 模型以将能力评估与机会评估合并在一起的整合预测算法。他们分析了该算法在两个分别遭受到 15 个攻击序列攻击的网络上的表现。网络 1 具有 4 个子网，每个子网可以访问 2 台专用服务器和 4 台共享的集中服务器。这代表存在着部门网段划分的网络。网络 2 具有 3 个子网，每个子网只能访问 1 台专用服务器，但共享其他大多数服务器。网络 2 中的子网被隐藏在被严格控制的多层防火墙之后，并且包含具有 10 台服务器的服务器群。表 11-1 展现了实验的结果。

表 11-1　通过结合能力和机会评估来呈现攻击预测性能（转载自（Du 等人，2010））

	服务器数量	子网数量	AvgCS	AvgAR
网络 1	12	4	71.5%	86.2%
网络 2	19	3	89.6%	52.7%

表 11-1 中展现的平均攻击受控评分（Average Compromising Score，AvgCS）是对下一步将遭受攻击的实体的平均威胁评分。直观地说，一个好的预测方案能够在实体被攻击受控之前给出高的威胁评分。因此，AvgCS 越高，预测就越准确。这两个网络上，都展现出了相当不错的 AvgCS。其中，网络 1 的 AvgCS 较低，因为每个子网中的主机和服务器与互联网都只隔着一台服务器，所以更容易受到攻击。这使得更难以在受到更严重威胁的实体与受到较轻威胁的实体之间进行分辨。另一方面，网络 2 的 AvgCS 接近 90%。这种优秀的表现主要是由于网络 2 具有严格配置的服务器和子网接入；只有少数易受攻击的路径可用于对内部主机和服务器进行攻击，并且对每一个目标的攻击路径可能会存在较大的不同。

表 11-1 中的平均资产缩减（Average Asset Reduction，AvgAR）指标展现出与 AvgCS 相反的趋势。AvgAR 的计量指标表示由于所建议系统的作用，分析师必须关注实体减少的平均百分比[⊖]。在所实现的系统中，只向分析师展示威胁评分不低于 0.5 的实体。换句话说，对于在网络 1 上所进行的实验，相比于在没有所建议系统的情况下，分析师只需要聚焦于检查分析其中 13.8% 的实体。网络 2 的平均缩减为 52.7%，相对较少。网络 1 则是因为被分隔子网与互联网仅隔着一台服务器，所以呈现出较高的缩减；即使在攻击的非常早期阶段，就实现了很高的被评估资产缩减。

通过 COI 分析进行的网络攻击预测仍处于其早期阶段，还需要进行大量的工作才能形成一个强健的系统。特别是，需要进行彻底的研究，以确定如何最佳地将在 COI 的三个方面进行的预估整合在一起。一般来说，在被应用于具有严格安全防护的网络时，COI 分析会更有效。但是对于不断变换策略而且忽略被暴露系统[⊖]的攻击行动，这种方法则无法进行很好的预测；可以通过对攻击行为进行评估，对这种缺陷进行弥补，这将在下一节中进行描述。

11.2.3　通过学习攻击行为/模式进行预测

前面各节讨论的网络攻击预测方法都假设对攻击策略或网络漏洞有着很好的了解。实际上，这两种信息都不容易获取和保持。事实上，网络攻击策略可以是多样化且不断演化的，而网络和系统配置也是如此。在这种情况下，要对网络攻击进行预测，将需要

⊖　这里是指由于所建议系统对实体做出威胁评分并按分值进行过滤，所以分析师可以只关注其中一部分的实体即可完成任务，这一部分减少的实体所占的平均百分比，即为 AvgAR。——译者注

⊖　此处指的是攻击者会有选择地确定攻击目标，而并不会对所有被暴露的系统展开攻击。——译者注

动态地学习攻击行为。一些研究成果（Fava 等人，2008；Du 和 Yang，2011a；Cipriano 等人，2011；Cheng 等人，2011；Soldo 等人，2011）提出了对攻击行为进行学习并预测的方法，而不依赖于预先定义的攻击计划或详细的网络信息。

1. 可变长度马尔可夫模型（VLMM）的攻击预测

考虑到需要以在线的方式对正在进行中的网络攻击进行学习并做出预测，Daniel 等人（2008）开发了一种利用可变长度马尔可夫模型（VLMM）的自适应学习和预测系统。虽然类似的机器学习和建模方法已被用于异常检测和入侵检测，例如（Lee 等人，1997；Lane 和 Brodley，1999；Ye 等人，2004），但是 Daniel 等人（2008）的成果则是首次对 VLMM 在网络攻击预测方面的用途进行了研究。VLMM 预测是通用预测器的一个分支（Jacquet 等人，2002；Shalizi 和 Shalizi，2004），最初是为诸如文本压缩的其他应用而开发的（Bell 等人，1990）。VLMM 非常适合于在线学习系统，因为其具有优于隐马尔可夫模型（HMM）的计算效率，以及优于有限（或固定）阶马尔可夫模型的灵活性。下文将简要阐述 VLMM 如何表达攻击行为，以及 VLMM 在预测攻击行为方面的效果。

使用 11.1 节中所定义的符号，将观察到的攻击序列 X 的长度视为 l。这个序列可用于构建 o 阶模型（$0 \leqslant o \leqslant l$）。更具体地说，这个攻击序列将为 l 阶模型提供 1 个样本，向 $l-1$ 阶模型提供两个样本，向 1 阶模型提供 $l-1$ 个样本，并向 0 阶模型提供 l 个样本。可以使用后缀树或其他数据结构存储来自所有攻击序列的这些样本的统计信息。如果使用后缀树，则需要 $O(l^2)$ 的时间来找出对所有模型而言下一步动作为 X_{l+1} 的概率，$P_o(X_{l+1}), \forall -1 \leqslant o \leqslant l$，其中 -1 阶模型将 $1/|\Omega|$ 分配给动作空间 Ω 中的所有符号，以防止出现零频率问题（Bell 等人，1990）。然后，我们可以对各种概率进行组合，以提供如下所示的混合概率 $P(X)$。

$$P(X_{l+1}) = \sum_{o=-1}^{k} w_o \times P_o(X_{l+1}) = \sum_{o=-1}^{k} w_o \times P(X_{l+1} \mid X_{k-o+1}, \cdots, X_k) \qquad (11\text{-}2)$$

其中 w_o 是与 o 阶模型相关联的权重，且 $\sum_{o=-1}^{k} w_o = 1$。对这种有限序列应该按照其稀缺性给予惩罚权重，并按照其特异性给予奖励权重。权重函数的示例可在 Bell 等人（1990）的著作中找到。该研究成果认为 $w_j = (1-e_j) \times \prod_{k=j+1}^{l} e_k, -1 \leqslant j < l$，其中，$w_l = (1 = e_l)$，$e_j = 1/(c_j +1)$，并且 c_j 是特定模式出现的次数。

选择 VLMM 以适用于攻击预测的一个关键要素，是能够在定义动作空间时使用特殊符号来表达之前没有遇到过的新符号——特别是考虑到这是一个在线式的攻击预测系统。图 11-2 展示了随着时间推移而观察到攻击事件的过程中，使用 VLMM 进行预测所达到的平均准确度。来自总共 1482 个攻击源的 10 425 次攻击事件被交织在一起，并且在 VMWare 网络的第 3000 号告警和第 8000 号告警的前后，引入了具有新利用攻击方式和新目标集合的独特攻击场景。该示例展示了 VLMM 对两个属性的预测性能，这两个属性是：攻击行动的攻击利用（描述）和攻击效果（类别）。结果表明 VLMM 不仅能够进行良好的预测，而且能够快速适应新的攻击场景。

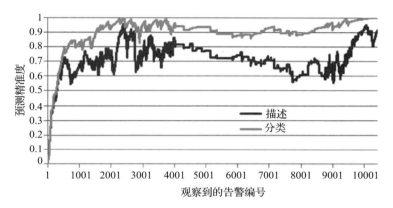

图 11-2　随着告警被注入 VLMM 中，预测所达到的平均准确度（转载自（Fava 等人，2008））

　　VLMM 框架使我们能够在攻击序列中对攻击模式进行发现并合并，同时不需要对攻击场景进行显式定义。事实上，它把与各种顺序的所有匹配模式相关联的概率组合在一起，以形成最佳猜测。攻击者所执行的少量诱饵式攻击序列，在对模型造成削弱方面所产生的影响不大。此外，在当前研究成果中，会对相同的"背靠背"动作进行过滤，从而显式地描述攻击转化的过程，这通常是网络攻击策略的关键。

　　在初步的研究中，分析了所遗漏观察项的位置与发生情况将如何影响 VLMM 的预测性能。结果表明，给定相同数量的被遗漏告警，在整个序列中噪声传播的情况将对性能产生略大的影响。更重要的是，如果被遗漏事件是极少发生的，将对 VLMM 产生显著的影响。从噪声或混淆的角度，对 VLMM 进行综合的灵敏度分析，将能够全面理解使用 VLMM 进行网络攻击预测的优点与局限性。由此，通过把 o 阶模型与由于概率噪声模型而产生的变化结合在一起，可以设计出一个具有适应能力的 VLMM 系统。

2. 其他的攻击行为学习方法

　　Cipriano 等人（2011）开发了一个名为 Nexat 的统计学习系统。该方法单纯基于告警中所记录的源 IP 和目的 IP 地址，将入侵告警分组成为攻击会话。然后，对统计数据进行记录，以确定哪些类型的攻击动作更有可能发生在同一个会话中。因此，根据最近捕获的告警的总体统计数据，可以预测未来的攻击行动。利用国际夺旗赛（iCTF）的比赛数据集（Vigna 等人，2013）对 Nexat 进行评价，该系统展示出了相当不错的预测性能。

然而，目前尚不清楚攻击会话的简单化定义，以及对统计数据的简单化定义，是否可以被归纳通用化并适用于存在着不同攻击目标的大型网络。

Soldo 等人（2011）采用了通常用于电影排名和购物网站的推荐系统，以基于行为相似的恶意源 IP 预测被攻击的网络。虽然理论上合理，而且针对 DShield 数据集（DSheild，2013）的表现良好，但是基于推荐系统方法，并没有能够提供关于攻击动作如何按顺序发生或按照因果联系发生的见解。请注意，DSheild 数据集中包含出于黑名单的目的而发布的互联网攻击事件（incident），但实际上并不包含复杂的多阶段攻击策略。该方法可以用于预测被黑名单中源 IP 地址所攻击的网络，但不能预测在企业网络中正在进行攻击行动的下一步攻击动作。

Cheng 等人（2011）开发了一个系统，能够度量攻击进展过程的相似度，并基于在其他攻击序列中所见进展过程的最相似部分，对未来攻击动作进行预测。该方法基于对经典的最长公共子序列问题$^\ominus$的求解方法，其关键创新点在于将攻击进展过程定义为三位数字的一个时间序列：第一位数字表明源 IP 与目的 IP 之间的区域距离，第二位数字代表所用的网络协议，而第三位数字反映了端口聚类之间的距离。由此，攻击序列成为在这个三位数空间中移动的轨迹。虽然这个想法既有趣又独特，但作者仅用了 DARPA 的入侵检测数据集（MIT 林肯实验室，2013）对他们的系统进行评价，而该数据集在攻击复杂性方面存在局限性，当然也不足以论证其足以用于预测性的网空态势感知。

11.3 待解决问题和初步研究

在预测网络攻击方面的已有研究成果已经展现出一定的发展前途，但由于传感器的不准确性、攻击的混淆、网络攻击策略的演进以及不完整的网络信息等原因，这些成果仍不足以形成灵活的解决方案。以下章节将讨论一些待解决的问题以及解决这些不确定性的初步成果，这些问题包括缺乏对网络攻击预测方法性能进行验证和评价所需要的数据。

11.3.1 攻击建模中混淆的影响

将所观察的攻击序列拟合至攻击模型，是许多攻击预测方法的基础。然而，这些观察可能包含着噪声或混淆行为。体系化地分析各种混淆技术对网络攻击建模所产生影响的研究成果近乎缺失，这类混淆技巧的例子包括噪声注入、轨迹擦除和告警篡改等。Du 和 Yang（2014）研究了攻击混淆对将攻击序列分类至攻击模型的过程的影响。本节在该项研究的基础上做出扩展，并讨论了它与多阶段网络攻击预测的关系。

为在不同模型中（$C \in \mathscr{C}$）对给定的攻击序列 X 进行分类，需要找到

$\ominus$ 一个数列，如果分别是两个或多个已知数列的子序列，且是所有符合此条件序列中最长的，则称为已知序列的最长公共子序列。——译者注

$$\arg\max_C P(C\,|\,X) = \arg\max_C \frac{P(X\,|\,C)P(C)}{P(X)} = \arg\max_C P(X\,|\,C)P(C) \tag{11-3}$$

为了计算一组攻击模型 $\mathscr{C}$ 所需的最优分类率，需要考虑所有可能的 X，如果使用暴力枚举方法，则纯计算量在 $O(|\mathscr{C}|\cdot|\Omega|^N)$ 量级，其中 Ω 是攻击动作的集合，而 N 是所观察到的序列长度。

现在，考虑一个混淆序列 Y，在给定混淆的概率模型 $P\,(Y\,|\,X)$ 时，它可以作为 X 的变换而被建模。混淆模型可以像 Ω 中的任何可能符号之间的随机变换一样简单，或者与根据先前所有动作 $\{X_1, \cdots, X_k\}$ 而做出的变化 Y_k 一样复杂。图 11-3 和图 11-4 展示了两个示例模型，分别代表了包含噪声注入和轨迹擦除的攻击进展过程。

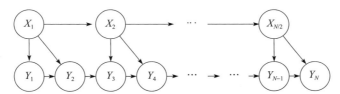

图 11-3　噪声注入的攻击进展模型

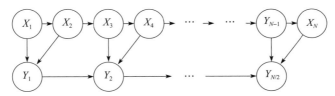

图 11-4　轨迹擦除的攻击进展模型

与图 11-3 和图 11-4 所示相近，可以使用通用的动态贝叶斯网络（也称为统计图模型）来为各种混淆技术建模。由此，可以分析将已被混淆的序列 Y 匹配至攻击模型 C 所产生的影响。使用贝叶斯框架，所有可能情况下的最佳分类性能表示如下。

$$\sum_Y P(Y)\max_C P(C\,|\,Y) = \sum_Y \max_C P(Y\,|\,C)P(C) \tag{11-4}$$

直接计算方程式（11-4）会导致公式的膨胀扩张；但可以将其分为 2 个子问题：1）计算出给定攻击模型是被混淆序列的概率 $P\,(Y\,|\,C)$，2）基于 $P\,(Y\,|\,C)$，计算 $\sum_Y \max_C P(Y\,|\,C)P(C)$。对于第一个子问题，

$$P(Y\,|\,C) = \sum_X P(X\,|\,C)P(Y\,|\,X,C) = \sum_X P(X\,|\,C)P(Y\,|\,X)$$

$$= \sum_{\substack{X \\ X:|Y-X|_H=M}} P(X_1,\cdots,X_L)\prod_{k=1}^{N-L} f^C(X_k,\cdots,X_{k+L})\prod_{\substack{k=1 \\ k:X_k\neq Y_k}}^{N} g(X_k,Y_k) \tag{11-5}$$

其中 $|Y - X|_H = M$ 反映了从 X 到 Y 的噪声元素的数量。通过利用在 DBN（动态贝叶斯网络）中展现的模型结构，方程式（11-5）可以用近似于动态规划的递归规则来有效求解。

知道如何确定 $P(Y | C)$ 之后，通过蒙特卡罗方法⊖就能有效地实现对 $\sum_Y \max_C P(Y|C)$ $P(C)$ 的计算。检查分析所有可能的 Y，需要 $O(|\Omega|^N)$ 量级的迭代。通过随机抽样取得足够数量的 Y，可以将错误包含在基于 Hoeffding 界限（Serfling，1974）的范围内。在 Du 和 Yang（2014）所研究的场景中，只需要 1000 个样本就能达到小于 1% 的误差，无需考虑 $|\Omega|$ 或 N。

Du 和 Yang（2014）结合递归算法和蒙特卡罗方法采样，开发了一种有效的算法，计算出被混淆序列与对应的攻击模型匹配的成功率。该比率被称为最优分类率。Du 和 Yang 的算法已经展示出达到了 $\Theta(N \cdot M \cdot |\Omega|^{L+1})$ 的计算复杂度，其中 L 是有限马尔可夫攻击模型的阶数。注意，如 Fava 等人（2008）所建议的 L 通常取小值（$L \leq 3$）；当 L 较小并被认为是常数时，该算法能够在与攻击序列长度和动作空间大小相关的多项式时间内运行。

图 11-5 展示了当观察的长度 N 和混淆程度分别增加时，一系列不同的攻击模型的最优分类率结果集合。这里的混淆程度表示为 M/N。为三组场景的分类性能绘制了图表。Clean 场景意味着在所观察到的序列中没有引入混淆，并且分类如何直接基于 X 演化的过程；这种场景代表着在没有混淆且充分了解攻击模式时，有可能实现的最佳情况。Noise 场景意味着包含混淆，但分类是在缺少对混淆模型的了解的情况下完成的。第三种场景是在了解混淆模型的情况下对已被混淆序列进行分类的一组实验。第三种场景包括 5 种情况，其中所估算的混淆程度等于真实的混淆程度，分别为：10% 以上、20% 以上、10% 以下和 20% 以下。

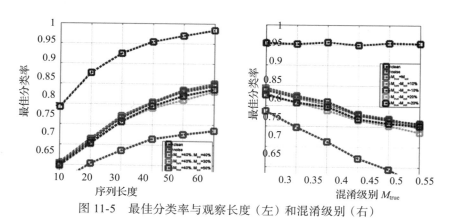

图 11-5　最佳分类率与观察长度（左）和混淆级别（右）

⊖ 又称统计模拟法、随机抽样技术，是一种随机模拟方法，以概率和统计理论方法为基础的一种计算方法，是使用随机数（或更常见的伪随机数）来解决很多计算问题的方法。——译者注

　　图 11-5 展示了混淆对分类性能的显著影响，即使攻击模式非常明显——Clean 场景展现了大多数能够达到 90% 或更高的分类率；但是在不知道混淆是如何完成的情况下，分类率几乎下降到 70%。当混淆模型变为已知时，这种性能可以恢复到 80% 左右。需要注意的是，对混淆级别的不精确估算并没有在分类性能上导致太多差异。总体来说，如预期的那样，分类性能随着观察长度的增加而增加，并且随着混淆级别的降低而增加。当原始的观察长度较短且噪声水平较高时，这种性能的改善更为显著。

　　上述的总体框架提供了对混淆为攻击建模所带来影响进行体系化定量评估的手段。具体来说，评估以下三个方面：

　　1）一系列攻击模式之间是如何相互差异的。

　　2）特定的混淆技巧和混淆程度对攻击分类的影响。

　　3）观察窗口长度等操作参数对攻击分类的影响。

　　从根本上说，这项研究提供了一种理论分析方法，能够度量出可从攻击混淆或噪声中恢复的最好情况，这是网络攻击建模和预测中所固有的。这项工作的扩展，包括将混淆模型直接与预测模型整合，并进行与上述相似的分析以估算预测的准确度。在最小化的情况下，能够在考虑到选择模型时可能出现潜在显著错误的情况下得到对网络预测解决方案的评价。

11.3.2　以资产为中心的攻击模型生成

　　如上一节所示，在将可观察对象与攻击模型关联起来时，总是会存在着错误的计算。事实上，旨在将可观察对象拟合到已知模型中的方法可能并不一定是最好的方法，因为危险的攻击所采用的攻击策略可能会与常见的攻击策略存在偏离。或者，有可能希望基于与网络中关键资产“相关”的集体证据进行动态学习以获得攻击策略。在某种程度上，这种方法结合了“知己”和“知彼”的信息，而不需要还原出来“谁做了什么”。换句话说，重点不再是确定哪些可观察对象属于同一个攻击者或攻击者团队，并且借此来拟合或建立用于预测的模型；相反，它的重点是将集体证据组合在一起，这些证据能够导向每个关键资产的攻击受控情况，同时能够根据集体证据生成攻击行为的模型。在其最终形态中，这种方法应能够把 11.2 节所讨论不同攻击预测方法的好处整合在一起。

　　Strapp 和 Yang（2014）开发了一个在线式半监督学习框架，旨在识别出与关键资产相关的可观察对象，并同时根据这些可观测对象所展现出的集体行为生成攻击模型，即使是在存在 IP 地址仿冒的情况下。本节将强调 Strapp 和 Yang（2014）的研究发现，并讨论其与网络攻击预测的关系。为了实现这种以资产为中心的攻击模型生成方法，需要：1）在存在 IP 地址假冒的情况下恰当地定义“相关性”；2）采用一种方法确定是将所观察到的事件与先前发现的模型匹配在一起，还是将它们用于生成新模型。

为了评估大规模恶意事件的相关性，我们首先扩展了攻击社交图（Attack Social Graph，ASG）的定义（Du 和 Yang，2011b，2013；Xu 等人，2011），它在有向图中表达了网空攻击来源 – 目标对。

定义 1（攻击社交图（ASG）） 攻击社交图 ASG $G_\tau(V_\tau, E_\tau)$ 是表达在时间间隔 τ 内所观察到恶意事件的有向图。顶点 $v \in V_\tau$ 是一台主机，若在 τ 期间观察到从 u 到 v 的至少一个攻击事件，则存在一条边 $e_{(u, v)} \in E_\tau$。边的权重 $Z(u, v, \tau)$ 表示攻击活动的特征，是在 τ 期间所观察到从 u 到 v 的事件的数量和类型的一个函数。

直接使用 ASG，就是隐式地假设对主机 IP 的观察是准确的，但情况并非如此。事实上，多个攻击者可能会伪装成同一个 IP 来展开独立且不相关的攻击。所建议的方法能够将 ASG 分段，这样单个攻击来源 IP 就可以展现出多个攻击行为。所做出的唯一假设是，每个 $Z(u, v, \tau)$ 将代表一个合理 τ 周期内的单个攻击行为，因为在同一时间段内多个攻击者伪装成同一个 IP，对同一目标主机展开独立且不相关攻击的情况不太可能发生。从当前研究成果延展开来，特别是对于休眠攻击，可以将这种假设放宽。

图 11-6 展示了一个随时间而演化的小型的 ASG 示例，揭示了由相同来源 IP 所展示的两个攻击行为。该示例是从 CAIDA（Aben 等人，2013）开展的网络望远镜项目所收集的数据集中提取的。有向边代表在每个来源 – 目标对上所观察到的恶意事件是否属于任何模型（虚线和实线），或是否未在该时间分配给事件（点线）。

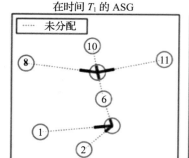
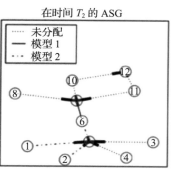
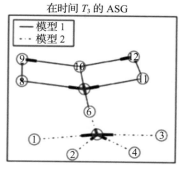

图 11-6 随时间演化的 ASG 示例

在图 11-6 中，节点 6 处于两个攻击事件聚类的中心；但尚未明确的是，节点 6 是否对两个事件都到起关键作用，还是仅仅是存在 IP 欺骗的结果而且应该将两个攻击组分开考虑。还应注意节点 8、节点 10 和节点 11。随着时间的推移，图结构表明这三个节点的组合参与了对节点 7、节点 9 和节点 12 的看似协作的攻击。虽然图的属性意味着攻击源与一个或多个事件的相关性，但也需要检查分析恶意事件是如何随着时间而发生的，以确定哪些边应属于哪个事件。为了实现这种整合的方法，采用贝叶斯分类器来动态地在特征空间中创建指定的模型，并确定每个边上所发生事件最应被拟合至的最优模型 M^*。让 $\mathbf{Z}$ 代表在一条边上所观察到的事件所展现的特征，并且我们有如下公式：

$$M^* = \arg\max_M P(M \mid \mathbf{Z}) = \arg\max_M P(\mathbf{Z} \mid M)P(M) \tag{11-6}$$

$P(\mathbf{Z}|M)$ 可用于检查分析每个模型所包含每条边上的事件展现出攻击特征的可能性，并且 $P(M)$ 所代表的先验概率，意味着该模型与每个关键资产周围的图的相关性的。下面将基于 ASG 结构、攻击特征以及使用能够通过在线方式创建新模型的通用模型，讨论如何确定相关性概率。

所提出的基于图的先验概率 $P(M)$，意味着将与常规的朴素贝叶斯分类方法中频率论者的先验概率存在偏离。通过利用 ASG 的宏观信息，确定集体证据的集合在空间上是否紧密联系，从而推断一个攻击行为。该公式扩展了 Latora 和 Marchiori（2001）定义的图效率度量，并且与接近中心性（closeness centrality）（Newman，2001）的概念相似，使用外推法来对整个图进行度量。直观地看，若观察到的一组事件与 ASG 内的关键资产相接近，或者具有与那些针对关键资产的事件相似的行为，那么所观察到的这组事件就是相关的。由此，如果与模型相关联的所有证据都是紧密相关的，则该模型更有可能发生。

考虑模型 M，以及整个 ASG 中与其对应的子图 $\mathscr{G}_M$。对于给定节点 i，其"位置"由节点 i 到所有其他节点 $j \in \mathscr{G}_M$ 之间的距离 $d_{i,j}$ 的反向调和平均值所确定。让 $\mathscr{P}_{i,j}$ 作为从节点 i 到 j 的路径，而 $\mathscr{P}_{i,j}^k$ 作为沿该路径的第 k 条边。距离 $d_{i,j}$ 被定义为 $\sum_{k \in \mathscr{P}_{i,j}} \dfrac{1}{P(M \mid \mathscr{P}_{i,j}^k)}$，以反映出在 $\mathscr{G}_M$ 中的边在沿着节点 i 和 j 之间路径上的概率。因此，效率 $E(\mathscr{G}_M)$ 由 $\mathscr{G}_M$ 中所有节点对之间距离的倒数所确定，并且进一步由这些对之间的边起点和边终点属于 $\mathscr{G}_M$ 的概率确定权重，如式（11-7）所示：

$$E(\mathscr{G}_M) = \sum_{i \neq j \in \mathscr{G}_M} P(M \mid \mathscr{P}_{i,j}^0)P(M \mid \mathscr{P}_{i,j}^{-1})\frac{1}{d_{i,j}} \tag{11-7}$$

然后，通过对当前所有攻击模型集合进行归一化，推导出每个攻击模型 $P(M)$ 的先验概率。让 M_{all} 作为攻击模型的当前集合，每个攻击模型的先验概率由式（11-8）给出。

$$P(M) = \frac{E(\mathscr{G}_M)}{\sum_{M_i \in M_{\text{all}}} E(\mathscr{G}_{M_i})} \tag{11-8}$$

攻击行为的模型被定义为特征的概率分布集合。概率 $P(Z(u, v, \tau) \mid M)$ 可以被看作是模型 M 在时间间隔期 τ 内展现出在边 $e_{(u, v)}$ 上所呈现的攻击特征 $Z(u, v, \tau)$ 的可能性。以下时间特征和空间特征是可被整合到整体框架中的候选特征。

攻击强度。它是体现攻击强度随时间而变化的一个连续特征。可将时间恒定的核（kernel）用于确定攻击强度，作为恶意事件数量和类型的一个函数。该特征可用于分辨攻击活动的整体动态。

端口选择熵。UDP 和 TCP 的端口号，反映正在被攻击利用的服务，或者是被意图攻击利用的服务。可能使用的端口号的数量非常多，而且关注特定的端口选择，不一定有助于分辨攻击行为。因此，我们提出通过检查分析确定观察到的事件所展现出的是确定性行为还是随机行为。若所观察事件的集合表明将某个端口作为目标，即确定性的端口选择，则可以直接比对端口值以评估攻击行为的相似程度。另一方面，各种随机行为（Treurniet，2011；Zseby，2012；Shannon 和 Moore，2013）处理起来可能不那么明显：恶意来源可能对许多不同的目的端口进行"垂直"扫描；一些攻击可能会随机选择源端口以混淆其行为；从 DDoS 攻击产生的"后向散射"流量，也可能出现随机的端口选择。就随机的端口选择而言，对实际端口值进行比对很可能没有意义。

让 $\mathscr{P}$ 作为选取一个具体端口号的随机变量，$P(D)$ 为进行确定性端口选择的概率，$P(S)$ 为进行随机端口选择的概率。对源端口和目的端口分别进行 $P(D)$ 和 $P(S)$ 的评估，并且将它们一起用于对被称为端口选择熵的特征的假设空间进行填充，如公式（11-9）所示。该共识是基于一个直觉判断，即如果端口是随机选择的，那么 $\mathscr{P}$ 的实际取值就不重要。

$$P(\mathscr{P} = X) = P(S) + P(\mathscr{P} = X \mid D)P(D) \qquad (11\text{-}9)$$

图位置。图位置特征表达了在边 $e_{(u, v)}$ 上所显现的恶意活动，与每个关键资产以及已确定与该资产相关的模型之间的相关性。这与 $P(M)$ 所定义的相关性是同一个概念，但这里是面向单条边，而不是评估与一个模型相关联的整个子图。

攻击进程。网络攻击策略最重要的特征之一是其如何随着时间而不断发生进展，并使用不同类型的攻击利用（例如 CWE）。可以采用先前所示的攻击模型来表示这一特征，例如 DBN 和 VLMM。但挑战则是如何确保 $P(Z \mid M)$ 的高效计算。在前面 11.3.1 节中所讨论的算法，有可能是为了此目的而进行扩展的候选方法。

基于前述的空间先验概率和攻击特征，我们现在将关注转向如何引入新的攻击模型。贝叶斯分类器需要一系列假设用以将新证据与之最佳匹配。要求是：随着观察到新的事件，能够识别出并引入新的攻击行为模型。一种新颖的通用攻击模型（generic attack model）被引入，作为在分类阶段与所有的经验构建模型进行竞争的一种假设。这种通用的假设，旨在以一些适度的概率来拟合所有行为，但达不到定制的经验模型的效果。当观察到新的事件时，通用模型会被作为一个可能类进行评价。通用模型的较高后验概率，表明现有的经验模型无一能够提供一种可能的解释，因此应当引入一个新的模型。这同样适用于初始启动阶段，而第一个被观察到的事件必须被分类为通用模型，并将其用于创建新的经验模型。当然，若经验模型中的某一个使后验概率最大化，则新的事件将被纳入并用于更新其对应的经验模型。实际上，通过基于所观察数据来创建行为聚类，已经通过在线监督方法再现了无监督学习的结果，从而形成了一个半监督的学习框架。

Strapp 和 Yang（2014）所呈现的研究成果，采用了通用攻击模型、空间先验概率、端口选择熵和图位置作为攻击特征，并采用了其他一些面向网络协议的特征。图 11-7 展示了所观察事件与其所被分配的模型之间的匹配程度，使用被称为 ASMG 的初步算法，实现了前述在线半监督学习框架的一些部分。该处理性能的图表是基于 CAIDA 数据集中选择的一系列目标所绘制的（Aben 等人，2013）。结果表明，该框架优于朴素的"网络4 跳"方法，这一方法将来自每个关注目标周围网络 4 跳内的所有流量包含在内。虽然这并不令人惊讶，但事实上，在大多数情况下，所观察事件以高达 90% 的可能性与经验生成模型匹配，体现出该框架的巨大潜力。

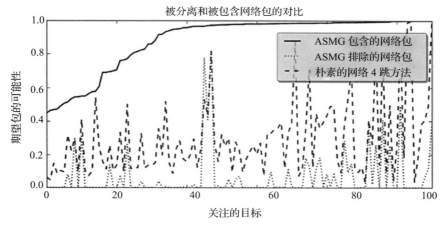

图 11-7　ASMG 对许多关注目标进行处理的表现（转载自（Strapp 和 Yang，2014））

前述攻击模型生成框架的主要用途，是根据相关事件所展现的集体行为，揭示出对网络的直接威胁。由该框架所得的合成行为模型预期可以加强现有的威胁预测算法，因为攻击行为是基于导向且围绕着关键资产的相关事件；这种从以攻击者为中心的模型生成方法向以资产为中心的模型生成方法的转变，预期将会降低预测效果被噪音或混淆的恶意活动所削弱的可能性。Strapp 和 Yang（2014）当前研究成果的一个扩展，是基于建立在概率测度⊖上的经验模型来对整体预测进行调查，概率测度包括攻击强度的时间动态情况（下一批攻击行动可能在什么时间发生）、作为目标的攻击服务（端口选择）和攻击利用的类型（攻击进展过程）。

11.3.3 评价网络攻击预测系统的数据需求

网络攻击预测，或更一般地说，预测性网空态势感知，迫切需要可用于评价不同预测系统的数据。已有的数据集，包括 DARPA 入侵检测数据集（MIT 林肯实验室，2013）、CAIDA 网络望远镜数据集（Aben 等人，2013）、国际 CTF（iCTF）夺旗比赛数据集（Vigna 等人，2013）以及 DSheild 互联网风暴中心数据（DSheild，2013）均不适用于对预测性网空态势感知能力的综合评估。在未过多偏离本章范围的前提下，下面列出了可用于评价攻击预测方法的数据需求。

- 该数据应涵盖各种的攻击策略，其中这些攻击策略包含了对不同服务的许多扫描和攻击利用。
- 该数据应及时反映出最新的漏洞。
- 该数据应反映出各种网络配置和规模。
- 该数据应反映出广泛的攻击者技能集合，包括使用各种混淆技巧和零日攻击。

产生并维护满足上述需求的真实世界数据集，显然不是一个容易的任务。其中一种解决方案是开发一个模拟框架，该框架能够根据最新的系统漏洞产生人造的数据，并允许用户在大范围的网络配置、攻击行为和技能集中做出选择。在网空攻击模拟方面只有有限的研究成果，是由 Cohen（1999）和 Park 等人（2001）、Kotenko 和 Man'kov（2003）在 20 世纪 90 年代末到 21 世纪初之间呈现的。然而，直到 2007 年，才由 Kuhl 等人（2007）提出了为网空态势感知系统生成数据的模拟框架。在 Kuhl 等人（2007）的研究成果基础上，Moskal 等人（2013，2014）做出了扩展，开发了一个更加完整的模拟器，由一个算法核心和 4 个上下文模型组成：虚拟地形第 2 版（VT.2）、漏洞层次体系（VH）、场景指导模板（SGT）和攻击行为模型（ABM）。该模拟器能够根据用户所指定的网络配置、攻击场景和参数化的黑客行为，同时产生多个攻击序列。每个攻击序列可能包含一个或许多攻击行为，且每个被上报的攻击行为，都具有基础数据和来自传感器的报告。一次攻击动作，可能与零个、一个或多个被观察到的事件相关联，这取决于传感器被放置的位置及其能力，以及该动作是否反映了零日攻击。图 11-8 显示了 Moskal 等人（2013，2014）所开发模拟器的架构视图。

⊖ 在数学中，概率测度是在满足测度属性（如可加性）的概率空间中的一组事件上定义的实值函数。（百度百科）——译者注

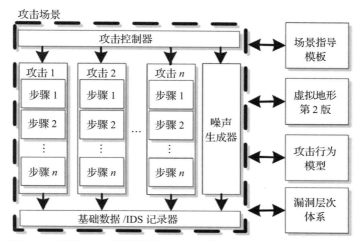

图 11-8　网络攻击模拟器的架构（转载自（Moskal 等人，2014））

同样需要重要关注的是，即使使用一组共同的数据，对预测算法进行评价也存在困难。由于预测一个或多个未来事件具有内在的不确定性，未能在单个场景中预测某一特定事件，并不一定意味着该预测算法表现不佳。此外，在场景中实际发生的某个事件，也不一定是最有可能发生的。因此，可能值得特别关注的是，将工作任务影响评估技术与攻击预测算法结合起来，用以识别不仅是最有可能发生的事件，而且是可能对未来产生重大影响的事件。

还需要进行更多的研究，才能将通过全面测试的模拟器用于产生可靠的数据，并对网络攻击预测进行评价。尽管如此，模拟/人工的合成数据似乎是唯一能够年复一年地产生可持续数据的可行解决方案，以适应系统漏洞和攻击策略的快速变化。

11.4　小结

网空态势感知需要能够预见到根据所观察恶意活动而预测出的未来攻击动作。严重的攻击行动经常采取大量的侦察、攻击利用和混淆技术来达成展开网络间谍活动或进行破坏的目的。对正在进行中的攻击的策略进行预估，然后据此实现针对关键资产所面临直接威胁的预测，从而实现预测性的网空态势感知。网络攻击预测有许多种形式，从对基于网络和系统漏洞的潜在攻击路径（知己）的分析，到对攻击行为模式（知彼）的分析。攻击图可用于对入侵告警进行关联、产生假设并做出预测。动态贝叶斯网络能够定义所观察事件之间的因果关系，更重要的是能够通过足够数量的数据来动态学习转移概率。基于攻击者能力、机会和意图（COI）进行预估的方法，已在军事和情报界被广泛应用于进行威胁评估。由于网络攻击策略和网络配置可以是多样化且不断演化的，攻击预测需要动态地学习和理解攻击行为。还需要能够有助于体系化地对各种混淆技术所造成的攻击建模影响进行分析的方法，这类混淆技术的例子包括噪声注入、轨迹擦除和告警篡改等。已经提出的在线半监督学习框架旨在识别与关键资产相关的可观察对象，并同时根据这些可观测对象所展现的集体行为生成攻击模型，即使是在存在 IP 地址仿冒的情况下。网络攻击预测，或更一般地说，预测性网空态势感知，迫切需要可用于评价不同预测系统的数据。而已有的数据集不适用于对预测性网空态势感知能力的综合评估。随着网空态势感知社区走向弹性网络防御，需要一种整合的方法，基于可导向或围绕着网络中关键资产的可能被混淆和存在噪声的数据（即有限的"知己"信息），来动态地学习和创建攻击策略与行为模型（即预估"知彼"情况）。

参考文献

Aben, E. et al. The CAIDA UCSD Network Telescope Two Days in November 2008 Dataset. (Access Date: Dec. 2013).

Bell, T. C., Cleary, J. G., and Witten, I. H. *Text Compression*. Prentice Hall, 1990.

Chakrabarti, A., and Manimaran, G. Internet infrastructure security: a taxonomy. *IEEE Network*, 16(6):13–21, Nov/Dec 2002.

Cheng, B.-C., Liao, G.-T., Huang, C.-C., and Yu, M.-T. A novel probabilistic matching algorithm for multi-stage attack forecasts. *IEEE Transactions on Selected Areas in Communications*, 29(7):1438–1448, 2011.

Cheung, S., Lindqvist, U., and Fong, M. W. Modeling multistep cyber attacks for scenario recognition. In *Proceedings of DARPA Information Survivability Conference and Exposition*, volume 1, pages 284–292, April 2003.

Cipriano, C., Zand, A., Houmansadr, A., Kruegel, C., and Vigna, G. Nexat: A history-based approach to predict attacker actions. In *Proceedings of the 27th Annual Computer Security Applications Conference*, pages 383–392. ACM, 2011.

Cohen, F. Information system defences: A preliminary classification scheme. *Computers & Security*, 16(2):94–114, 1997.

Cohen, F. Simulating cyber attacks, defences, and consequences. *Computers & Security*, 18(6):479–518, 1999.

Daley, K., Larson, R., and Dawkins, J. A structural framework for modeling multi-stage network attacks. In *Proceedings of International Conference on Parallel Processing*, pages 5–10, 2002.

Debar, H., Dacier, M., and Wespi, A. Towards a taxonomy of intrusion-detection systems. *Computer Networks*, 31(8):805–822, 1999.

DSheild. Internet Storm Center. http://www.dshield.org/. (Access Date: Dec. 2013).

Du, H., and Yang, S. J. Characterizing transition behaviors in internet attack sequences. In *Proceedings of the 20th International Conference on Computer Communications and Networks (ICCCN)*, Maui HI, USA, August 1–4 2011.

Du, H., and Yang, S. J. Discovering collaborative cyber attack patterns using social network analysis. In *Proceedings of International Conference on Social Computing, Behavioral-Cultural Modeling and Prediction*, pages 129–136, College Park MD, USA, March 29–21 2011. Springer.

Du, H., and Yang, S. J. Temporal and spatial analyses for large-scale cyber attacks. In V.S. Subrahmanian, editor, *Handbook of Computational Approaches to Counterterrorism*, pages 559–578. Springer New York, 2013.

Du, H., and Yang, S. J. Probabilistic inference for obfuscated network attack sequences. In *Proceedings of IEEE/ISIF International Conference on Dependable Systems and Networks*, Atlanta, GA, June 23–26 2014.

Du, H., Liu, D. F., Holsopple, J., and Yang, S. J. Toward Ensemble Characterization and Projection of Multistage Cyber Attacks. In *Proceedings of the 19th International Conference on Computer Communications and Networks (ICCCN)*, Zurich, Switzerland, August 2–5 2010. IEEE.

Fava, D. S., Byers, S. R., and Yang, S. J. Projecting cyberattacks through variable-length markov models. *IEEE Transactions on Information Forensics and Security*, 3(3):359–369, September 2008.

Holsopple, J., Sudit, M., Nusinov, M., Liu, D., Du, H., and Yang, S. Enhancing Situation Awareness via Automated Situation Assessment. *IEEE Communications Magazine*, pages 146–152, March 2010.

Howard, J., and Longstaff, T. A common language for computer security incidents. Technical report, Sandia National Laboratories, 1998.

Jacquet, P., Szpankowski, W., and Apostol, I. A universal predictor based on pattern matching. *IEEE Transactions on Information Theory*, 48(6):1462–1472, June 2002.

King, S. T., Mao, Z. M., Lucchetti, D. G., and Chen, P. M. Enriching intrusion alerts through multi-host causality. In *Proceedings of the 2005 Network and Distributed System Security Symposium (NDSS'05)*, Washington D.C., February 2005.

Kotenko, I., and Man'kov, E. Experiments with simulation of attacks against computer networks. In Vladimir Gorodetsky, Leonard Popyack, and Victor Skormin, editors, *Computer Network Security*, volume 2776 of *Lecture Notes in Computer Science*, pages 183–194. Springer Berlin Heidelberg, 2003.

Kuhl, M. E., Kistner, J., Costantini, K., and Sudit, M. Cyber attack modeling and simulation for network security analysis. In *Proceedings of the 39th Conference on Winter Simulation*, pages 1180–1188. IEEE Press, 2007.

Lane, T., and Brodley, C. Temporal sequence learning and data reduction for anomaly detection. *ACM Transactions on Information and System Security*, 2:295–331, 1999.

Latora, V., and Marchiori, M. Efficient behavior of small-world networks. *Phys. Rev. Lett.*, 87:198701, Oct 2001.

Lee, W., Stolfo, S. J., and Chan, P. K. Learning patterns from Unix process execution traces for intrusion detection. In *Proceedings of the workshop on AI Approaches to Fraud Detection and Risk Management*, pages 50–56, 1997.

MIT Lincoln Laboratory. DARPA intrusion detection data set (1998, 1999, 2000). http://www.ll.mit.edu/mission/communications/cyber/CSTcorpora/ideval/data/. (Access Date: Dec. 2013).

Moskal, S., Kreider, D., Hays, L., Wheeler, B., Yang, S. J., and Kuhl, M. Simulating attack behaviors in enterprise networks. In *Proceedings of IEEE Communications and Network Security*, Washington, DC, 2013.

Moskal, S., Wheeler, B., Kreider, D., and Kuhl, M., and Yang, S. J. Context model fusion for multistage network attack simulation. In *Proceedings of IEEE MILCOM*, Baltimore, MD, 2014.

Newman, M. E. J. Scientific collaboration networks. I. network construction and fundamental results. *Phys Rev E*, 64(1), July 2001.

Ning, P., Cui, Y., and Reeves, D. S. Analyzing intensive intrusion alerts via correlation. In *Lecture notes in computer science*, pages 74–94. Springer, 2002.

Ning, P., Xu, D., Healey, C. G., and Amant, R. S. Building attack scenarios through integration of complementary alert correlation methods. In *Proceedings of the 11th Annual Network and Distributed System Security Symposium (NDSS'04)*, pages 97–111, 2004.

Noel, S., and Jajodia, S. Advanced vulnerability analysis and intrusion detection through predictive attack graphs. *Critical Issues in C4I, Armed Forces Communications and Electronics Association (AFCEA) Solutions Series. International Journal of Command and Control*, 2009.

Noel, S., Robertson, E., and Jajodia, S. Correlating intrusion events and building attack scenarios through attack graph distances. In *Proceedings of 20th Annual Computer Security Applications Conference*, December 2004.

Park, J. S., Lee, J.-S., Kim, H. K., Jeong, J.-R., Yeom, D.-B., and Chi, S.-D. Secusim: A tool for the cyber-attack simulation. In *Information and Communications Security*, pages 471–475. Springer, 2001.

Phillips, C., and Swiler, L. P. A graph-based system for network-vulnerability analysis. In *Proceedings of the 1998 workshop on New security paradigms*, pages 71–79, Charlottesville, Virginia, United States, 1998.

Qin, X., and Lee, W. Attack plan recognition and prediction using causal networks. In *Proceedings of 20th Annual Computer Security Applications Conference*, pages 370–379. IEEE, December 2004.

Serfling, R.J. Probability inequalities for the sum in sampling without replacement. *The Annals of Statistics*, 2(1):39–48, 1974.

Shafer, G., editor. *A Mathematical Theory of Evidence*. Princeton University Press, 1976.

Shalizi, C. R., and Shalizi, K. L. Blind construction of optimal nonlinear recursive predictors for discrete sequences. In *Proceedings of the 20ᵗʰConference on Uncertainty in Artificial Intelligence*, pages 504–511, 2004.

Shannon, C., and Moore, D. Network Telescopes: Remote Monitoring of Internet Worms and Denial-of-Service Attacks. Technical report, The Cooperative Association for Internet Data Analysis (CAIDA), 2004. (Technical Presentation - Access Date: Dec. 2013).

Smets, P. The combination of evidence in the transferable belief model. *IEEE Transactions on Pattern Analysis and Machine Intelligence*, 12(5):447–458, May 1990.

Soldo, F., Le, A., and Markopoulou, A. Blacklisting Recommendation System: Using Spatio-Temporal Patterns to Predict Future Attacks. *IEEE Journal on Selected Areas in Communications*, 29(7):1423–1437, August 2011.

Steinberg, A. Open interaction network model for recognizing and predicting threat events. In *Proceedings of Information, Decision and Control (IDC) '07*, pages 285–290, Febuary 2007.

Stotz, A., and Sudit, M. INformation fusion engine for real-time decision-making (INFERD): A perceptual system for cyber attack tracking. In *Proceedings of 10th International Conference on Information Fusion*, July 2007.

Strapp, S., and Yang, S. J. Segmentating large-scale cyber attacks for online behavior model generation. In *Proceedings of International Conference on Social Computing, Behavioral-Cultural Modeling, and Prediction*, Washington, DC, April 1–4 2014.

Tidwell, T., Larson, R., Fitch, K., and Hale, J. Modeling internet attacks. In *Proceedings of the 2001 IEEE Workshop on Information Assurance and Security*, volume 59, 2001.

Treurniet, J. A Network Activity Classification Schema and Its Application to Scan Detection. *IEEE/ACM Tran. on Networking*, 19(5):1396–1404, October 2011.

Valeur, F., Vigna, G., Kruegel, C., and Kemmerer, R.A. A comprehensive approach to intrusion detection alert correlation. *IEEE Transactions on dependable and secure computing*, 1(3):146–169, 2004.

Vidalis, S., and Jones, A. Using vulnerability trees for decision making in threat assessment. Technical Report CS-03-2, University of Glamorgan, School of Computing, June 2003.

Vigna, G. et al. The iCTF Datasets from 2002 to 2010. http://ictf.cs.ucsb.edu/data.php. (Access Date: Dec. 2013).

Wang, L., Liu, A., and Jajodia, S. Using attack graphs for correlating, hypothesizing, and predicting intrusion alerts. *Computer Communications*, 29(15):2917–2933, 2006.

Xu, K., Wang, F., and Gu, L. Network-aware behavior clustering of Internet end hosts. In *Proceedings IEEE INFOCOM'11*, pages 2078–2086. IEEE, April 2011.

Yang, S. J., Stotz, A., Holsopple, J., Sudit, M., and Kuhl, M. High level information fusion for tracking and projection of multistage cyber attacks. *Elsevier International Journal on Information Fusion*, 10(1):107–121, 2009.

Ye, N., Zhang, Y., and Borror, C. M. Robustness of the markov-chain model for cyber-attack detection. *IEEE Transactions on Reliability*, 53:116–123, 2004.

Zseby, T. Comparable Metrics for IP Darkspace Analysis. In *Proceedings of 1st International Workshop on Darkspace and UnSolicited Traffic Analysis*, May 2012.

第 12 章

安全度量指标

Yi Cheng、Julia Deng、Jason Li、Scott A. DeLoach、Anoop
Singhal 和 Xinming Ou

12.1　引言

前几章主要讨论如何提升网空态势感知，以及所面临的挑战。然而，我们目前还没有触及如何对可能实现的改进进行量化评价的议题。实际上，为了取得对网络安全的准确评估，并提供充分的网空态势感知，简单但含义明显的度量指标是必不可少的，这正是本章所聚焦讨论的。"不能测量的东西，就不能被有效地管理"这句格言，正好适用于此。如果缺乏良好的度量指标和相应的评价方法，安全分析师和网络操作人员就无法准确地评价和度量其网络的安全状态以及其操作是否成功。本章将着重探讨两个问题：1）如何定义并使用度量指标作为表达网络安全状态的量化特征，2）如何从防御者角度出发定义和使用度量指标来度量网空态势感知。

为了提供充分的网空态势感知并确保企业网络环境中工作任务的成功，安全分析师需要持续监控网络操作和用户活动，快速识别出可疑行为和恶意活动，及时缓解可能出

Y. Cheng (✉)・J. Deng・J. Li
Intelligent Automation, Inc., 15400 Calhoun Dr., Rockville, MD 20855, USA
e-mail: ycheng@i-a-i.com; hdeng@i-a-i.com; jli@i-a-i.com

S. A. DeLoach・X. Ou
Kansas State University, 234 Nichols Hall, Manhattan, KS 66506, USA
e-mail: sdeloach@ksu.edu; xou@ksu.edu

A. Singhal
National Institute of Standards and Technology, 100 Bureau Dr.,
Gaithersburg, MD 20899, USA
e-mail: anoop.singhal@nist.gov

现的网空影响。然而，大多数现有的安全分析工具和方法都侧重于系统级别和 / 或应用程序级别。大量的安全相关数据导致这些方法在为用户提供当前工作任务运行情况、网络状态和整体网空态势的"大局图景"时，不仅需要投入大量人工劳动，而且也变得容易出错。安全分析师需要更复杂和更系统的方法来量化评估网络漏洞、预测攻击风险和潜在影响、评估适当的行动以最大限度地减少企业损害，并确保在敌对环境中成功完成任务。作为该需求的一个自然的派生需求，安全度量指标对于网空态势感知、协同网络防御和工作任务保障分析是非常重要的。这些度量指标可以帮助分析师更好地了解安全控制的适当性，并帮助他们有效地确定将其有限的资源集中到哪些关键资产上，从而确保工作任务的成功。

对于网空态势感知和工作任务保障分析而言，安全度量指标不仅要与计算机和网络安全管理方面的业界标准保持一致，还要与企业环境中的整体组织目标和业务目标保持一致。本章将讨论对简单但含义明显的度量指标进行有效识别、定义和应用的方法论，以进行全面的网络安全和工作任务保障分析。我们聚焦于企业网络，将探讨已经开发或需要开发的安全工具和度量指标，为安全和工作任务分析师提供所需的能力，以更好地理解当前（和不久将来）的网空态势，以及其网络和运营的安全状态。例如，系统是否存在漏洞？网络中是否存在（正在发生的）攻击？哪些（系统 / 应用系统 / 服务）被攻击受控了？如何度量（可能发生的）风险？攻击最有可能导致什么后果？我们能够预防这种攻击吗？有多少（存储 / 通信 / 运行的）能力会因为攻击而导致下降？整体的（或主要部分的）工作任务 / 操作任务 / 操作是否仍然能够完成？完善定义的度量指标能够帮助用户快速地以量化的方式回答这些问题。然后，用户可以专注于更高阶的网空态势视图，从而做出有依据的决策，以选择最佳的行动方案，同时能够有效地缓解可能存在的威胁，并确保即使在敌对的环境中也能够成功完成工作任务。

12.2 网空态势感知的安全度量指标

12.2.1 安全度量指标：是什么、为何需要、如何度量

1. "安全度量指标"是什么

根据美国国家标准与技术研究所（NIST）的定义，度量指标是设计用于收集、分析和报告性能相关数据从而促进决策制定并提升性能及可计量性的工具。安全度量指标，可以被看作是用于以量化方式度量一个组织机构的安全状况的标准（或系统）。安全度量指标对于全面的网络安全和网空态势感知管理至关重要。没有完善的度量指标，分析师就无法回答许多与安全相关的问题。示例的问题包括："今天我们的网络是否比昨天更安全？"和"网络配置的变化是否改善了我们的安全状况？"

安全度量指标的最终目标，是通过预防或最大限度地降低网空安全事件可能带来的影响，以确保业务连续性（或工作任务的成功）并把业务损害最小化。为了达到这一目标，组织机构需要对信息安全的所有维度进行考虑，并为利益相关方提供有关其网络安全管理和风险处置流程的详细信息。

2. 为何网空态势感知需要安全度量指标

如果无法准确对网空态势感知进行度量，我们就无法有效地对其进行管理或提升。传统的网络安全管理实践主要集中在信息层面，并同等对待所有的网络组件。这些方法虽然很有价值，但在将其应用于全面的网空态势感知和工作任务保障分析时，则缺少含义明显的度量指标，也缺少风险评估能力。具体来说，它们无法量化地评价或确定安全事件对实现关键工作任务目标的确切影响。当发生攻击时，当前的解决方案难以对与工作任务保障相关的安全问题做出回答，例如："如果主机 A 被攻击受控了，是否会对工作任务 X 产生任何影响？"，"工作任务 X 的某些部分是否仍然可以完成？"，"当前情况下成功完成工作任务 X 的概率是多少？"，"我们可以做些什么来确保工作任务 X 的成功？"

为了回答这些问题，将会需要安全度量指标，以及需要从工作任务到资产的高级映射、建模技术和评价技术。本文包含若干个近期提出的对信息安全和网络安全进行度量的指标，例如网络中的漏洞数量或所检测到的网空事件数量、安全事件的平均响应时间等。虽然这些度量指标可以从某些方面对网络安全状况做出评价，但是在工作任务保障方面，它们无法提供充分的网络漏洞评估、攻击风险分析与预测、工作任务影响缓解和量化态势感知能力。我们认为，为了确保在存在敌情的对环境中成功完成工作任务，需要对安全度量指标进行调整，以适应具体的组织结构或态势情境。换句话说，良好的度量指标必须在具体的组织目标和关键性能指标方面具有明显含义。安全分析师不仅应当检验当前在用的指标，还需要确保它们与具体的组织目标和业务目标保持一致。

3. 如何度量网络安全并建模

为了确定被分析网络的总体安全级别，需要实现一个通用的过程：首先，由安全专家确定应该对什么进行度量。然后，他们以一种具有可管理性而且含义明显的方式，对所涉及的变量进行组织。之后，应该构建可重复的公式，来阐释安全状态在特定时间段内的快照，以及其随时间而变化的情况。对网络和 / 或系统安全的度量，大多数现有方法都基于风险分析，其中安全风险被表示为与威胁、漏洞和可能影响（或预期损失）相关的一个函数。

$$风险 = 威胁 \times 漏洞 \times 影响 \qquad (12\text{-}1)$$

　　公式（12-1）是表明安全风险是威胁、漏洞和可能影响的函数的一种非正式方式。在本文中，它经常被用来表达网络安全评价的必要性与目的。当将其应用于解决实际问题时，仍然难以将公式（12-1）中的每个变量量化为有明显含义的值。例如，如何用数字表示威胁？漏洞造成的代价是多少？应该如何计算影响或预期损失？当我们将这三个变量相乘在一起时，如何用一种能够转化为行动事项的方式来表示风险？

　　为了对公式（12-1）中的不同变量进行量化，Lindstrom（2005）进一步引入了进行总体安全（风险）分析所需的一些底层元素。尽管这些底层元素可能无法完全解决所有的问题，但是它们仍然能让安全分析师实现更好的理解和见解，从而为对总体网络安全进行度量开发出含义明显的度量指标和实用解决方案。Lindstrom（2005）引入的一些有用的元素如下：

- **对资产价值的计算**：根据不同资产（例如硬件、软件和数据）的价值，企业可以专注于真实的安全需求，并为其分配充足的资源。企业例行地会为其信息资产设定价值，资产的价值可以定义为一段时间内的 IT 支出（例如，运行和维护）加上资产（硬件和软件）的折旧或摊销价值。为了计算资产的价值，需要为每个资产分配一个可量化的价值，以进行客观的评价和对比。

- **对可能发生损失的计算**：资产价值与损失相关，但并不直接挂钩。在评价可能的损失时，我们需要考虑攻击受损的类型。一般来说，存在 5 种不同的攻击受损类型：机密性破坏、完整性破坏、可用性破坏、生产力破坏和责任破坏（Lindstrom，2005）。需要注意，资产价值可能不是唯一会遭受损失的方面。我们还应仔细考虑安全事件所造成的代价成本等其他可能发生的损失。

- **对安全支出的度量**：虽然在全企业范围度量安全支出很困难，但这对安全管理来说是重要的。安全支出往往分散在不同的部门之间，而且常与网络和基础设施支出混为一谈。找出安全支出，并将其与其他预算项目分开，会是一项艰巨的任务。

- **攻击风险分析**：为企业对风险做出定义并进行建模，是另一项困难但重要的任务。Lindstrom（2005）列出了三种常见的风险：明显风险（manifest risk，即恶意事件占总事件的比例）、固有风险（inherent risk，即系统配置导致攻击受损的可能性）和贡献风险（contributory risk，即对操作中所出现过程差错或错误的度量）。

　　上述元素都不是被设计用于完全回答与安全指标和度量有关的问题，但此处所略述的方法为我们提供了收集有用数据并将其应用于具体预期与目标的基础。基于这一基本知识，研究人员可以进一步定义更为准确和完整的安全度量指标，为他们所提出的安全公式指定适当的取值，并开发出实用的评价模型，从而对他们的计算机网络和系统安全状态进行量化的分析与度量。

12.2.2 网络空间中态势感知的安全度量

一般来说，网空态势感知的安全度量需要仔细考虑两个可能存在的独特问题：1）如何定义和使用作为量化特征来表达计算机系统或网络安全状态的度量指标，2）如何从防御者的视角定义和使用度量指标来对网空态势感知进行度量。本节将简要回顾一系列最新的安全度量指标，以及讨论定义良好的度量指标并将其应用于全面的网空态势感知和工作任务保障分析时所面临的挑战。

1. 传统态势感知的量化与度量

Endsley（1988）给出了态势感知（SA）的一般定义："在一定时间和空间内观察环境中的元素，理解这些元素的意义并预测这些元素在近期未来的状态。"由于其具有多元变量的性质，对态势感知的量化和度量面临艰巨的挑战。传统的态势感知度量技术，可以被认为要么是基于"面向产出"的直接度量（例如，对所观察到的态势感知进行客观的实时探测或主观的问卷评估），要么是基于对操作人员行为或表现的"面向过程"的推理（Fracker，1991a；b）。

根据Bolstad和Cuevas（2010）的观点，现有的态势感知度量方法可以被进一步分为以下几类：

- **客观度量**：将个人对情境或环境的看法，与一些"基准情况"进行比对（Jones和Endsley，2000）。这种类型的评估提供了对态势感知的直接度量，并且不要求操作人员或观察人员根据不完整的信息对情境知识做出判断。一般来说，可以通过三种方式进行客观度量：1）在完成任务的过程中进行实时度量；2）打断任务执行过程并进行度量；3）在任务完成后进行事后度量（Endsley，1995）。

- **主观度量**：要求相关个体以锚定的尺度为基础，对其自己所产生或所观察到的态势感知做出评定（Strater等人，2001）。态势感知的主观度量相对明确直观，而且易于管理，但也受到若干限制因素的影响。例如，相关个体通常没有意识到有一些信息是他们所不知晓的，而且他们无法充分利用态势感知的多元性质来实现详细的诊断分析（Taylor，1989）。

- **表现度量**：假设更好的表现性能通常意味着更好的态势感知，对表现的度量就能够从执行结果推断出态势感知的情况。Bolstad和Cuevas（2010）列出了一组常用的表现度量指标，包括产出的数量或产出能力的水平、执行任务或响应事件的时间、响应的准确性以及出现的错误数量。此外，良好的态势感知并不总是带来良好的表现性能，而较差的态势感知也并不总是导致表现不佳（Endsley，1990）。表现度量应与其他的度量方式结合使用，以实现更准确的评估。

- **行为度量**：基于好的行为通常来自良好的态势感知以及反之亦然的假定，通过行为度量能够从个体的行为推断出态势感知的情况。行为度量在本质上是主观的，因为它们主要依赖于观察人员的评定。为了减少这种限制，观察人员需要根据更容易观察到的良好态势感知的指标做出判断（Strater 等人，2001；Matthews 等人，2000）。

需要注意，态势感知的多元性质使对其进行量化和度量明显变得复杂。一个特定的度量指标，可能仅仅涉及操作人员的态势感知的某一个方面。Durso 等人（1995）、Endsley 等人（1998）和 Vidulich（2000）也发现不同类型态势感知的度量方法并不总是相互强关联。在这种情况下，可以使用多元方法将各自不同但相互之间高度相关的度量方法组合起来，用于全面的态势感知度量，因为这样可以利用每种度量方法的优势，同时最大限度地降低它们的固有局限性（Harwood 等人，1988）。

2. 最新的安全度量技术

过去几年来，研究人员在对网空中的态势感知进行度量方面做了很多尝试。在 Jansen（2009）的文献中，NIST 概述了对网络安全和态势感知进行度量的已有度量指标。Hecker（2008）将较低阶度量指标（基于有序且量化的低阶系统参数）与较高阶度量指标（例如，基于预估的一致性距离、攻击图或攻击面）区分开来。Meland 和 Jensen（2008）提出了面向安全的软件开发框架（SODA），以适应于安全技术，并可过滤信息。Heyman 等人（2008）也呈现了使用安全模式来将安全度量指标组合在一起的研究成果。

为了定义软件安全性的度量指标，Wang 等人（2009）提出了一种基于软件系统中漏洞及其对软件质量影响的新方法。他们使用通用漏洞披露（CVE）（http://cve.mitre.org/cve/）和通用漏洞评分系统（CVSS）（http://www.first.org/cvss/）来定义和计算这些度量指标。Manadhata 和 Wing（2011）进一步提出了基于攻击面的指标来度量软件安全性。他们确定了系统攻击面的概念，并将其用作为系统安全性的一个指示指标。通过度量并缩小攻击面，软件开发人员可以有效地缓解其软件的安全风险。

在一些文献中，Petri 网（PN）也被作为可用于网络安全评估的一种形式化方式。将 Petri 网用于攻击分析的想法是由 McDermott（2000）首先提出的。在若干篇论文中，探讨了着色 Petri 网（CPN）在攻击建模方面的用途。Zhou 等人（2003）讨论了 CPN 的优点，并描述了将攻击树映射至 CPN 的过程。Dahl（2005）更详细地讨论了应用 CPN 对并发过程与攻击过程进行建模的优点。

对于企业网络中的网空态势感知和风险评估，Goodall（2009）提出了一种基于本体模型的网空资产与工作和用户（CAMUS）之间的对应机制。它可以自动发现网空资产、工作任务和用户之间的关系，以促进对网空安全事件的工作任务影响评估。CAMUS 的基本思想来自空军态势感知模型（AFSAM）(Salerno，2008；Salerno 等人，2005)，该模型描述了如何将数据摄取后转化成为信息，然后由分析师消费信息，以进一步改善态势管理。Tadda 等人（2006）对 AFSAM 进行了改进和完善，并直接将其应用于网空领域，从而产生了网空态势感知模型。在网空态势感知模型中，态势管理所需的知识是对网空基础设施在发生降级或被攻击受控时会如何对运行产生影响的准确理解。基于网空态势感知模型，Holsopple 等人（2008）开发了一个虚拟地形，通过手工方式将工作任务的上下文纳入考虑范围，并对网络进行建模。

Grimaila 等人（2008）将关注点转向信息资产的态势管理。他们提出了一个网空损害评估框架，要求手工定义操作过程和信息资产，并做出优先级排序。Gomez 等人（2008）提出了一种将情报、监视和侦察（ISR）相关的资产自动分配对应至具体军事任务的方法。他们的任务和手段框架（MMF）本体模型包含了与 CAMUS 类似的概念，如军事任务、行动、操作任务、能力和系统。Lewis 等人（2008）基于数学上的约束求解方法，提出了一个工作任务的参考模型，以解决将网空资产映射至工作任务的问题。

为了支持企业级安全风险分析，Singhal 等人（2010）提供了一个安全方面的本体框架，作为一种可移植且易于分享的知识库。基于这个框架，分析师将知道哪些威胁会危及哪些资产，以及什么对抗措施可以降低某种攻击发生的可能性。Alberts 等人（2005）提出一种基于风险的评估规程，将其称为工作任务保障分析规程（MAAP），以定性地评价当前情况，并确定一个项目或过程是否在取得成功的轨道上。MAAP 可以为影响着项目成功可能性的当前情况与形势产生丰富的深入视图，但其风险评估过程复杂而耗时。Watters 等人（2009）提出了将业务目标与网络节点关联起来的风险 – 工作任务评估过程（RiskMAP）。RiskMAP 首先对公司的关键特征（从业务目标，操作任务，信息资产到存储、发送和提供信息的网络节点）进行建模，然后使用相同的模型将网络级风险映射至上层的业务目标，以展开风险分析并缓解影响。

Musman 等人（2010）在 MITRE 报告中略述了工作任务影响评估的技术路线图。他们专注于网空任务影响评估（CMIA），并试图将网络和信息技术（IT）的能力与组织的业务流程（工作任务）联系起来。Grimaila 等人（2009）讨论了一个系统的总体设计概念，为决策者提供关于网空安全事件及其对工作任务所可能产生影响的通知。在另一些文献中（Noel 等人，2004；Qin 和 Lee，2004；Cheung 等人，2003），也研究了若干种用于自动进行攻击检测和风险分析的基于攻击图的方法。

Jakobson（2011）进一步提出了一种攻击的逻辑与计算模型，用于网空影响评估。在他的框架中，引入了一个称为"网空地形"的多层信息结构，用于表达网空资产、服务及其之间的相互依赖关系。网空地形和任务之间的依赖关系由影响依赖图所表示。使用这些图模型,不仅可以计算出直接影响,也可以计算出通过相互连接的资产和服务而传播的对工作任务的网空影响。在 Kotenko 等(2006)人的文献中,作者基于对犯罪分子行动的全面仿真、对攻击图的构建和对不同安全度量指标的计算,提出了一种新的网络安全评价方法。他们实现了一种在计算机网络生命周期的各个阶段进行漏洞分析和安全评估的软件工具。

3. 企业网空态势感知的安全度量:挑战和可能的解决方案

最新技术在安全分析、工作任务建模和态势管理方面提供了有用的描述性信息。虽然它们在各种情形下对安全度量是非常有价值的,但是由于缺少含义明显的安全度量指标和有效的评估方法,所以将已有方法应用于企业网络环境时,在网空态势感知和工作任务保障评估方面仍然面临着若干挑战。

简单来说,已有方法受到以下限制,降低了网空态势感知和工作任务保障分析的有用性和有效性:

- 缺少实时的网空态势感知。
- 缺少对网空安全事件的高阶运营影响的理解。
- 缺少用于全面安全评估的量化指标和度量方法。
- 未能将人类(分析师)的认知能力纳入网空 – 物理态势感知。
- 缺少工作任务的保障策略。

表 12-1 比较了当前已开发的技术和系统,它们可以被用于对工作任务与资产的映射与建模、对网空攻击和入侵的检测、对风险的分析与预防,以及对损害的评估和对工作任务影响的缓解。每种方法都各具其自身的优势和局限性。当应用于企业网络中的网空态势感知时,还需要工作任务保障评估、协同网络防御、先进技术、数学模型和评价算法等要素,以回答以下问题:

- 如何识别并表达工作任务的构成和依赖关系?
- 如何推导出工作任务元素与网空资产之间的依赖关系?
- 由于单一漏洞就可能会导致攻击受控的情况在企业中广泛传播,如何能够快速识别出攻击的起点并预测其可能的攻击路径?
- 如何评估网空事件对高阶的工作任务元素和运营的直接影响及传播情况?
- 如何体系化地对网空任务保障所涉及的主要元素或组件之间的相互依赖关系和内部依赖关系进行表达与建模?
- 如何定义并开发出量化的指标和度量方式,以实现含义明显的网空态势感知、企业安全管理和工作任务保障分析?

表 12-1　最新的网空态势感知方法

方法	技术能力	开发者	限制
CAMUS	基于将网空资产映射至工作任务和用户的本体融合	Applied Visions 公司	集中化的方式
			缺乏网空影响评估
			缺乏工作任务的资产优先级排序
MAAP	复杂工作流程中的工作任务保障和操作风险分析	卡内基·梅隆大学	集中化的方式
			专注于操作风险分析
			缺乏工作任务的资产依赖关系
RiskMAP	在网络和业务目标层面的风险 – 至 – 工作任务评估	MITRE	集中化的方式
			缺乏工作任务的资产依赖关系
排名攻击图	根据攻击图的 PageRank 和可达性分析识别关键资产	卡内基·梅隆大学	缺乏工作任务模型
			无法分析对高阶工作任务的网空影响
CMIA	基于军事任务模型的网空工作任务影响评估	MITRE	集中化的方式
			缺乏网空影响分析
			缺乏工作任务的资产优先级排序

　　为了解决这些挑战，需要进一步研究分析和开发一系列关键技术，如量化且含义明确的安全度量指标、从工作任务到资产的高效映射与建模方法，以及相应的风险评估和影响缓解机制。在本章中，我们将介绍一些可能的解决方案和初步的研究成果，这些解决方案和研究成果利用了网空态势感知、工作任务保障、通用漏洞评估和企业安全管理等领域的最新进展，并做出了扩展。作为一个起点，我们的研究聚焦于开发一个能够在企业环境中进行实时网空态势感知和工作任务保障分析的整合框架。为了实现这一目标，我们针对三个具体的用例，研究分析了一套简单但含义明确的度量指标与相应的评价方法：网络漏洞和攻击风险评估，网空影响和工作任务相关性分析，资产关键性分析和优先级排序。

　　表 12-2 列出了一套安全和性能表现的度量指标，主要聚焦于网络漏洞评估、攻击风险评价和工作任务影响分析方面。表 12-2 中所定义的每个指标都试图回答与计算机 / 网络的安全性、系统性能或工作任务保障相关的具体问题。例如，易受攻击主机所占百分比（VHP）这一度量指标，会试图回答在最坏的情况下有多少主机会被攻击受控。而攻击路径平均长度（ALAP）这一指标，则试图回答攻击者为了使安全策略失效所需做出的努力。显然，如果将其单独用于网络安全分析，每个指标都存在不足。例如，最短攻击路径（SAP）度量指标忽略了攻击者可能使安全策略失效的方法的数量；ALAP 度量指标，则未能充分考虑攻击者可能使安全策略失效的方法的数量；而攻击路径数量（NAP）指标，却忽略了攻击者使安全策略失效所需付出的努力。因此，必须将多种安全度量指标综合起来加以应用，从而为用户提供一个网空态势感知和任务保障的全面视图，并让他

们能够做到全面理解。

表 12-2　网空态势感知常见的安全和表现度量指标

指标	首字母缩写	描述	分值 / 取值
资产能力	AC	网空资产（被攻击或被控后）的（剩余）能力	$[0,1]$：0 表示无法运行；1 表示完全能够运行
攻击路径的平均长度	ALAP	渗透网络或攻击控制系统 / 服务所付出努力的平均值；通过对攻击图进行评价而获得	n：可能存在的攻击路径的平均长度
被攻击受控主机所占百分比	CHP	在时间 t，网络中被攻击受控的主机的百分比	$[0,1]$：0 表示没有主机被攻击受控；1 表示全部主机被攻击受控
攻击利用可能性	EP	利用某一漏洞有多容易（困难）？可以通过 CVSS 可利用性评分来度量	$[0,1]$：0 表示难以利用；1 表示易于利用
影响因素	IF	漏洞被利用后的影响程度可以通过 CVSS 影响评分来度量	$[0,1]$：0 表示没有影响；1 表示完全被破坏
攻击路径的数量	NAP	网络中可能存在的攻击路径数量，可以基于攻击图来进行评价获得	n：可能存在的攻击路径数量
网络的准备状态	NP	网络是否已准备好执行任务？例如，所有必须的服务得到了网空资产的支撑	$[0,1]$：0 表示没有准备好；1 表示已完全准备好
网络弹性	NR	可以通过备份 / 替代的系统 / 服务进行替换 / 恢复的被攻击受控的系统 / 服务所占百分比	$[0,1]$：0 表示无法恢复；1 表示可以完全恢复
运行能力	OC	系统 / 服务（受到直接攻击或间接影响后）的（剩余）运行能力	$[0,1]$：0 表示无法运行；1 表示完全能够运行
资源冗余度	RR	是否为重要的任务 / 操作分配了冗余（备份）的资源	0 或 1：0 表示没有备份系统；1 表示至少有 1 个备份系统
服务可用性	SA	支持某一具体任务或操作所必需的服务的可用性	0 或 1：0 表示不可用，1 表示服务可用
最短攻击路径	SAP	渗透网络或攻击控制系统或服务所付出努力的最小值；通过对攻击图进行评价而获得	n：可能存在的攻击路径的最短长度
严重性评分	SS	漏洞被成功利用带来的影响严重性 / 风险，可以根据 CVSS 评分来度量	$[0,1]$：0 表示无风险；1 代表非常高的风险
易受攻击主机所占百分比	VHP	网络中易受攻击（例如存在漏洞）主机所占的百分比	$[0,1]$：0 代表没有易受攻击的主机，1 代表所有主机都易受攻击

　　需要注意，本章所引入的安全与性能表现度量指标，以及相应的评价机制，并不能完全解决企业网空态势感知的量化和度量问题。这里的目标是帮助安全分析师形成更好的理解和深刻的见解，进而为他们遇到的具体网空态势感知、工作任务保障或网络安全防御相关问题，开发出良好且含义明确的度量指标以及实用的解决方案。

12.3　网络漏洞和攻击风险评估

虽然企业网络安全的最终目标是识别出并消除所有的网络漏洞和主机漏洞，但在实践中是无法达到这一目标的。例如，如果组织机构使用商用现成（COTS）软件产品来运行其网络，那么该网络将暴露于这些软件所存在的漏洞之下。缓慢和不稳定的补丁发布等问题可能导致组织网络中存在已知漏洞。通过利用这些漏洞，攻击者有可能通过单一的攻击动作成功地控制一个特定系统，或者通过一系列的攻击动作渗透一个网络。因此，对网络漏洞和攻击风险进行评估，是企业安全管理和网空态势感知的第一步。

12.3.1　漏洞评估的安全度量指标

1. 对计算机系统的通用漏洞评估

在各种文献中，通用漏洞评分系统（CVSS）（http://www.first.org/cvss/）被广泛采纳作为评估计算机系统安全漏洞严重程度的主要方法。作为一个行业标准，CVSS确保了可重复的准确度量。它还使用户能够查看其量化模型中用于生成评分的基本漏洞特征。CVSS尝试建立一个度量机制，以表示某一漏洞与其他漏洞相比应得到多少关注。它由三个度量指标组所组成：基础度量指标组、时间性度量指标组和环境度量指标组。每组都包含一系列的度量指标，如图12-1所示。

图 12-1　CVSS 的度量指标组（http://www.first.org/cvss/cvss-guide）

特别是，基础度量指标定义了漏洞的严重程度，时间性度量指标表达了随时间而变化的漏洞紧急程度，环境度量指标表达了与特定用户环境相关且独特的漏洞特性。每组产生一个数值评分（范围为 0 ～ 10），以及一个反映推导评分取值的精简文本式表达。CVSS的完整指南（http://www.first.org/cvss/cvss-guide）给出了对这些度量指标组的详细描述：

- **基础度量指标组**：表达"不随时间和用户环境而变化的漏洞的内在和基本特性"。
- **时间性度量指标组**：表达"随时间但不随用户环境而变化的漏洞的特性"。
- **环境度量指标组**：表达"与某一特定用户环境相关且独特于该环境的漏洞特性"。

基本上，对于每个度量指标组，根据安全专家所做出的一系列度量和评估，使用一个特定的公式来对相应度量指标进行加权，并产生一个评分（范围为 0 ~ 10），其中评分 10 表示最严重的漏洞。具体来说，当基础度量指标被指定一个取值时，使用基础公式计算出一个 0 ~ 10 的评分，并创建一个向量。该向量是包含被指定至每个度量指标的取值的文本字符串，并且有助于体现该框架的"开放"性质。用户可以理解评分是如何推导得出的，如果需要，还可以确认每个度量指标的有效性。关于基础公式、时间性公式和环境公式以及其计算方法的更多细节，请参阅 CVSS 的完整指南（http://www.first.org/cvss/cvss-guide）。

2. 网络漏洞评估的总体度量指标

国家漏洞数据库（NVD）(http://nvd.nist.gov/) 提供了几乎所有已知漏洞的 CVSS 评分。各种开源或商业的漏洞扫描工具，例如 Nessus Security Scanner（http://www.tenable.com/products/nessus）、开放漏洞评估系统（OpenVAS）(http://www.openvas.org/) 和微软基线安全分析器（MBSA）(http://www.microsoft.com/en-us/download/details.aspx?id=7558)，则可被切实地用于识别出网络中存在的漏洞。定期进行周期性的漏洞扫描和评估对于企业安全管理是非常关键的，因为这样可以容易地定位出哪些系统存在漏洞，识别出哪些服务 / 组件存在漏洞，并能够在攻击者找到并利用漏洞之前提出最佳漏洞修复方法的建议。为了通过漏洞评估了解企业网络的总体安全性，我们选用了三个安全度量指标：易受攻击（即存在漏洞）主机所占百分比（VHP）、CVSS 严重性评分和被攻击受控主机所占百分比（CHP）。

（1）易受攻击主机所占百分比（VHP）

该度量指标能够表达某一网络的总体安全级别。可以通过诸如 Nessus 的漏洞扫描工具，定期对网络进行扫描以获得存在漏洞的主机数量。该度量指标的公式如下所示，其中 G 代表一个预期的网络，V 是存在漏洞主机的集合，H 是网络中的所有主机的集合。

$$\text{VHP}(G) = 100 \times \frac{\sum_{v \in V \subseteq H} v}{\sum_{h \in H} h} \tag{12-2}$$

（2）某单一漏洞 i 的严重性评分（SS_i）

在识别出网络中存在的漏洞后，我们需要了解每个漏洞的 CVSS 严重性评分。如表 12-3 所示，该度量指标标示了某个漏洞的严重程度，以及应如何相应地处理此漏洞。

表 12-3　漏洞的严重程度

CVSS 评分	严重程度	指引
7.0 ~ 10.0	高	必须以最高优先级进行整改
4.0 ~ 6.9	中	必须以高优先级进行整改
0.0 ~ 3.9	低	鼓励（但不是必须）对这些漏洞进行整改

（3）被攻击受控主机所占百分比（CHP）

该度量指标标示着网络中已被攻击受控的主机所占的百分比。这里，主机被攻击受控，定义为攻击者在预期的主机上获得了用户级别或管理员级别的权限。CHP 取值越高，意味着被攻击受控的主机越多。我们的总体目标，是将 CHP 度量指标控制在最低水平。例如，一个组织应该采用更严格的防火墙规则和用户访问策略，从而使攻击者很难利用这些（外部和内部的）漏洞。该度量指标的公式如下所示，其中 C 是被攻击受控主机的集合。

$$\text{CHP}(G) = 100 \times \frac{\sum\limits_{c \in C \subseteq H} c}{\sum\limits_{h \in H} h} \tag{12-3}$$

3. 基于攻击图的网络漏洞评估

在网络空间中，攻击者可以通过单一的攻击动作成功地控制一个特定系统，或者通过一系列攻击动作渗透一个网络。一系列的攻击动作，通常被称为多步骤攻击行动或链式攻击利用。多步骤的攻击行动，利用多个漏洞之间的相互依赖关系，从而使网络的安全策略失效。在文献中，可以使用各种攻击图模型，以切实地表达多步骤攻击行动并对其建模（Ou 等人，2006；Sheyner 等人，2002；Ammann 等人，2002）。攻击图是一种被广泛采用的技术，用于分析网空攻击事件之间的因果关系，其中每个节点表达网络中的网空资产的一个特定状态，而每条边则表达一个可能的状态转换。在我们的框架中，还为网络层面的漏洞评估定义了基于攻击图的度量指标。

（1）攻击路径的数量（NAP）

该度量指标表明攻击者可以通过多少条路径渗透网络或攻击控制关键系统。该度量指标的公式给出如下，其中 AG 代表网络攻击图，而 P 则是在相应攻击图中所有可能攻击路径的集合。

$$\text{NAP}(AG) = \sum\limits_{p \in P \subseteq AG} p \tag{12-4}$$

（2）攻击路径的平均长度（ALAP）

该度量指标表述攻击者为了渗透网络或攻击控制关键系统而需要付出努力的平均值。该度量指标的公式给出如下，其中 $L(p)$ 代表攻击路径 p 的长度。

$$\text{ALAP}(AG) = \frac{\sum\limits_{p \in P \subseteq AG} L(p)}{\sum\limits_{p \in P \subseteq AG} p} \tag{12-5}$$

（3）最短攻击路径（SAP）

该度量指标表明攻击者可以为了渗透网络或攻击控制关键系统所付出努力的最小值。该度量指标的公式给出如下：

$$SAP(AG) = \min \left\{ L(p) \mid p \in P \subseteq AG \right\} \qquad (12\text{-}6)$$

12.3.2 攻击风险的建模与度量

1. 攻击风险预测

为了对高阶工作任务的网空影响进行量化评价，应在风险分析模型中添加诸如网空资产、硬件设备和操作任务等与工作任务相关的元素。利用 Jakobson（2011）所提出的基本分析方法和评价过程，我们在初步的研究中对攻击风险预测模型进行了扩展，添加了网空资产、硬件设备和工作任务元素。我们认为，该模型可用于量化地评价已识别漏洞的严重性，并分析如果关键任务资产受到攻击或在攻击受控后会产生怎样的后果。以我们的初步研究作为起点，可以进一步开发出更完整且更实质化的分析模型。

我们的初步研究聚焦于建模方面，包括：1）为逻辑关系建模，从而能够对网络中的影响传播进行建模；2）为计算性的关系建模，使我们能够计算这些影响的程度。扩展后的攻击模型的概念结构如图 12-2 所示。它包含 8 个概念节点：网空攻击、硬件设备、网空资产、（资产）漏洞、操作任务、资产能力、攻击利用可能性、（漏洞的）影响因素，以及它们之间相应的关系。

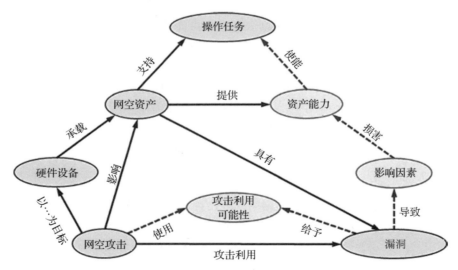

图 12-2　用于工作任务影响分析的攻击风险预测模型

如 Jakobson（Jakobson，2011）所指出的，攻击利用可能性（EP）、漏洞的影响因素（IF）和资产能力（AC）是我们的攻击风险分析模型中的重要参数。具体来说，EP 的度量取值范围是 [0，1]，表明在什么程度上漏洞能够被利用于攻击控制资产。例如，EP = 0

代表这个漏洞实际上是无法利用的，所以攻击对目标资产没有影响。反之，EP = 1 代表易于利用该漏洞来攻击控制预期的资产。另一方面，影响因素（IF）表明攻击会造成多少伤害，它的度量取值范围也是 [0，1]。IF = 0 代表攻击对资产没有影响，而 IF = 1 代表资产完全被破坏（即失去其所有能力）。

2. 损害评估

资产能力（AC）是表达网空资产运行能力的另一个重要度量指标。它表明资产在遭到攻击后仍然能够提供多少执行其功能的能力。在我们的模型中，AC 的度量取值范围是 [0，1]。取值 0 代表资产完全无法运行；而取值 1 代表资产完全运行的状态。需要注意，EP、IF 和 AC 之间的计算关系使我们能够计算和度量资产能力如何因攻击而受到影响，进一步量化地分析攻击对工作任务造成的影响。

Jakobson（2011）认为，对工作任务影响的计算通常应包括以下步骤：

1）**检测发现攻击起点**：第一步是识别出攻击的起点。目前我们将攻击图中的叶节点用作为起始点。

2）**直接影响评估**：第二步是确定攻击对目标资产的直接影响。我们按照图 12-2 所示的扩展攻击模型，基于 CVSS 计算直接影响。

3）**网空影响通过网络传播**：在这一步中，我们沿着从攻击图导出的攻击路径，计算出对所有与任务相关资产的网空能力的潜在影响。

4）**任务影响评估**：在知晓工作任务所涉及的全部资产的现有能力之后，我们可以根据由逻辑任务模型推导所得的工作任务资产依赖关系，进一步计算对高阶工作任务可能产生的影响。

应该注意的是，确定如何为 EP 和 IF 指定适当的取值是一项关键的工作，需要分析历史攻击数据，以及咨询网空安全专家。在我们的初步研究中，CVSS 中的可利用性评分（ES）和影响评分（IS）已被作为用于计算 EP 和 IF 的基础。由于 CVSS 中 ES 和 IS 的取值范围都是 $0 \sim 10$，所以我们通过以下方式计算出这两个参数：EP = ES/10，IF = IS/10。

12.4 网空影响与工作任务的相关性分析

影响评估对于网络空间中的工作任务保障分析很重要，其中关键工作任务元素必须依赖于底层网空网络的支持，而被攻击受控的资产可能会对工作任务的完成产生显著的影响。如之前小节所述，对于网空工作任务保障的评估，我们需要实用的分析模型以有效地表达复杂的工作任务，以及高阶工作任务元素与底层网空资产之间的依赖关系。我们还需要建立一个工作任务影响的传播模型，以调查分析恶意网空事件对高阶工作任务元素和操作任务造成的直接和间接后果。此外，含义明确的工作任务保障和网空态势感知分析，需要量化的度量指标。

12.4.1　从工作任务到资产的映射与建模

为了有效地表达高阶工作任务元素与底层计算机网络及网空资产之间的依赖关系并对其建模，在我们的框架中开发了逻辑任务模型（LMM）。本质上，LMM 是一种用于工作任务计划、分解和建模，以及用于资产映射的层次化图模型，进一步由基于价值的目标模型（Value-based Goal Model，VGM）和逻辑职能模型（Logical Role Model，LRM）组成。VGM 可以描述复杂工作任务中不同操作任务 / 子操作任务之间的构成关系、时间关系和依赖关系，以及它们相对于总体工作任务的重要性。另一方面，LRM 用于描述为了达成特定目标（或成功执行操作任务）所需的物理功能或网空功能。在这一全面的 LMM 基础上，用户可以为复杂的工作任务建模，识别每个操作任务 / 子操作任务的重要性，并在工作任务计划的阶段评估网空弹性能力。

基于价值的目标模型。 VGM 中的每个节点代表为了确保完成整个工作任务所必须实现或保持的操作任务或目标。较高阶的操作任务（或目标）被表达为多个较低阶子操作任务（或子目标）的父节点。每个节点具有多个属性以表达其当前状态，如图 12-3 所示。例如，每个操作任务被关联到一个预先指定的目标价值（target value），以表达该节点对父节点总体完成情况的贡献，而优先级 / 权重属性则表明该节点对其父节点的相对重要性（关键性）。在我们的模型中，另外两个重要的属性是完成状态和进度状态。在任务执行阶段，需要定期测量这两个属性，以评估任务的进度状态。

属性	示例取值
节点 ID	Task 2013-10-3
操作任务描述	与客户 A 有一个电话会议
节点级别	根节点 / 叶节点 / 中间节点
节点类型	组合节点 / 合取节点 / 析取节点
目标值	50
优先级 / 权重	0.2
完成状态	尚未开始 / 进行中 / 已完成 / 已终止
进度状态	70%
由 ... 触发	Task 2013-10-1
先导	Task 2013-10-5
父节点	Task 2013-10
子节点	Task 2013-10-3-1, Task 2013-10-3-2, Task 2013-10-3-3
开始时间	October 1, 2013 at 8:30:00 AM EDT
结束时间	October 1, 2013 at 10:30:00 AM EDT

图 12-3　VGM 节点属性

在我们的初步研究中，我们定义了 VGM 模型的三个主要组成实体：目标、事件和参数。具体来说，目标是可观察的工作任务／操作任务的期望状态，而事件是在执行期间发生的可观察现象。目标或事件的参数则提供目标或具体事件的详细信息。在我们的VGM中，一个复杂的工作任务首先被分解成为一系列简化的显式操作任务和对应的子操作任务，然后用层次化目标树的形式进行表达。

如图 12-4 所示，较高阶的目标（父节点）可以被分解成（也需要得到其支持）若干较低阶的子目标（子节点）。每个节点（即目标）具有预先指定的价值，以表达其对总体任务的贡献。此外，每个父目标的实现依赖于对其子节点目标的实现，这需要依照任务指挥官或领域专家（Subject Matter Expert，SME）所设定的规则。在我们的初始研究中，父节点的实现条件包括合取、析取和组合条件。如图 12-4 所示，实现目标的条件和目标的价值分别通过某一节点的"和""或""组合"和"价值"修饰符来表示。

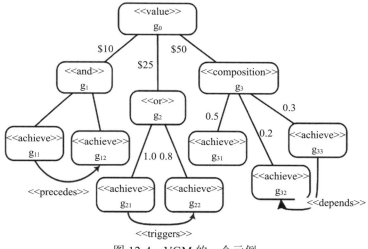

图 12-4　VGM 的一个示例

作为一个起点，我们专注于对 VGM 目标之间的三个时间性的关系进行建模，包括先导关系、触发关系和子目标关系。根据 Nebel 等人（1995）所定义的 ORD-Horn 子类，对这三个时间性的关系的形式化定义和适当的时序约束条件，如表 12-4 所示。

表 12-4　目标之间的时间性关系

条件	非形式化约束	ORD-Horn 中的形式化约束
$(a, b) \in$ 先导关系	在 b 开始之前必须实现 a	$(a^+ \leq b^-) \wedge (a^+ \neq b^-)$
$(a, b) \in$ 触发关系	a 必须在 b 之前开始；b 必须在 a 结束之前开始	$(a^- \leq b^-) \wedge (a^- \neq b^-) \wedge (b^- \leq a^+) \wedge (b^- \neq a^+)$
$(a, b) \in$ 子目标关系	b 不能在 a 开始之前开始，或在 a 结束之前结束	$(a^- \leq b^-) \wedge (b^+ \leq a^+)$

表 12-5 列出了各种类型目标和不同目标之间的关系，以及如何在 VGM 中计算其值的方法。具体来说，VGM 中的每个节点都是一个价值目标。根目标 g0，代表一个工作任务的总体价值。根价值目标可以进一步分解为一系列组合目标、合取目标、析取目标（如表 12-5 所示）或叶目标。每个目标（即节点）具有预先指定的"maxValue"（最大价值），以表示如果成功地完成相应的任务所可以实现的期望价值。在我们的模型中，叶目标没有子目标。它们直接根据其父目标的类型，向总体目标做出贡献。另外，在 VGM 中，只有叶目标被系统主动维持，并需要得到来自底层网空资产的支撑。随着叶目标被维持（或失败），并根据逐个父目标的类型进行聚合得到工作任务的总体价值，直到最终目标被达成（或被中止）。

表 12-5　VGM 中定义的目标

节点类型	定义	价值	计算公式
价值目标	VGM 中的每个节点都是一个价值目标，并被指定了一个关联的价值	目标值	$maxValue(g) = \sum_{(g,g')\in subgoal} maxValue(g')$
		当前值	$currentValue(g) = \sum_{(g,g')\in subgoal} currentValue(g')$
组合目标	每个子目标都对总体价值做出一定百分比的贡献，贡献的汇总取值必须等于 1	目标值	$composition(g) \left(\sum_{(g,g^\wedge)\in subgoal} contribution(g^\wedge) \right) = 1$
		当前值	$currentValue(g) = maxValue(g) * \sum_{(g,g')\in subgoal \atop g^\wedge maintained} cotribution'(g')$
合取目标	必须维持所有的子目标；任何子目标的失败，都会将父目标的价值降至零	目标值	$conjunctive(g)\ (g, g^\wedge)\in subgoal\ maxValue(g') = maxValue(g)$
		当前值	$currentValue(g) = maxValue(g) \times \prod_{(g,g')\in subgoal} \frac{currentValue(g')}{maxValue(g)}$
析取目标	如果任何一个子目标得到维持，该目标的价值得到保持，每个子目标具有相关的贡献价值	目标值	$disjunctive(g)\ (g,g^\wedge)\in subgoal$ $maxValue(g') = maxValue(g)*contribution(g')$
		当前值	$currentValue(g) = max(\{currentValue(g') \mid (g,g')\in subgoal\})$

逻辑职能模型。LRM 被设计用于有效描述实现（或维持）某一特定操作任务或目标所需的相应网空能力或功能。作为一个中间层，我们的 LRM 将更高阶的逻辑任务元素映射至底层的网络和网空资产。通过结合 LRM 与 VGM，分析师将获得一个全面的概况，包括所追求的目标、为实现这些目标而执行的逻辑职能，以及用于执行这些职能的相应网络资源。在我们的模型中，在工作任务的计划和执行阶段都维护着逻辑依赖关系；不仅可以用于工作任务影响分析，还可以用于提高系统的弹性能力（例如，可以为关键操作任务或工作任务元素建议或预先指定替代目标或冗余资源，从而在最差的情况下仍然能够成功完成工作任务）。

当对职能进行建模时，目标是确定系统中的所有职能，以及它们之间的相互作用。

给定一个有效的 VGM，我们依照以下主要步骤来生成对应的 LRM：

1）为目标模型中的每个叶级的目标创建一个职能。

2）如果有多种方法来实现单一目标，则为每一种方法创建一个单独的职能，并对每种方法的"好处"进行量化（范围为 0 ～ 1）。

3）识别出各种职能之间的信息流。

4）如果两个职能紧密耦合，考虑将它们组合成一个职能。

5）定义执行每个职能所需的能力。

6）确定与每个职能相关联的适当时序取值。

一般来说，为了创建有效的 LRM，第一步是为 VGM 中的每个叶目标创建一个职能。然而，如果存在多种实现目标的方法，那么总体的系统弹性能力将会增加。因此，记录每个关键目标的替代方法，对确保任务完成将非常有益。

一旦识别出了职能，就能进一步明确执行职能所需的网空能力。在我们的模型中，我们使用处理能力、通信带宽、软件和 / 或硬件规格或要求来定义网空能力。不同职能之间的信息流可用于隐式地确定逻辑职能的通信能力。例如，如果职能 A 必须与职能 B 通信，指定给职能 A 的资产必须能够向指定给职能 B 的资产发送数据，或接收来自于该资产的数据。在指定了适当的资产之后，能够为逻辑职能识别出具体的通信与路由设备，以提供所需的通信能力。

需要注意，为了维持并更新当前逻辑职能支持能力的可用信息，需要展开实时网络监控以及关键性分析。在我们的框架中，网空能力模型（CCM）用于维持网络中每一个网空资产可用能力的信息，例如当前状态（如可用、被占用和被预留）、资产价值和依赖关系。CCM 中还应维持的重要信息包括主机依赖关系、服务地图和网络拓扑结构。我们可以直接通过对诸如 Nmap（http://nmap.org/）和 Wireshark（http://www.wireshark.org/）的网络监控工具与协议分析工具的输出进行解析获得上述信息，或者通过利用由 Tu 等人（2009）和 Natarajan 等人（2012）所开发的最新自动化服务发现机制获取这些信息并将其整合进我们的框架。

12.4.2　对工作任务的网空影响分析

通过我们的逻辑任务模型推导得到工作任务与资产的依赖关系之后，下一步是评价低阶网空事件对高阶工作任务元素的可能影响。按照与 Jakobson（2011）所提出的相同分析方法，工作任务影响评估的过程包括三个主要步骤：网空事件的直接影响分析，网空影响的传播分析，对高阶工作任务元素的影响评估。

1. 网空事件的直接影响

直接影响可以被定义为某资产作为直接攻击目标时的资产能力（AC）损失。作为资产的一个内部特性，资产能力保持不变，直到其取值因为另一次直接攻击导致下降，或者由外部的（人为）操作对其取值做出调整（例如，网络操作员通过恢复受损系统而将其资产能力取值重置为 1）。在我们的基本模型中，只有软件资产才能成为直接攻击的目标，且资产能力的初始取值为 1（即假设在遭受攻击前每个资产都可以完全运行）。

尤其是，如果资产 A 不依赖于任何其他资产，那么在被攻击 X 直接攻击后，其资产能力可如下表示：

$$\mathrm{AC}_A\left(t^*\right) = \mathrm{Max}\left[\mathrm{AC}_A(t) - \mathrm{EP}_A\left(t^*\right) \times \mathrm{IF}_X\left(t^*\right), \ 0\right] \tag{12-7}$$

在公式（12-7）中，$\mathrm{AC}_A(t)$ 是资产 A 在时间 t 的能力，而 $\mathrm{EP}_A\left(t^*\right)$ 是资产 A 在时间 t^* 的对应的攻击利用可能性。$\mathrm{IF}_X\left(t^*\right)$ 是攻击 X 在时间 t^* 的影响因素，如果 $t^* > t$，$\mathrm{AC}_A\left(t^*\right)$ 是资产 A 在时间 t^* 的剩余能力。

还需注意，在网络环境中，资产还可能受到其所依赖的其他资产的影响。在这种情况下，需将其他资产的影响与直接攻击的影响结合起来，以确定该资产的资产能力。例如，如果资产 A 依赖于资产 B，而且资产 A 是攻击 X 的直接目标，在遭受攻击后，其资产能力应如下：

$$\mathrm{AC}_A\left(t^*\right) = \mathrm{Min}\left[\mathrm{Max}\left[\mathrm{AC}_A(t) - \mathrm{EP}_A\left(t^*\right) \times \mathrm{IF}_X\left(t^*\right), \ 0\right], \ \mathrm{AC}_B\left(t^*\right)\right] \tag{12-8}$$

公式（12-8）中，$\mathrm{AC}_A(t)$ 是资产 A 在时间 t 的能力，$\mathrm{EP}_A\left(t^*\right)$ 是资产 A 在时间 t^* 的对应的攻击利用可能性。$\mathrm{IF}_X\left(t^*\right)$ 是攻击 X 在时间 t^* 的影响因素，$\mathrm{AC}_B\left(t^*\right)$ 是资产 B 在时间 t^* 的能力，且如果 $t^* > t$，$\mathrm{AC}_A\left(t^*\right)$ 是资产 A 在时间 t^* 的剩余能力。

2. 网空影响的传播

为了通过推导所得的依赖关系计算出直接影响通过网络传播的情况，我们使用由 Jakobson（2011）所提出的相同分析方法，将每一个资产视为依赖关系图中的普通节点，并使用 "AND" 和 "OR" 这两种特定的节点代表不同元素之间的逻辑依赖关系。在该传播模型中，"AND" 节点表明一个父节点需要依赖于所有的子节点，而 "OR" 节点表明一个父节点需要依赖于至少一个子节点的存在。需要注意，在我们的模型中引入 "OR" 依赖关系，通过提供冗余系统以及支撑关键工作任务、操作任务或操作的可替代功能或执行能力，以实现更好的弹性能力。在攻击传播的过程中，攻击路径中所有通用节点的能力，都可能会受到影响，其中影响要么来自于对节点的直接攻击，要么来自节点所依赖的某一被攻击受控的子节点。

在从工作任务到资产的依赖图中，为了描述不同层次的每个组件或元素的运行质量，我们进一步引入了运行能力（OC）作为我们模型中的通用度量指标。之前所呈现的资产能力（AC），是由网空资产所提供的运行能力的一种具体形式。与资产能力相似，运行能力的度量取值范围也是［0，1］。它表明网空资产、服务、操作任务或工作任务元素在被攻击受控后，或受到攻击的（直接或间接）影响后，还能够提供多少运行能力。取值 0 代表组件被完全摧毁（例如，不再运行），而取值 1 代表仍可以完全运行。

在我们的基本传播模型中，"AND"与"OR"节点的运行能力计算方法如下：

$$\mathrm{OC}_{OR}(t) = \omega_i * \mathrm{OC}_i(t) | \omega_1 * \mathrm{OC}_1(t), \omega_2 * \mathrm{OC}_2(t), \ldots, \omega_n * \mathrm{OC}_n(t)(1 \leqslant i \leqslant n) \qquad (12\text{-}9)$$

$$\mathrm{OC}_{AND}(t) = Min(\omega_1 * \mathrm{OC}_1(t), \omega_2 * \mathrm{OC}_2(t), \ldots, \omega_n * \mathrm{OC}_n(t))(1 \leqslant i \leqslant n) \qquad (12\text{-}10)$$

在公式（12-9）与公式（12-10）中，$\mathrm{OC}_{OR}(t)$ 是"OR"节点在时间 t 的运行能力，$\mathrm{OC}_{AND}(t)$ 是"AND"节点在时间 t 的运行能力。$\mathrm{OC}_1(t)$，$\mathrm{OC}_2(t)$，$\cdots$，$\mathrm{OC}_n(t)$ 是预期的"OR"或"AND"节点的子节点的运行能力。ω_i 是每一个子节点根据其相对于父节点的关键性所预先定义的权重。通过将公式（12-9）与公式（12-10）递归地应用于攻击路径中的所有节点，分析师不仅能够识别出哪些资产受到影响，还能确定会因攻击损失多少能力。

3. 对高阶工作任务元素的影响评估

按照 Jakobson（2011），在任务执行阶段，实时的工作任务影响评估取决于两个主要因素：1）攻击能够造成的影响，2）工作任务或操作任务处于哪一阶段（例如已计划、正在进行或已完成）。

例如，假设攻击 X 发生于时间 t^*（如图 12-5 所示），那么它可能对支撑操作任务 A 到 E 的资产与服务产生影响。如果这些操作任务在时间 t^* 已完成，那么造成的影响与预期的工作任务不相关。如果任务 F 目前正在被执行，如果它依赖于攻击 X 所影响的资产或服务，那么它可能受到影响。显然，所有其他已计划但还未开始且依赖于攻击 X 所影响资产与服务的操作任务，在不采取进一步对抗措施的情况下，也可能会受到影响。

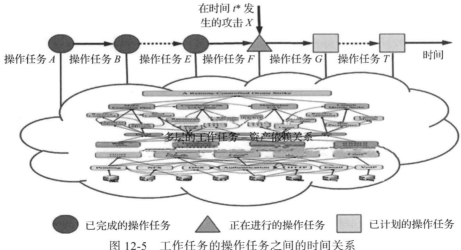

图 12-5　工作任务的操作任务之间的时间关系

　　值得注意的是，需要对已计划的操作任务进行仔细分析，例如图 12-5 中的操作任务 G。由于它们还未被执行，其运行能力将不被计入预期的工作任务的总体运行能力。然而，基于在计划阶段确定的（已计划）工作任务与资产的映射关系，如果依然保持原始的资产映射和网络 / 系统配置，我们还是有可能计算出对这些工作任务的可能影响。我们方法的优势，在于其以实时的工作任务影响分析为基础，我们可以重新配置当前的网络与系统，或者用其他操作任务替代已计划的操作任务，从而预防或避免即将发生的影响，并确保工作任务的成功。

　　在此工作任务影响分析模型中，工作任务的执行是随时间一步步展开。工作任务或操作任务的初始运行能力取值被设定为 OC=1。根据其执行阶段的运行能力，以及对应资产和服务是否受到网空攻击影响的情况，该取值可能会稳定地逐步减少。

　　可以在同时考虑依赖关系和时间关系的情况下，为我们的工作任务资产地图上的每一条可能的攻击路径，使用公式（12-7）~ 公式（12-10）计算工作任务的总体运行能力。为了实现工作任务的弹性能力，在任务计划阶段，我们要对不同的工作任务与资产映射关系和网络配置进行评价及比对。对每一个工作任务与资产的映射关系和网络配置，我们需要为总体工作任务和关键操作任务计算运行能力。通过这种方式，我们能够找到最好的映射关系和配置，以实现最优值。另外，为了实现更好的工作任务弹性能力，我们可以有意地为关键的子操作任务分配 / 保留冗余资源，并（通过添加替代或备份操作任务）将关键操作任务节点设为"OR"节点。

12.5　资产的关键性分析与优先级排序

　　在支撑关键操作任务或操作方面，为了识别出最关键的网空资产，需要对资产的关键性进行排序，并确定其优先级。在初步研究中，我们基于网空影响、任务相关性和资产价值分析，确定关键资产的优先级。尤其是，可以使用如 12.3 节和 12.4 节所述的攻击风险预测和影响传播模型，对网空影响和工作任务的相关性进行评价。此外，一般可以基于 IT 支出量以及资产（硬件和软件）价值贬值或分期偿还情况，由具有经验的网络管理员对资产价值进行预估。

　　可以将多种决策方法应用于我们的工作任务资产关键性分析和优先级排序框架。作为一个起点，我们在最初的研究中选择了标准的层次分析法（AHP）和决策矩阵分析（DMA）方法。这两种方法都能有效地预防主观的判断错误，提高分析结果的可靠性和一致性。

12.5.1　基于 AHP 的关键性分析

　　我们首先采用层次分析法和成对的比较矩阵来计算每个与工作任务相关的网空资产的相对价值和重要性。资产关键性分析的一般规程包括以下步骤：

1）将问题建模成为一个层次化结构，包含决策的目标、达成目标的备选项以及评价这些备选项的准则。

2）通过基于元素的成对比较，以做出一系列判断，从而确定层次结构元素中的优先级。例如，在对资产价值进行比较时，网络管理员可能看重数据库服务器更甚于 Web 服务器上，以及看重 Web 服务器更甚于桌面计算机。

3）综合这些判断，可以产生出层级结构的一套总体优先级体系。这可以将网络管理员对不同备选项（例如，桌面计算机 A、路由器 H、数据库 P 等）的不同因素（如资产价值、可能的损失、攻击风险和漏洞严重程度）所做出的判断，与每项资产的总体优先级结合起来。

4）检查判断的一致性。

5）根据该过程的结果来得出最终决策。

图 12-6 展示了该过程的一个简单示例，其中需要根据工作任务相关性、网空影响和资产价值三个因素，确定三个资产（即桌面计算机 A、路由器 H 和数据库 P）的优先级。在本示例中，我们假定网空影响和工作任务相关性的重要程度都是资产价值的两倍，并使用成对比较矩阵来决定每个因素的适当权重。

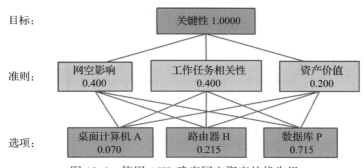

图 12-6　使用 AHP 确定网空资产的优先级

如图 12-6 所示，网空影响和工作任务相关性的权重均为 0.4，资产价值的权重为 0.2。此外，每个资产都有一个取值向量来指定其对应于三因素的相对取值，这将用于根据三个加权后的因素来计算资产的关键程度（优先级）。图 12-6 展示了三个资产的优先级计算结果，其中数据库 P 是首选实体，优先级为 0.715。数据库 P 的优先级，是桌面 A 的优先级（0.07）的 10 倍。路由器 H 的优先级则落于两者之间的范围内。因此，数据库 P 是本示例中最关键的资产，必须妥善防护使其免受可能的网空攻击，以确保工作任务的成功。

12.5.2　基于优先级的网格分析

网格分析，也被称为决策矩阵分析，是另一种可用的技术，能够同时考虑到许多不同的因素，并在多个选项中做出决策。作为多准则决策分析（MCDA）（http://en.
wikipedia.org/wiki/Multi-criteria_decision_analysis）的最简单形式，在用户需要从多个良
好的备选项中做出选择并且需要考虑许多不同因素的时候，网格分析尤其有效。为了将
网格分析技术用于决策制定，首先需要列出所有可用的选项（备选项）作为表中的行，并
且需要将这些因素（准则）作为表中的列。然后，我们对每个选项 / 因素的组合进行评
分，然后将权重乘以评分并相加汇总起来，从而为表中的每个选项给出一个整体评分。

网格分析技术的逐步过程如下所示：

1）将所有可用选项（备选项）列为表上的行标签，并将因素（准则）列为表中的列
头标题。

2）指定每个因素的相对重要性，范围从 0（完全不重要）到 5（非常重要）。

3）对于每一列，根据选项与对应因素的适合程度，为每个选项 / 要素的组合做出从
0（差）到 5（非常好）的评分。

4）然后，将步骤 3 中的每个评分与从步骤 2 推导出的相对重要性相乘。这将向用户
给出每个选项 / 因素组合的加权评分。

5）最后，将每个选项所对应的加权评分相加汇总起来。评分较高的选项就比评分较
低的选择更重要。

在我们的研究中，我们最初考虑了以下因素来帮助安全分析师决定哪个网空资产或
网络服务比其他的更重要：

- **资产价值**：存储在主机或服务器中的文件和数据有多重要？
- **网空严重程度**：服务所存在漏洞的严重程度？此值可以从 CVSS 评分中推导而得。
- **工作任务 / 操作任务相关性**：网空资产或网络服务对于关键工作任务 / 操作任务来
  说有多重要？
- **易受攻击的后续服务**：在不久的将来，这一主机的后续服务中，有多少可能受到
  影响？

此外，每个因素的权重和每个选项 / 因素组合的评分由以下规则所确定：

- 根据其相对重要性，为每个服务选项的每个因素做出的评分范围为 0 ～ 5。
- 每个因素的权重被归一化到从 0（不重要）到 5（极端重要）的范围中。

表 12-6 展示了一个网格分析的简单示例，其中列出了一些网空资产和网络服务。已
为 4 个因素（资产价值、网空严重程度、工作任务 / 操作任务相关性和易受攻击的后续服
务）指定了具体的权重。根据安全分析师或领域专家所确定的相对重要性，每个选项 / 要
素的组合都被指定了一个特定的取值。

计算每个选项的总分，并在表 12-6 的最后一列中列出。"Desktop_B"（目前正在运
行"LICQ"服务）的评分最高，这意味着它是支持预期的工作任务的最重要的资产。为

了保护"Desktop_B"免遭可能的攻击，需要部署充足的安全资源或对抗措施。例如，网络管理员可能会关闭存在漏洞的"LICQ"服务，以预防可能发生的攻击。需要注意，我们可以虚拟地"关闭"一项易受攻击的服务，以基于我们的逻辑工作任务模型，论证给高阶工作任务元素所带来的对应后果。如果对预期的工作任务没有显著的影响，或者我们可以通过重新分配可替代资源或设定可替代目标来缓解影响，则可以实现网空弹性能力，以确保工作任务的完成。

表 12-6　用于确定工作任务资产优先级的网格分析

主机	因素							
	IP 地址	用户	存在漏洞的服务	资产价值	网空严重程度	工作任务依赖关系	易受攻击的后继服务	总评分
权重				3	1	5	5	
Desktop_B	128.105.120.8	Jack	LICQ	1	2	5	3	45
AppServer_1	128.105.120.4	Mike	WebSphere	3	2	2	4	41
DBServer_1	128.105.120.5	John	Oracle DBMS	4	2	0	5	39
Desktop_C	128.105.120.14	Bob	Sysmgr GUI	2	0	1	2	21
Desktop_F	128.105.120.17	Mark	DCOM	2	0	2	1	21
Desktop_O	128.105.120.18	Bill	MySQL 5.1.x	2	0	0	0	6

12.6　未来工作

还需要进一步的调查和研究，特别是在以下领域：

- 将工作任务映射到资产的高效分析模型（例如，如何分解复杂的工作任务形成一系列显式的操作任务，识别出从工作任务到资产的依赖关系，并为关键操作任务或工作任务元素分配可靠的网络资产。）
- 准确的网络漏洞和攻击风险分析模型（例如，如何对网络进行配置/重新配置以减少汇聚的网络漏洞；如何快速对攻击与攻击路径进行检测和/或预测）。
- 实用的工作任务影响评估模型（例如，如何准确地为网空事件对工作任务元素的直接影响进行建模；如何计算被攻击受控的网空资产或失败的工作任务元素对完成其他工作任务元素所产生的影响）。
- 有效地表达和显示网空态势感知评估中所涉及不同元素与组件之间相互依赖关系和内部依赖关系的多层图模型（或通用操作图景）。
- 用于具体或一般网络安全分析的简单但含义明确的度量指标与相应的评价算法或机制。

需要注意，网空态势感知的达成在于能够明智而审慎地对上述能力做出平衡，以应对防御操作的复杂性。利用完善定义且成熟的技术的一个整合的框架或软件工具，可以显著地提升企业网络环境中安全分析师与工作任务分析师的网空态势感知及网络安全建模、分析、度量和可视化能力。

12.7 小结

如果没有含义明确的度量指标，我们无法量化地评价和度量网络运营的有效性以及系统的性能表现。本章讨论了如何有效地识别出用于对企业网空态势感知进行量化与度量的合适指标以及评价方法。度量指标被设计作为促进决策的工具，也是通过收集、分析和报告相关性能数据以提高性能和可靠性的工具。网空态势感知的安全度量，需要仔细考虑可能存在的两种独特的关系：1）如何定义并使用度量指标作为表达计算机系统或网络安全状态的量化特性，2）如何从防御者的角度定义并使用度量指标来对网空态势感知进行评价。态势感知的多元性质，是对其的量化和度量变得显著复杂化。最新技术能够为安全分析、工作任务建模，以及态势管理提供有用的描述信息。通用漏洞评分系统被广泛地采纳作为评估计算机系统安全漏洞严重程度的主要方法。美国国家漏洞数据库则为几乎所有已知的漏洞提供了 CVSS 评分。为了基于漏洞评估评价企业网络的总体安全情况，我们提出了三个安全度量指标：易受攻击主机所占百分比（VHP）、CVSS 严重程度评分以及被攻击受控主机所占百分比（CHP）。基于攻击图的安全度量指标还被定义用于网络层面的漏洞评估，例如攻击路径数量、攻击路径的平均长度以及最短攻击路径。基于建模也能得到有用的度量指标：1）逻辑关系使我们能够对通过网络传播的影响进行建模，2）计算关系使我们能够计算这些影响的级别。用户能够以可行的方式对复杂工作任务进行建模，识别出每个操作任务 / 子操作任务的关键性。以及在工作任务的计划阶段评价网空弹性能力。通过逻辑任务建模衍生出完整的任务到资产的依赖关系后，下一步是评估低阶网空事件对高阶任务元素的可能影响。使用实时的工作任务影响分析，网络操作员能够对相应的网络和系统进行重新配置，或者使用替代备选的操作任务替换已计划的操作任务，从而预防或规避可能产生的影响并确保工作任务的成功。AHP 和成对比较矩阵有助于计算与每个工作任务相关的网络资产的相对价值和重要性。在一个组织机构内有效地识别出适合的度量指标并用于评价安全准备和感知程度，是一个非常困难且复杂的问题。安全度量指标只有在对组织机构的目标或关键性能指标具有明确意义时，才是有价值的。安全分析师应复审当前在用的具体度量指标，并确保其与总体的业界标准保持一致，以及与特定的组织目标和业务目标保持一致。

参考文献

Alberts C., et al. (2005). *Mission Assurance Analysis Protocol (MAAP): Assessing Risk in Complex Environments. CMU/SEI-2005-TN-032.* Pittsburgh, PA: Carnegie Mellon University.

Ammann P., et al. (2002). Scalable, Graph-based Network Vulnerability Analysis. *the 9th ACM Conference on Computer and Communications Security.*

Bolstad C. and Cuevas H. (2010). Integrating Situation Awareness Assessment into Test and Evaluation. *The International Test and Evaluation Association (ITEA)*, 31: 240–246.

Cheung S., et al. (2003). Modeling Multi-Step Cyber Attacks for Scenario Recognition. *the 3rd DARPA Information Survivability Conference and Exhibition.* Washington D. C.

Dahl, O. (2005). *Using colored petri nets in penetration testing. Master's thesis.* Gjøvik, Norway: Gjøvik University College.

Durso F., et al. (1995). Expertise and chess: A pilot study comparing situation awareness methodologies. *In experimental analysis and measurement of situation awareness*, (pp. 295–303).

Endsley, M. R. (1988). Situation awareness global assessment technique (SAGAT). *the National Aerospace and Electronics Conference (NAECON).*

Endsley, M. R. (1990). Predictive utility of an objective measure of situation awareness. *the Human Factors Society 34th Annual Meeting*, (pp. 41–45).

Endsley, M. R. (1995). Measurement of situation awareness in dynamic systems. *Human Factors*, 37(1), 65–84.

Endsley, M. R., et al. (1998). A comparative evaluation of SAGAT and SART for evaluations of situation awareness. *the Human Factors and Ergonomics Society Annual Meeting*, (pp. 82–86).

Fracker, M. (1991a). Measures of situation awareness: Review and future directions (Report No. AL-TR-1991-0128). Wright-Patterson Air Force Base, OH: Armstrong Laboratories.

Fracker, M. (1991b). Measures of situation awareness: An experimental evaluation (Report No. AL-TR-1991-0127). Wright-Patterson Air Force Base, OH: Armstrong Laboratories.

Gomez M., et al. (2008). *An Ontology-Centric Approach to Sensor-Mission Assignment.* Springer.

Goodall J., et al. (2009). Camus: Automatically Mapping Cyber Assets to Missions and Users. *IEEE Military Communications Conference.* Boston MA.

Grimaila M., et al. (2008). Improving the Cyber Incident Mission Impact Assessment Processes. *the 4th Annual Workshop on Cyber Security and Information Intelligence Research.*

Grimaila M., et al. (2009). Design Considerations for a Cyber Incident Mission Impact Assessment (CIMIA) Process. *the 2009 International Conference on Security and Management (SAM09).* Las Vegas, Nevada.

Harwood K., et al. (1988). Situational awareness: A conceptual and methodological framework. *the 11th Biennial Psychology in the Department of Defense Symposium*, (pp. pp. 23–27).

Hecker, A. (2008). On System Security Metrics and the Definition Approaches. *the 2nd International Conference on Emerging Security Information, Systems and Technologies.*

Heyman T., et al. (2008). Using security patterns to combine security metrics. *the 3rd International Conference on Availability, Reliability and Security.*

Holsopple J., et al. (2008). FuSIA: Future Situation and Impact Awareness. *Information Fusion.*

Jakobson G. (2011). Mission Cyber Security Situation Assessment Using Impact Dependency Graphs. *the 14th International Conference on Information Fusion (FUSION)* (pp. 1–8). Chicago, IL: IEEE.

Jansen, W. (2009). *Directions in Security Metrics Research.* National Institute of Standards and Technology, Computer Security Division.

Jones D. and Endsley M. R. (2000). Examining the validity of real-time probes as a metric of situation awareness. *the 14th Triennial Congress of the International Ergonomics Association.*

Kotenko I., et al. (2006). Attack graph based evaluation of network security. *the 10th IFIP TC-6 TC-11 international conference on Communications and Multimedia Security*, (pp. 216–227).

Lewis L., et al. (2008). Enabling Cyber Situation Awareness, Impact Assessment, and Situation Projection. *Situation Management (SIMA).*

Lindstrom, P. (2005). Security: Measuring Up. Retrieved from http://searchsecurity.techtarget.com/tip/Security-Measuring-Up

Manadhata P. and Wing J. (2011). An Attack Surface Metric. *Software Engineering, IEEE Transactions on*, vol. 37, no. 3, pp. 371–386.

Matthews M., et al. (2000). Measures of infantry situation awareness for a virtual MOUT environment. *the Human Performance, Situation Awareness and Automation: User-Centered Design for the New Millennium.*

McDermott, J. (2000). Attack net penetration testing. *Workshop on New Security Paradigms.*

Meland P. and Jensen J. (2008). Secure Software Design in Practice. *the 3rd International Conference on Availability, Reliability and Security.*

Musman S., et al. (2010). *Evaluating the Impact of Cyber Attacks on Missions.* MITRE Technical Paper #09-4577.

Natarajan A., et al. (2012). NSDMiner: Automated discovery of network service dependencies. *INFOCOM* (pp. 2507–2515). IEEE.

Nebel B., et al. (1995). Reasoning about temporal relations: a maximal tractable subclass of Allen's interval algebra. *Journal of the ACM (JACM)*, vol. 42, no. 1, pp. 43–66.

Noel S., et al. (2004). Correlating Intrusion Events and Building Attack Scenarios through Attack Graph Distance. *the 20th Annual Computer Security Conference.* Tucson, Arizona.

Ou X., et al. (2006). A Scalable Approach to Attack Graph Generation. *the 13th ACM Conference on Computer and Communication Security (CCS)*, (pp. 336–345).

Qin X. and Lee W. (2004). Attack Plan Recognition and prediction Using Causal Networks. *the 20th Annual Computer Security Applications Conference.*

Salerno J., et al. (2005). A Situation Awareness Model Applied to Multiple Domains. *Multisensor, Multisource Information Fusion.*

Salerno, J. (2008). Measuring situation assessment performance through the activities of interest score. *the 11th International Conference on Information Fusion.*

Sheyner O., et al. (2002). Automated Generation and Analysis of Attack Graphs. *the 2002 IEEE Symposium on Security and Privacy*, (pp. 254–265).

Singhal A., et al. (2010). Ontologies for modeling enterprise level security metrics. *the 6th Annual Workshop on Cyber Security and Information Intelligence Research.* ACM.

Strater L., et al. (2001). *Measures of platoon leader situation awareness in virtual decision making exercises (No. Research Report 1770).* Army Research Institute.

Tadda G., et al. (2006). Realizing Situation Awareness within a Cyber Environment. *Multisensor, Multisource Information Fusion: Architectures, Algorithms, and Applications* (p. 1–8). Orlando: SPIE Vol.6242.

Taylor, R. (1989). Situational awareness rating technique (SART): The development of a tool for aircrew systems design. *the AGARD AMP Symposium on Situational Awareness in Aerospace Operations, CP478.*

Tu W., et. al. (2009). Automated Service Discovery for Enterprise Network Management. Stony Brook University. Retrieved May 8, 2014, from http://www.cs.sunysb.edu/~live3/research/asd_ppt.pdf

Vidulich M. (2000). Testing the sensitivity of situation awareness metrics in interface evaluations. *Situation awareness analysis and measurement*, 227–246.

Wang J., et al. (2009). Security Metrics for Software Systems. *the 47th Annual Southeast Regional Conference.*

Watters J., et al. (2009). *The Risk-to-Mission Assessment Process (RiskMAP): A Sensitivity Analysis and an Extension to Treat Confidentiality Issues.*

Zhou S., et al. (2003). Colored petri net based attack modeling. *Rough Sets, Fuzzy Sets, Data Mining, and Granular Computing: the 9th International Conference* (pp. vol. 2639, pp. 715–718). Chongqing, China: Springer.

第 13 章

工作任务的弹性恢复能力

Gabriel Jakobson

13.1　引言

　　在本书的结尾部分，我们将审视网空态势感知所要达成的最终目标。在本章中，我们将解释网空态势感知的最终目标是实现态势管理，即不断对网络及其所支撑的工作任务做出调整，从而确保能够持续达到工作任务的目标。事实上，在前几章中强调了，网空态势感知存在于特定工作任务的上下文中，并且服务于工作任务的目的。能够承受攻击并继续恢复到可接受执行水平的工作任务，被称为可弹性恢复工作任务。可以说，网空态势感知的目的就是要保持工作任务的可弹性恢复能力。本章将解释以工作任务为中心的可弹性恢复的网空防御，应建立在网络空间中的网空态势管理和物理空间中的工作任务态势管理这两个相互作用的动态过程的集体行为与适应行为的基础上。在本章中将讨论这种即使在工作任务支撑网络遭受网空攻击并被攻击受控的情况下依然能够将工作任务保持进行下去的相互适应过程，以及其架构和使能技术。

　　以时空约束过程的形式组织起来的人员活动，通常在民用应用中被称为业务流程，并在军事、安全和探索性应用中被称为工作任务[⊖]。随着业务流程和工作任务按着其运行目标的方向前进，它们依赖于信息技术（IT）资产作为其运行资源。保护 IT 资产免受网空攻击，一直是以 IT 为中心的网空防御的不变目标，传统上可以被归结为三个操作目标：IT 资产的机密性、完整性和可用性（Aceituno，2005）。在以 IT 为中心的网空安全

G. Jakobson (✉)
Altusys Corporation, Princeton, NJ, USA
e-mail: jakobson@altusystems.com

⊖　在本论文所讨论问题的范围内，业务流程和工作任务被作为语义等价的两个概念，并将被统称为工作任务，这里的工作任务既可以是业务方面的任务，也可是军事方面的任务。

概念之下，提出了几种不同的网空防御模式，包括边界约束的网空防御（Buecker 等人，2009）、可容忍入侵的数据保护（Fraga 和 Powell，1985）、关键基础设施防护（美国政府问责办公室，2011）、网络为中心的网空安全（美国国防部，2012；Kerner 和 Shokri，2012）以及可弹性恢复基础设施系统（Mostashari，2010）。无论采用哪一种途径实现网空安全，以 IT 为中心的方法主要都是将保护 IT 资产作为网空防御的首要目标。同时，网空防御的日常实践也表明，要保护每一个 IT 组件，通常在技术上是难以实现，而且在经济上也无法承受，尤其是在面对大型 IT 基础设施时，或者在 IT 资产被用于动态且不可预测运行环境的情况下。为了解决上述问题，近年来的研究聚焦于评估网空攻击直接对工作任务造成的影响（Musman 等人，2010；Jakobson，2011b；Jajodia，2012）。将网空防御的发展推向在攻击受控网空环境中进行工作任务运行保障的方向，这一举措引出了面对网空攻击可弹性恢复工作任务的概念（Goldman，2010；Peake 和 Williams，2014；Jakobson，2013）。

受到自然环境中弹性恢复行为的启发，可弹性恢复系统用于抵御在其运行环境中发生的破坏性事件，做到在破坏性事件的影响下保持存活，并得以从这些影响中恢复。我们的关注点在于一种特定类型的可弹性恢复系统，即可弹性恢复任务。其中网空防御是否成功，是由在网空攻击下实现工作任务连续性的可置信度来进行衡量的。在本章中，我们将以可弹性恢复网空防御方面的研究成果（Jakobson，2013）为基础，并采用态势管理框架（Jakobson 等人，2006），描述一种使用网空 – 物理[○]态势感知模型来实现以工作任务为中心的可弹性恢复网空防御的方法。本章的重点将放在以工作任务为中心的可弹性恢复网空防御架构和使能技术之上，其中包括：

1）使用网空 – 物理态势感知模型来传感、观察、理解、预测并推理在网空 – 物理世界中所发生的情境。

2）网络空间中的网空态势管理以及物理空间中的工作任务态势管理，这两个相互作用的动态过程产生的适应性集体行为；这种适应性集体行为保证了即使在支撑工作任务的 IT 基础设施遭受攻击并被控的情况下，工作任务仍然能够在一个可接受的置信程度上得以持续进行。

3）所提出的框架主要是认知性的，也就是当我们对实体、关系、情境、事件以及动作进行建模时，我们感兴趣的是这些对象的含义。

本章内容的组织方式概述如下。13.2 节将讨论在不同学科中如何理解弹性恢复能力的概念，并给出了以工作任务为中心可弹性恢复网空防御的定义，并将回顾评价相关的

○ Cyber-Physical，结合本书主题翻译为"网空物理"，传统翻译为"信息物理"。源自于信息物理系统概念，是指一个综合计算、网络和物理环境的多维复杂系统，通过计算机、通信和控制技术的有机融合与深度协作，实现大型工程系统的实时感知、动态控制和信息服务。——译者注

研究成果。13.3 节将描述基于网空 – 物理态势感知的方法，以及以工作任务为中心可弹性恢复网空防御架构的基本框架。13.4 节将对所提出方法中基本概念元素的模型进行回顾评价，包括工作任务、网空地形和网空攻击。13.5 节将呈现一种实时网空态势感知的方法，以及如何将其应用于可弹性恢复网空防御。13.6 节将描述通过对合理可能的未来网空态势及其对已计划未来工作任务的影响进行评估，从而实现可弹性恢复网空防御。13.7 节将描述通过对工作任务行为做出适应性调整以实现工作任务弹性恢复能力的方法。13.8 节将得出结论并提出未来的研究方向。

13.2 概览：可弹性恢复网空防御

13.2.1 关于复杂系统中的弹性恢复行为

弹性恢复是一种自然或人造复杂动态系统的基础行为特征，已在多个科学和工程学科中得到深入研究。在心理学和行为神经科学中，弹性恢复是个体在面对压力和逆境时能够成功适应的能力。这种应对方式，可能使个体"回弹"到先前正常运作的状态，或者根本未显现出负面的影响（Wu 等人，2013）。类似地，在社会科学中，弹性恢复被理解为个体和群体能够克服诸如创伤、悲剧、危机和孤立的挑战，恢复并变得更强大、更智慧且更具社会影响力的能力（Cacioppo 等人，2011）。在分子遗传学方面的近期研究表明，生物系统的弹性恢复机制是由神经回路的适应性变化所引起的（Feder 等人，2009）。在工程学科中，特别是在那些面对复杂分布式系统的学科中，系统弹性恢复能力被设计用于预见和规避破坏性事件，并且在自然毁坏、系统故障或敌对行动中得以生存和恢复（Westrum，2006）。在商业企业管理领域中，对弹性恢复行为的研究建立在业务连续性计划的基础上（Davenport，1993）。

尽管展现出弹性恢复行为的复杂系统的物理性质存在着多样性，但这些系统的定义性特征，是能够抵御环境中发生的破坏性事件，能够在破坏性事件的影响下存活，并能够从这些影响中得以恢复。可弹性恢复系统，即使在不是所有的系统组件都能正常运作或得以存活的情况下，仍然能够具有很强的生存"动机"。换句话说，系统弹性恢复能力是通过系统所有组件所浮现出的适应性集体行为而得以实现的。King（2011）在最近所发表的文献中将类似的观点应用于网空防御系统，其中提出了一项研究计划，通过在包含不稳固组件的复杂系统中引入系统自适应调整和自组织机制，以实现弹性恢复能力。

13.2.2 对以工作任务为中心和可弹性恢复网空防御的理解

上一节所提到的恢复系统的定义性特征，对于以任务为中心的可弹性恢复网空防御系统也适用。我们将通过把弹性行为映射到时间轴上，以进一步对其进行分类，并检查分析系统在破坏性事件发生之前、发生期间和发生之后的行为。我们将对应的时间相关弹性行为列表称为基准弹性恢复模型（BRM）：

- **在可能发生也可能不会发生的破坏性事件发生之前**，弹性恢复能力与一种警戒行为有关，即检测发现当前的破坏性态势或预测未来的破坏性态势，检测发现已有的系统漏洞并使其最小化，或者采取欺骗性行为或其他任何能够使潜在对手迷失方向的行为。
- **在破坏性事件发生的过程中**，弹性恢复行为关注如何重新组织并适应新的运行情景态势，从而将所需的系统功能维持在可接受的置信程度上，以及关注如何评估破坏性事件所造成的影响。
- **在破坏性事件发生之后**，弹性恢复行为主要聚焦于复原、重新配置和止损、回溯推理和取证，以及聚焦于所计划的组织进展和技术进展。

在讨论可弹性恢复工作任务和可弹性恢复网空防御时，我们假设存在着合并的网空 - 物理运行空间，其中包含两个相互作用的过程：物理运行空间中任务运行的指挥与控制过程，以及网络空间中工作任务的网空防御管理过程。以工作任务为中心的可弹性恢复网空防御，是这两个相互作用过程的合并行为能力，用以在工作任务可能运行于被攻击受控的网空基础设施环境的情况下，确保工作任务在达到任务目标的方向上得以持续进行。

13.2.3　相关研究成果回顾

Musman 等人（2010）提出了对工作任务的网空攻击影响进行评估的一般性问题陈述，并概述了相应的技术路线图，其聚焦于网空任务影响评估的框架，并将企业的网络和信息技术资产映射至企业的业务流程（工作任务）。Paper Grimaila 等人（2009）讨论了为决策者提供网空安全事件及其可能对工作任务造成影响的通知的系统的一般性设计概念。评估网空攻击对工作任务的影响，需要对网络和网空资产的拓扑结构进行建模，以及确定在特定于网空资产的漏洞约束下从网空资产到工作任务的映射关系。Argauer 和 Young（2008）在其研究成果中引入了虚拟地形的概念，用于对网络的物理拓扑结构、网络服务以及网络对象的漏洞进行建模。该论文描述了一种在虚拟地形上叠加相关联网空攻击轨迹的算法，以及在该算法的基础上评估网空攻击对网络、服务和用户所造成影响的方法。在生成攻击图和生成用于网空攻击自动检测的网空攻击场景方面，也已经做出了一些研究努力（Cheung 等人，2003a；Noel 等人，2004；Qin 和 Lee，2004a）。

在 Albanese 等人（2013a）的研究成果中提出了一种在分布式计算环境中对工作任务的操作任务进行部署的方法，通过考虑工作任务和网空资产之间的依赖关系，能够最大限度地减少在工作任务中对网空资产漏洞的暴露。所提出的解决方案基于 A* 算法，用于将工作任务的操作任务最优化地分配到可能易受攻击的分布式网空基础设施之中。在 D'Amico 等人（2010）的研究成果中描述了用于表达网空资产、任务和用户之间关系的场景和本体模型。在 Cauldron 系统（Albanese 等人，2013b）中使用了从工作任务到网空服务的直接映射机制。

具有前景的可弹性恢复网空防御范例之一是网空机动（cyber maneuver）行动，也被称为移动目标防御（移动目标防御：网空安全的非对称方法，2011）。类似于无线电跳率概念，移动目标网空防御利用随机化算法来实现硬件平台、操作系统、网段划分、软件应用和服务的多样化。Beraud 等人（2011）所呈现的网络机动指挥系统是一个网空指挥控制系统的研究原型，该系统能够不断地指挥网络和网空资产进行机动，以欺骗潜在的网空攻击者。

美国国防部高级研究计划局（DARPA）于 2011 年 6 月宣布了一个名为"面向任务的可弹性恢复云"的项目，其目标是在现有的云网络中内建弹性恢复能力，以在网空攻击期间保持任务的效能（面向任务的可弹性恢复云，2011）。该项目定义了由一致行动的互联主机所组成的一个整体。只要任务效能得以保持，整体中个体主机和操作任务的损失就是可以接受的。Carvalho（2009）提出了基于强化学习的模型，以提高工作任务的生存能力。该论文将工作任务生存能力的度量，定义为成功完成的过程数量占工作任务总过程总数量的比例。该论文还探讨了提高工作任务生存能力的两个核心能力：重新分配网络资源以确保工作任务的连续性，以及对攻击模式进行学习以预估其他节点的易受攻击程度。这两种能力都涉及对网络资源的管理，但对工作任务进行适应调整的问题却没有得到解决。Jakobson（2012）提出了一个模型，通过对工作任务的适应调整操作以实现在网空攻击下的可弹性恢复行为。

13.3 基于网空态势感知的可弹性恢复网空防御方法

13.3.1 通用的态势感知与决策支持模型

如本章的引言所述，我们关注两种特定的态势感知过程，即物理任务运行空间中的工作任务态势感知，以及网络空间中的网空态势感知。我们将展示这两种态势感知过程间的相互作用，并将其作为工作任务保障的基础。在本节中，我们将介绍用于描述工作任务态势感知过程与网空态势感知过程的态势管理通用模型。

Endsley（1995）提出了得到广泛使用的态势感知模型。该模型将态势感知定义为"在一定时间和空间内观察环境中的元素、理解这些元素的意义以及预测这些元素在近期未来的状态。"Endsley 认为态势感知是决策制定的主要前提，然而并不总是有效决策的保证。发展态势感知模型以描述网空防御的细节，已经成为越来越多研究工作的关注点（Tadda 和 Salerno，2010；Barford 等人，2010；Jakobson，2011a）。

在我们的态势管理模型（SM）（Jakobson 等人，2006）中，我们追随 Endsley 提出的观点，并将态势感知和决策支持（DS）视为两个独立但密切相互作用的过程。通用的态势管理过程如图 13-1 所示。就时间而言，态势管理的整体过程被映射至三个主要的子过程，即在当前注意的时刻所执行的态势控制过程、过往态势感知过程和未来形势感知过程。态势控制过程本质上是一个实时的过程，旨在将现实世界带至目标状态，并且是由现实世界的当前状态与目标状态之间的差异所推动的。如图 13-1 所示，态势控制过程会形成在现实世界当前状态和当前态势模型的对应状态之间的循环。态势模型是客观现实在一个负责整体态势管理过程的代理（或多个代理）的意识中的主观反映。态势控制的循环可进一步被细分为当前态势感知过程和决策支持过程。

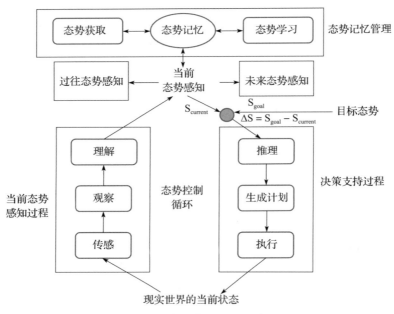

图 13-1　态势管理过程示意图

当前态势感知过程包括三个相继发生的阶段：对态势的传感[注]、观察和理解。在态势传感阶段，对现实世界中实体在其空间和时间环境中进行仪表化测量，并将所获得测量结果转化为可在局部进行分析的而且一致化的融合数据流。信息传感、观察和理解的过程序列，以所处理信息的抽象水平提升作为特点。这也是一个客观现实的数据被一步步转化为主观现实的过程，该过程依赖于传感、观察和理解过程所涉及代理所拥有的解释能力。在推理、计划生成和执行计划过程中定义的动作形成了决策支持的步骤，在涉及这些步骤的过程中，我们会发现所处理信息在概括性和客观性方面发生类似的变化，但只是从对所预期操作任务的声明性规范，转移到能够影响现实世界状态的可执行程序。这将完成态势控制的循环，

[注]　这里将 sensing 翻译为"传感"而不是"感知"，以避免与更高一个层次的" awareness"（感知）概念发生混淆。——译者注

并能启动一个新的传感阶段，从而将控制回路转入一个新的循环周期。

在过往态势感知过程中则会进行分析，以确定原因并解释为什么系统处于当前状态；而在未来态势感知过程中则会对系统最终可能处于的未来合理的可能态势进行预测。过往、当前和未来的态势感知过程组成了态势管理模型所呈现的整体态势感知过程。

13.3.2　整合的网空 – 物理态势管理架构

图 13-2 给出了工作任务运行和工作任务网空防御相互协同的态势管理整体系统架构。该架构采用上一节所描述的通用态势管理过程进行建模，并包含相互作用且闭环的主要态势管理过程：网空运行空间中的网空态势管理（CSM）过程，以及在物理运行空间中的工作任务态势管理（MSM）过程。网空态势管理过程和工作任务态势管理过程，在一个合并的网络 – 物理运行空间中采取集体行动。这两个过程通过工作任务模型这一共同关注的对象发生相互作用。当工作任务随着时间的推移而发生进展时，网空态势管理接收来自于工作任务的 IT 服务请求，提供所请求的服务并返回至该项工作任务。与此过程同时，工作任务态势管理进行工作任务态势感知的工作，承担工作任务决策支持的功能，并将工作任务转变至新的状态。新的工作任务状态，可能需要从网空态势管理得到更新的 IT 支持服务。为了实现可承受网空攻击影响的弹性恢复能力，网空态势管理和工作任务态势管理之间的上述相互作用，需要在网空地形和工作任务之间的相互适应调整，例如，对网空资产和服务之间的依赖关系进行重新配置，取代或升级某些资产，改变任务工作中操作任务的逻辑或时间顺序，或在适度降低工作任务目标的情况下继续运行。

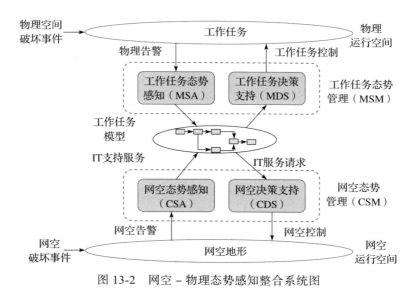

图 13-2　网空 – 物理态势感知整合系统图

　　工作任务态势管理，即根据工作任务模型、工作任务控制策略和规则展开行动。工作任务态势管理包括两个子过程：工作任务态势感知和工作任务决策支持过程。工作任务态势感知和工作任务决策支持本身是相当复杂的操作：工作任务态势感知执行以下操作任务：传感和预处理来自于传感器和人员上报的实时数据；观察收集到的数据并构建战术情境模型；评估物理运行空间中的行动和力量对当前工作任务所造成的影响；评估对手方行动、自然力量和外部干扰在物理运行空间中对未来工作任务可能造成的影响。工作任务决策支持过程需要执行工作任务运行规划、工作任务适应调整和资源分配、任务执行代理选择以及工作任务执行与监测等操作任务。

　　与工作任务态势管理过程相类似，闭环的网空态势管理过程包含两个主要的子过程：网空态势感知和网空决策支持。网空态势感知过程包括以下子过程：1）实时网空态势传感，2）网空态势观察，3）网空态势理解，4）对合理可能的未来网空态势的评估。网空决策支持过程包含以下子过程：1）网空地形上的漏洞扫描和预防性维护；2）作为对网空攻击的响应以及作为对来自工作任务的 IT 服务请求的回应，对网空地形进行适应调整；3）网空地形的恢复和复原动作。为了执行上述子过程，网空态势感知和网空决策支持过程需要多种数据和知识来源，包括网空地形模型、工作任务模型和网空攻击模型，对于这些模型的讨论将出现在第 13.4 节中。

　　工作任务运行态势管理和工作任务网空防御态势管理的简图如图 13-2 所示，其中给出了在工作任务运行和工作任务网空防御运行中所发生过程的相当广泛且多方面的图景。由于本章的具体关注点是以工作任务为中心的可弹性恢复网空防御，也由于篇幅限制，所以将不会以同样的详细程度来覆盖所有的过程。因此，我们将更多地关注与网空态势感知有关的问题，以及与作为工作任务决策支持过程一部分的工作任务适应调整过程有关的问题。

13.4　对工作任务、网空基础设施和网空攻击的建模

13.4.1　工作任务建模

　　我们将工作任务和业务流程视为概念上等价的术语，并将其非形式化地定义为目标导向且结构化有序的一系列时空约束行动，用于以有利于正在执行工作任务或业务流程的代理的方式来解决运行的状况。为了实现其目标，工作任务必须得到物理资源、人力资源和 / 或 IT（网络）资源的支撑。工作任务是一种时间相关的动态过程，它具有开始时间和结束时间，由任务代理控制，其目标通常由更高阶的控制代理所给定，并且发生于某些运行空间之中。工作任务占有一定数量的运行能力，并且其对于更高阶工作任务的重要性是由任务关键性所度量的。攻击的影响能够降低工作任务的运行能力。在结构上，工作任务可以是一个包含工作任务步骤和其他工作任务的相当复杂的嵌入式流程。在工

作任务步骤中所执行动作的内容，由该工作任务的一个操作任务所定义。

工作任务被建模为工作任务步骤的顺序或并行流程，这些步骤由与（AND）/ 或（OR）逻辑所控制，以及由基于 James F. Allen 的区间代数（Allen，1983）的时间运算符所控制。在 Allen 的运算符之外，还引入了 UNDEFINED 这一关系，该关系不需要任何特定的时间顺序就可被放置在工作任务步骤之间。UNDEFINED 关系被用在流程的"云"中，其中所有节点都被与（AND）逻辑连接在一起，然而这些节点执行的时间顺序可以是任意的。

图 13-3 中描述了工作任务 A，它拥有被一个 AND 节点所分叉的两个并行的主要流程。第一个分支中包含一个顺序流程，而第二个流程则包含由一个 OR 节点所分叉的并行流程以及一个"云"。

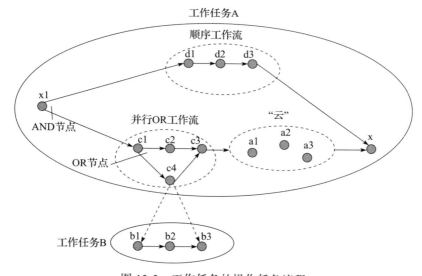

图 13-3　工作任务的操作任务流程

将步骤组合成为流程或子工作任务，以及定义工作任务流程之间的逻辑和时间关系，属于超出本章范围的工作任务设计工作。将步骤组织成为流程，或组织成为工作任务，这两种方式之间存在着差异：通常情况下，流程是绑定了同一运行环境、具有相似目标并且具有可比拟时间框架的较小规模过程。反之，一项工作任务的子工作任务，可以发生在不同的运行环境中，可以具有自身的目标，而且通常是指较大规模的行动。例如，在图 13-3 中，工作任务 B 为工作任务 A 的子工作任务。

在工作任务和工作任务步骤之间存在着时间的顺序，以及改变顺序的可选项，例如提前或延迟流程执行的顺序，可以提供对工作任务进行适应调整的机会，以将网空攻击对任务产生的影响最小化。这些对工作任务进行适应调整的方法，将在 13.6 节中讨论。随着工作任务中的嵌入结构在工作任务执行过程中逐步展开，所有的工作任务步骤都将最终变成工作任务的可执行操作任务。通过了解当前和未来逐步展开的工作任务状态，我们可以对未来的工作任务步骤做出调整，从而只有那些能够减少网空攻击对总体工作任务影响的分支或被修改的分支才会被执行。Jakobson（2011a）对上述任务模型给出了更详细的描述。

13.4.2　网空地形

可能是由 Argauer 和 Young（2008）最早从网空安全的视角来审视网络拓扑，其中引入了虚拟地形的概念，用于对网络物理拓扑、网络元素配置和网络对象的漏洞进行建模。在 Jakobson（2011b）的研究成果中引入了网空地形的概念，作为一个对网空资产和服务、它们之间依赖关系、所存在漏洞和运行能力进行建模的多层次 IT 基础设施模型。网空地形包含三种子地形：网络基础设施（NI）子地形、软件（SW）资产子地形和 IT 服务子地形。

网络基础设施子地形是由互联的网络硬件组件所组成的集合，包含路由器、服务器、交换机、防火墙、通信线路、终端设备、传感器、摄像头和打印机等。组件之间的所有依赖关系，如连接、容纳、位于和其他关系，表达了网络基础设施子地形的物理 / 逻辑拓扑结构。软件资产子地形描述了诸如操作系统、中间件和应用程序的不同软件组件，并且定义了组件之间的依赖关系，例如，应用软件可能包含多个子组件，或某一操作系统支持某一应用程序。服务子地形呈现了所有服务及它们的内部依赖关系。服务之间最常见的依赖关系包括：由其他服务启用某一个服务，以及在某一服务包内容纳一个或多个服务。网空地形还定义了子地形之间的依赖关系：网络基础设施子地形的一个组件可以"容纳"一个或多个软件资产子地形的组件，并且软件资产子地形的一个组件可以启用服务子地形中的一些服务。

在支撑工作任务时，网空地形拥有一定的"运行能力"，即以一定程度的数量、质量、效用和对工作任务的成本向工作任务提供资源和服务。网空地形的总体运行能力，是其每个组件的运行能力的总和。运行能力（OC）被认为是当前运行能力相对于运行能力最大值的一个相对度量，并在区间 $[0, 1]$ 上进行度量，表明网空地形的组件遭受网络攻击的危害程度。取值 OC = 0 表示组件完全受损，OC = 1 则表示组件完全正常运作。

在一般的攻击情境中，软件资产可能直接受到网空攻击造成永久性损坏，或者资产可能间接地因跨资产依赖关系而受到远程攻击的影响。对该资产的永久性损害由资产的永久运行能力（POC）进行度量。POC 是仅适用于软件资产的内部特征。它将保持不变，直到其值被下一次直接的网空攻击减少，或可以由人为改变，通常是重置 POC = 1。

一系列的直接攻击可能会减弱资产的运行能力，或完全破坏资产使其运行能力降为0。与直接攻击的影响相反，间接的网空攻击并不会造成网络资产的永久性损害。遭到间接攻击的资产本质上并没有错误。然而，由于依赖于遭受到直接攻击或间接影响的其他资产，它的运行能力可能会下降。

13.4.3　面向影响的网空攻击建模

网空攻击是一系列的蓄意行动，由个体或有组织的攻击者使用恶意代码所开展，以获取受保护 IT 资产的访问权限，进而篡改 / 控制计算机代码与数据，并最终导致系统、业务流程以及受攻击 IT 资产所支撑的工作任务出现中断或被摧毁。网空攻击建模是许多网空安全解决方案的核心工作。按照为这些解决方案所设定的不同目标，例如检测发现多步骤攻击、是否涉及内部人员发起的攻击以及面向出于何种动机的攻击者等，这些模型描述了网络攻击的不同方面。在我们的研究工作中，将关注的范围限定在与网空资产、服务和工作任务所遭受攻击影响相关的方面。如此一来，我们关注两类关于网空攻击的关系：使我们能够对攻击影响的检测和传播过程进行建模的逻辑关系，以及使我们能够计算这些影响的程度的计算关系。图 13-4 中的网空攻击模型是一个面向影响的模型，包含 4 个概念（矩形）：攻击行动、硬件平台、资产和漏洞，以及 5 种概念关系（椭圆形）。

R1：定为目标（攻击行动，硬件平台）——攻击行动将通常以 IP 地址标识的硬件平台定为攻击目标。

R2：攻击利用（攻击，漏洞）——攻击行动中利用漏洞。

R3：承载（硬件平台，资产）——在硬件平台上承载着软件资产。

R4：存在漏洞（资产，漏洞）——软件资产中存在漏洞。

R5：影响（攻击行动，资产）——攻击行动对资产造成影响。

图 13-4 中的模型依照 John Sowa（2000）介绍的概念图的理念。然而，在 Sowa 的模型之外，图 13-4 所示的概念图中展现了两项扩展：首先，概念可以被参数化；其次，可以在参数之间使用计算关系。例如，该模型中的攻击行动概念具有一个影响因素（IF）参数，而资产概念具有一个永久运行能力（POC）参数。可以在参数之间定义计算关系，例如 IF 参数和 POC 参数之间的关系为 POC 计算器。在 13.5.2 节中，我们将展示如何计算 POC 参数。计算关系在概念图中被描绘为小圆圈。

在所提出的模型中，攻击的影响因素（IF）参数的度量取值范围是 [0, 1]。影响因素表明攻击能够对被攻击资产造成损害的程度。IF = 0 表示攻击对资产没有影响；IF = 1 表示攻击能够完全损毁资产，并将其永久运行能力降低至 0。设定网络攻击影响因素的取值是一项重要的知识获取工作，需要对历史攻击数据进行分析，以及向网络安全专家进行咨询。在本研究工作中，我们使用开源漏洞数据库（OSVDB，2010）中的资产漏洞评分来计算攻击影响因素，如 Jakobson（2011b）所示。如果在这个或其他任何类似的软件漏洞数据库没有可用的漏洞评分，则可以从告警严重程度（优先级）数据中计算出攻击影响因素，这是所有入侵检测系统中共有的数据字段。

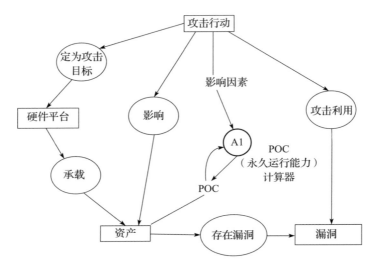

图 13-4　面向影响的网空攻击模型

13.5　网空态势感知和可弹性恢复网空防御

13.5.1　网空态势感知过程

13.3.2 节中已经呈现了网空态势感知过程的通用视图。在网空防御的上下文中，网空态势传感、网空态势观察、网空态势理解与合理可能的未来网空态势评估等网空态势感知的子过程，反映了网空防御领域性质颇为具体的内容，并对应地被称为网空地形监测、对目标软件的影响评估、工作任务影响评估与合理可能的未来工作任务影响评估（图 13-5）。网空地形监测过程包括对来自网空地形中不同硬件和软件组件的网空告警数据进行监测与分析的工作。对目标的软件影响评估过程包括以下工作：1）网空事件关联，用于在输入的网空事件流中检测发现网空攻击的模式；2）攻击点检测，以确定在哪些硬件平台上的哪些主要软件资产被攻击行动作为目标；3）网空攻击对主要软件资产所造成影响的评估工作。工作任务影响评估过程包含攻击影响传播以及网络攻击对目前进行中工作任务步骤的影响评估工作。合理可能的未来工作任务影响评估过程包含对目标软件资产的合理可能的影响的评估工作，合理可能的攻击影响通过网空地形传播的分析工作，以及对工作任务的合理可能的影响的评估工作。

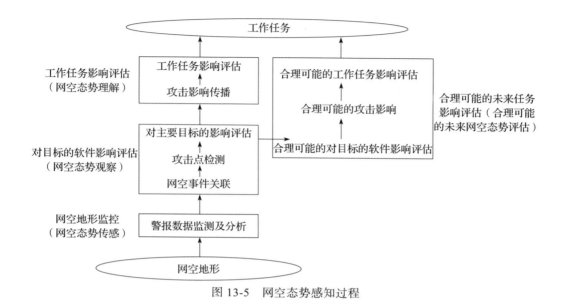

图 13-5　网空态势感知过程

所描述的构建以工作任务为中心可弹性恢复网空防御系统的方法，已在 SAIA（态势感知和影响评估）系统中得到了实现并经过测试，这是一个由 Altusys 在 2008 年到 2010 年间按照与罗马 AFRL 所签订合同开发的一个实验性原型系统。这种构建以工作任务为中心可弹性恢复网空防御系统的方法，包括几个关键的组成部分：网空攻击影响传播、合理可能的未来网空攻击影响评估以及感知情境的 BDI[⊖] 多代理系统架构。

13.5.2　对目标软件的影响评估

对目标软件的影响评估（图 13-5）起始于网空事件关联工作，旨在识别出网空攻击。在本研究工作中，我们使用了以前在基于模型的时间性事件关联和入侵检测方面的成果（Jakobson 等人，2000；Jakaobson，2003）。一个事件关联代理可以拥有关于某一特定应用结构的信念（事实），即网空地形中的所有的实体以及实体间关系，以及关于网空攻击情境检测特征和异常的信念（事实）。在代理的知识库中建立和维护着相应的模型，例如领域本体模型（网空地形实体和关系的类）、情境本体模型（网空攻击检测特征和异常的类）和领域约束（表达实体、关系和实体参数的语义约束）。世界中所发生的情境，通过应用情境识别规则而得以识别。在事件关联的过程中，将执行以下几个时间相关的功能，包括：事件出现的时间相关计数；对情境和实体存在期的持续时间的监测；对关联的时间窗口的监测；对时间相关动作的时序安排；对事件之间时间关系的管理。

⊖　指"信念 – 愿望 – 意图"模型。——译者注

对目标软件的影响评估的下一个步骤，是网空攻击点检测工作，即确定被作为目标的资产是否容易受到攻击。并不是每一次网空攻击行动都能成功地攻击软件资产，例如，可能存在被攻击行动作为目标的软件资产上不存在可被攻击利用漏洞的情况。如果满足下列逻辑约束，则攻击可能会成功：

IF（攻击行动 C 将目标硬件平台 H 作为目标）

AND（硬件平台 H 上承载着软件资产 A）

AND（资产 A 存在漏洞 V）

AND（攻击行动 C 利用漏洞 V）

THEN（攻击行动 C 成功地对资产 A 产生影响）

有几种已知的逻辑约束求解算法（Dechter，2003）。在 Jakobson（2011b）中实现了一种基于快速数据库搜索和匹配的具体方法。

对目标软件的影响评估的最后一步，是评估对主要软件目标的影响。影响由资产的 OC 所度量，这是对两个因素进行结合的结果：由直接网空攻击所造成的资产永久运行能力下降，以及由该资产对其他资产的依赖关系而导致受到来自于它们的间接影响。假设资产 A 成为网空攻击行动 X 的直接目标，而且该资产依赖于资产 B。资产 A 的合并运行能力可以计算如下：

$$\mathrm{OC_A}(t) := \mathrm{Min}\left(\mathrm{Max}\left(\mathrm{POC_A}(t) - \mathrm{IF_X}(t), 0\right), \mathrm{OC_B}(t)\right)$$

其中：

$\mathrm{POC_A}(t)$ 是资产 A 在时刻 t 的当前永久运行能力。

$\mathrm{IF_X}(t')$ 是攻击行动 X 在时刻 $t' > t$ 的影响因素。

$\mathrm{OC_B}(t')$ 是资产 B 在时刻 t' 的运行能力。

$\mathrm{OC_A}(t')$ 是资产 A 在时刻 t' 的运行能力。

在资产 A 是网空地形中的终端节点的情况下，即它不依赖于任何其他软件资产，可将上述表达式简化为：

$$\mathrm{OC_A}(t) := \mathrm{Max}\left(\mathrm{POC_A}(t) - \mathrm{IF_X}(t), 0\right)$$

我们可以认为，在上述情况下，$\mathrm{POC_A}(t') = \mathrm{OC_A}(t')$，因为资产 A 是终端节点。

由于只有软件资产才能成为直接网空攻击的目标，所以只能通过 POC 来表达：服务、工作任务步骤或工作任务都不具有 POC。通常，所有软件资产的 POC 初始值都设置为 1，即该资产在工作任务开始时被认为处于完全有序的运行状态。

13.5.3 工作任务影响评估

工作任务影响评估包括两项主要的工作：网空攻击影响传播工作，以及工作任务影响评估工作。由于网空攻击行动在网空地形中"打击"软件资产，所以该攻击行动的影响开始通过网空地形经由软件资产和 IT 服务之间的连接进行传播，直到传播至工作任务，并通过工作任务之间的连接继续在工作任务步骤和工作任务之间传播，直到顶层工作任务受到影响。网空攻击影响的传播过程采用影响依赖图形式（Jakobson，2011b）进行形式化描述。影响依赖图（IDG）是一种数学抽象形式，包含资产、服务、工作任务步骤和工作任务，以及如最初在网空地形和工作任务模型中所描述的它们之间的所有相互依赖关系（见图 13-6）。除了资产、服务、工作任务步骤和工作任务的节点之外，IDG还有两种特殊节点：逻辑的 AND 节点和 OR 节点。AND 节点定义了父节点依赖于其所有子节点，而 OR 依赖关系则定义了至少有一个子节点的必须存在。引入 OR 依赖关系，是为了把握住对网空地形或工作任务进行重新配置的可能选项。

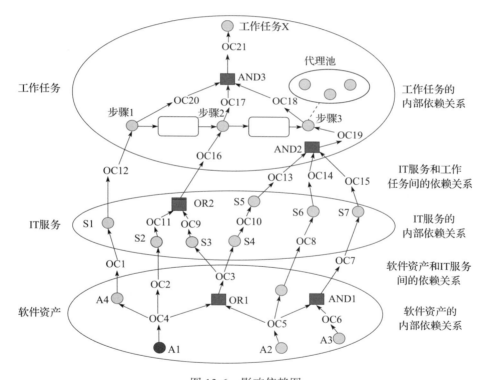

图 13-6　影响依赖图

在攻击从被攻击的节点（例如，图 13-6 中的 A1 节点）进行传播的过程中，为所有依赖于该节点的节点计算运行能力。IDG 线性路径中的节点从其子节点获取运行能力，而 AND 和 OR 节点的运算能力计算如下：

$$\mathrm{OC_{OR}}(t) = \mathrm{AVE}(\mathrm{OC_1}(t), \mathrm{OC_2}(t), \cdots, \mathrm{OC_n}(t))$$

$$OC_{AND}(t) = MIN(OC_1(t), OC_2(t), \cdots, OC_n(t)),$$

其中：

$OC_{OR}(t)$ 是 OR 节点的运行能力。

$OC_{AND}(t)$ 是 AND 节点的运行能力。

$OC_1(t), OC_2(t), \cdots, OC_n(t)$ 是 OR 和 AND 节点的子节点的运行能力。

IDG 的工作任务部分由图 13-6 中的工作任务 X 所示，其具有由与 AND3 节点逻辑连接的步骤 1、步骤 2 和步骤 3 三个顺序步骤。IDG 显式地表达了工作任务组件之间的时间关系，正如 13.4.1 节中所讨论的那样。例如，工作任务 X 在所示的任务步骤之间具有两个 AFTER 关系。

在计算工作任务的运行能力时，我们需要考虑到工作任务的特定运行状态。在实时的工作任务监测中，网空攻击对工作任务的影响取决于两个主要因素：1）攻击对工作任务步骤的影响；2）工作任务步骤的运行状态（计划中、正在进行中，或已完成）。例如，假设当 X 任务已经执行到步骤 2 时发生了网空攻击。在这种情况下，可以将网空攻击对支持步骤 1 的资产的影响视为无关紧要的，因为步骤 1 已经完成。相反，正在进行中的步骤 2 将受到攻击的影响。计划在网空攻击发生时执行的步骤 3 的情况需要特别的分析。首先，由于步骤 3 尚未实施，因此在计算总体工作任务运行状态的时候，不会计算其运行状态。然而，我们可以计算出可能对步骤 3 造成的潜在影响。一个实际的动作，是对网空地形或工作任务进行重新配置。由于工作任务是随着时间推移而逐步展开的过程，其运行能力的初始值为 OC = 1，然后按照其执行步骤的运行能力，工作任务的运行能力稳定下降。

13.6　合理可能的未来任务影响评估

13.6.1　合理可能未来网空态势的原理

近年来，出现了几种用于检测和预测未来攻击的方法，包括概率推理（Valdes 和 Skinner，2001；Goldman 等人，2001）、告警统计分析（Qin 和 Lee，2004b）、聚类算法（Debar 和 Wespi，2001）、基于因果网络分析的方法（Qin 和 Lee，2004c）和网空攻击条件匹配（Cheung 等人，2003b）。本章所呈现的方法，是基于对未来网空安全态势的合理性进行评估，而并非基于未来网空攻击的概率。我们将对该方法进行总体概述，而在 Jakobson（2011a）的文献中对该方法给出了更为细致的描述。

该方法的核心概念就是合理可能的未来态势（PFS）原理。合理可能的未来态势被定义为在某种可能性程度上会在未来某个时间点出现的态势（情境）。研究的前提是，如果某个网空安全情境出现过一次，例如，某资产因网空攻击而受损或受控，那么所检测到的网空安全情境在未来可能会出现在与已遭受攻击网空资产在某种程度上"相似"的另一资产之上。

合理可能未来网空态势的原理

对于任何资产 $a, b \in A$

$$\frac{\text{被攻击受控的} \left(a(t), \text{OC}_a(t) \right) \text{与相似的} \left((a(t), b(t)), q(a, b) \right)}{\text{合理可能的} \left(\text{被攻击受控的} \left(b(t'), \text{OC}_b(t') = \text{OC}_a(t) \right), p = q(a, b) \right), t' > t}$$

合理可能未来网空态势的原理指出，如果资产 a 在某一时刻 t 运行能力受损下降到 $\text{OC}_a(t)$ 的程度，并且资产 a 和 b 之间的相似性强度等于 $q(a, b)$，则考虑资产 b 在未来的时刻 $t' > t$ 所遭受损害的程度与资产 a 在时刻 t 所遭受损害的程度相同的情况，即 $\text{OC}_b(t') = \text{OC}_a(t)$，这种情况的合理性等于资产 a 和 b 的相似程度（强度上）。

示例：假设在某时间 t，数据库受到影响因素为 0.3 的网空攻击，通过攻击利用数据库的漏洞将其运行能力从原来的 1.0 降至 1.0 − 0.3 = 0.7。已知在被作为攻击目标的网络中的其他一些主机上，存在着相同的数据库但所使用发行版本不同。假设由于版本差异，数据库的相似度为 0.85。通过应用合理可能未来网空态势原理，使我们得出一个结论，即在未来的某个时间（未确定具体时间），有 0.85 确定性的合理情况是其他数据库的运行能力会降至 0.7。

如上所述，计算合理可能的未来网空安全态势的关键因素，是确定评估资产之间相似度的方法和算法。为此，我们引入了若干个具体的资产相似度关系：

1）漏洞 – 相似度——资产的相似度取决于它们所共有的漏洞集合，如类型、严重程度以及资产所共有的漏洞数量。

2）配置 – 相似度——相似度的度量，取决于软件产品类型、版本、发行版、制造商以及产品的其他结构特性。

3）位置 – 相似度——相似度的度量，取决于资产在网络中的位置，例如是同一子网或局域网中的资产，以及服务器的地理位置等。

4）功能 – 相似度——相似度的度量，取决于资产所提供的共同功能的集合。

5）时间 – 相似度——对相似度的度量计算，取决于资产所执行的活动与时间相关的关联紧密程度。

6）工作任务 – 相似度——对相似度度量的计算，取决于资产所支撑的共同工作任务的数量。

7）用法 – 相似度——对相似度度量的计算，取决于资产所涉及的共同流量模式。

构建用于计算不同相似度度量的函数，需要通过聚焦的知识获取工作，包括访谈 IT 专家和工作任务管理专家、分析历史统计数据以及使用自动化的数据挖掘算法。

示例：出于说明的目的，我们将讨论基于共有漏洞的资产相似度关系。我们将使用开源漏洞数据库（OSVDB）（Feder 等人，2009）所列出的资产漏洞。对于给定的漏洞，

OSVDB 的记录标示出共有同一漏洞的供应商 / 产品版本。例如，漏洞 #22919 "Oracle 数据库 XML 数据库 DBMS_XMLSCHEMA_INT 多过程远程溢出"（"Oracle Database XML Database DBMS_XMLSCHEMA_INT Multiple Procedure Remote Overflow"）会影响来自于供应商 "Oracle 公司"的产品 / 版本，如表 13-1 所示。

表 13-1　共有漏洞表

产品	产品编号	发行版	版本
数据库	10g	2	10.2.0.1
数据库	10g	1	10.1.0.3
			10.1.0.4
			10.1.0.5
			10.1.0.4.2
数据库	9i	2	9.2.0.6
			9.2.0.7
数据库	8i	3	8.1.7.4
数据库	9i	1	9.0.1.4
			9.0.1.5
			9.0.1.5
数据库	8	8.0.6	8.0.6.3

在产品、产品编号、发行版和版本等坐标上，两个软件资产之间实际上可能存在的相似取值（由二进制 "1" 度量）和相异取值（由二进制 "0" 度量）组合，如表 13-2 所示。通过向 IT 人员进行咨询，构造出基于资产漏洞的相似度函数 q_{vs}[⊖]，如表 13-2 中最后一列所示。

表 13-2　资产相似度函数

相似类	产品	产品编号	发行版	版本	q_{vs}
1	1	1	1	1	1.0
2	1	1	1	0	0.9
3	1	1	0	0	0.75
4	1	0	0	0	0.5
5	0	0	0	0	0.0

一般来说，两个资产可能会与多种相似关系有关。在这种情况下，可以引入资产相似度指数，以计算资产相似度的合并效应。

13.6.2　合理可能的未来任务影响评估过程

合理可能的未来任务影响评估过程（见 13.5.1 节）包含三项工作：合理可能的目标

⊖　原文为 p_{vs}，疑似为 q_{vs} 的笔误。——译者注

软件影响评估、通过网空地形传播的合理可能的攻击影响，以及对工作任务的合理可能的影响评估。下面我们将简要介绍该过程：

1）在第一项工作中，运用合理可能的未来网空态势原理，确定那些与已受损的软件资产具有高相似度的合理可能的目标软件资产。我们将那些资产称为具有高合理可能性的软件资产。

2）在第二个步骤中，按照 IDG 的网空攻击影响传播方法（详见 13.5.3 节），将其应用于具有高合理可能性的目标软件资产集合中的所有资产。

3）在第三个步骤中，合理可能的网空攻击影响传播过程将被用于 IDG 的工作任务部分，并评估对工作任务造成的合理可能的影响。

13.7 通过适应调整取得工作任务的弹性恢复能力

13.7.1 联邦式多代理系统的适应调整

可弹性恢复网空防御系统必须能够适应操作环境、对手方活动和可用系统资源的变化。假定一个具有适应性的系统，应该在没有外部干预的情况下展现出自主的运行态行为，包括以下类型的适应调整：

- 结构性适应调整——根据内部结构的变化进行适应调整，例如，网空地形中节点间连接关系的损失，或具有执行任务能力代理的损失。
- 功能性适应调整——根据系统组件功能性作用的变化进行适应调整，例如，工作任务节点或网空服务所执行操作任务的变化。
- 资源性适应调整——根据系统可用的物理、网空和人力资源的变化进行适应调整，例如，支撑任务的网空资产和服务的数量、质量及可用性的变化。

上述所有三种类型的适应调整，都适用于为了在遭受网络攻击时实现工作任务弹性恢复能力而对网空地形和工作任务做出的适应性调整。正如我们在 13.4.1 节中所讨论的，工作任务被建模为工作任务步骤组成的流程，其中工作任务步骤可以是另一项工作任务、另一个流程或一个可执行的操作任务。从任务执行的视角来看，每项工作任务的操作任务都由被指派了该操作任务的代理所实现。这种通过代理对工作任务的操作任务进行建模的方法，使我们能够将所有任务工作的操作任务共同表达为多代理系统（MAS）。由于 MAS 具备以持久化方式独立执行能力、理性推理、与世界交互，以及具备移动性等特征（Wooldridge，2002），被广泛用于对复杂分布式系统进行建模。得到最广泛接受的 MAS 形式化模型之一，是信念 - 愿望 - 意图（BDI）模型。它被认为是人类认知能力的相对简单理性模型（Norling，2004），具有三种主要的心智状态：信念、愿望和意图。Rao 和 Georgeff（1995）使用实例化且可执行计划的程序性规范取代了意图的陈述性概念。我们用于构建工作任务代理内部结构和行为的方法，是基于具有适应性且能够感知态势的信念 – 愿望 – 意图（BDI）代理模型（Jakobson 等人，2008）。

13.7.2 保持适应调整策略的工作任务弹性恢复能力

工作任务的适应调整策略，就是被代理用于对工作任务、其组件和组件间相互依赖关系进行修改的规则。当我们将工作任务作为适应调整的对象进行讨论时，应考虑以下两个重要方面：

1）单一实体层面的适应调整。每个实体，例如工作任务、工作任务的操作任务或执行操作任务的代理，均可以被修改。例如，可以修改工作任务或操作任务的关键性指数，或者修改操作任务（或代理）的运行能力。一个重要的适应调整功能，是从一个预先确定的代理池中选择一个代理用于执行特定的操作任务。例如，图 13-6 中的 IDG 展示了一个包含三个代理的代理池，这三个代理被指定为任务步骤 3 的潜在替代执行者。

2）实体间关系层面的适应调整。实体间关系的适应调整涵盖了对实体之间结构、时间、逻辑和领域特定关系进行变更或修改的功能。例如，添加或删除一个工作任务的操作任务，变更工作任务流程中的 AND 节点和 OR 节点，变更工作任务流程中操作任务的时间顺序，延后或提前工作任务或其组件的起始或终止时间。

下面我们将呈现一份工作任务适应调整策略的示例列表，该列表被分为两个集合，分别被设计用于针对目前进行中的工作任务，以及设计用于针对已计划于未来执行的工作任务。

针对在网空攻击发生时正在执行的进行中操作任务的适应调整策略：

A1. 对于每个当前活动的操作任务，从相应的代理池中选择一个具有最高运行能力的代理，其运行能力应等于或大于操作任务中指定所需的运行能力。若未找到合适代理，则使用策略 A2。

A2. 将操作任务所需的运行能力从当前值逐步累积减少至最低可置信级别。对于每个增量减少的所需运行能力值，执行策略 A1。若未找到与策略 A1 相匹配的代理，则使用策略 A3。

A3. 修改操作任务流程，将没有匹配代理的操作任务推迟到较晚的时间执行。发出一个网空地形重新配置指令，以更换 / 修复具有低运行能力的网空地形节点。

A4. 停止执行这些操作任务，其中，每个工作任务中被允许停止执行的操作任务，以及未能找到运行能力至少等于工作任务所需运行能力的代理的操作任务。

A5. 从替代任务流程（任务流程之间处于 OR 条件）中选择一个流程，其中所有操作任务都有运行能力大于相应操作任务所需运行能力的匹配代理。

A6. 首先，从任务流程中的"云"里选择满足所需的运行能力条件的操作任务。为剩余的操作任务发出网空地形重新配置命令。

针对已计划执行未来操作任务的适应调整策略：

B1. 向任务指挥控制组件发出对运行中工作任务的未来部分进行修改的请求，以满足所有已计划操作任务需要的运行能力条件。

B2. 对于所有的操作任务，若相应代理的运行能力低于所需的运行能力，则发出网空地形重新配置命令。

B3. 遵循策略 A1 和 A5。

B4. 进行所有必需的计算，以实现策略 A2、A3、A4 和 A6。

13.8 小结

网空态势感知可以支撑旨在实现工作任务弹性恢复能力的态势管理过程。系统的弹性恢复能力用于预测和规避破坏性事件，以及从自然中断、系统故障或敌对方行动中存活下来并得到恢复。对于以工作任务为中心的可弹性恢复网空防御系统，亦是如此。

网空防御的质量应该通过工作任务实现其运行目标的成功程度来度量，包括在不得不运行于被攻击受控网空环境的情况下。其中一个网空防御的解决方案，是采用一种以工作任务为中心的可弹性恢复网空防御架构，其中工作任务和网空地形资源的集体与自适应操作可以使工作任务得以持续进行。协同的网空－物理态势感知系统包括两个相互作用的过程，即工作任务运行态势管理过程和工作任务网空防御态势管理过程。态势管理过程涉及一个循环，其中包括当前态势感知过程和决策支持过程。网空地形是一个多层次的 IT 基础设施模型，可以对网络资产和服务、其互相依赖性、漏洞和运行能力进行建模。网空地形包含三个子地形：网络基础设施、软件资产以及 IT 服务。网空攻击是一系列的蓄意行动，由个体或有组织的攻击者使用恶意代码所开展，以获取受保护 IT 资产的访问权限，进而篡改／控制计算机代码与数据，并最终导致系统、业务流程以及受攻击 IT 资产所支撑的工作任务出现中断或被摧毁。网空态势感知的子过程包括网空地形监测、对目标软件的影响评估、工作任务影响评估以及合理可能的未来任务影响评估。可弹性恢复网空防御系统必须适应运行环境、对手方活动和可用系统资源的变化。一个具有适应性的系统，应该在没有外部干预的情况下展现出自主的运行态行为，包括结构性、功能性和资源性的适应调整。工作任务的适应调整策略，是用于修改工作任务、工作任务组件和组件之间相互依赖关系的规则。以工作任务为中心的可弹性恢复网空防御，正处于深入的研究和开发阶段，在发展过程中将遇到一些重大挑战。第一个挑战，关于开发对以工作任务为中心网空防御的基本元素进行说明和建模的"通用语"：我们迫切希望能够控制并影响网空攻击、网空防御、网空攻击者、系统弹性恢复能力、适应调整、事件、态势和上下文等术语，但在这些术语的含义上仍然没有达成共识，并且往往缺少用于描述这些术语的语言和模型。第二个重大挑战，与所提出网空防御解决方案预期能够达到质量的度量指标[⊖]有关。未来，在从可弹性恢复网空防御到主动网空防御，再到进攻性网空行动的道路上，仍然需要将注意力放在概念、技术和法律方面。

参考文献

Aceituno, V. "On Information Security Paradigms," *ISSA Journal*, September, 2005.

Albanese, M., Jajodia, S., Jhawar, R., and Piuri, V. "Reliable Mission Deployment in Vulnerable Distributed Systems". In *Proceedings of the 1st Workshop on Reliability and Security Data Analysis (RSDA 2013)*, Budapest, Hungary, June 24, 2013a.

Albanese, M., Jajodia, S., Jhawar, R., Piuri, V. "Secure Mission-Centric Operations in Cloud Computing," ARO Workshop on Cloud Security George Mason University, USA, March 11–12, 2013b.

Allen, J. F. "Maintaining Knowledge About Temporal Intervals," *Communications of the ACM* 26 (11), pp. 832–843, 1983.

Argauer, B., and Young, S. "*VTAC: Virtual Terrain Assisted Impact Assessment for Cyber Attacks*," Proceedings of SPIE Security and Defense Symposium, Data Mining, Intrusion Detection, Information Assurance, and Data Networks Security Conference, Orlando, CA, 2008.

Barford, P., Dacier, M., Dieterich, T. G., Fredrikson, M., Giffin, J., Jajodia, S., Jha, S., Li, J., Liu, P., Ning, P., Ou, X., Song, D., Strater, L., Swarup, V., Tadda, G., Wang, C., and Yen, J. "Cyber SA: Situational Awareness for Cyber Defense," in Issues and Research, Editors: S. Jajodia, P. Liu, V. Swarup, C. Wang, Advances in Information Security, Volume 46, 2010.

Beraud, P., Cruz, A., Hassell, S., and Meadows, S. "Using Cyber Maneuver to Improve Network Resilience," Military Communications Conference, MILCOM 2011.

Buecker, A., Andreas, P., Paisley, S. Understanding IT Perimeter Security. IBM Redpaper Report REDP-4397-00, 2009, http://www.redbooks.ibm.com/redpapers/pdfs/redp4397.pdf.

Cacioppo, J. T., Reis, H. T., Zautra, A. J. "Social Resilience: The Value of Social Fitness with an Application to Military," *American Psychologist*, Vol. 66, No. 1, pp. 43–51, 2011.

Carvalho, M. "A Distributed Reinforcement Learning Approach to Mission Survivability in Tactical MANETs," *ACM Conference CSIIRW 2009*, Oak Ridge, TN, 2009.

Cheung, S., Lindqvist, U., and Fong, M. W. "Modeling Multi-Step Cyber Attacks for Scenario Recognition," 3rd DARPA Information Survivability Conference and Exhibition, Washington D. C., 2003a.

Cheung, S., Lindqvist, U., and Fong, M. W. "Modeling Multi-Step Cyber Attacks for Scenario Recognition", In Proceedings of the 3rd DARPA Information Survivability Conference and Exhibition,Washington, D. C., 2003b.

D'Amico, A., Buchanan, L., Goodall, J., and Walczak, P. "Mission Impact of Cyber Events: Scenarios and Ontology to Express the Relationships Between Cyber Assets, Missions and Users." Proceedings of the 5th International Conference on Information Warfare and Security (ICIW), Thomson Reuters ISI, 2010, 388–397.

Davenport, T. *Process Innovation: Reengineering work through information technology*. Harvard Business School Press, Boston, 1993.

Debar, H., and Wespi, A. "The Intrusion Detection Console Correlation Mechanism", In 4th International Symposium on Recent Advances in Intrusion Detection (RAID), 2001.

Dechter, R. *Constraint Processing*, The Morgan Kaufmann Series in Artificial Intelligence, 2003.

⊖ 原文为 matrix，疑似为 metrics（度量指标）的笔误。——译者注

Endsley, M. R. "Toward a Theory of Situation Awareness in Dynamic Systems," *Human Factors*, 37(1), pp. 32-64, 1995.

Feder, A., Nestler, E., and Charney, D. "Psychobiology and Molecular Genetics of Resilience," Nature Reviews Neuroscience 10, June 2009.

Fraga, J. S., Powell, D. "A Fault- and Intrusion-Tolerant File System," In *Proceedings of the 3rd International Conference on Computer Security.* 203–218, 1985.

Goldman, H. *"Building Secure, Resilient Architectures for Cyber Mission Assurance,"* Technical Papers, The MITRE Corporation, November 2010, http://www.mitre.org/sites/default/files/pdf/10_3301.pdf

Goldman, R. P., Heimerdinger, W., and Harp, S. A. "Information Modeling for Intrusion Report Aggregation", In DARPA Information Survivability Conference and Exhibition, 2001.

Grimaila, M. R., Fortson, L. W., and Sutton, J. L. *"Design Considerations for a Cyber Incident Mission Impact Assessment (CIMIA) Process,"* Proceedings of the 2009 International Conference on Security and Management (SAM09), Las Vegas, Nevada, July 13–16, 2009.

Jajodia, S. (ed.) *Moving Target Defense: An Asymmetric Approach to Cyber Security*, Springer, 2011.

Jajodia, S. A Mission-centric Framework for Cyber Situational Awareness, Keynote at ICETE 2012.

Jakobson, G. "Technology and Practice of Integrated Multi-Agent Event Correlation Systems," International Conference on Integration of Knowledge-Intensive Multi-Agent Systems, KIMAS'03, September/October 2003, Boston, MA.

Jakobson, G. "Extending Situation Modeling with Inference of Plausible Future Cyber Situations", 1st IEEE International Conference on Cognitive Situation Awareness and Decision Support 2011 (CogSIMA 2011), Miami, FL., 2011a.

Jakobson, G. "Mission Cyber Security Situation Assessment Using Impact Dependency Graphs," Proceedings of the 14th International Conference on Information Fusion, 5–8 July 2011, Chicago, IL., 2011b.

Jakobson, G. "Using Federated Adaptable Multi-Agent Systems in Achieving Cyber Attack Tolerant Missions," 2nd IEEE International Conference on Cognitive Situation Awareness and Decision Support 2012 (CogSIMA 2012), 6–8 March, 2012, New Orleans, LO.

Jakobson, G. "Mission-Centricity in Cyber Security: Architecting Cyber Attack Resilient Missions," 5th International Conference on Cyber Conflict (CyCon 2013), Tallinn, Estonia, 2013.

Jakobson, G., Weissman, M., Brenner, L., Lafond, C., Matheus, C. "GRACE: Building Next Generation Event Correlation Services," IEEE Network Operations and Management Symposium NOMS 2000, Honolulu, Hawaii, 2000.

Jakobson, G., Buford, J., Lewis, L. "A Framework of Cognitive Situation Modeling and Recognition," *The 2nd IEEE Workshop on Situation Management, in Proceedings of the Military Communications Conference (MILCOM 2006),* Washington, D. C., September, 2006.

Jakobson, G., Buford, J., and Lewis, L. "Models of Feedback and Adaptation in Multi-Agent Systems for Disaster Situation Management," SPIE 2008 Defense and Security Conference, Orlando, FL, March, 2008.

Kerner, J., Shokri, E. "Cybersecurity Challenges in a Net-Centric World, "Aerospace Crosslink Magazine*, Spring 2012.

King, S. Cyber Science & Technology Steering Committee Council Research Roadmap, NDIA Disruptive Technologies Conference, November 2011.

Mission-Oriented Resilient Clouds. 2011, DARPA, Information Innovation Office, http://www.darpa.mil/Our_Work/I2O/Programs/Mission-oriented_Resilient_Clouds_(MRC).aspx.

Mostashari, A. Resilient Critical Infrastructure Systems and Enterprises, *Imperial College Press,* 2010.

Musman, S., Temin, A., Tanner, M., Fox, D., and Pridemore, B. *"Evaluating the Impact of Cyber*

Attacks on Missions," MITRE Technical Paper #09-4577, July 2010.

Noel, S., Robertson, E., Jajodia, S. *"Correlating Intrusion Events and Building Attack Scenarios through Attack Graph Distance,"* 20th Annual Computer Security Conference, Tucson, Arizona, December 2004.

Norling, E. "Folk Psychology for Human Modeling: Extending the BDI Paradigm," *In International Conference on Autonomous Agents and Multi-Agent Systems,* 2004.

OSVDB. The Open Source Vulnerability Database, 2010.

Peake, C., Williams, D. "An Integrative Framework for Secure and Resilient Mission Assurance," 4th Annual Secure and Resilient Cyber Architectures Workshop, May 28–29, 2014.

Qin, X., and Lee, W. "Attack Plan Recognition and prediction Using Causal Networks," in Proceedings of the 20th Annual Computer Security Applications Conference, pp. 370–379, 2004a.

Qin, X., and Lee, W. "Discovering Novel Attack Strategies from INFOSEC Alerts", In Proceedings of the 9th European Symposium on Research in Computer Security, Sophia Antipolis, France 2004b.

Qin, X., and Lee, W. "Discovering Novel Attack Strategies from INFOSEC Alerts", In Proceedings of the 9th European Symposium on Research in Computer Security, Sophia Antipolis, France 2004c.

Rao, A., and Georgeff, M. "BDI Agents: From Theory to Practice," In *Proceedings of the First International Conference on Multi-Agent Systems, 1995.*

Sowa, J. F. *Knowledge Representation: Logical, Philosophical, and Computational Foundation,* Brooks Cole Publishing Co., Pacific Grove, CA, 2000.

Tadda, G. P., Salerno, J. S. Overview of Cyber Situation Awareness Cyber Situational Awareness in Issues and Research, Editors: Sushil Jajodia, Peng Liu, Vipin Swarup, Cliff Wang, Advances in Information Security, Volume 46, 2010.

US DoD. 2012, "Department of Defense Net-Centric Data Strategy", http://dodcio.defense.gov/docs/net-centric-data-strategy-2003-05-092.pdf.

US GAO. Critical Infrastructure Protection. Cybersecurity Guidance Is Available, but More Can Be Done to Promote Its Use", *USA GAO Report to Conressional Requesters GAO-12-92,* 2011.

Valdes, A., and Skinner, K. "Probabilistic alert correlation". Proceedings of the Fourth International Symposium on Recent. Advances in Intrusion Detection (RAID 2001), 54–68.

Westrum, R. A Typology of Resilience Situations, in (Eds. E. Hollnagel, D. Woods, D. Lelvenson) *Resilience Engineering Concepts and Precepts. Aldershot, UK: Ashgate,* 2006.

Wooldridge, M. An Introduction to Multi-Agent Systems, John Wiley and Sons, 2002.

Wu, G., Feder, A., Cohen, H., Kim, J., Calderon, S., Charney, D., and Mathé, A. *"Understanding Resilience,"* Frontiers in Behavioral Neuroscience, Vol. 7, Article 10, 15 February, 2013.

第 14 章

结束寄语

Alexander Kott、Cliff Wang 和 Robert F. Erbacher

14.1 挑战

在我们对本书进行总结时，需要指出尽管学术界在信息安全的科学与技术方面，特别是在网空态势感知领域，取得了巨大飞跃，但在对网空系统的防护方面还存在很大差距。未来的研究道路上仍然充满挑战。

其中一些挑战，源于物理和网空世界中态势感知之间所存在相似性和差异性的确切本质具有不确定性，以及源于网空行动所具有的独特特点。在多大程度上，我们可以将主要在物理或"动力"领域中关于态势感知的见解和理论转移到网空安全领域？人们可能会认为，必须要有重要的扩展延伸、适应调整乃至重大的范式转变，才能够使其适应于网空领域中态势感知的一些独特方面。这些差异是否真实存在？而且差异所造成的影响又有多关键？在下文中，我们将简单地考虑以下几个方面：

A. Kott (✉)
RDRL-CIN, United States Army Research Laboratory,
2800 Powder Mill Rd., Adelphi, MD 20783, USA
e-mail: Alexander.Kott1.civ@mail.mil

C. Wang
RDRL-ROI-C, United States Army Research Offi ce,
4300 S Miami Blvd, 27703 Durham, NC, USA
e-mail: Xiaogang.X.Wang.civ@mail.mil

R. F. Erbacher
RDRL-CIN-D, United States Army Research Laboratory,
2800 Powder Mill Rd., Adelphi, MD 20783, USA
e-mail: Robert.F.Erbacher.civ@mail.mil

14.1.1   网络空间中的人类执行者

网空行动涉及用户、防御者和攻击者的深入参与。这在很大程度上，与军事上的物理或"动力"空间态势感知领域，以及与其他存在着活跃对手方的环境，是可以相比拟的。然而，在网空世界中，一个值得注意的差异是用户所承担的角色发挥着过大的作用。这些在网络空间中通常是友善的合法公民产生了大量可观察到的活动，而且恰巧其中很多活动难以与对手方的恶意活动进行区分。这就给攻击者提供了无限的机会，使其能够隐匿于大量合法用户的活动中。与军事环境中的"动力"态势感知所不同的是，攻击者和防御者之间的边界从未被明确地定义过。此外，攻击者比起我们还拥有非对称优势（在行动模式和可见性方面），这将在下一节得到讨论。

由此所产生的复杂性，可能能够与反暴乱、反恐怖主义以及打击犯罪领域中的态势感知相比拟，因为在这些领域中对手方也是隐藏在无辜平民中的。然而，网空世界体现出一个重要的特质：计算机系统用户经常会因为缺乏经验或错误地使用计算机系统，产生大量看似可疑的行为，然而在物理域中几乎没有相似的情况。换句话说，与一位无辜购物者有机会表现得像危险恐怖分子的情况相比，一位不知情的计算机网络用户更有机会产生恶意的行为。

为此，网空防御者不仅必须充分建立对网空基础设施的态势感知，还必须很好地理解普通用户的行为，以及他们的相关任务、目标、误解和错误。此外，防御者的一项具有挑战性的任务，是在由普通用户活动形成的混乱上下文背景中，建立对攻击者的态势感知，掌握包括他们的意图、能力、目标和规程等各方面情况。由于事实上在网络空间中的对手方能够以远比物理环境中更隐蔽的方式展开行动，在网空环境中区分攻击者与不知情用户的态势感知挑战会被进一步放大。

对对手方的观察与理解，一直以来都是而且也将会继续是网空态势感知要面对的艰难挑战。对手方人员可能是高度不理性的，但同时又可能是有智慧的、纪律严明的而且不可预测的。他们可能是得到国家支持的，具有动态能力以及极为充足的资源。对手方也可能是学习能力极强的人，能够理解我们的防御能力和规程。当前对手方所具有的动态、自适应性和智慧特质，对态势感知进程构成了巨大的挑战，因为我们对敌对行为的理解可能是短暂的，而且在攻击者快速演进自身技术的同时，我们基于其过渡状态所做出的预测，可能会将我们自己带向错误的方向。

14.1.2   网空攻击的高度不对称性

网络空间攻击在本质上是极其不对称的，与那些在恐怖主义和暴乱等众所周知领域里的非对称性相比有过之而无不及。防御者承担着与几乎完全未知的攻击者进行战斗的任务，还需要保护网空资产免于遭受零日攻击，而顾名思义这些攻击对防御者来说是不可能知晓的。任何可用的知识都可能是极其有限且短暂有效的，因此难以对攻击者快速演化的行为、方法和策略进行预测。特别是对于零日攻击，防御者必须能够迅速地学习和理解其情境与细节。也许，最佳策略可能是依赖于快速学习（当然，这本身就可能会带来巨大困难），以及基于有限且部分的不确定理解做出快速反应。

另一方面，对手方具有极佳的机会形成准确的态势感知，因为当前的网空防御系统大多是静态的，而且我们的防御策略也仅具有微不足道的自适应能力。鉴于我们的防御方法相对稳定且变化缓慢，对手方能够通过对我们的学习获得优势，而且这种学习过程是以周密计划且时机恰当的方式展开的。对手方也可以通过知晓我们形成并利用态势感知的现有过程而获得优势，从而更好地理解我们的网空行动，并构造可以有效利用我们相关弱点的新型攻击方法。

实质上，由于网空系统和运行过程的静态特质，以及被动的防御策略，当前网空防御领域的非对称性往往会给攻击者带来巨大优势。因此，对于网空防御研究者和从业者来说，扭转这种不对称状态并使防御方取得优势，是十分关键的。诸如移动目标防御的新技术，是有希望解决这些问题的方法。

14.1.3　人类认知与网空世界之间的复杂性失配

按照摩尔定律[⊖]，计算能力呈指数增长，而人类认知能力保持基本未变。此外，机器智能的进步使计算变得更加强大，这体现在处理数字的速度，以及计算方法和处理过程的复杂性上。因此，网空防御者要面对高度复杂并以更大规模发动的未来攻击。

我们的网空基础设施的复杂程度不断增加，同时预期其支撑的关键任务数量也在不断增加。同时，网空传感器变得越来越强大而且无所不在，产生的数据量远远超过我们所能处理的范围。例如，在大规模协同的拒绝服务攻击（DoS）中，多种攻击方式被组合起来，使用有效的伪装来隐藏其真实攻击向量，并在很短的时间内产生大量告警，这将会压倒人类分析师的处理能力。另一方面，对于缓慢而隐蔽的攻击类型来说，真正的攻击痕迹可以被精心地深嵌到大量正常流量中，使分析师难以识别与观察到。

实质上，随着网空系统变得越来越大，操作任务变得越来越复杂，而攻击也就变得越来越巧妙，所有这些都导致人类分析师要处理分析的数据量大幅增长，然而我们的认知能力却保持不变。为了使人类防御者能够有效地识别和击败未来网空攻击，急需能够

⊖ 由英特尔创始人之一戈登·摩尔提出，当价格不变时，集成电路上可容纳的元器件的数目，约每隔18～24个月便会增加一倍，性能也将提升一倍。——译者注

有助弥合网空分析师的态势理解与网空数据之间差距的新型工具和模型。

14.1.4 网空行动与工作任务之间的分离

目前的网空防御实践往往是碎片化的，并且没有与确保任务有效执行的更广泛目标进行充分的整合。虽然一名网空分析师可能专注于维护计算机安全，但是他或她可能不会与监测网络状态的另一名分析师展开互动。网空行动的这种碎片化情况，部分是由于缺少将网空行动的所有部分捆绑在一起的有效任务模型。任务模型对于任何领域中的态势感知都是重要的，而不是仅体现在网空安全领域。然而，在更多的物理领域中，任务模型往往由得到清晰理解且直观的物理因果链所驱动，因此这种模型更容易形成，而且经常可以是保持隐式的。然而在网空领域却有所不同，通常很难理解物理或网空任务之间的依赖关系，以及很难理解那些可能会对任务产生负面影响的网空效应。

网空任务模型和网空态势感知是相互依赖的：在没有任务模型的情况下难以实现网空态势感知；然而同时，在运行期间通常会快速演变的任务模型，在没有网空态势感知的情况下也是不可能形成的。包括对任务可能产生的敌对性影响的对抗信息，对于形成态势感知并做出任务操作决策也是重要的。完善且具有见解的网空任务模型将任务保障需求转化为精心编排的网空操作，并有助于将网空防御从仅被动做出反应的状态，转变成主动且聚焦于任务保障的状态。

14.2 未来的研究

虽然网空攻击者与防御者之间的互动可能是高度动态的，而且互动的特质也可能迅速演变，但是把握住关于网空防御的关键不变因素的理论模型，则有助于维持网空态势感知，并有助于设计、优化并执行防御动作。此类模型将侧重于抓住网空行动的一些独特方面。

第一，对于防御者和攻击者来说，网空情境都是不断演变的。我们的网空资产间也会发生变化。不同的任务持续地开始和结束。对手方可能会展现出不同的威胁级别，而我们进行的监测和监视工作，使我们不断得到有关对手方技术和能力的更新信息。关键问题是如何对不断动态变化的情境以量化的方式形成感知，以支撑做出理性的决策。

第二，防御者的态势感知和决策制定，必须基于能够最大限度地提高防御效能的准则标准。这套准则标准将会描述一些重要的考虑因素，例如能够满足任务保障所需要的最低要求，或者能够将对手方观察我方网空资产或发动破坏性攻击的能力控制在最小范围。为此，可以利用控制理论和系统建模领域的新概念与新进展来指导网空态势感知，以实现更好的网空防御和任务保障。如此一来，我们的动态策略和积极行动将会使对手方发动攻击的成本增加，而同时还不会让防御方产生巨大的成本。

第三，网空动态模型能够支持多层面的抽象，例如，它将同时在战略和战术层面反映网空行动以及对应的网空态势感知。在模型中描述并充分理解不同层面之间的依赖关系也是很重要的。例如，很可能出现一些情况，为了实现对战略任务的保障，可能需要在战术层面上做出某些牺牲，比如减少分配给某些不重要流量类型的带宽，或出于隔离目的孤立某些节点。

显然，对网空行动的全面建模是一项艰巨的工作，部分是由于网空系统及其执行或支撑的动态任务具有高度复杂的特质。用户和攻击者积极的人工参与使局面进一步复杂化。虽然如此，还是存在一些有助于应对这些调整的有前景研究方向。例如，博弈论方法可以提供对双方与多方互动进行分析和建模的机会，并有助于做出决策以实现防御者的回报最大化。然而，为了对网空行动的快速演进复杂性进行建模，博弈不得不变得越来越复杂，因此当前的方法在面对复杂性的指数级增长方面只取得了有限的成功。

近期的研究关注点集中在推动博弈理论及其在网空系统的应用。这一研究方向的进步，可能从两个独特层面推进防御者的深刻见解，并带来新的技术。在宏观的战略层面，该研究将产生一系列的网空行动指导原则，可以在资源的约束下，以及基于已知和假定的威胁及攻击者能力情况，满足任务保障的要求。在微观的决策支持层面，研究结果可能指向具体的行动，以应对实时或近实时的威胁，从而挫败进行中的攻击或阻止未来的攻击。存在将战略和决策的两个层面（或多个层面）联系起来的可能性。例如，虽然宏观层面的战略从长期安全保障角度提供了安全保证，而微观层面的行动则支持了对进行中操作和长期保障目标两方面的任务保障。多层面的观点可能揭示出如何形成和维持同时支持战略和战术决策的态势感知的新观点。

扭转我们当前在网空防御行动方面的非对称情况，也是非常关键的。长久以来，这种不对称性给网空攻击者带来了显著的优势。特别是，由于我们目前的网空系统具有静态特质，使攻击者能够在很长一段时间内观察我们的防御机制，并在发起决定性的攻击之前获得高度准确的（攻击方）网空态势感知。一个根本的问题，是如何从根本上改变这种非对称情况。

移动目标防御是一种新的方法，要求防御者应该不断地对自身系统做出动态修改。但如何实现？需要进行新的研究才能够形成理论模型，从而指导系统以最优方式进行更新。特别是，任何这样的做法都应该确保防御方系统的频繁更新，不会对防御者的网空态势感知产生不利影响。

例如，有可能利用控制论的发展进步开发出网空行动的模型，其中防御者和攻击者都有各自特有的目标、方法和技术。依据这种新的构想，能够通过对系统进行主动且自适应的更改，使我方网空系统的可观察性降至最低，或更普遍地说是对手方的网空态势感知降至最低，同时使防御者能够保持最大程度的可控性、可访问性和网空态势感知。这种方法可能有助于使未来的防御变得更加主动，向防御者提供非对称优势，最终提供高水平的任务保障。预计随着研究的进展以及新功能的出现，在未来的网空防御中我们将变得更加具有适应能力，更加积极主动并最终变得更有成效。

安天简介
COMPANY PROFILE

安天是引领威胁检测与防御能力发展的网络安全国家队，始终坚持自主先进能力导向，依托下一代威胁检测引擎等先进技术和赛博超脑大平台工程能力积累，研发了智甲、镇关、探海、捕风、追影、拓痕等系列产品，为客户构建端点防护、边界防护、流量监测、导流捕获、深度分析、应急处置的安全基石。安天致力于为客户建设实战化的态势感知体系，依托全面持续监测能力，建立系统与人员协同作业机制，指挥网内各种防御机制联合响应威胁，实现从基础结构安全、纵深防御、态势感知与积极防御到威胁情报的有机结合，协助用户开展深度结合与全面覆盖的体系化网络安全规划与建设，支撑起协同联动的实战化运行，赋能用户筑起可对抗高级威胁的网络安全防线。

安天为网信主管部门、军队、保密、部委行业和关键信息基础设施等高安全需求客户，提供整体安全解决方案，产品与服务为载人航天、探月工程、空间站对接、大飞机首飞、主力舰护航、南极科考等提供了安全保障。

安天是全球基础安全供应链的核心赋能方，全球近百家著名安全企业、IT企业选择安天作为检测能力合作伙伴，安天的威胁检测引擎为全球超过三十万台网络设备和网络安全设备、超过十四亿部智能终端设备提供了安全检测能力。其中，安天的移动检测引擎是全球第一个获得国际权威奖项的中国产品。

安天技术实力得到行业管理机构、客户和伙伴的认可，已连续五届蝉联国家级安全应急支撑单位，是中国国家信息安全漏洞库六家首批一级支撑单位之一。安天是中国应急响应体系中重要的企业节点，在"红色代码"、"口令蠕虫"、"心脏出血"、"破壳"、"魔窟"等重大安全威胁和病毒疫情方面，实现了先发预警和全面应急响应。安天针对"方程式"、"白象"、"海莲花"、"绿斑"等几十个高级网空威胁行为体及其攻击行动，进行持续监测和深度解析，协助客户在"敌情想定"下形成有效防护，通过深度分析高级网空威胁行为体的作业能力，安天建立了以实战化对抗场景为导向的能力体系。

2016年4月19日，在习近平总书记主持召开的网络安全和信息化工作座谈会上，安天创始人、首席架构师作为网络安全领域唯一发言代表，向总书记进行了汇报。2016年5月25日，习近平总书记在黑龙江调研期间，视察了安天总部。

安天微信公众号